ICPT '91

Proceedings from the International Conference on Potential Theory, Amersfoort, The Netherlands, August 18–24, 1991

Edited by

EMILE BERTIN

Mathematisch Instituut, Rijksuniversiteit Utrecht, Budapestlaan 6 / Postbus 80.010, 3508 TA Utrecht, The Netherlands

Partially reprinted from Potential Analysis, Volume 3, No. 1, 1994

SPRINGER SCIENCE+BUSINESS MEDIA, B.V.

Library of Congress Cataloging-in-Publication Data

ISBN 978-94-010-4488-2 ISBN 978-94-011-1118-8 (eBook)
DOI 10.1007/978-94-011-1118-8

Printed on acid-free paper

TABLE OF CONTENTS

Introduction v

Organisation vi

ANTONIE F. MONNA / Avant Propos vii

W. HANSEN and N. NADIRASHVILI / Isoperimetric Inequalities in Potential Theory 1

MOHAMED SELMI / Comparaison des semi-groupes et des résolvantes d'ordre α associés à des opérateurs differentiels de type divergence 15

SIRKKA-LIISA ERIKSSON-BIQUE and HEINZ LEUTWILER / Minimal Operators from a Potential-Theoretic Viewpoint 47

HABIB MAAGLI / Perturbation semi-linéaire des résolvantes et des semi-groupes 61

DENIS FEYEL et ARNAUD DE LA PRADELLE / Opérateurs linéaires gaussiens 89

TERO KILPELÄINEN / Nonlinear Potential Theory and PDEs 107

JOSEF KRÁL / Removability of Singularities in Potential Theory 119

EZEDDINE HAOUALA / Effilement minimal en une singularité isolée de l'équation de Schrödinger et application au principe de Picard 133

MOHAMED HMISSI / Sur les systèmes dynamiques instables 145

MASAHARU NISHIO / Uniqueness of Kernel Functions of the Heat Equation 153

SHIQI SONG / Some Calculations on the Conditional Densities of Well-Admissible Measures on Linear Spaces 159

ALLAMI BENYAICHE / Mesures de représentation sur les espaces biharmoniques 171

PETRA van BEUSEKOM / Monotone Dirichlet Forms and Resolvents 179

MARCO BIROLI / Local Properties of Harmonic Functions Relative to Dirichlet Forms 193

AUREL CORNEA / Finiteness Principle and Harnack Principle 203

DENIS FEYEL / Outils récents pour l'analyse sur l'espace de Wiener 220

JERZY A. GAWINECKI / On the Potential in Thermodiffusion in Solid Body 221

TERUO IKEGAMI / Duality on Balayage Spaces 235

HABIB MAÂGLI / Perturbation semi-linéaire des resolvantes 247

MOHAMED SELMI / Sur la comparaison des fonctions de Green de $\Delta - \lambda$ et $\Delta - \lambda - \mu$ 259

KEIICHI SHIBATA / A Free Boundary Problem in Classical Potential Theory 267

LIST OF LECTURES 277

LIST OF PARTICIPANTS 283

INDEX 289

1. A. Sadullaev
2. A.B.J. Kuijlaars
3. G. Mokobodzki
4. L. Zalcman
5. J. Král
6. J. Globevnik
7. C. Sunyach
8. H. Leutwiler
9. A.A. Grigor'yan
10. C.N. Moore
11. M.A. Picardello
12. I.L. Stoica
13. N. Nadirashvili
14. T. Kilpeläinen
15. S. Song
16. T. Fuji'i'e
17. M. Ohtsuka
18. M. Stoll
19. E. Haouala
20. S-L. Eriksson-Bique
21. P. van Beusekom
22. V.G. Maz'ya
23. A. de la Pradelle
24. R.K. Getoor
25. H. Maagli
26. T. Murazawa
27. T. Shaposhnikova
28. A. Cornea
29. N. Boboc
30. P. Lindqvist
31. Maz'ya jr.
32. J.A. Gawinecki
33. G. Wirsching
34. M. Fukushima
35. L. Beznea
36. K.N. GowriSankaran
37. T.J. Lyons
38. H. Aikawa
39. V. Metz
40. T. Ikegami
41. M.G. Röckner
42. M. Zahid
43. J. Korevaar
44. F. Hmissi
45. N. Jacob
46. J. Bliedtner
47. H. Masaoka
48. M. Selmi
49. K. Janßen
50. M. Nishio
51. A. Benyaiche
52. M. Hmissi
53. A. Daoudi
54. W. Hansen
55. J. Veselý
56. E.M.J. Bertin
57. I. Netuka
58. Gh. Bucur
59. N. Bel-Hadj Rhouma
60. M. Brzezina
61. J. Lukeš
62. M. Mosbah
63. C. Bertin
64. D. Feyel
65. F. van Gool

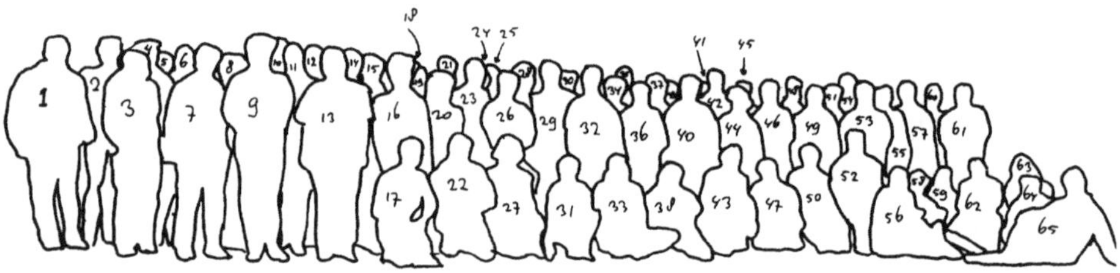

ICPT91

Introduction

ICPT91, the International Conference on Potential Theory, was held in Amersfoort, The Netherlands, from August 18 to August 24, 1991.

The Conference was held on the occasion of the 355th anniversary of the University of Utrecht, and was organized within the tradition of meetings devoted to potential theory, as established by ICPT87-Prague and ICPT90-Nagoya.

The Conference, opened by the Rector of the University of Utrecht, was attended by 84 participants, including 38 from Western Europe, 19 from Eastern Europe, 7 from North-America, 9 from Japan, and 11 from other countries. Ten main lectures were given, together presenting an informative cross-section of potential theory. The continuing development of potential theory and its interaction with other fields were illustrated in 51 short lectures.

The continuing progress of potential theory has been demonstrated as well by the publication, in 1992, of the first volume of 'Potential Analysis'. In order to give a modest additional impetus to this important development, a selection of contributions has been made available to the Editor of Potential Analysis for a special issue of the journal, dedicated to ICPT91.

The present volume of 'Proceedings of ICPT91' consists of two parts. The first part contains the communications appearing also in the special issue of 'Potential Analysis', the second part collects the contributions edited and partly produced in Utrecht. Prof. Monna has been so kind to share with us, in his preface, some of his experiences with potential theory, mathematics, and mathematicians during the past sixty years. The final pages contain a list of the lectures given at Amersfoort, a list of the participants, and a compact index. Except for some isolated updates, adresses and numbers are those valid during the conference.

The Conference was made possible by generous grants of the Koninklijke Academie van Wetenschappen and the University of Utrecht. Logistic and material support were put at our disposal by the Faculty of Mathematics and Informatics. The companies DSM and IBM supported some activities which otherwise would have been impossible. The management of the Conference Centre Euroase at Amersfoort was very helpful, especially during the unpleasant days of the coup in Moscow.

E.M.J. Bertin

Organization

Organizing Committee

Emile BERTIN (Chairman)
Petra van BEUSEKOM
Frans van GOOL
Jacob KOREVAAR
Arno KUIJLAARS

Consultative Committee

Jürgen BLIEDTNER
Vladimir MAZ'YA
Ivan NETUKA
Arnaud de la PRADELLE

Avant-propos

ANTONIE F. MONNA
Kerkdwarslaan 15, 3731 EM De Bilt, Pays-Bas.

En août 1992 une conférence internationale sur le thème 'La théorie du potentiel' fut organisé à Amersfoort par l'Université d'Utrecht. Dans ce livre on a rassemblé une sélection des exposés présentés pendant la conférence. On y trouvera une multitude de sujets. Pour donner une impression mentionnons: sujets liés à la théorie classique du potentiel comme la théorie de l'équation de Laplace $\Delta u = 0$; problèmes de valeurs à la frontière de domaines et applications à la physique; problèmes de la théorie de la mesure et des potentiels de distributions de masses; des problèmes qui s'attachent à l'analyse fonctionelle; représentation des fonctions harmoniques et 'balayage', et enfin — et c'est alors bien loin de la théorie classique —, l'axiomatique des fonctions harmoniques.

Cette multitude de sujets le rend impossible de les résumer tous, ni même de faire une sélection. C'est plutôt l'intention de cet Avant-Propos de présenter quelques réflexions sur l'évolution de la théorie du potentiel depuis ses origines en physique, cependant sans viser à une histoire plus ou moins chronologique. Il y a encore une raison supplémentaire pour esquisser une image du caractère structurel de la théorie puisque, depuis les années quarante, un développement fort original s'est présenté dans la théorie. On pourrait décrire ce développement en disant qu'il a muni la théorie du potentiel de deux visages. D'abord, un 'visage réaliste', c'est-à-dire une forme réaliste associée avec les notions et principes du monde physique extérieur: la mécanique et la physique. C'est l'image de la théorie dès le début. Plus tard, depuis les années quarante, une autre thèorie du potentiel, quant aux principes toute différente de la première, fut développée, à savoir une théorie qui n'est pas basée sur des principes de la physique mais une théorie formaliste et axiomatique, ayant ainsi un visage détourné de la réalité extérieure. En ce qui concerne leurs fondements, les notions primaires et la forme des deux théories sont en opposition, en contre-position: pour ainsi dire la thèse et l'antithèse. La relation mutuelle des deux théories est caractérisée par une situation d'exclusion l'un de l'autre. Autrement dit: pendant le développement de la théorie du potentiel une situation dialectique s'est développée, une thèse et une antithèse réunies dans une synthèse. Donnons quelques exemples:

1. La géométrie euclidienne traditionelle pure, basée sur des notions du monde extérieur, telle qu'elle fut developpée depuis l'Antiquité, placée à l'opposite dea géométrie axiomatique telle qu'elle fut développée par Hilbert dans son *Grundlagen der Geometrie* (1900). La synthèse est évidente.

2. La géométrie pure en face de la géométrie arithmétisée de Descartes.

3. L'introduction de la notion d'intégrale en analyse, d'une part de façon géométrique comme une aire, d'autre part comme une application linéaire en prenant comme point de départ certaines notions structurelles (Bourbaki). Les deux visages sont réunies dans une synthèse mathématique où une fois la voie géométrique, une autre fois la voie algébrique se présente. Dans ce dernier cas se manifeste l'évolution de la mathématique vers une théorie autonome dans laquelle des raisonnements de caractère physique ne jouent plus un rôle décisif.

L'auteur de cet exposé a pu participer à cette évolution de la théorie du potentiel depuis le début des années trente. Le problème de Dirichlet était déjà fameux dans la période classique de l'analyse, mais dans les années trente des recherches plus profondes étaient entamées. Dans la thèse de l'auteur, *Het probleem van Dirichlet,* Leiden 1935, on trouve déjà quelques préludes sur ces revouvellements: points réguliers resp. irréguliers et critère, problème d'unicité. Cétait le point de départ d'une échange de lettres assez intensive avec Marcel Brelot, ce qui me permettait d'être engagé dans la modernisation de la théorie du potentiel. Au début je recevais également quelques lettres de F. Vasilesco, lui aussi travaillant en théorie du potentiel. Tout au début H. de Vries, professeur à l'Université d'Amsterdam, figurait comme intérmédiaire de cette correspondance, bien que la théorie du potentiel n'était pas son domaine.

Faisons d'abord quelques remarques sur la théorie classique. L'origine de la théorie se trouve dans la physique mathématique. Indiquons quelques sujets bien connus:

- La théorie du potentiel newtonien d'une distribution de masses. Potentiels de simple ou de double couche. Relations avec l'équation de Laplace.

- Théorie des fonctions harmoniques comme solutions de l'équation de Laplace. Analyticité de ces fonctions. Problèmes d'existence et d'unicité de fonctions harmoniques prenant des valeurs données sur la frontière d'un domaine donné. Ce sont des problèmes associés à des problèmes physiques (Dirichlet, Neumann).

Ainsi la théorie du potentiel fut développée comme discipline mathématique pendant le 17me siècle et les deux siècles suivants par les grands mathématiciens de cette longue période, tels que Lagrange, Euler, Laplace, Poisson et Gauss. Graduellement, la théorie se développait comme une théorie autonome, bien que certaines relations avec la réalité externe persistaient dans les formes, les notions, les problèmes et la terminologie. Même dans la seconde moitié du 19me siècle on trouve certains raisonnements de type physique, je ne veux pas dire présentés comme démonstration strictement mathématique, mais pourtant comme raisonnement heuristique, par exemple chez Klein et Neumann.

Cependant, on ne peut alors guère parler de deux visages, un visage tourné vers une réalité externe en face d'un visage purement formel, de caractère axiomatique; ce dernier sera le produit du 20me siècle. On pourrait consulter le livre, traitant la théorie classique, de O.D. Kellogg, *Foundations of Potential Theory* 1929, 1967. Même ma thèse mentionnée ci-devant se trouve encore sur la frontière entre 'classiquc' et 'moderne'.

Par comparaison aux traités classiques, à première vue, le livre présent évoque des réminiscences à la physique. Mais ce qui frappe surtout c'est l'influence des développements qui dans notre siècle ont conduit à la mathématique moderne. Il suffit de signaler les changements dans la terminologie sous l'influence de la théorie des ensembles et de la topologie, comme par exemple les espaces fonctionnels, les opérateurs, la théorie de la mesure, la notion d'espace vectoriel, etc. Même les problèmes qu'on étudie ont changé. Dans la phase classique il s'agissait surtout de trouver et d'étudier des solutions d'équations différentielles, commes celle de Laplace, sous une forme explicite. Par contre, dans la vision moderne, le problème de trouver une solution est souvent remplacé, — en tout cas en analyse pure —, par celui de la résolubilité, c'est-à-dire l'existence d'une solution. L'exemple figure alors comme une démonstration, une forme de la réalité, placée en face de l'existence comme un problème en soi, exigeant des méthodes différentes. Les deux aspects sont réunies dans une synthèse, on pourrait dire d'ordre supérieur puisqu'avec ce deuxième problème le premier n'a pas disparu. Ce problème d'existence en théorie du potentiel a conduit à un problème d'unicité dont l'étude a nécessité d'autres méthodes que celles du cas classique. On pourrait dire que dans ce cas il s'agit d'une situation dialectique interne.

Pendant le développement moderne l'équation de Laplace a perdu graduellement sa place comme instrument pour définir les fonctions harmoniques. Une fois définies, les fonctions harmoniques deviennent un chapitre indépendant, un chapitre de la théorie des fonctions. L'existence de fonctions harmoniques fut liée au problème de Dirichlet et ses conditions d'existence. Cette existence était déjà un problème classique, mais maintenant ce problème est devenu un problème autonome, influencé par la topologie et la théorie des ensembles. Marcel Brelot était le grand Mître de ce changement de la recherche, conduisant enfin á la théorie axiomatique, où la relation avec l'équation de Laplace fut en principe coupée. La théorie du potentiel dans sa forme moderne devenait ainsi, depuis les premières décades du 20me siècle, plutôt un chapitre de la théorie des fonctions réelles à plusieurs variables. Mentionnons en particulier l'influence d'Emile Borel (1900) et de l'école française quant à l'introduction des ensembles en analyse. Dans la théorie du potentiel les équations différentielles — la vraie origine — commencent à se retirer. Il faut se rappeler que les ensembles — ouverts, boréliens, ou quelconques — venaient de trouver leur place seulement à partir des premières décades du siècle.

Parmi les mathématiciens qui s'occupaient de la théorie du potentiel depuis les années vingt, mentionnons tout d'abord Marcel Brelot, suivi par G. Frostman, Ch.

de La Vallée Poussin, G. Bouligand, F. Vasilesco, A.F. Monna et leurs livres:

- M. Brelot, Étude des fonctions sousharmoniques au voisinage d'un point (Paris, 1934).
- A.F. Monna, Thèse de doctorat (Leiden, 1935).
- C. de La Vallée Poussin, Les nouvelles méthodes de la théorie du potentiel et le problème généralisé de Dirichlet (Paris, 1937).
- F. Vasilesco, La notion de point irrégulier dans le problème de Dirichlet (Paris, 1939).

On reconnaît la mathématique moderne dans les sujets traités dans ces livres et tant d'articles, comme

- les fonctions surharmoniques ou sousharmoniques sans conditions de continuité,
- le problème de Dirichlet généralisé,
- les points frontières réguliers et irréguliers,
- les ensembles effilés en un point et des critères de régularité. Dans la théorie classique N. Wiener avait déjà donné un tel critère sous la forme de convergence respectivement la divergence d'une certaine série tandis que les critères modernes sont basés sur la topologie.
- Représentation des fonctions sousharmoniques par une intégrale de Stieltjes,
- transformations de balayage,
- majorantes ou minorantes harmoniques,
- problèmes de compactification, frontière de Martin, etc.

Dans les années trente Brelot avait déjà formalisé et étudié un problème de Dirichlet pour des ensembles fermés. C'etait une raison pour l'auteur de cet Avant-Propos d'introduire une théorie pour des ensembles boréliens et ensuite pour des ensembles quelconques, s'éloignant ainsi de plus en plus des équations différentielles. Ces généralisations avaient comme conséquence que l'auteur pouvait démontrer une extension d'un principe de variation de Gauss en théorie du potentiel. Ce principe consistait en une transformation sous forme d'une intégrale de masses distribuées dans et sur une surface (balayage) (1941, 1946). En 1947 le sujet fut repris par H. Cartan (Annales de l'Université de Grenoble).

Remarquons que la terminologie 'théorie classique du potentiel' pourrait prêter à la confusion. Brelot publicait ses leçons à la Sorbonne sous le titre *Éléments de la théorie classique du potentiel* (Paris, 1961), tandis que ce texte mérite plutôt la qualification 'moderne' par comparaison avec le livre de Kellogg, celui-ci étant vraiment classique.

Toutes ces recherches ont pavés la voie vers la théorie axiomatique des fonctions harmoniques. Dans les années quarante et cinquante Brelot a défriché le terrain en développant une théorie formelle axiomatique, coupant la voie classique des équations différentielles comme point de départ. Des raisonnements de caractère structurel et algébrique — les espaces vectoriels et les opérations ensemblistes, la théorie des faisceaux — ont pris la place des opérations traditionelles de l'analyse classique. Et de plus, la théorie n'est plus limitée aux espaces euclidiens, mais fut établie pour les espaces généraux localement compacts.

C'est un principe de renversement qui est à la base de la théorie axiomatique: certaines propriétés élémentaires convenablement chosies de la théorie classique des fonctions harmoniques sont choisies comme axiomes d'une nouvelle théorie et c'est le mérite de Brelot d'avoir reconnu un nombre fini et suffisant de tels axiomes. Les équations différentielles ne se trouvent pas parmi ces axiomes: l'équation de Laplace a perdu sa place. Pour une théorie, quant á l'origine tellement liée à la physique, c'est un développement assez surprenant et on ne peut pas éviter de se demander quelle en est la vraie origine. Alors, il faut voir cette transformation de théories sous la lumière de l'évolution révolutionnaire de la mathématique. Théories structurelles prennent une place dominante, et même le corps des membres réels, comme lien avec la réalité physique, est souvent remplacée par des corps généraux.

Je rappelle ici mes échanges de lettres avec Marcel Brelot. Cette période commençait autour de 1937. A cause de la guerre elle fut interompue dans les années 1940, 1941. Dans la période active il s'agissait dans ces lettres de problémes de la théorie moderne: régularité, la notion d'effilement. Dans les années cinquante la correspondance commençait de nouveau, bien que moins intensive que jadis. La césure produite par la guerre était évidente. Je me tournais vers un autre domaine, celui de l'analyse non-archimédienne, un sujet assez nouvel où j'étais plus indépendant des développements internationaux. Cependant, plus tard, je retournais un peu vers la théorie du potentiel. Mais il est difficile de recommencer l'étude dans un domaine quand on l'a abandonné pendant plusieurs années, par quelle raison que se soit. La vitesse de l'évolution est souvent trop grande. Ainsi, on comprend que Brelot pouvait commencer une lettre du 29 septembre 1958 par écrire: *Il y a bien longtemps que nous ne sommes plus eu relation, parce que je pense que vous avez délaissé le potentiel. Cependant la théorie du potentiel est plus vivantes que jamais: 6 ou 7 axiomatiques très différentes se développent, avec ou sans noyaux.* J'ignorais cette direction de recherches. Mais grâce aux informations obtenues de Brelot j'ai pu prendre connaissance de ces développements. Sur ma demande de me renseigner sur la voie par laquelle il était venu à choisir la direction axiomatique, sa réponse n'était qu'assez vague. Dans une lettre du 2-7-1961 il se référait à quelques articles de Tautz et de Doob concernant la théorie de la probabilité. Ce n'était pas très clair. Je suis incliné à penser que c'étaient plutôt les développements connus sous le nom de 'Bourbakisme' qui ont étés la vraie source. Déjà en 1940 il m' écrivait avec grand enthousiasme sur ce sujet. Je cite quelques passages d'une lettre du 18-1-1940 (pendant la guerre). C'est une direction où les idées de structure prennent une place importante: *Il s'agit d'un gigantesque œuvre de simplification et d'ordination, effectué par un groupe de jeunes français depuis 6 ou 8 ans (N. Bourbaki est un nom collectif issu d'une farce d'étudiants). Les principaux directeurs A. Weil et H. Cartan sont de la classe des plus grands mathématiciens.* Et encore: ... *je crois que ce sera peut être le travail mathématique marquant de notre siècle.*

Et d'autant plus, d'autres exemples de tels renversements n'étaient pas tout à fait inconnus. Mentionnons par exemple:

- Les fonctions linéaires comme $\sum_{i=1}^{n} a_i x_i$, introduites autrefois pour les calculs en relation avec les matrices, c'est-á-dire les fonctions linéaires comme possédant une individualité spécifique. D'autre part, les fonctions linéaires comme applications dans un espace vectoriel vérifiant une condition de linéarité $f(x+y) = f(x) + f(y)$, où il n'y a plus une individualité stricte. Dans la même direction: représentation de fonctionelles linéaire souss la forme d'une intégrale de Stieltjes (F. Riesz).

- Introduction des fonctions trigonométriques comme une solution d'une équation fonctionelle non-linéaire qui exprime une propriété de ces fonctions, d'autre part dérivée au moyen de la définition géométrique traditionelle de ces fonctions (voir J. Aczél, On applications and theory of fundamental equations, Basel, 1969).

- En 1938, 1939 j'ai defini le problème de Dirichlet comme un problème linéare dans l'analyse fonctionelle.

- Introduction de la notion d'intégrale comme une application linéaire, en principe non-constructive.

Dans tous ces cas, des propriétés spécifiques sont à la base d'une théorie. S'il y a une différence essentielle entre les deux faces de la théorie du potentiel, c'est la même chose dans les autres exemples. Dans la première face, on définit les fonctions harmoniques comme une solution d'un problème déterminé, ce qui permet de choisir une fonction spécifique, de telle sorte qu'on peut faire des calculs. Dans la deuxième face, on introduit des classes de fonctions réelles, en appelant harmonique les fonctions appartenant à ces classes. Ainsi on ne peut plus choisir un élément spécifique. Cela a la conséquence qu'on ne peut pas faire des calculs, on établit une théorie. D'autre part, une telle théorie formelle peut présenter des avantages, puisqu'elle permet des extensions à d'autres équations que celle de Laplace comme, par exemple, les équations différentielles paraboliques.

Enfin la question se pose si la deuxième face a redonné tout ce qui fut établi dans la phase classique. Il me semble que la réponse doit être négative; des résultats concernant des propriétés specifiques manquent faute de la possibilité de 'calculer'. Cependant, il suffit de consulter la liste des contributions pour arriver à la conclusion prudente que la voie vers la phase constructive est reprise. On trouve dans les contributions des conséquences du point de vu formel, mais les relations avec la réalité externe se multiplient. Il y a même des indications d'une tendance de retourner des théories abstraites et formalistes vers le réalisme concrèt en faveur de 'calculs'. Peut-on dire que la mathématique se comporte soit partiellement, soit en grandes lignes, comme un pendule?

L'initative de M. E.M.J. Bertin pour organiser cette conférence nous a fait voir que les mots que Marcel Brelot écrivait en 1958 sont encore vrai aujourd'hui: la vieille Théorie du Potentiel est encore plus vivante que jamais.

Références

[1] *Actes du Colloque sur 'Les Mathématiques et la Réalité'*, 17–18 mai 1974, *Séminaire de Mathématique de Luxembourg*, Centre Universitaire de Luxembourg, 1974. Tiré à part de 'Dialectica', Revue internationale de philosophie de la connaissance, 29, 1975.

[2] Roland Fraïssé. Les axiomatiques ne sont-elles qu'un jeu? Dans *Penser les mathématiques*, pages 39–57, Éditions du Seuil, 1952.

[3] A.F. Monna. *Dirichlet's principle. A mathematical comedy of errors and its influence on the development of analysis.* Oosthoek, Scheltema & Holkema, 1975.

[4] A.F. Monna. Marcel Brelot (1903-1987) hommage posthume. *Nieuw Arch. Wisk.* (4), 6:63–68, 1988.

[5] A.F. Monna. Towards a theoretical history of mathematics. An essay about mathematics. *Nieuw Arch. Wisk.* (4), 6:211–225, 1988.

Potential Analysis 3: 1–14, 1994.

Isoperimetric Inequalities in Potential Theory

W. HANSEN and N. NADIRASHVILI
Department of Mathematics, University of Bielefeld, P.O. Box 8640, 4800 Bielefeld 1, Germany.

(Received: 17 September 1991; accepted: 10 January 1992)

Abstract. Given a non-empty bounded domain G in $\mathbb{R}^n$, $n \geqslant 2$, let $r_0(G)$ denote the radius of the ball G_0 having center 0 and the same volume as G. The exterior deficiency $d_e(G)$ is defined by $d_e(G) = r_e(G)/r_0(G) - 1$ where $r_e(G)$ denotes the circumradius of G. Similarly $d_i(G) = 1 - r_i(G)/r_0(G)$ where $r_i(G)$ is the inradius of G. Various isoperimetric inequalities for the capacity and the first eigenvalue of G are shown. The main results are of the form $\operatorname{Cap} G \geqslant (1 + cf(d_e(G))) \geqslant \operatorname{Cap} G_0$ and $\lambda_1(G) \geqslant (1 + cf(d_i(G)))\lambda_1(G_0)$, $f(t) = t^3$ if $n = 2$, $f(t) = t^3/(\ln 1/t)$ if $n = 3$, $f(t) = t^{(n+3)/2}$ if $n \geqslant 4$ (for convex G and small deficiencies if $n \geqslant 3$).

Mathematics Subject Classifications (1991). 31A15, 31B15, 35P15, 52A40.

Key words. Capacity, eigenvalue, isoperimetric inequality, deficiency.

Given a non-empty bounded domain G in $\mathbb{R}^n$, $n \geqslant 2$, let $r_0(G)$ denote the radius of the ball G_0 having center 0 and the same volume as G and let $r_e(G)$ ($r_i(G)$ resp.) denote the circumradius (inradius resp.) of G. The positive real numbers

$$d_e(G) := \frac{r_e(G)}{r_0(G)} - 1, \qquad d_i(G) := 1 - \frac{r_i(G)}{r_0(G)}$$

serve as a measure for the asymmetry of G. We shall call them the *exterior deficiency* (*interior deficiency* resp.) of G. Note that $d_e(G) = d_i(G) = 0$ if G is a ball.

Our main results are the following isoperimetric inequalities for the capacity $\operatorname{Cap} G$ and the first eigenvalue $\lambda_1(G)$ of G:

1. If $n = 2$ then

$$\operatorname{Cap} G \geqslant \left(1 + \frac{1}{50}\left(\frac{d_e(G)}{1 + d_e(G)}\right)^3\right) \operatorname{Cap} G_0,$$

$$\lambda_1(G) \geqslant \left(1 + \frac{1}{250} d_i(G)^3\right) \lambda_1(G_0).$$

2. Suppose that G is convex. If $d_e(G)$ is sufficiently small then

$$\operatorname{Cap} G \geqslant \left(1 + c d_e(G)^3 / \ln \frac{1}{d_e(G)}\right) \operatorname{Cap} G_0, \quad \text{if } n = 3,$$

$$\operatorname{Cap} G \geqslant (1 + c d_e(G)^{(n+3)/2}) \operatorname{Cap} G_0, \qquad \text{if } n \geqslant 4,$$

and if $d_i(G)$ is sufficiently small then

$$\lambda_1(G) \geqslant \left(1 + cd_i(G)^3/\ln\frac{1}{d_i(G)}\right)\lambda_1(G_0), \quad \text{if } n = 3,$$
$$\lambda_1(G) \geqslant (1 + cd_i(G)^{(n+3)/2})\lambda_1(G_0), \qquad \text{if } n \geqslant 4,$$

(c being a constant depending on n).

The estimates on capacities improve results obtained recently by Hall, Hayman and Weitsman ([8], cf. (3.4)). For capacities in the plane sharp inequalities are obtained in [1] and [7].

This paper is organized as follows. In section one we establish some basic results for arbitrary dimension n, in section two we study the case $n = 2$ using Bonnesen's inequality, and in section three we apply isoperimetric inequalities obtained in [5] to treat the case $n \geqslant 3$. In section four we use our general method to obtain isoperimetric inequalities for the first eigenvalue. In section five we collect the relations between deficiencies needed in the previous sections.

1. First Inequalities

In the following let G be a non-empty domain and let Ω be a simply connected bounded domain in $\mathbb{R}^n$, $n \geqslant 2$, such that $\bar{G} \subset \Omega$. The capacity of G relative to Ω will be denoted by $\mathrm{Cap}_\Omega G$. For every Borel subset A of $\mathbb{R}^n$ let $|A|$ denote the Lebesgue measure (volume) of A, e.g., $|G| = \omega_n (r_0(G))^n$, and let $\sigma(A)$ be the $(n-1)$-dimensional Hausdorff measure (area) of A.

Let u be the equilibrium potential of G with respect to Ω. In order to simplify our considerations we shall assume that u is continuous and that $\nabla u \neq 0$ on $\{u < 1\}$. This will be sufficient for our applications.

1.1. LEMMA. *Let $\varphi(t) = |\{u \geqslant t\}|$, $0 \leqslant t \leqslant 1$. Then for every $0 < t < 1$*

$$\mathrm{Cap}_\Omega G \geqslant \kappa_n \frac{\sigma^2(\{u = t\})}{-\varphi'(t)}$$

where $\kappa_2 = 1/2\pi$ and $\kappa_n = 1/n(n-2)\omega_n$ if $n \geqslant 3$. Equality holds if G and Ω are concentric balls.

Proof. Let $\partial u/\partial n$ denote the inner normal derivative of u on $\{u = t\}$. Then by Hölder's inequality

$$\sigma^2(\{u = t\}) \leqslant \left(\int_{\{u=t\}} \frac{\partial u}{\partial n}\, d\sigma\right)\left(\int_{\{u=t\}} \frac{1}{\partial u/\partial n}\, d\sigma\right)$$
$$= \kappa_n \mathrm{Cap}_\Omega G \cdot (-\varphi'(t)).$$

1.2. **PROPOSITION.** *There exists* $0 < a < 1$ *such that* $U = \{u > a\}$ *satisfies*

$$\mathrm{Cap}_\Omega G \geqslant \frac{\sigma^2(\partial U)}{\sigma^2(\partial U_0)} \mathrm{Cap}_{\Omega_0} G_0.$$

Proof. Let u_0 denote the equilibrium potential of G_0 with respect to Ω_0. Consider the strictly decreasing continuous functions φ and φ_0 defined by

$$\varphi(t) = |\{u \geqslant t\}|, \quad \varphi_0(t) = |\{u_0 \geqslant t\}| \quad (0 \leqslant t \leqslant 1)$$

and let ψ (ψ_0 resp.) denote the inverse function of $\varphi(\varphi_0$ resp.). Since $\varphi(0) = |\Omega| = \varphi_0(0)$ and $\varphi(1) \geqslant |G| = \varphi_0(1)$, there exists $s \in]\varphi(1), |\Omega|[$ such that $\psi'(s) \leqslant \psi_0'(s)$. By (1.1)

$$\mathrm{Cap}_\Omega G \geqslant -\kappa_n \psi'(s) \sigma^2(\{u = \psi(s)\}),$$
$$\mathrm{Cap}_{\Omega_0} G_0 = -\kappa_n \psi_0'(s) \sigma^2(\{u_0 = \psi_0(s)\}).$$

Choose $a = \psi(s)$. Then $\partial U = \{u = \psi(s)\}$ and $|\{u_0 \geqslant \psi_0(s)\}| = s = |\{u \geqslant \psi(s)\}|$, hence $U_0 = \{u_0 > \psi_0(s)\}$ and $\partial U_0 = \{u_0 = \psi_0(s)\}$. This proves the statement.

1.3. **LEMMA.** *Let* $U = \{u > 1 - a\}$ *for some* $0 < a < 1$. *Then*

$$\mathrm{Cap}_\Omega G \geqslant \mathrm{Cap}_{\Omega_0} G_0 + \left(\frac{1}{\mathrm{Cap}_{U_0} G_0} - \frac{1}{\mathrm{Cap}_U G}\right)(\mathrm{Cap}_{\Omega_0} G_0)^2.$$

Proof. Clearly

$$u' := \frac{1}{1-a}(u \wedge (1-a)) \quad \left(u'' = \frac{1}{a}(u - (1-a))^+ \text{ resp.}\right)$$

is the equilibrium potential of U with respect to Ω (of G with respect to U resp.) and

$$u = (1-a)u' + au''.$$

Let

$$C = \mathrm{Cap}_\Omega G, \qquad C' = \mathrm{Cap}_\Omega U, \qquad C'' = \mathrm{Cap}_U G,$$
$$c = \mathrm{Cap}_{\Omega_0} G_0, \qquad c' = \mathrm{Cap}_{\Omega_0} U_0, \qquad c'' = \mathrm{Cap}_{U_0} G_0.$$

Then (using $\kappa_2 = 1/2\pi$, $\kappa_n = 1/n(n-2)\omega_n$, $n \geqslant 3$)

$$C = \kappa_n \int |\nabla u|^2 \,\mathrm{d}x = \kappa_n\left((1-a)^2 \int |\nabla u'|^2 \,\mathrm{d}x + a^2 \int |\nabla u''|^2 \,\mathrm{d}x\right)$$
$$= (1-a)^2 C' + a^2 C''.$$

By (1.2) (or [13]) $C' \geqslant c'$ and $C'' \geqslant c''$. Therefore

$$C \geqslant (1-a)^2 c' + a^2 C'' = (c' + C'')\left(a - \frac{c'}{c' + C''}\right)^2 + \frac{1}{1/c' + 1/C''} \geqslant \frac{1}{1/c' + 1/C''}.$$

Since $1/c' + 1/c'' = 1/c$ and

$$\frac{1}{1/c' + 1/C''} - \frac{1}{1/c' + 1/c''} = \frac{1}{1/c' + 1/c''} \cdot \frac{1/c'' - 1/C''}{1/c' + 1/C''} \geqslant \left(\frac{1}{c''} - \frac{1}{C''}\right) c^2,$$

we finally conclude that

$$C \geqslant c + \left(\frac{1}{c''} - \frac{1}{C''}\right) c^2.$$

2. Capacities in the Plane

Let $\Omega \neq \varnothing$ be a simply connected bounded domain in $\mathbb{R}^2$ and let $G \neq \varnothing$ be a domain such that $\bar{G} \subset \Omega$.

2.1. LEMMA. *If G is simply connected and $|\Omega \setminus G| \leqslant 2d_e(G)/(d_e(G) + 2)|G|$ then*

$$\mathrm{Cap}_\Omega G \geqslant \left(1 + \frac{1}{4\pi} d_e(G)^2\right) \mathrm{Cap}_{\Omega_0} G_0.$$

Proof. Since G and Ω are simply connected, the equilibrium potential u of G with respect to Ω satisfies the assumptions made in the previous section (u continuous and $\nabla u \neq 0$ on $\{u < 1\}$). So by (1.2) there exists a domain U such that $\bar{G} \subset U$, $\bar{U} \subset \Omega$ and

$$\mathrm{Cap}_\Omega G \geqslant \frac{\sigma^2(\partial U)}{\sigma^2(\partial U_0)} \mathrm{Cap}_{\Omega_0} G_0.$$

By (5.1), $d_e(U) \geqslant \frac{1}{2} d_e(G)$, hence by Bonnesen's inequality (cf. [2] and [6])

$$\begin{aligned}\sigma^2(\partial U) &\geqslant \sigma^2(\partial U_0) + 4\pi(r_e(U) - r_0(U))^2 \\ &= \sigma^2(\partial U_0)\left(1 + \frac{1}{\pi} d_e^2(U)\right) \geqslant \sigma^2(\partial U_0)\left(1 + \frac{1}{4\pi} d_e^2(G)\right).\end{aligned}$$

2.2. PROPOSITION. *Suppose that $|G| \leqslant \frac{1}{3}|\Omega|$. Then*

$$\mathrm{Cap}_\Omega G \geqslant \mathrm{Cap}_{\Omega_0} G_0 + \frac{1}{46}\left(\frac{d_e(G)}{1 + d_e(G)}\right)^3 (\mathrm{Cap}_{\Omega_0} G_0)^2.$$

Proof. Assume first that $|\bar{G}| = |G|$ and that $\complement\bar{G}$ is connected. Since $\mathrm{Cap}_\Omega G \geqslant \mathrm{Cap}_{\Omega_0} G_0$, it suffices to consider the case $\delta := d_e(G) > 0$. Choose $0 < a < 1$ such tht the set $U = \{u > 1 - a\}$ satisfies $|U \setminus G| = 2\delta/(2 + \delta)|G|$ (possible since $2\delta/(2 + \delta) \leqslant 2$ and $3|G| \leqslant |\Omega|$). By (2.1),

$$\mathrm{Cap}_U G \geqslant \left(1 + \frac{1}{4\pi}\delta^2\right) \mathrm{Cap}_{U_0} G_0,$$

hence by (1.3),

$$\mathrm{Cap}_\Omega G \geqslant \mathrm{Cap}_{\Omega_0} G_0 + \left(1 - \frac{1}{1 + 1/(4\pi)\delta^2}\right)\frac{(\mathrm{Cap}_{\Omega_0} G_0)^2}{\mathrm{Cap}_{U_0} G_0}.$$

By construction

$$r_0^2(U) = \left(1 + \frac{2\delta}{2+\delta}\right) r_0^2(G),$$

hence (using $2\delta/(2+\delta) \leqslant 2$)

$$\frac{1}{\mathrm{Cap}_{U_0} G_0} = \ln\frac{r_0(U)}{r_0(G)} = \frac{1}{2}\ln\left(1 + \frac{2\delta}{2+\delta}\right) \geqslant \frac{\delta}{2+\delta}\,\frac{\ln 3}{2}.$$

To finish the proof of the special case it suffices to note that

$$\left(1 - \frac{1}{1+\delta^2}\right)\frac{\delta}{2 + 1/(4\pi)\delta} = \frac{1}{8\pi}\,\frac{\delta^3}{(1+\delta^2/4\pi)(1+\delta/2)} \geqslant \frac{1}{8\pi}\left(\frac{\delta}{1+\delta}\right)^3.$$

Finally, let us consider the general case. There exists an increasing sequence (G_m) of subdomains of G such that $\bar{G}_m \subset G_{m+1}$, $|\bar{G}_m| = |G_m|$, $\complement\bar{G}_m$ is connected for every m and $|G \setminus \cup_{m=1}^{\infty} G_m| = 0$. Then $(\mathrm{Cap}_\Omega G_m)$ ($(\mathrm{Cap}_{\Omega_0}(G_m)_0)$ resp.) is increasing to $\mathrm{Cap}_\Omega G$ ($\mathrm{Cap}_{\Omega_0} G_0$ resp.), $\lim_{m\to\infty} d_e(G_m) = d_e(G)$ and $\lim_{m\to\infty} r_0(G_m) = r_0(G)$. Applying the previous considerations to each G_m and then letting m tend to infinity the proof is accomplished.

For every $x \in \mathbb{R}^n$ and $r > 0$, let $B(x,r)$ denote the open ball with center x and radius r. The *logarithmic capacity* of a bounded set A in $\mathbb{R}^2$ may be defined by

$$\mathrm{Cap}\, A := \lim_{R\to\infty} \exp\left(\ln R - \frac{1}{\mathrm{Cap}_{B(0,R)} A}\right).$$

For example, for every $r > 0$,

$$\mathrm{Cap}\, B(0,r) = \lim_{R\to\infty} \exp\left(\ln R - \ln\frac{R}{r}\right) = r.$$

2.3. COROLLARY.

$$\mathrm{Cap}\, G \geqslant \left(1 + \frac{1}{50}\left(\frac{d_e(G)}{1+d_e(G)}\right)^3\right)\mathrm{Cap}\, G_0.$$

Proof. Let $r := r_0(G)$, $\eta = d_e(G)/(1 + d_e(G))$, and $R > 0$ sufficiently big. Then by (2.2)

$$\frac{1}{\mathrm{Cap}_{B(R)} G} \leqslant \frac{\ln R/r}{1 + \frac{1}{46}\eta^3\, 1/\ln(R/r)} \leqslant \left(1 - \frac{1}{50}\eta^3\frac{1}{\ln(R/r)}\right)\ln\frac{R}{r} = \ln R - \ln r - \frac{1}{50}\eta^3,$$

hence

$$\operatorname{Cap} G \geqslant \exp\left(\ln r + \frac{\eta^3}{50}\right) \geqslant \left(1 + \frac{1}{50}\eta^3\right) r.$$

3. Capacities of Convex Sets in Higher Dimensions

Given a non-empty bounded domain G in $\mathbb{R}^n$, let

$$d(G) = \frac{r_e(G)}{r_i(G)} - 1.$$

Clearly $d(G) \geqslant d_e(G)$. Lemma 5.3 shows that $d(G)$ is small if G is convex and $d_e(G)$ is small.

By [5] there exist constants $\eta > 0$ and $K \geqslant 1$ (depending only on n) such that, for every bounded convex open subset U of $\mathbb{R}^n$ satisfying $d(U) < \eta$,

$$\sigma(\partial U) = (1 + \Delta(U))\sigma(\partial U_0)$$

with

$$\Delta(U) \geqslant \frac{1}{K} f(dU)), \quad f(t) = \begin{cases} t^2/\ln 1/t, & n = 3, \\ t^{(n+1)/2}, & n \geqslant 4. \end{cases}$$

For a specified $\delta > 0$ let $c > 0$ such that $cf(t) \leqslant (2/K) f(\frac{1}{2}t)$ for every $0 < t < \delta$.

3.1. PROPOSITION. *There exists* $0 < \delta < 1$ *such that for all bounded convex open sets* G, Ω *in* $\mathbb{R}^n$ *satisfying* $\emptyset \neq \bar{G} \subset \Omega$, $0 < d_e(G) < \delta$, *and* $|\Omega - G| \leqslant n/3\, d_e(G)|G|$,

$$\operatorname{Cap}_\Omega G \geqslant (1 + cf(d_e(G))) \operatorname{Cap}_{\Omega_0} G_0.$$

Proof. By Proposition 1.2 and [11] (cf. also [9]) there exists a convex open set U such that $\bar{G} \subset U$, $\bar{U} \subset \Omega$ and

$$\operatorname{Cap}_\Omega G \geqslant \frac{\sigma^2(\partial U)}{\sigma^2(\partial U_0)} \operatorname{Cap}_{\Omega_0} G_0.$$

By Lemma 5.5 and Lemma 5.3 there exists $0 < \delta < 1$ such that $d(U) < \eta$ if $d_e(G) < \delta$. Suppose that $d_e(G) < \delta$. Then

$$\frac{\sigma^2(\partial U)}{\sigma^2(\partial U_0)} = (1 + \Delta(U))^2 \geqslant 1 + 2\Delta(U)$$

and by Lemma 5.1

$$2\Delta(U) \geqslant \frac{2}{K} f(d(U)) \geqslant \frac{2}{K} f\left(\frac{1}{2} d_e(G)\right) \geqslant cf(d_e(G)).$$

Define $g(t) = tf(t)$, i.e.,

$$g(t) = \begin{cases} t^3/\ln 1/t, & n = 3, \\ t^{(n+3)/2}, & n \geqslant 4. \end{cases}$$

3.2. THEOREM. *Let G and Ω be bounded convex open subsets of $\mathbb{R}^n$ such that $\emptyset \neq \bar{G} \subset \Omega$, $d_e(G) < \delta$, and $|G| \leqslant 3/(n+3)|\Omega|$. Then*

$$\operatorname{Cap}_\Omega G \geqslant (1 + c'g(d_e(G))) \operatorname{Cap}_{\Omega_0} G_0$$

(c' a constant depending on n).

Proof. We proceed similarly as in the proof of 2.2. Since $\operatorname{Cap}_\Omega G \geqslant \operatorname{Cap}_{\Omega_0} G_0$, it suffices to consider the case $\varepsilon = d_e(G) > 0$. Let u denote the equilibrium potential of G with respect to Ω. Choose $0 < a < 1$ such that the set $U = \{u > 1 - a\}$ satisfies $|U \backslash G| = (n/3)\varepsilon|G|$ (possible since $|G| \leqslant 3/(n+3)|\Omega|$). By [11], U is convex. By (3.1)

$$\operatorname{Cap}_U G \geqslant (1 + cf(\varepsilon)) \operatorname{Cap}_{U_0} G_0,$$

hence by (1.3)

$$\operatorname{Cap}_\Omega G \geqslant \operatorname{Cap}_{\Omega_0} G_0 + \left(1 - \frac{1}{1 + cf(\varepsilon)}\right) \frac{(\operatorname{Cap}_{\Omega_0} G_0)^2}{\operatorname{Cap}_{U_0} G_0}.$$

By construction

$$r_0^n(U) = \left(1 + \frac{n}{3}\varepsilon\right) r_0^n(G),$$

therefore

$$\frac{1}{\operatorname{Cap}_{U_0} G_0} = \frac{1}{r_0^{n-2}(G)} - \frac{1}{r_0^{n-2}(U)}$$
$$= \frac{1}{r_0^{n-2}(G)}\left(1 - \frac{1}{(1 + (n/3)\varepsilon)^{(n-2)/n}}\right) \geqslant \frac{1}{\operatorname{Cap}_{\Omega_0} G_0}\left(1 - \frac{1}{1 + ((n-2)/3)\varepsilon}\right).$$

To finish the proof it suffices to note that

$$\left(1 - \frac{1}{1 + cf(\varepsilon)}\right)\left(1 - \frac{1}{1 + ((n-2)/3)\varepsilon}\right) \geqslant c'f(\varepsilon)\varepsilon$$

with some constant $c' > 0$.

3.3. COROLLARY. *Let $G \neq \emptyset$ be a bounded open convex subset of $\mathbb{R}^n$ such that $d_e(G) < \delta$. Then $Cap\, G \geqslant (1 + c'g(d_e(G))) \operatorname{Cap} G_0$.*

3.4. REMARK. In [8] it is shown that $\operatorname{Cap} G \geqslant (1 + c'(\alpha(G))^{n+1}) \operatorname{Cap} G_0$ where

$$\alpha(G) = \inf_x \frac{|G \backslash B(x, r_0(G))|}{|G|}.$$

Choosing $x \in \mathbb{R}^n$ such that $G \subset B(x, r_e(G))$ we see that

$$\alpha(G)\omega_n r_0^n(G) \leqslant |G \backslash B(x, r_0(G))| \leqslant \omega_n(r_e^n(G) - r_0^n(G))$$
$$\leqslant \omega_n(r_e(G) - r_0(G)) n r_e^{n-1}(G),$$

hence

$$\alpha(G) \leqslant n(1 + d_e(G))^{n-1} d_e(G).$$

So $\alpha(G) \leqslant ned_e(G)$. (The last inequality clearly holds if $d_e(G) \leqslant 1/n$. And if $d_e(G) \geqslant 1/n$ then trivially $ned_e(G) \geqslant 1 > \alpha(G)$.) Replacing $d_e(G)$ by the quantity $\alpha(G)$ our result is weakened, but doing so we obtain an inequality which is still stronger than the result in [8]. Moreover, our power of $d_e(G)$ is asymptotically correct for $n \geqslant 4$: The following example shows that at least the power $n/2$ is needed.

Given $0 < \delta < 1$, let $x_\delta = (1 + \delta, 0, \dots, 0)$, let A be the convex hull of $B(0, 1) \cup \{x_\delta, -x_\delta\}$, and define $G = A \backslash \{x_\delta, -x_\delta\}$. Then $r_e(G) = 1 + \delta$ and $G \backslash B(0, 1) \subset B(0, 1 + \delta) \cap (B(x_\delta, 2\sqrt{\delta}) \cup B(-x_\delta, 2\sqrt{\delta}))$. It is easily seen that $\operatorname{Cap} G_0 = r_0(G) \leqslant 1 + c_0 \delta^{(n+1)/2}$ where c_0 is a constant depending on n. Therefore $\delta \geqslant d_e(G) \geqslant \delta/2$ if δ is sufficiently small. Define $u(x) = \|x\|^{2-n}$, $v(x) = \|x - x_\delta\|^{2-n} + \|x + x_\delta\|^{2-n}$. Since $u \geqslant (1 + \delta)^{2-n} \geqslant (1 - \delta)^{n-2} \geqslant 1 - (n - 2)\delta$ on $B(0, 1 + \delta)$ and $v \geqslant (2\sqrt{\delta})^{2-n}$ on $B(x_\delta, 2\sqrt{\delta}) \cup B(-x_\delta, 2\sqrt{\delta})$, we obtain that $u + (n - 2)2^{n-2}\delta^{n/2} v \geqslant 1$ on G. Therefore

$$\operatorname{Cap} G \leqslant 1 + (n - 2)2^{n-1}\delta^{n/2}$$

and we conclude that there exists $c > 0$ such that

$$\operatorname{Cap} G \leqslant (1 + c(d_e(G))^{n/2}) \operatorname{Cap} G_0$$

if $d_e(G)$ is sufficiently small. – In this example $\alpha(G)$ is of the order $\delta^{(n+1)/2}$, so the inequality obtained in [8] yields only $\operatorname{Cap} G \geqslant (1 + k\delta^{(n+1)^2/2}) \operatorname{Cap} G_0$.

4. Isoperimetric Inequality for the First Eigenvalue

The method we used to derive isoperimetric inequalities for capacities can be used for other quantities as well. The first eigenvalue $\lambda_1(G)$ of G may serve as an example.

For simplicity let us assume that G is a regular non-empty domain in $\mathbb{R}^n$, $n \geqslant 2$. Let us begin recalling some well known facts. There exists a (unique) continuous function $u > 0$ on G vanishing at ∂G such that $\int_G u^2 \, dx = 1$ and

$$\Delta u + \lambda_1(G)u = 0.$$

In fact, u is continuously differentiable and $\lambda_1(G)$ is the Dirichlet integral of u:

$$\lambda_1(G) = \int_G |\nabla u|^2 \, \mathrm{d}x.$$

If $v \in \mathscr{C}_0^1(G)$, i.e., if v is any continuously differentiable function vanishing at ∂G, and if $\int v^2 \, \mathrm{d}x = 1$ then

$$\lambda_1(G) \leqslant \mathscr{D}_G(v) := \int_G |\nabla v|^2 \, \mathrm{d}x.$$

Let u_0 denote the spherical rearrangement of u, i.e., $u_0 \colon G_0 \to \mathbb{R}$ is rotation invariant, $u_0(\|x\|) \geqslant u_0(\|y\|)$ if $\|x\| \leqslant \|y\|$, and $|\{u_0 > t\}| = |\{u > t\}|$ for every $t > 0$.

Let $T = \sup u(G) = \sup u_0(G_0)$ and let $\varphi(t) = |\{u > t\}| = |\{u_0 > t\}|, 0 \leqslant t \leqslant T$. Applying Hölder's inequality as in (1.1) (and Sard's theorem) we obtain that

$$\mathscr{D}_G(u) = \int_G |\nabla u|^2 \, \mathrm{d}x = \int_0^T \left(\int_{\{u=t\}} \frac{\partial u}{\partial n} \, \mathrm{d}\sigma \right) \mathrm{d}t \geqslant \int_0^T \frac{\sigma^2(\{u = t\})}{-\varphi'(t)} \, \mathrm{d}t$$

and

$$\mathscr{D}_{G_0}(u_0) = \int_0^T \frac{\sigma^2(\{u_0 = t\})}{-\varphi'(t)} \, \mathrm{d}t.$$

Knowing that $\sigma^2(\{u = t\}) \geqslant \sigma^2(\{u_0 = t\})$ this already implies the inequality

$$\lambda_1(G) \geqslant \lambda_1(G_0).$$

4.1. THEOREM. *For* $n = 2$,

$$\lambda_1(G) \geqslant (1 + \tfrac{1}{250} d_i(G)^3) \lambda_1(G_0).$$

Proof. We may assume that $|G| = 1$ and $d_i(G) > 0$. Choose $0 < s < T$ such that

$$|\{u > s\}| = 1 - \tfrac{1}{2} d_i(G).$$

By Bonnesen's inequality and (5.2) we know that, for every $0 < t \leqslant s$,

$$\begin{aligned}\sigma^2(\{u = t\}) &\geqslant \sigma^2(\{u_0 = t\}) + 4\pi(r_0(\{u > t\}) - r_i(\{u > t\}))^2 \\ &\geqslant \sigma^2(\{u_0 = t\}) + \pi(r_0(G) - r_i(G))^2.\end{aligned}$$

Since $\sigma^2(\{u = t\}) \geqslant \sigma^2(\{u_0 = t\})$ for every $s \leqslant t < T$, our preceding considerations yield that

$$\begin{aligned}\lambda_1(G) &= \int_G |\nabla u|^2\,\mathrm{d}x \geqslant \int_0^T \frac{\sigma^2(\{u=t\})}{-\varphi'(t)}\,\mathrm{d}t\\ &\geqslant \int_0^T \frac{\sigma^2(\{u_0=t\})}{-\varphi'(t)}\,\mathrm{d}t + \pi(r_0(G)-r_i(G))^2\int_0^s \frac{\mathrm{d}t}{-\varphi'(t)}\\ &\geqslant \int_G |\nabla u_0|^2\,\mathrm{d}x + \pi(r_0(G)-r_i(G))^2 \frac{s^2}{\frac{1}{2}d_i(G)} \geqslant \lambda_1(G_0) + 2d_i(G)s^2.\end{aligned}$$

If $s \geqslant \frac{1}{5}d_i(G)$ this implies that

$$\lambda_1(G) \geqslant \lambda_1(G_0) + \tfrac{2}{25}d_i(G)^3 \geqslant (1 + \tfrac{1}{250}d_i(G)^3)\lambda_1(G_0)$$

since

$$\lambda_1(G_0) \leqslant \lambda_1(]0,1[^2) = 2\pi^2 < 20.$$

So let us finally assume that $s \leqslant \frac{1}{5}d_i(G)$. Clearly, $\int u\,\mathrm{d}x \leqslant 1$ since $|G| = 1$ and $\int u^2\,\mathrm{d}x = 1$. Hence

$$\begin{aligned}\int_{\{u>s\}} (u-s)^2\,\mathrm{d}x &= \int_{\{u>s\}} u^2\,\mathrm{d}x - 2s\int_{\{u>s\}} u\,\mathrm{d}x + s^2\int_{\{u>s\}} \mathrm{d}x\\ &\geqslant 1 - \int_{\{u\leqslant s\}} u^2\,\mathrm{d}x - 2s \geqslant 1 - s^2 - 2s \geqslant 1 - \frac{11}{25}d_i(G).\end{aligned}$$

Moreover,

$$\frac{\int_{\{u>s\}} |\nabla s|^2\,\mathrm{d}x}{\int_{\{u>s\}} (u-s)^2\,\mathrm{d}x} \geqslant \lambda_1(\{u>s\}) \geqslant \lambda_1(\{u_0>s\}) = \frac{\lambda_1(G_0)}{|\{u>s\}|} = \frac{\lambda_1(G_0)}{1-\frac{1}{2}d_i(G)}.$$

Thus

$$\lambda_1(G) \geqslant \int_{\{u>s\}} |\nabla u|^2\,\mathrm{d}x \geqslant \frac{1-\frac{11}{25}d_i(G)}{1-\frac{1}{2}d_i(G)}\lambda_1(G_0) \geqslant \left(1 + \frac{1}{20}d_i(G)\right)\lambda_1(G_0).$$

4.2. THEOREM. *Given $n \geqslant 3$, there exist constants $0 < \delta < 1$ and $c' > 0$ such that for every bounded convex open set $G \neq \varnothing$ in $\mathbb{R}^n$ satisfying $d_i(G) < \delta$*

$$\lambda_1(G) \geqslant (1 + c'g(d_i(G)))\lambda_1(G_0)$$

(*g being the function defined in Section 3*).

Proof. Let η, f, and c be as in Section 3. By (5.6) there exists $\delta > 0$ such that $d(G) < \eta$ for every bounded convex open set $G \neq \varnothing$ satisfying $d_i(G) < \delta$. We assume (without loss of generality) that $|G| = 1$.

Choose $0 < s < T$ such that

$$|\{u > s\}| = 1 - \tfrac{1}{2}d_i(G).$$

Then for every $0 < t < s$,

$$\sigma^2(\{u = t\}) \geqslant \sigma^2(\{u_0 = t\})\left(1 + \frac{2}{K}f(d(\{u > t\}))\right)$$

where by (5.2)

$$d(\{u > t\}) \geqslant \frac{r_e(\{u > t\}) - r_i(\{u > t\})}{r_i(\{u > t\})} \geqslant \frac{1}{2}\frac{r_0(G) - r_i(G)}{r_i(G)} = \frac{1}{2}d_i(G),$$

hence

$$\sigma^2(\{u = t\}) \geqslant \sigma^2(\{u_0 = t\})(1 + cf(d_i(G))).$$

Arguing as in the proof of (4.1) we obtain first that

$$\lambda_1(G) \geqslant \lambda_1(G_0) + cf(d_i(G))\frac{s^2}{\frac{1}{2}d_i(G)}$$

and then

$$\lambda_1(G) \geqslant (1 + c'g(d_i(G)))\lambda_1(G_0)$$

where c' is a constant depending on n.

5. Some Properties of Deficiencies

In this section we collect the relations between deficiencies used in the previous sections.

5.1. LEMMA. *Let $U \subset \mathbb{R}^n$ be a bounded open set containing G such that*

$$|U \backslash G| \leqslant n\frac{d_e(G)}{2 + d_e(G)}|G|.$$

Then $d_e(U) \geqslant \frac{1}{2}d_e(G)$.

Proof. Let

$$\beta = \frac{d_e(G)}{2 + d_e(G)}.$$

Clearly

$$|U| = |G| + |U \backslash G| \leqslant |G|(1 + n\beta) \leqslant |G|(1 + \beta)^n,$$

hence $r_0(U) \leqslant r_0(G)(1 + \beta)$ and

$$d_e(U) = \frac{r_e(U)}{r_0(U)} - 1 \geqslant \frac{r_e(G)}{r_0(G)(1 + \beta)} - 1 = \frac{d_e(G) + 1}{1 + \beta} - 1 = \tfrac{1}{2} d_e(G).$$

5.2. LEMMA. *Let U be a non-empty open subset of G such that $|G \backslash U| \leqslant \frac{1}{2} d_i(G)|G|$. Then $r_0(U) - r_i(U) \geqslant \frac{1}{2}(r_0(G) - r_i(G))$.*

Proof. Since $d_i(G) \leqslant 1$, we have

$$|U| = |G| - |G \backslash U| \geqslant |G|(1 - \tfrac{1}{2} d_i(G)) \geqslant |G|(1 - \tfrac{1}{2} d_i(G))^n,$$

hence

$$r_0(U) \geqslant r_0(G)(1 - \tfrac{1}{2} d_i(G)) = \tfrac{1}{2}(r_0(G) + r_i(G)),$$
$$r_0(U) - r_i(U) \geqslant r_0(U) - r_i(G) \geqslant \tfrac{1}{2}(r_0(G) - r_i(G)).$$

5.3. LEMMA. *Let $G \neq \varnothing$ be an open convex set in $\mathbb{R}^n$. Then*

$$\left(\frac{d(G)}{d(G) + 1}\right)^{(n+1)/2} \leqslant n^2 \frac{\omega_n}{\omega_{n-1}} d_e(G).$$

Proof. We may assume that $d_e(G) > 0$. Let $d = d(G), r_e = r_e(G), r_0 = r_0(G), r_i = r_i(G)$. Choose $x \in \mathbb{R}^n$ such that $G \subset B(x, r_e)$. There exists a point $z \in \partial B(x, r_i) \backslash G$. Choose a half space H such that $z \in \partial H$ and $H \cap G = \varnothing$. Then

$$|H \cap B(x, r_e)| \leqslant |B(x, r_e)| - |G|.$$

Clearly

$$|H \cap B(x, r_e)| \geqslant \frac{\omega_{n-1}}{n}(r_e^2 - r_i^2)^{(n-1)/2}(r_e - r_i)$$
$$\geqslant \frac{\omega_{n-1}}{n} r_e^n \left(1 - \frac{r_i}{r_e}\right)^{(n+1)/2} = \frac{\omega_{n-1}}{n} r_e^n \left(\frac{d}{d+1}\right)^{(n+1)/2}$$

and

$$|B(x, r_e)| - |G| = \omega_n(r_e^n - r_0^n) \leqslant \omega_n n r_e^{n-1}(r_e - r_0) \leqslant \omega_n n r_e^n d_e.$$

5.4. REMARKS. 1. The examples $G = \{c \in \mathbb{R}^n : \|x\| < 1, |x_n| < 1 - \varepsilon\}, 0 < \varepsilon < 1$, show that $d_e(G)$ may be of the order $d^{(n+1)/2}(G)$.
2. If G is the interior of the convex hull of $B(0, 1 - \varepsilon)$ and $(\pm 1, 0, \ldots, 0)$ then $d_e(G)$ is of the order $d(G)$.

5.5. LEMMA. *Let G and U be bounded convex open sets in $\mathbb{R}^n$, $\varnothing \neq G \subset U, d(G) \leqslant 1$, $0 < \varepsilon < 1$, and $|U - G| \leqslant (\varepsilon^n / n8^n)|G|$. Then $d(U) \leqslant 2d(G) + \varepsilon$.*

Proof. Let $d = d(U)$, $r_i = r_i(G)$, $r_e = r_e(G)$. There exist $x_i, x_e \in \mathbb{R}^n$ such that $B(x_i, r_i) \subset G \subset B(x_e, r_e)$. We intend to show that $U \subset B(x_i, r_i(1 + 2d + \varepsilon))$, since this implies that

$$r_e(U) \leqslant (1 + 2d + \varepsilon)r_i \leqslant (1 + 2d + \varepsilon)r_i(U)$$

and hence $d(U) \leqslant 2d + \varepsilon$.

Assume on the contrary that U is not contained in $B(x_i, r_i(1 + 2d + \varepsilon))$. Then there exists $x \in U$ such that

$$\|x - x_i\| = r_i(1 + 2d + \varepsilon).$$

Let z denote the point on the line segment L from x to x_i such that $\|x - z\| = \varepsilon r_i$. Let H denote the half space containing x such that $z \in \partial H$ and ∂H is orthogonal to L. Let A be the intersection of H and the convex hull of x and $B(x_i, r_i)$. Then $A \subset U$ and $A \cap G = \varnothing$ since

$$\|y - x_i\| < r_i + 2(r_e - r_i) = r_i(1 + 2d)$$

for every $y \in G$, whereas $\|y - x_i\| \geqslant \|z - x_i\| = r_i(1 + 2d)$ for every $y \in A$. So

$$\frac{\omega_n \varepsilon^n}{n4^{n-1}} r_i^n \leqslant \frac{\omega_n}{n}\left(\frac{\varepsilon r_i}{1 + 2d + \varepsilon}\right)^{n-1} \varepsilon r_i$$

$$\leqslant |A| \leqslant |U \backslash G| \leqslant \frac{\varepsilon^n}{n8^n}|G| \leqslant \frac{\omega_n \varepsilon^n}{n4^n} r_i^n,$$

a contradiction.

Clearly

$$d(G) = \frac{r_e(G)}{r_i(G)} - 1 \geqslant \frac{r_0(G)}{r_i(G)} - 1 = \frac{d_i(G)}{1 - d_i(G)} \geqslant d_i(G).$$

The following lemma shows that $d(G)$ is small if G is convex and $d_i(G)$ is small.

5.6. LEMMA. *Let $G \neq \varnothing$ be a bounded open convex set in $\mathbb{R}^n$. Then*

$$\left(\frac{d(G)}{1 + d(G)}\right)^n \leqslant \frac{n\omega_n}{\omega_{n-1}}\left(\left(\frac{1}{1 - d_i(G)}\right)^n - 1\right).$$

Proof. Let $r_i = r_i(G)$, $r_0 = r_0(G)$, $r_e = r_e(G)$, and $x \in G$ such that $B(x, r_i) \subset G$. There exist $z \in \bar{G}$ such that $|z - x| = r_e$ (since otherwise $G \subset B(x, \rho)$ for some $\rho < r_e$). Let A denote the convex hull of $B(x, r_i) \cup \{z\}$. Then $A \backslash \{z\} \subset G$, hence

$$\omega_n r_0^n = |G| \geqslant \omega_n r_i^n + \frac{\omega_{n-1}}{n} s^{n-1}(r_e - r_i),$$

where $s \geqslant r_i/r_e(r_e - r_i)$. So

$$\omega_n\left(\left(\frac{r_0}{r_i}\right)^n - 1\right) \geqslant \frac{\omega_{n-1}}{n}\left(1 - \frac{r_i}{r_e}\right)^{n-1}\left(\frac{r_e}{r_i} - 1\right) \geqslant \frac{\omega_{n-1}}{n}\left(1 - \frac{r_i}{r_e}\right)^n$$

implying the lemma.

References

1. Andrievskii, V., Hansen, W., and Nadirashvili, N.: Isoperimetric inequalities for capacities in the plane, *Math. Ann.* **292** (1992), 191–195.
2. Bonnesen, T.: Über das isoperimetrische Defizit ebener Figuren, *Math. Ann.* **91** (1924), 252–268.
3. Caffarelli, L. A., and Friedman, A.: Convexity of solutions of semilinear elliptic equations, *Duke Math. J.* **52** (1985), 431–456.
4. Caffarelli, L. A., and Spruck, J.: Convexity properties of solutions of some classical variational problems, *Comm. Part. Diff. Equ.* **7** (1982), 1337–1379.
5. Fuglede, B.: Stability in the isoperimetric problem for convex or nearly spherical domains in $\mathbb{R}^n$, *Trans. Amer. Math. Soc.* **314** (1989), 619–638.
6. Fuglede, B.: Bonnensen's inequality for the isopermetric deficiency of closed curves in the plane, *Geom. Dedicata* **38** (1991), 283–300.
7. Hansen, W., and Nadirashvili, N.: Isoperimetric inequalities for capacities, in *Conference on Harmonic Analysis and Discrete Potential Theory, Frascati, July 1-10, 1991*, Plenum Press, New York.
8. Hayman, W.: Strict isoperimetric inequalities and asymmetry, *Proceedings of the International Conference on Potential Theory 1990, Nagoya*, to appear.
9. Kawohl, B.: Rearrangement and convexity of level sets in PDE, *Springer Lecture Notes in Math.* **1150** (1985).
10. Korevaar, N. J.: Convex solutions to nonlinear elliptic and parabolic value problems, *Indiana Univ. Math. J.* **32** (1983), 603–614.
11. Lewis, J.: Capacitary functions in convex rings, *Arch. Ration. Mech. Anal.* **66** (1977), 201–224.
12. Payne, L. E.: Isoperimetric inequalities and their applications, *SIAM Review* **9** (1967), 453–488.
13. Pólya, G., and Szegö, G.: Inequalities for the capacity of a condenser, *Amer. J. Math.* **67** (1945), 1–32.

Potential Analysis **3**: 15–45, 1994.

Comparaison des semi-groupes et des résolvantes d'ordre α associés à des opérateurs différentiels de type divergence*

MOHAMED SELMI
Université de Tunis – II, Faculté des Sciences de Tunis, Campus Universitaire, 1060 Tunis, Tunisie.

(Reçu: 27 novembre 1991; accepté: 21 septembre 1992)

Abstract. We prove that the densities of the semi-groups of order α, $0 < \alpha < 1$ associated with differential operators of second order and of divergence type, and the density of Riesz semi-groups of order α are comparables.

We give a necessary and sufficient condition such that the semi-group of order α and its resolvent family and their perturbated with a nonnegative and regular Radon measure are comparables.

When $\alpha = 1$, we prove that the semi-group of brownian motion and its perturbated with a radial and nonnegative measure are comparables if and only if the measure generates a bounded potential, but the result is not true if the measure is not radial.

Mathematics Subject Classifications (1991). 31B35, 35P05, 47F05.

Key words. Resolvents, comparable semi-groups, perturbed Green functions, exact regular measure.

1. Introduction

Nous considérons la famille d'opérateurs différentiels du second ordre de type divergence à coefficients mesurables et uniformément elliptiques sur $\mathbb{R}^n$ ($n \geqslant 1$).

Pour un opérateur de cette famille nous notons par $p(t, x, y)$ la densité du semi-groupe associé, G la fonction de Green et V le noyau potentiel associés. Les lettres indexés par 0 désignent les éléments correspondants à l'opérateur de Laplace Δ. Les lettres qui portent l'exposant α désignent les éléments correspondants à l'opérateur $(-L)^\alpha$ obtenu à partir de L au moyen de la subordination au sens de Böchner.

Dans [2], [7] et [8] les auteurs ont démontré qu'il existe $c = c(n, \lambda)$ telle que:

$$\frac{1}{C^{n/2+1}} p_0(t/c, x, y) \leqslant p(t, x, y) \leqslant C^{n/2+1} p_0(ct, x, y)$$

pour tout $t > 0$, $x, y \in \mathbb{R}^n$.

Les principaux résultats de ce travail sont les suivants.

* Ce travail est soutenu par la Fondation Nationale pour la Recherche Scientifique.

Nous démontrons qu'il existe $c = c(n, \lambda, \alpha)$ telle que:

$$\frac{1}{C} p_0^\alpha(t, x, y) \leqslant p^\alpha(t, x, y) \leqslant C p_0^\alpha(t, x, y)$$

pour tout $t > 0$, $x, y \in \mathbb{R}^n$.

Nous démontrons aussi que le semi-groupe associé à $(-L)^\alpha$ et son perturbé par une mesure de Radon positive régulière exacte sont comparables si et seulement si $G^\alpha \mu$ est borné.

Nous terminons ce travail par l'étude du cas limite $\alpha = 1$.

Nous démontrons que le semi-groupe du mouvement brownien et son perturbé par une mesure de Radon positive régulière exacte radiale sont comparables si et seulement si $G_0 \mu$ est borné.

Mais si μ n'est pas radiale ce dernier résultat n'est pas en général vrai. Pour cela nous donnons un contre-exemple de fonction ϕ dont le potentiel de Newton associé est borné mais le semi-groupe du mouvement brownien et son perturbé par φ ne sont pas comparables pour $(n \geqslant 4)$.

Je remercie Monsieur le Professeur W. Hansen pour les discussions trés fructueuses que j'ai eues avec lui et pour l'intérêt et le soin qu'il a portés pour que ce travail puisse voir le jour.

Nous nous donnons la famille $\mathscr{L}(\mathbb{R}^n, \lambda)$ des opérateurs différentiels du second ordre de type divergence à coefficients mesurables sur $\mathbb{R}^n$ $(n \geqslant 1)$ définis par $L \in \mathscr{L}(\mathbb{R}^n, \lambda)$

$$L = \sum_{i,j=1}^{n} \frac{\partial}{\partial x_i}\left(a_{ij}(x)\frac{\partial}{\partial x_j}\right).$$

Nous supposons que la matrice associée $a(x) = (a_{ij}(x))_{1 \leqslant i,j \leqslant n}$ est symétrique ($a_{ij}(x) = a_{ji}(x)$ pour tout $1 \leqslant i,j \leqslant n$ et tout $x \in \mathbb{R}^n$) et que L est uniformément elliptique sur $\mathbb{R}^n$:

$$\lambda|\xi|^2 \leqslant \sum_{i,j=1}^{n} a_{ij}(x)\xi_i\xi_j \leqslant \lambda^{-1}|\xi|^2 \quad \text{pour tout } x, \xi \in \mathbb{R}^n.$$

Pour $L \in \mathscr{L}(\mathbb{R}^n, \lambda)$, nous notons par G la fonction de Green de L sur $\mathbb{R}^n \times \mathbb{R}^n$ et par V le noyau de densité G (quand les expressions existent).

G_0 désigne la fonction de Green de Δ sur $\mathbb{R}^n \times \mathbb{R}^n$ et V_0 le noyau de densité G_0 (quand les expressions existent).

DÉFINITION 1. Soit $L_1, L_2 \in \mathscr{L}(\mathbb{R}^n, \lambda)$. Soient G^1, G^2 les fonctions de Green de L_1 resp. (L_2). Nous dirons que G^1 et G^2 sont comparables s'il existe une constante $c > 0$ telle que

$$\frac{1}{c}G^1 \leqslant G^2 \leqslant cG^1.$$

DÉFINITION 2. [13]. Soit μ une mesure de Radon positive sur $\mathbb{R}^n$. On dit que μ est L exacte s'il existe un unique noyau ${}^{\mu}V$ qui vérifie $Vf = {}^{\mu}Vf + G({}^{\mu}Vf\mu)$.

REMARQUE 1. *Soit μ une mesure de Radon. Alors μ est Δ exacte si et seulement si μ est L exacte pour tout $L \in \mathscr{L}(\mathbb{R}^n, \lambda)$.*

Démonstration. L'équivalence découle du fait que G et G_0 sont comparables sur $\mathbb{R}^n \times \mathbb{R}^n$.

Pour $L \in \mathscr{L}(\mathbb{R}^n, \lambda)$ et μ une mesure régulière L exacte, on considère le noyau ${}^{\mu}V$ perturbé de V par μ et ${}^{\mu}G$ la fonction de Green associée a ${}^{\mu}V$ qui n'est autre que la fonction de Green de $L - \mu$.

DÉFINITION 3. Soient $L \in \mathscr{L}(\mathbb{R}^n, \lambda)$ et μ une mesure de Radon positive sur $\mathbb{R}^n$. On dit que μ est régulière si μ ne charge pas les semi-polaires de $\mathbb{R}^n$ associés à la structure harmonique définie par L.

THÉORÈME 1. *Soient $L \in \mathscr{L}(\mathbb{R}^n, \lambda)$ et μ une mesure L régulière exacte sur $\mathbb{R}^n$. Alors les fonctions de Green G et ${}^{\mu}G$ sont comparables si et seulement si $G\mu$ est borné.*

Démonstration. Nous savons d'après [2], [7] et [8] que les fonctions G et G_0 sont comparables. D'autre part nous savons d'après [13] que les fonctions G et ${}^{\mu}G$ sont comparables si et seulement s'il existe une constante $c > 0$ telle que

$$\int_{\mathbb{R}^n} G(x,z)G(z,y)\,\mathrm{d}\mu(z) \leqslant cG(x,y) \quad \text{pour tout } x, y \in \mathbb{R}^n$$

ce qui est équivalent d'après [13], [16] au fait que $G\mu$ est bornée.

Nous allons nous intéresser maintenant aux noyaux de Riesz d'ordre α $0 < \alpha < 1$ associés à la famille $\mathscr{L}(\mathbb{R}^n, \lambda)$.

Nous savons d'après [5], [18] qu'il existe un unique semi-groupe $(\eta_{t,\alpha})_{t>0}$ de mesures de convolution sur $]0, \infty[$ qui vérifie

$$\int_0^\infty e^{-\lambda a}\,\mathrm{d}\eta_{t,\alpha}(\lambda) = e^{-ta^\alpha}$$

pour tout $a > 0$, $t > 0$, $0 < \alpha < 1$.

C'est un semi-groupe de mesures à densités par rapport à la mesure de Lebesgue sur $]0, \infty[$. Si on note $f_{t,\alpha}(\lambda)$ la densité de $\eta_{t,\alpha}$ nous avons d'après [18]:

$$f_{t,\alpha}(\lambda) = \frac{1}{\pi}\int_0^\infty \exp(\lambda r\cos\theta - tr^\alpha\cos\alpha\theta)\sin(\lambda r\sin\theta - tr^\alpha\sin\alpha\theta + \theta)\,\mathrm{d}r$$

où θ est compris entre $\pi/2$ et π et

$$f_{t,\alpha}(\lambda) > 0 \quad \forall t > 0 \quad \forall \alpha \quad 0 < \alpha < 1 \quad \forall \lambda > 0.$$

Pour $L \in \mathscr{L}(\mathbb{R}^n, \lambda)$ nous notons par $\mathbb{P}$ le semi-groupe associé, par $p(t, x, y)$ la densité de $\mathbb{P}$, par $\mathbb{P}_0$ le semi-groupe associé à Δ et par $p_0(t, x, y)$ la densité de $\mathbb{P}_0$.

Nous savons aussi d'après [2], [7] et [8] qu'il existe une constante $c > 0$ telle que:

$$\frac{1}{c^{n/2+1}} p_0\left(\frac{t}{c}, x, y\right) \leqslant p(t, x, y) \leqslant c^{n/2+1} p_0(ct, x, y) \tag{*}$$

pour tout $t > 0$, $x, y \in \mathbb{R}^n$.

Soient $L \in \mathscr{L}(\mathbb{R}^n, \lambda)$ et $\alpha \in \mathbb{R}$, $0 < \alpha < 1$. Nous pouvons d'après [18] associer au semi-groupe $\mathbb{P}$ le semi-groupe d'ordre α noté $\mathbb{P}^\alpha$ au moyen de la subordination au sens de Böchner définie par:

$$P_t^\alpha g(x) = \int_0^\infty P_s g(x) \eta_{t,\alpha}(\mathrm{d}s) = \int_0^\infty P_s g(x) f_{t,\alpha}(s)\, \mathrm{d}s$$

pour g mesurable bornée.

Si on note $p^\alpha(t, x, y)$ la densité de $\mathbb{P}^\alpha$ nous avons:

$$p^\alpha(t, x, y) = \int_0^\infty p(s, x, y) f_{t,\alpha}(s)\, \mathrm{d}s$$

$\mathbb{P}^\alpha$ est un semi-groupe holomorphe dont le générateur infinitesimal est d'après [18]: $(-L)^\alpha$.

Pour $L \in \mathscr{L}(\mathbb{R}^n, \lambda)$, $0 < \alpha < 1$, on note par V^α le noyau potentiel associé à $\mathbb{P}^\alpha$ et par G^α la fonction de Green associée.

LEMME 1. *Soit $\alpha \in]0, 1[$, il existe une constante $c = c(n, \lambda, \alpha)$ telle que pour $n \geqslant 1$ on ait*

$$\frac{1}{c} G_0^\alpha \leqslant G^\alpha \leqslant c G_0^\alpha$$

pour tout $L \in \mathscr{L}(\mathbb{R}^n, \lambda)$.

Démonstration. Nous avons d'après (*):

$$\frac{1}{c^{n/2+1}} P_0\left(\frac{s}{c}, x, y\right) \leqslant P(s, x, y) \leqslant c^{n/2+1} P_0(cs, x, y) \quad \text{pour tout } s > 0, \text{ tout } x, y \in \mathbb{R}^n.$$

On multiplie cette inégalité par $f_{t,\alpha}(s)$ et on intègre sur $]0, \infty[$, nous obtenons en utilisant [11], [14]:

$$\frac{1}{c^{n/2+1}} \int_{\mathbb{R}^n} e^{-c^\alpha t|\xi|^{2\alpha} + i\langle x-y, \xi\rangle} \mathrm{d}\xi \leqslant p^\alpha(t, x, y) \leqslant c^{n/2+1} \int_{\mathbb{R}^n} e^{-t/c^\alpha|\xi|^{2\alpha} + i\langle x-y, \xi\rangle} \mathrm{d}\xi,$$

On intégre par rapport à t sur $]0, \infty[$ en utilisant le théorème de Fubini et le changement de variables $s = c^\alpha/t$ dans l'intégrale à gauche et $s = t/c^\alpha$ dans l'intégrale à droite nous aurons alors:

$$\frac{1}{c^{n/2+1-\alpha}} G_0^\alpha(x, y) \leqslant G^\alpha(x, y) \leqslant c^{n/2+1-\alpha} G_0^\alpha(x, y)$$

soit encore pour tout $x, y \in \mathbb{R}^n$:

$$\frac{1}{c^{n/2+1-\alpha}} \frac{1}{|x-y|^{n-2\alpha}} \leqslant G^\alpha(x, y) \leqslant c^{n/2+1-\alpha} \frac{1}{|x-y|^{n-2\alpha}}.$$

Remarquons enfin que $c = c(n, \lambda, \alpha)$.

Soit μ une mesure $(-L)^\alpha$ régulière exacte, on désigne par ${}^\mu G^\alpha$ la fonction de Green du noyau associé à $(-L)^\alpha + \mu$.

THÉORÈME 2. *Soient $L \in \mathscr{L}(\mathbb{R}^n, \lambda)$, $0 < \alpha < 1$ et μ une mesure $(-L)^\alpha$ régulière exacte. Alors les fonctions de Green G^α et ${}^\mu G^\alpha$ sont comparables si et seulement si $G^\alpha\mu$ est borné.*

Démonstration. Comme μ est $(-L)^\alpha$ régulière et exacte, la fonction ${}^\mu G_\alpha$ est bien définie et nous avons $V^\alpha f = {}^\mu V^\alpha f + G^\alpha[({}^\mu V^\alpha f)\mu]$ pour f mesurable positive bornée.

Par suite d'après [13], [16] les fonctions G^α et ${}^\mu G^\alpha$ sont comparables si et seulement s'il existe une constante $k > 0$ telle que

$$\int_{\mathbb{R}^n} G^\alpha(x, z) G^\alpha(z, y)\, d\mu(z) \leqslant k G^\alpha(x, y) \quad \text{pour tout } x, y \in \mathbb{R}^n$$

or nous avons d'après [16]:

$$\begin{aligned} G^\alpha(x, z) G^\alpha(z, y) &\leqslant c^{n+2-2\alpha} G_0^\alpha(x, z) G_0^\alpha(z, y) \leqslant 2^{n-2\alpha} c^{n+2-2\alpha} G_0^\alpha(x, y)[G_0^\alpha(x, z) + G_0^\alpha(y, z)] \\ &\leqslant 2^{n-2\alpha} c^{2(n+2-2\alpha)} G^\alpha(x, y)[G^\alpha(x, z) + G^\alpha(y, z)]. \end{aligned}$$

Ce qui entraine:

$$\int_{\mathbb{R}^n} G^\alpha(x, z) G^\alpha(z, y)\, d\mu(z) \leqslant 2^{n-2\alpha} c^{2(n+2-2\alpha)} G^\alpha(x, y) \int_{\mathbb{R}^n} [G^\alpha(x, z) + G^\alpha(y, z)]\, d\mu(z).$$

Il en résulte d'après [13], [16] que si $G^\alpha\mu$ est bornée alors G^α et ${}^\mu G^\alpha$ sont comparables. La condition $G^\alpha\mu$ borné est nécessaire d'après [13] car 1 est $(-L^\alpha)$ excessive.

Soit $L \in \mathscr{L}(\mathbb{R}^n, \lambda)$, $\alpha \in]0, 1[$, on note par G_p^α la densité de la résolvante $\mathbb{V}^\alpha = (V_p^\alpha)_{p \geqslant 0}$.

LEMME 2. *Soit $\alpha \in]0, 1[$, il existe $c = c(\eta, \lambda, \alpha)$ tel que pour tout $L \in \mathscr{L}(\mathbb{R}^n, \lambda)$ et pour tout $p \geqslant 0$ on ait pour tout $x, y, z \in \mathbb{R}^n$*

$$G_p^\alpha(x, z) G_p^\alpha(z, y) \leqslant c G_p^\alpha(x, y)[G_p^\alpha(x, z) + G_p^\alpha(z, y)].$$

Démonstration. Si on note par $p^{\alpha}(t, x, y)$ la densité du semi-groupe associé à $(-L)^{\alpha}$ nous avons l'inégalité:

$$\frac{1}{c^{1+n/2}} p_0\left(\frac{s}{c} x, y\right) \leqslant p(t, x, y) \leqslant c^{n/2+1} p_0(cs, x, y) \quad \forall s > 0 \quad \forall x, y \in \mathbb{R}^n.$$

On multiplie par $e^{-pt} f_{t,\alpha}$ et on intégre sur $[0, \infty[$. Nous obtenons en utilisant le théorème de Fubini:

$$\frac{1}{c^{n/2+1}} \int_{\mathbb{R}^n} \int_0^{\infty} e^{i(x-y|\xi) - pt - C^{\alpha} t |\xi|^{2\alpha}} \mathrm{d}t \, \mathrm{d}\xi \leqslant G_p^{\alpha}(x, y)$$

$$\leqslant c^{1+n/2} \int_{\mathbb{R}^n} \int_0^{\infty} e^{i(x-y|\xi) - pt - t/C^{\alpha} |\xi|^{2\alpha}} \mathrm{d}t \, \mathrm{d}\xi$$

Nous utilisons les changements de variables $s = c^{\alpha} t$ dans l'expression à gauche et $s = t/c^{\alpha}$ dans l'expression à droite. Nous obtenons:

$$\frac{1}{c^{n/2+1-\alpha}} (G_0^{\alpha})_{pc^{\alpha}}(x, y) \leqslant G_p^{\alpha}(x, y) \leqslant c^{1/2+1-\alpha} (G_0^{\alpha})_{p/c^{\alpha}}(x, y) \quad \text{pour tout } x, y \in \mathbb{R}^n.$$

D'autre part d'après [16] les fonctions de Green $(G_0^{\alpha})_{pc^{\alpha}}$ et $(G_0^{\alpha})_{p/c^{\alpha}}$ sont comparables: il existe $c = c(n, \alpha)$ telle que

$$(G_0^{\alpha})_{pc^{\alpha}} \leqslant (G_0^{\alpha})_{p/c^{\alpha}} \leqslant c(n, \alpha)(G_0^{\alpha})_{pc^{\alpha}}.$$

En effet: soient $0 < a < b$ alors les fonctions de Green $(G_0^{\alpha})_{ap}$ et $(G_0^{\alpha})_{bp}$ sont uniformément comparables par rapport à p car nous avons:

$$(G_0^{\alpha})_{ap} = (G_0^{\alpha})_{bp} + ap(V_0^{\alpha})_{ap}\left[\left(\frac{b}{a} - 1\right)(G_0^{\alpha})_{bp}\right] \tag{1}$$

et d'après [16] nous avons:

$$(G_0^{\alpha})_{ap}(x, z)(G_0^{\alpha})_{ap}(z, y) \leqslant \frac{2^{n+2\alpha}}{\sin^2(\alpha\pi)} (G_0^{\alpha})_{ap}(x, y)[(G_0^{\alpha})_{ap}(x, z) + (G_0^{\alpha})_{ap}(z, y)] \tag{2}$$

ce qui entraine que:

$$ap(V_0^{\alpha})_{ap}\left[\left(\frac{b}{a} - 1\right)(G_0^{\alpha})_{ap}\right] \leqslant ap(V_0^{\alpha})_{ap}\left[\left(\frac{b}{a} - 1\right)(G_0^{\alpha})_{ap}\right] \leqslant \frac{2^{n+2\alpha+1}}{\sin^2(\alpha\pi)} \left(\frac{b}{a} - 1\right)(G_0^{\alpha})_{ap}.$$

Par suite si $k = [2^{n+2\alpha+1}/\sin^2(\alpha\pi)](b/a - 1) < 1$ nous obtenons que:

$$(1 - k)(G_0^{\alpha})_{ap} \leqslant (G_0^{\alpha})_{bp} = (G_0^{\alpha})_{ap+(b/a-1)ap}$$

soit encore $(1 - k)(G_0^{\alpha})_{ap} \leqslant (G_0^{\alpha})_{ap+[k(\sin^2\alpha\pi)/(2^{n+2\alpha+1})]ap}$.

Soit $v = 1/k(1 + b/a)2^{n+2\alpha+1}/\sin^2(\alpha\pi)$ nous avons d'après [12], [13] et [16]:

$$(1 - k)^y (G_0^\alpha)_{ap} \leqslant (G_0^\alpha)_{ap} + k \cdot v \frac{\sin^2(\alpha\pi)}{2^{n+2\alpha-1}} ap = (G_0^\alpha)_{bp}$$

ce qui démontre que $(G_0^\alpha)_{ap}$ et $(G_0^\alpha)_{bp}$ sont uniformément comparables pour tout $p > 0$. Il existe alors une constante $c = c(n, \alpha, c)$ telle que

$$\frac{1}{c}(G_0^\alpha)_{pc^\alpha}(x, y) \leqslant G_p^\alpha(x, y) \leqslant c(G_0^\alpha)_{pc^\alpha}(x, y).$$

Il suffit donc de démontrer le Lemme 2 pour $L = \Delta$. Or nous avons d'après [16]

$$(G_0^\alpha)_{pc^\alpha}(x, z)(G_0^\alpha)_{pc^\alpha}(z, y) \leqslant \frac{2^{n+2\alpha}}{\sin^2(\alpha\pi)}(G_0^\alpha)_{pc^\alpha}(x, y)[(G_0^\alpha)_{pc^\alpha}(x, z) + (G_0^\alpha)_{pc^\alpha}(z, y)]$$

pour tout $x, y, z \in \mathbb{R}^n$, ce qui démontre le Lemme 2.

THÉORÈME 3. *Soient* $L \in \mathscr{L}(\mathbb{R}^n, \lambda)$, $0 < \alpha < 1 \mu$ *une mesure* $(-L)^\alpha$ *régulière exacte. Alors pour tout* $p > 0$ *les fonctions de Green* G_p^α *et* $({}^\mu G^\alpha)_p$ *sont comparables si et seulement si* $G_p^\alpha \mu$ *est borné. En particulier les résolvantes associées à* $(-L)^\alpha$ *et* $(-L^\alpha) + \mu$ *sont comparables si et seulement si* $G^\alpha \mu$ *est borné.*

Démonstration. Soit $p > 0$, d'après [12], [13] et [16] les fonctions de Green G_p^α et $({}^\mu G^\alpha)_p$ sont comparables si et seulement s'il existe une constante $k > 0$ telle que

$$\int_{\mathbb{R}^n} G_p^\alpha(x, z) G_p^\alpha(z, y) \mu(\mathrm{d}z) \leqslant k G_p^\alpha(x, y) \quad \text{pour tout } x, y \in \mathbb{R}^n.$$

Or d'après le Lemme 2 qui précède nous avons:

$$\int_{\mathbb{R}^n} G_p^\alpha(x, z) G_p^\alpha(z, y)\, \mathrm{d}\mu(z) \leqslant c G_p^\alpha(x, y) \int_{\mathbb{R}^n} [G_p^\alpha(x, z) + G_p^\alpha(y, z)]\, \mathrm{d}\mu(z)$$

par suite si $\int_{\mathbb{R}^n} G_p^\alpha(x, z)\, \mathrm{d}\mu(z)$ est bornée les noyaux de Green G_p^α et $({}^\mu G^\alpha)_p$ sont comparables.

La condition $G_p^\alpha \mu$ bornée est nécessaire d'après [13] car 1 est $(-L)^\alpha + p$ surmédiane.

En particulier si $G^\alpha \mu$ est borné, alors pour tout $p > 0$, $G_p^\alpha \mu$ est borné ce qui entraine que $(G_p^\alpha)_{p>0}$ et $({}^\mu G_p^\alpha)_{p>0}$ sont comparables (i.e.: il existe $c > 0$ telle que $G_p^\alpha \leqslant c({}^\mu G^\alpha)_p$ pour tout $p > 0$). Ce qui prouve que les résolvantes associées à $(-L)^\alpha$ et $(-L)^\alpha + \mu$ sont comparables.

La condition $G^\alpha \mu$ borné est évidemment nécessare d'après la première partie de la démonstration de ce théorème pour $p = 0$.

COMPORTEMENT DE LA DENSITÉ DU SEMI-GROUPE DE RIESZ D'ORDRE α ASSOCIÉ À $(-\Delta)^\alpha$ SUR $\mathbb{R}^n$

Nous savons que la densité du semi-groupe de Riesz d'ordre α associé à $(-\Delta)^\alpha$ sur

$\mathbb{R}^n$ est donnée d'après [11], [14] par:

$$p_0^\alpha(t,x,y) = \int_{\mathbb{R}^n} e^{-t|\xi|^{2\alpha} + i(x-y|\xi)}\,\mathrm{d}\xi \quad \text{pour tout } t>0, \quad x,y \in \mathbb{R}^n$$
$$= p_0^\alpha(t, x-y, 0).$$

On note encore $p_0^\alpha(t,x) = \int_{\mathbb{R}^n} e^{-t|\xi|^{2\alpha}+i(x|\xi)}\,\mathrm{d}\xi$.

C'est une fonction radiale, elle est strictement positive décroissante: ceci est immédiat si on écrit $p_0^\alpha(t,x) = \int_0^\infty p_0(s,x)\eta_{t,\alpha}(s)\,\mathrm{d}s$ avec $\eta_{t,\alpha} \geqslant 0$. On pose $\zeta = t^{1/2\alpha}\xi$, on obtient:

$$p_0^\alpha(t,x) = \frac{1}{t^{n/2\alpha}} \int_{\mathbb{R}^n} e^{-|\zeta|^{2\alpha} + i(x/t^{1/2\alpha}|\zeta)}\,\mathrm{d}\zeta.$$

On pose

$$a = \frac{x}{t^{1/2\alpha}} \quad \text{et } \phi_\alpha(a) = \int_{\mathbb{R}^n} e^{-|\zeta|^{2\alpha} + i(a|\zeta)}\,\mathrm{d}\zeta$$

on a alors:

$$p_0^\alpha(t,x) = \frac{1}{t^{n/2\alpha}} \phi_\alpha\left(\frac{x}{t^{1/2\alpha}}\right)$$

ϕ_α est positive, radiale, décroissante et continue sur $\mathbb{R}^n$.

LEMME 3. *Nous avons*:

(1)
$$\phi_\alpha(a) \simeq \frac{\pi^{n/2}\Gamma\left(\dfrac{n}{2\alpha}\right)}{2\alpha\Gamma\left(\dfrac{n}{2}+1\right)}$$

quand $|a|$ *tend vers* 0.

(2)
$$\phi_\alpha(a) \simeq \frac{2^{2\alpha}\sin\alpha\pi}{\pi^{n+2/2}} \Gamma\left(\frac{n+2\alpha}{2}\right)\Gamma(\alpha+1)\frac{1}{|a|^{n+2\alpha}}$$

quand $|a|$ *tend vers* $+\infty$.

Démonstration. (1) D'après le théorème de convergence de Lebesgue nous avons:

$$\lim_{|a|\to 0} \phi_\alpha(a) = \lim_{|a|\to 0} \int_{\mathbb{R}^n} e^{-|\xi|^{2\alpha}+i(a|\xi)}\,\mathrm{d}\xi = \int_{\mathbb{R}^n} e^{-|\xi|^{2\alpha}}\,\mathrm{d}\xi = v_n \int_0^\infty r^{n-1}e^{-r^{2\alpha}}\,\mathrm{d}r = \frac{v_n}{2\alpha}\Gamma\left(\frac{n}{2\alpha}\right)$$

où v_n est les volume de la boule unité de $\mathbb{R}^n \cdot v_n = [\pi^{n/2}/\Gamma(n/2+1)]$. Ce qui démontre (1).

(2) Comportement de $\phi_\alpha(a)$ au voisinage de $+\infty$. Nous allons nous servir de la formule donnée dans [18] qui peut s'obtenir en faisant recours au changement de variables en coordonnées polaires dans $\mathbb{R}^n$

$$p_0^\alpha(t,x) = \frac{4}{(4\pi)\dfrac{n+2}{2}} \int_0^\infty \int_0^\infty s^{(1-n/2)-1} e^{-|x|^2/4s} e^{-tu^\alpha \cos(\alpha\pi/2)} \cos\left(su - tu^\alpha \sin\left(\frac{\alpha\pi}{2}\right)\right) \mathrm{d}s\,\mathrm{d}u$$

$$= \frac{2|x|^{1-n/2}}{(2\pi)^{(n+2)/2}} \int_0^\infty u^{1/2(n/2-1)} [\text{Ré } e^{i(\pi/4)(n/2-1)} e^{-tu^\alpha e^{-i(\alpha\pi)/2}} K_{n/2-1}(|x|u^{1/2}e^{i\pi/4})]\,\mathrm{d}u$$

où $K_{n/2-1}$ est la fonction de Macdonald.

On fait le changement de variable $v = |x|u^{1/2}$, on obtient:

$$p_0^\alpha(t,x) = \text{Ré} \frac{4}{(2\pi)\dfrac{n+2}{2}} \frac{1}{|x|^n} \int_0^\infty v^{n/2} e^{i(\pi/4)(n/2-1)} e^{-t(v^{2\alpha}/|x|^{2\alpha})} e^{-i(\alpha\pi/2)} K_{n/2-1}(ve^{i(\pi/4)})\,\mathrm{d}v$$

ce qui permet d'écrire:

$$\phi_\alpha(a) = \text{Ré} \frac{4}{(2\pi)\dfrac{n+2}{2}} \cdot \frac{1}{|a|^n} \int_0^\infty v^{n/2} e^{i(\pi/4)(n/2-1)} e^{-(v^{2\alpha}/|a|^{2\alpha}) e^{-i(\alpha\pi)/2}} K_{n/2-1}(ve^{i\pi/4})\,\mathrm{d}v$$

On fait le développement de

$$e^{-(v^{2\alpha}/|a|^{2\alpha})e^{i(\alpha\pi/2)}}$$

par rapport à v et on intégre terme à terme nous obtenons

$$\phi_\alpha(a) \simeq \text{Ré} \frac{-4}{(2\pi)\dfrac{n+2}{2}} \frac{1}{|a|^{n+2\alpha}} e^{+i(\pi/4)(n/2-1) - i\alpha(\pi/2)} \int_0^\infty v^{n/2+2\alpha} K_{n/2-1}(ve^{i(\pi/4)})\,\mathrm{d}v$$

$$= \frac{2^{2\alpha}\sin(\alpha\pi)}{\pi^{n+2/2}} \Gamma(\alpha+1)\Gamma\left(\frac{n+2\alpha}{2}\right) \frac{1}{|a|^{n+2\alpha}}.$$

Ce qui démontre (2).

THÉORÈME 4. *Soit* $\alpha \in]0,1[$ $\exists c = c(n,\lambda,\alpha)$ *telle que pour tout* $L \in \mathscr{L}(\mathbb{R}^n, \lambda)$ *on ait:*

$$\frac{1}{c} p_0^\alpha(t,x,y) \leqslant p^\alpha(t,x,y) \leqslant c p_0^\alpha(t,x,y) \quad \textit{pour tout } t > 0 \quad x, y \in \mathbb{R}^n.$$

Démonstration. Nous avons d'après [2], [7], [8]:

$$\frac{1}{c^{1+n/2}} p_0\left(\frac{t}{c}, x, y\right) \leqslant p(t, x, y) \leqslant c^{1+n/2} p_0(ct, x, y)$$

ce qui nous donne d'après ce qui précède:

$$\frac{1}{c^{n/2+1-\alpha}} p_0^\alpha\left(\frac{t}{c^\alpha}, x, y\right) \leqslant p^\alpha(t, x, y) \leqslant c^{n/2+1-\alpha} p_0^\alpha(c^\alpha t, x, y).$$

Il suffit alors de montrer que $p_0^\alpha(t/c^\alpha, x, y)$ et $p_0^\alpha(c^\alpha t, x, y)$ sont comparables ce qui revient à montrer que $\phi_\alpha(c^\alpha a)$ et $\phi_\alpha(a/c^\alpha)$ sont comparables. Or d'après le Lemme 3 nous avons:

$$\phi_\alpha\left(\frac{a}{c^\alpha}\right) \simeq \phi_\alpha(c^\alpha a) \simeq \frac{v_n}{2\alpha}\Gamma\left(\frac{n}{2\alpha}\right)$$

quand $|a|$ tend vers 0

$$\phi_\alpha\left(\frac{a}{c^\alpha}\right) \simeq k\frac{c^{\alpha(n+2\alpha)}}{|a|^{n+2\alpha}}, \phi_\alpha(c^\alpha a) \simeq \frac{k}{c^{\alpha(n+2\alpha)}}\frac{1}{|a|^{n+2\alpha}} \quad \text{avec } k > 0$$

quand $|a|$ tend vers $+\infty$, il s'en suit qu'il existe $c = c(n, \alpha, c)$ telle que

$$c^{-1} p_0^\alpha(t, x, y) \leqslant p_0^\alpha(c^\alpha t, x, y) \leqslant c p_0^\alpha(t, x, y) \quad \text{pour tout } x, y \in \mathbb{R}^n,\ t > 0$$

ce qui démontre le Théorème 4.

LEMME 4. *Soit* $\alpha \in]0, 1[$, *il existe* $c = c(n, \lambda, \alpha)$ *telle que pour tout* $L \in \mathscr{L}(\mathbb{R}^n, \lambda)$ *la densité* p^α *du semi-groupe d'ordre* α *associé à* $(-L)^\alpha$ *vérifie*:

$$p^\alpha(s, x, z)p^\alpha(t-s, z, y) \leqslant c p^\alpha(t, x, y)[p^\alpha(s, x, y) + p^\alpha(t-s, z, y)]$$

pour tout $0 < s < t$ *et* $x, y, z \in \mathbb{R}^n$.

Démonstration. D'après le Théorème 4 précédent, il suffit de démontrer le résultat pour $L = \Delta$. Pour des raisons de symétrie, il suffiit de démontrer le résultat pour $0 < s \leqslant t/2$.

En utilisant la propriété $p_0^\alpha(t, x) = 1/t^{n/2\alpha}\phi_\alpha(x/t^{1/2\alpha})$, il suffit de démonstrer qu'il existe $c > 0$ telle que:

$$\frac{\left(\dfrac{1}{s(t-s)}\right)^{n/2\alpha} \phi_\alpha\left(\dfrac{x-z}{s^{1/2\alpha}}\right)\phi_\alpha\left(\dfrac{z-y}{(t-s)^{1/2\alpha}}\right)}{\dfrac{1}{s^{n/2\alpha}}\phi_\alpha\left(\dfrac{x-z}{s^{1/2\alpha}}\right) + \dfrac{1}{(t-s)^{n/2\alpha}}\phi_\alpha\left(\dfrac{z-y}{(t-s)^{1/2\alpha}}\right)} \leqslant c \cdot \frac{1}{t^{n/2\alpha}}\phi_\alpha\left(\frac{x-y}{t^{1/2\alpha}}\right)$$

pour tout $0 < s < t$ et $x, y, z \in \mathbb{R}^n$.

Quitte à prendre $x/t, y/t, z/t$ au lieu de x, y, z et en posant $\theta = s/t$ il suffit de démontrer:

$$\frac{\phi_\alpha\left(\frac{x-z}{\theta^{1/2\alpha}}\right)\phi_\alpha\left(\frac{z-y}{(1-\theta)^{1/2\alpha}}\right)}{(1-\theta)^{n/2\alpha}\phi_\alpha\left(\frac{x-z}{\theta^{1/2\alpha}}\right)+\theta^{n/2\alpha}\phi_\alpha\left(\frac{z-y}{(1-\theta)^{1/2\alpha}}\right)} \leqslant c\phi_\alpha(x-y)$$

pour tout $0 < \theta < 1/2$ et $x, y, z \in \mathbb{R}^n$.

On pose $u = x - y$, $v = x - z$ on a alors $z - y = u - v$ il suffit de démontrer:

$$\frac{\phi_\alpha\left(\frac{v}{\theta^{1/2\alpha}}\right)\phi_\alpha\left(\frac{u-v}{(1-\theta)^{1/2\alpha}}\right)}{(1-\theta)^{n/2\alpha}\phi_\alpha\left(\frac{v}{\theta^{1/2\alpha}}\right)+\theta^{n/2\alpha}\phi_\alpha\left(\frac{u-v}{(1-\theta)^{1/2\alpha}}\right)} \leqslant c\phi_\alpha(u)$$

pour tout $u, v \in \mathbb{R}^n$, $0 < \theta < 1/2$.

(1) Si $|u| \geqslant 1$ deux cas se présentent:

(a) $|v| \geqslant 1/2|u|$, il existe d'après [14] une constante c telle que $1/c \cdot 1/|a|^{n+2\alpha} \leqslant \phi_\alpha(a) \leqslant c \cdot 1/|a|^{n+2\alpha}$ pour tout $a \in \mathbb{R}^n$, $|a| \geqslant \frac{1}{2}$. Ce qui nous donne

$$\frac{\phi_\alpha\left(\frac{v}{\theta^{1/2\alpha}}\right)\phi_\alpha\left(\frac{u-v}{(1-\theta)^{1/2\alpha}}\right)}{(1-\theta)^{n/2\alpha}\phi_\alpha\left(\frac{v}{\theta^{1/2\alpha}}\right)+\theta^{n/2\alpha}\phi_\alpha\left(\frac{u-v}{(1-\theta)^{1/2\alpha}}\right)} \leqslant \frac{\phi_\alpha\left(\frac{v}{\theta^{1/2\alpha}}\right)\phi_\alpha\left(\frac{u-v}{(1-\theta)^{1/2\alpha}}\right)}{\theta^{n/2\alpha}\left(\frac{u-v}{(1-\theta)^{1/2\alpha}}\right)} = \frac{\phi_\alpha\left(\frac{v}{\theta^{1/2\alpha}}\right)}{\theta^{n/2\alpha}}$$

$$\leqslant c\left(\frac{1}{|v|}\right)^{n+2\alpha}\frac{\theta^{n/2\alpha+1}}{\theta^{n/2\alpha}} \leqslant c\theta\left(\frac{1}{|v|}\right)^{n+2\alpha}$$

$$\leqslant 2^{n+2\alpha-1}c\left(\frac{1}{|u|}\right)^{n+2\alpha} \leqslant 2^{n+2\alpha-1}c^2 \cdot \phi_\alpha(u).$$

(b) Si $|u - v| \geqslant 1/2|u|$ nous aurons

$$\frac{\phi_\alpha\left(\frac{v}{\theta^{1/2\alpha}}\right)\phi_\alpha\left(\frac{u-v}{(1-\theta)^{1/2\alpha}}\right)}{(1-\theta)^{n/2\alpha}\phi_\alpha\left(\frac{v}{\theta^{1/2\alpha}}\right)+\theta^{n/2\alpha}\phi_\alpha\left(\frac{u-v}{(1-\theta)^{1/2\alpha}}\right)} \leqslant \frac{\phi_\alpha\left(\frac{u-v}{(1-\theta)^{1/2\alpha}}\right)}{(1-\theta)^{n/2\alpha}} \leqslant 2^{n/2\alpha}\phi_\alpha\left(\frac{u-v}{(1-\theta)^{1/2\alpha}}\right)$$

$$\leqslant 2^{n/2\alpha}\phi_\alpha(u/2(1-\theta)^{1/2\alpha})$$

$$\leqslant 2^{n/2\alpha}\phi_\alpha(2^{1/2\alpha-1}u) \leqslant 2^{n/2\alpha}c \cdot \phi_\alpha(u)$$

car ϕ_α est radiale décroissante et il existe $c > 0$ telle que $\phi_\alpha(2^{1/2\alpha-1}u) \leqslant c\phi_\alpha(u)$.

(2) Si $|u| \leqslant 1$, comme ϕ_α est continue strictement positive et d'après le Lemme 3: $\lim_{a\to 0}\phi_\alpha(a) = (v_n/2\alpha)\Gamma(n/2\alpha)$, il suffit de démontrer que l'expression:

$$\frac{\phi_\alpha\left(\dfrac{v}{\theta^{1/2\alpha}}\right)\phi_\alpha\left(\dfrac{u-v}{(1-\theta)^{1/2\alpha}}\right)}{(1-\theta)^{n/2\alpha}\phi_\alpha\left(\dfrac{v}{\theta^{n/2\alpha}}\right)+\theta^{n/2\alpha}\phi_\alpha\left(\dfrac{u-v}{(1-\theta)^{1/2\alpha}}\right)}$$

est majorée par une constante.

Or cette expression est trivialement majorée par:

$$\frac{\phi_\alpha\left(\dfrac{u-v}{(1-\theta)^{1/2\alpha}}\right)}{(1-\theta)^{n/2\alpha}} \leqslant 2^{n/2\alpha}\phi_\alpha(0) \leqslant c\phi_\alpha(u).$$

REMARQUE 2. Pour $\alpha = 1/2$ le résultat est trivial d'après [12].

THÉORÈME 5. *Soient* $\alpha \in]0,1[$, $L \in \mathscr{L}(\mathbb{R}^n, \lambda)$ *et* μ *une mesure* $(-L)^\alpha$ *régulière exacte. Alors le semi-groupe* $\mathbb{P}^\alpha$ *et son perturbé par* μ, ${}^\mu\mathbb{P}^\alpha$ *sont comparables si et seulement si* $G^\alpha\mu$ *est borné.*

Démonstration. D'après [13], les semi-groupes $\mathbb{P}^\alpha$ et ${}^\mu\mathbb{P}^\alpha$ sont comparables si et seulement s'il existe une constante $c > 0$ telle que:

$$\int_0^t \int_{\mathbb{R}^n} p^\alpha(s,x,z)p^\alpha(t-s,z,y)\,\mathrm{d}\mu(z)\,\mathrm{d}s \leqslant \tilde{c}\cdot p^\alpha(t,x,y) \quad \text{pour tout } t>0,\ x,y\in\mathbb{R}^n.$$

Supposons que $G^\alpha\mu$ est borné, nous aurons d'après le Lemme 4:

$$\begin{aligned}\int_0^t \int_{\mathbb{R}^n} p^\alpha(s,x,z)p^\alpha(t-s,z,y)\,\mathrm{d}\mu(z)\,\mathrm{d}s &\leqslant cp^\alpha(t,x,y)\\ &\quad\cdot\left[\int_0^t\int_{\mathbb{R}^n} p^\alpha(s,x,z)+p^\alpha(t-s,y,z)\right]\mathrm{d}\mu(z)\,\mathrm{d}s\\ &\leqslant 2c\|G^\alpha\mu\|\,p^\alpha(t,x,y)\end{aligned}$$

il suffit alors de prendre $\tilde{c} = 2c\|G^\alpha\mu\|$.

La condition $G^\alpha\mu$ borné est nécessaire d'après [13] car 1 est $\mathbb{P}^\alpha$ excessive.

Nous introduisons maintenant Γ^α la fonction de Green de l'opérateur $(-L)^\alpha + \partial/\partial t$ sur $\mathbb{R}^{n+1}\times\mathbb{R}^{n+1}$ où L appartient à $\mathscr{L}(\mathbb{R}^n,\lambda)$ et $0<\alpha<1$. Γ^α est donnée par $\Gamma^\alpha(t,x,s,y) = 1_{]-\infty,t[}(s)p^\alpha(t-s,x,y)$ où p^α est la densité du semi-groupe associé à $(-L)^\alpha$ sur $\mathbb{R}^n$, $x,y\in\mathbb{R}^n$, $s,t\in\mathbb{R}$.

Pour μ une mesure de Radon $(-L)^\alpha + \partial/\partial t$ régulière exacte nous notons par ${}^\mu\Gamma^\alpha$ la fonction de Green associée à $(-L)^\alpha + \partial/\partial t + \mu$ sur $\mathbb{R}^{n+1}\times\mathbb{R}^{n+1}$.

Nous avons alors le théorème suivant:

THÉORÈME 6. *Soient* $L \in \mathscr{L}(\mathbb{R}^n, \lambda)$, $0 < \alpha < 1$ *et* μ *une mesure* $(-L)^\alpha + \partial/\partial t$ *régulière exacte. Alors les fonctions de Green* Γ^α *et* ${}^\mu\Gamma^\alpha$ *sont comparables si et seulement si* $\Gamma^\alpha\mu = \int_{\mathbb{R}^{n+1}} \Gamma^\alpha \, d\mu$ *est borné.*

Démonstration. La condition est nécessaire d'après [13] car 1 est $(-L)^\alpha + \partial/\partial t$ excessive.

La condition est suffisante: En effet d'après [13], [16] les fonctions de Green Γ^α et ${}^\mu\Gamma^\alpha$ sont comparables si et seulement s'il existe une constante $k > 0$ telle que

$$\int_{\mathbb{R}^{n+1}} \Gamma^\alpha(t, x, r, z)\Gamma^\alpha(r, z, s, y)\, d\mu(r, z) \leqslant k\Gamma^\alpha(t, x, s, y)$$

pour tout $x, y \in \mathbb{R}^n$, $t, s \in \mathbb{R}$.

En fait il suffit de considérer le cas $s < t$ vu que la propriété est triviale pour $s \geqslant t$.

Or nous avons pour $s < t$:

$$\begin{aligned}\Gamma^\alpha(t, x, r, z)\Gamma^\alpha(r, z, s, y) &= 1_{]-\infty, t[}(r)P^\alpha(t - r, x, z) \cdot 1_{]-\infty, r[}(s)P^\alpha(r - s, z, y)\\ &= 1_{]s,t[}(r)P^\alpha(t - r, x, z)P^\alpha(r - s, z, y).\end{aligned}$$

En utilisant le Lemme 4 nous obtenons:

$$\begin{aligned}1_{]s,t[}(r)P^\alpha(t - r, x, z)P^\alpha(r - s, z, y) &\leqslant c1_{]s,t[}(r)P^\alpha(t - s, x, y)[P^\alpha(t - r, x, z) + P^\alpha(r - s, z, y)]\\ &\leqslant c1_{]-\infty,t[}(s)P^\alpha(t - s, x, y)[1_{]-\infty,t[}(r)P^\alpha(t - r, x, z)\\ &\qquad + 1_{]-\infty,r[}(s)P^\alpha(r - s, z, y)]\\ &= c\Gamma^\alpha(t, x, s, y)[\Gamma^\alpha(t, x, r, z) + \Gamma^\alpha(r, z, s, y)].\end{aligned}$$

Ce qui donne:

$$\Gamma^\alpha(t, x, r, z)\Gamma^\alpha(r, z, s, y) \leqslant c \cdot \Gamma^\alpha(t, x, s, y)[\Gamma^\alpha(t, x, r, z) + \Gamma^\alpha(r, z, s, y)].$$

En intégrant cette inégalité par rapport à μ sur $\mathbb{R}^{n+1}$ nous obtenons que:

$$\begin{aligned}&\int_{\mathbb{R}^{n+1}} \Gamma^\alpha(t, x, r, z)\Gamma^\alpha(r, z, s, y)\, d\mu(r, z)\\ &\qquad \leqslant c\Gamma^\alpha(t, x, s, y)\int_{\mathbb{R}^{n+1}} [\Gamma^\alpha(t, x, r, z) + \Gamma^\alpha(r, z, s, y)]\, d\mu(r, z)\end{aligned}$$

par suite si $\Gamma^\alpha\mu = \int_{\mathbb{R}^{n+1}} \Gamma^\alpha \, d\mu$ est borné nous prendrons $k = 2c \cdot \|\Gamma^\alpha\mu\|$. Ce qui démontre le Théorème 6.

Nous allons maintenant nous interesser au cas $\alpha = 1$ pour étudier la comparaison du semi-groupe du mouvement brownien avec son perturbé par une mesure de Radon Δ régulière exacte sur $\mathbb{R}^n$. Nous allons donner les conditions nécessaires et suffisantes pour que $\mathbb{P}_0$ et ${}^\mu\mathbb{P}_0$ soient comparables sur $\mathbb{R}^n$.

LEMME 5. *Soit μ une mesure régulière V_0 exacte. Alors les semi-groupes $\mathbb{P}_0$ et ${}^{\mu}\mathbb{P}_0$ sont comparables sur $\mathbb{R}^n$ ($n \geqslant 3$) si et seulement s'il existe $c > 0$ telle que:*

$$\int_0^\infty \int_{\mathbb{R}^n} \frac{1}{(4\pi t)^{n/2}} e^{-|y-2tu-x|^2/4t} \, d\mu(y) \, dt \leqslant c \quad \textit{pour tout } u, x \in \mathbb{R}^n.$$

Démonstration. Nous avons d'après [12] que $\mathbb{P}_0$ et ${}^{\mu}\mathbb{P}_0$ sont comparables si et seulement s'il existe une constante $k > 0$ telle que:

$$\int_0^t \int_{\mathbb{R}^n} \left(\frac{t}{4\pi s(t-s)}\right)^{n/2} e^{-(t/4s(t-s))|z-(s/t)y-(1-(s/t))x|^2} \, d\mu(z) \, ds \leqslant k$$

pour tout $t > 0$ tout $x, y \in \mathbb{R}^n$.

Ceci est équivalent à dire que:

$$\int_0^{t/2} \int_{\mathbb{R}^n} \frac{1}{(4\pi s)^{n/2}} e^{-1/4s|z-(s/t)y-(1-(s/t))x|^2} \, d\mu(z) \, dz$$
$$+ \int_{t/2}^t \int_{\mathbb{R}^n} \frac{1}{(4\pi(t-s))^{n/2}} e^{-1/4(t-s)|z-(s/t)x-(1-(s/t))y|^2} \, d\mu(z) \, ds \leqslant \frac{k}{2^{n/2}}$$

pour tout $t > 0$ tout $x, y \in \mathbb{R}^n$.

Ceci est encore équivalent à dire que:

$$\int_0^{t/2} \int_{\mathbb{R}^n} \frac{1}{(4\pi s)^{n/2}} e^{-1/4s|z-(s/t)y-(1-(s/t))x|^2} \, d\mu(z) \, ds$$

est bornée.

En posant $u = (y-x)/2t$, nous obtenons que les semi-groupes $\mathbb{P}_0$ et ${}^{\mu}\mathbb{P}_0$ sont comparables s'il existe $c > 0$ telle que

$$\int_0^{t/2} \int_{\mathbb{R}^n} \frac{1}{(4\pi s)^{n/2}} e^{-|y-2su-x|^2/4s} \, d\mu(y) \, ds \leqslant c$$

pour tout $x, u \in \mathbb{R}^n$, $t > 0$. Ce qui se traduit par:

$$\int_0^\infty \int_{\mathbb{R}^n} \frac{1}{(4\pi t)^{n/2}} e^{-|y-2tu-x|^2/4t} \, d\mu(y) \, dt \leqslant c$$

pour $u, x \in \mathbb{R}^n$. Ce qui démontre le Lemme 5.

Pour $u \in \mathbb{R}^n$ nous définissons pour tout $t > 0$ l'opérateur Q_t^u sur $\mathscr{C}_b(\mathbb{R}^n)$ par:

$$Q_t^u f(x) = \frac{1}{(4\pi t)^{n/2}} \int_{\mathbb{R}^n} e^{-|y-2tu-x|^2/4t} f(y)\,\mathrm{d}y$$
$$Q_0^u = \mathrm{Id}.$$

LEMME 6. *Pour tout* $u \in \mathbb{R}^n$ $(n \geqslant 1)$, $(Q^u)_{t \geqslant 0}$ *est un semi-groupe de Feller markovien sur* $\mathscr{C}_b(\mathbb{R}^n)$ *dont le générateur infinitésimal est* $A = \Delta + 2\langle u, grad\rangle$.

Démonstration. Nous avons:

$$Q_t^u 1(x) = \int_{\mathbb{R}^n} \frac{1}{(4\pi t)^{n/2}} e^{-|y-2tu-x|^2/4t}\,\mathrm{d}y = \int_{\mathbb{R}^n} \frac{1}{(4\pi t)^{n/2}} e^{-|y|^2/4t}\,\mathrm{d}y = 1$$

Soit $f \in \mathscr{C}_k(\mathbb{R}^n)$ nous avons:

$$\begin{aligned} Q_t^u f(x) &= \frac{1}{(4\pi t)^{n/2}} \int_{\mathbb{R}^n} e^{-|y-2tu-x|^2/4t} f(y)\,\mathrm{d}y \\ &= \frac{1}{(4\pi t)^{n/2}} \int_{\mathbb{R}^n} e^{-|y-x|^2/4t - t|u|^2} (e^{\langle u, y-x\rangle} f(y))\,\mathrm{d}y. \end{aligned}$$

On pose

$$q_u(t, x, y) = \frac{1}{(4\pi t)^{n/2}} e^{-t|u|^2} e^{-|x-y|^2/4t + \langle u, y-x\rangle} = q_u(t, x-y, 0) = q_u(t, x-y).$$

C'est une fonction radiale et $Q_t^u f(x) = \int_{\mathbb{R}^n} q_u(t, x, y) f(y)\,\mathrm{d}y$.

Q_t^u est alors un noyau à densité $q_u(t, x, \cdot)$ par rapport à la mesure de Lebesgue sur $\mathbb{R}^n$.

Soit $x\ \mathbb{R}^n$, nous avons:

$$\begin{aligned} q_u(t, \cdot) * q_u(s, \cdot)(x) &= \frac{e^{-(t+s)|u|^2}}{(4\pi t)^{n/2}(4\pi s)^{n/2}} \int_{\mathbb{R}^n} e^{-|x-y|^2/4t + \langle u, x-y\rangle - |y|^2/4s + \langle u, y\rangle}\,\mathrm{d}y \\ &= e^{-(t+s)|u|^2} e^{\langle u, x\rangle} \int_{\mathbb{R}^n} \frac{1}{(4\pi t)^{n/2}} \frac{1}{(4\pi s)^{n/2}} e^{-|x-y|^2/4t - |y|^2/4s}\,\mathrm{d}y \\ &= \frac{1}{(4\pi(t+s))^{n/2}} e^{-(t+s)|u|^2} e^{-|x|^2/4(t+s) + \langle u, x\rangle} \\ &= q_u(t+s, x) \end{aligned}$$

d'après la propriété du semi-groupe du mouvement Brownien sur $\mathbb{R}^n$. Ce qui démontre que $Q_t^u(Q_t^u f) = Q_{t+s}^u(f)$ pour tout f mesurable bornée. Comme le semi-groupe du mouvement brownien est propre, Q^u est donc propre et $\overline{Q_t^u(\mathscr{C}_k(\mathbb{R}^n))} = \mathscr{C}_0(\mathbb{R}^n)$ vu que le semi-groupe du mouvement Brownien vérifie la même propriété. On note W^u le noyau du semi-groupe $(Q_t^u)_{t\geqslant 0}$. Nous avons pour $f\in\mathscr{C}_k(\mathbb{R}^n)$:

$$\begin{aligned} W^u f(x) &= \int_0^M Q_t^u(f)(x)\,\mathrm{d}t = \int_0^M \int_{\mathbb{R}^n} \frac{1}{(4\pi t)^{n/2}} e^{-|y-2tu-x|^2/4t} f(y)\,\mathrm{d}y\,\mathrm{d}t \\ &= \int_{\mathbb{R}^n}\int_0^M \frac{1}{(4\pi t)^{n/2}} e^{-|y-2tu-x|^2/4t} f(y)\,\mathrm{d}t\,\mathrm{d}y \\ &= \int_{\mathbb{R}^n}\int_0^M \frac{1}{(4\pi t)^{n/2}} e^{-|y-x|^2/4t - t|u|^2 + \langle u, y-x\rangle} f(y)\,\mathrm{d}t\,\mathrm{d}y \\ &= V_{|u|^2}(e^{\langle u,\cdot - x\rangle}\cdot f) \end{aligned}$$

où $V_{|u|^2}$ est le noyau d'indice $|u|^2$ de la résolvante du semi-groupe du mouvement Brownian sur $\mathbb{R}^n$.

Nous allons déterminer le générateur infinitésimal du semi-groupe $(Q_t^u)_{t\geqslant 0}$. Pour ce faire nous remarquons que $(Q_t^u)_{t\geqslant 0}$ est un semi-groupe de convolution associé au semi-groupe de mesures:

$$\mu_t = p_t^* \delta_{-2tu}$$

(où p_t est le semi-groupe de mesures de générateur $\Delta\delta$).

On en déduit immédiatement que μ_t admet pour générateur

$$\Delta\delta + 2\langle u, \operatorname{grad}\delta\rangle,$$

ce qui démontre que Q_t^u admet pour générateur $\Delta f + 2\langle u, \operatorname{grad} f\rangle$.

DÉFINITION 4. Soit μ une mesure de Radon sur $\mathbb{R}^n$. On dit que μ est radiale si $\int_{\mathbb{R}^n} f\circ R\,\mathrm{d}\mu = \int_{\mathbb{R}^n} f\,\mathrm{d}\mu$ pour tout $R\in SO(n)$.

LEMME 7. *Pour $n\geqslant 3$, il existe une constante $c>0$ telle que pour tout $u\in\mathbb{R}^n$ et toute fonction ϕ sur $\mathbb{R}^n$ mesurable, positive, radiale et vérifiant $V_0(\phi)$ borné on ait:*

$$W^u\phi(0) \leqslant cV_0(\phi)(0).$$

Démonstration. Il suffit de démontrer que $W^u\phi(0)\leqslant cp(0)$ pour tout $u\in\mathbb{R}^n$ sous l'hypothèse que $p = V_0(\phi)$ est borné.

Nous avons:

$$\begin{aligned}
W^u\phi(0) &= \int_0^\infty \int_{\mathbb{R}^n} \frac{1}{(4\pi t)^{n/2}} e^{-|y-2tu|^2/4t}\phi(y)\,dy\,dt \\
&= \int_{\mathbb{R}^n} \int_0^\infty \frac{1}{(4\pi t)^{n/2}} e^{-|y-2tu|^2/4t}\phi(y)\,dt\,dy \quad \text{d'après le théorème de Fubini} \\
&= \int_{\mathbb{R}^n} \int_0^\infty \frac{1}{(4\pi t)^{n/2}} e^{-|y|^2/4t - t|u|^2} e^{(u,y)}\phi(y)\,dt\,dy \\
&= \frac{1}{(2\pi)^{n/2}} \int_{\mathbb{R}^n} \left(\frac{|u|}{|y|}\right)^{n/2-1} K_{(n/2)-1}(|u|\cdot|y|)e^{(u,y)}\phi(y)\,dy = V_{|u|^2}(\phi e^{(u,\cdot)})(0)
\end{aligned}$$

$K_{(n/2)-1}$ est la fonction de Macdonald.

Quitte à faire une rotation, nous pouvons supposer que u est porté par le dernier vecteur e_n de la base canonique de $\mathbb{R}^n$ car nous avons

$$W^{Ru}\phi(0) = W^u\phi(0) \quad \text{pour tout } R \in SO(n).$$

On utilise alors le changement de variables en coordonnées polaires dans $\mathbb{R}^n$ données par:

$$\begin{aligned}
y_n &= r\cos\theta_1 \\
y_{n-1} &= r\sin\theta_1\cos\theta_2 \\
y_{n-2} &= r\sin\theta_1\sin\theta_2\cos\theta_3 \\
&\vdots \\
y_k &= r\sin\theta_1\sin\theta_2\ldots\sin\theta_{k-1}\cos\theta_k \\
&\vdots \\
y_2 &= r\sin\theta_1\sin\theta_2\ldots\sin\theta_{n-2}\cos\theta_{n-1} \\
y_1 &= r\sin\theta_1\sin\theta_2\ldots\sin\theta_{n-2}\sin\theta_{n-1}
\end{aligned}$$

avec $0 < r < \infty$, $0 < \theta i < \pi$ pour $1 \leqslant i \leqslant n-2$ et $0 < \theta_{n-1} < 2\pi$. La jacobien est donné par:

$$r^{n-1}\sin\theta_1^{n-2}\sin\theta_2^{n-3}\ldots\sin^{n-1-k}\theta_k\ldots\sin\theta_{n-2}.$$

Pour les nouvelles coordonnées nous aurons:

(1) $$(u, y) = |u|\cdot|y|\cos\theta_1 \quad \text{pour tout } y \in \mathbb{R}^n.$$

(2) $$p(0) = \int_{\mathbb{R}^n} \frac{\phi(y)}{|y|^{n-2}}\,dy = \frac{2\pi^{n/2}}{\Gamma\left(\frac{n}{2}\right)} \int_0^\infty r\phi(r)\,dr = M$$

(2) est encore équivalent à

$$\text{(2')} \qquad \frac{2\cdot\pi^{n/2}}{\Gamma\left(\frac{n}{2}\right)}\int_0^\infty \lambda^2 r\phi(\lambda r)\,\mathrm{d}r = M \quad \text{pour tout } \lambda > 0.$$

(3)

$$W^u\phi(0) = \frac{1}{(2\pi)^{n/2}}\int_0^{2\pi}\int_0^{\pi}\cdots\int_0^{\infty}\left(\frac{|u|}{r}\right)^{n/2-1} K_{(n/2)-1}(|u|r)e^{|u|r\cos\theta_1}$$

$$\cdot\,\phi(r)r^{n-1}\sin\theta_1^{n-2}\sin\theta_2^{n-3}\ldots\sin\theta_{n-2}\,\mathrm{d}r\,\mathrm{d}\theta_1\,\mathrm{d}\theta_2\ldots\mathrm{d}\theta_{n-1}$$

$$= \frac{1}{(2\pi)^{n/2}}\left(\int_0^{2\pi}\int_0^{\pi}\cdots\int_0^{\pi}\sin\theta_2^{n-3}\sin\theta_3^{n-4}\ldots\sin\theta_{n-2}\,\mathrm{d}\theta_2\,\mathrm{d}\theta_3\ldots\mathrm{d}\theta_{n-1}\right)$$

$$\cdot\int_0^\infty\int_0^\pi\left(\frac{|u|}{r}\right)^{(n/2)-1} K_{(n/2)-1}(|u|r)e^{|u|r\cos\theta_1}\sin\theta_1^{n-2}r^{n-1}\phi(r)\,\mathrm{d}\theta_1\,\mathrm{d}r$$

$$= \frac{1}{(2\pi)^{n/2}}\,\frac{2\pi^{(n-1)/2}}{r\left(\frac{n-1}{2}\right)}\int_0^\infty\int_0^\pi\left(\frac{|u|}{r}\right)^{(n/2)-1}$$

$$\cdot\,K_{(n/2)-1}(|u|r)e^{|u|r\cos\theta_1}r^{n-1}\phi(r)\sin\theta_1^{n-2}\,\mathrm{d}\theta_1\,\mathrm{d}r$$

si $u = 0$ nous aurons $W^0\phi(0) = V_0(\phi)(0) = p(0)$.

Si $u \neq 0$, on fait le changement de variable $\rho = |u|\cdot r$, l'intégrale devient

$$W^u\phi(0) = \frac{1}{(2\pi)^{n/2}}\,\frac{2\pi^{(n-1)/2}}{\Gamma\left(\frac{n-1}{2}\right)}\int_0^\infty\int_0^\pi K_{(n/2)-1}(\rho)\left(\frac{|u|^2}{\rho}\right)^{(n-2)/2}\left(\frac{\rho}{|u|}\right)^{n-1} e^{\rho\cos\theta_1}\sin^{n-2}\theta_1\,\cdot$$

$$\cdot\,\phi\left(\frac{\rho}{|u|}\right)\mathrm{d}\theta_1\,\frac{\mathrm{d}\rho}{|u|}$$

$$= \frac{2}{(2\pi)^{n/2}}\,\frac{2\cdot\pi^{(n-1)/2}}{\Gamma\left(\frac{n-1}{2}\right)}\int_0^\infty\int_0^\pi K_{(n/2)-1}(\rho)\phi\left(\frac{\rho}{|u|}\right)\frac{\rho^{n/2}}{|u|^2}e^{\rho\cos\theta_1}\sin^{n-2}\theta_1\,\mathrm{d}\theta_1\,\mathrm{d}\rho$$

$$= \frac{1}{(2\pi)^{n/2}}\,\frac{2\pi^{(n-1)/2}}{\Gamma\left(\frac{n-1}{2}\right)}\int_0^\infty\int_0^\pi e^\rho K_{(n/2)-1}(\rho)\phi\left(\frac{\rho}{|u|}\right)\frac{\rho^{n/2}}{|u|^2}e^{-\rho(1-\cos\theta_1)}\sin^{n-2}$$

$$\cdot\,\theta_1\,\mathrm{d}\theta_1\,\mathrm{d}\rho\int_0^1\int_0^\pi e^\rho K_{(n/2)-1}(\rho)\phi\left(\frac{\rho}{|u|}\right)\frac{\rho^{n/2}}{|u|^2}e^{-\rho(1-\cos\theta_1)}\sin^{n-2}\theta_1\,\mathrm{d}\theta_1\,\mathrm{d}\rho$$

$$+\int_1^\infty\int_0^\pi e^\rho K_{(n/2)-1}(\rho)\phi\left(\frac{\rho}{|u|}\right)\frac{\rho^{n/2}}{|u|^2}e^{-\rho(1-\cos\theta_1)}\sin^{n-2}\theta_1\,\mathrm{d}\theta_1\,\mathrm{d}\rho = I_1 + I_2.$$

Pour $0 < \rho < 1$ nous avons d'après [15], [16] $K_{(n/2)-1}(\rho) \leqslant \frac{1}{2}\Gamma((n/2)-1)(\rho/2)^{1-n/2}$. Ce qui donne que:

$$I_1 \leqslant e\left(\frac{1}{2}\right)^{2-n/2}\Gamma\left(\frac{n}{2}-1\right)\int_0^1\int_0^\pi \rho\phi\left(\frac{\rho}{|u|}\right)\frac{1}{|u|^2}\mathrm{d}\rho \leqslant e\cdot\left(\frac{1}{2}\right)^{2-n/2}\Gamma\left(\frac{n}{2}-1\right)p(0).$$

D'autre part nous avons:

$$\int_0^\pi e^{-\rho(1-\cos\theta_1)}\sin^{n-2}\theta_1\,\mathrm{d}\theta_1 = \int_0^\pi e^{-\rho\sin^2(\theta_1/2)/2}\sin^{n-2}\theta_1\,\mathrm{d}\theta_1.$$

On fait le changement de variable $\theta = \theta_1/2$ et utilise $(2/\pi)\theta \leqslant \sin\theta \leqslant \theta$ pour $0 \leqslant \theta \leqslant \pi/2$ ce qui nous donne:

$$\int_0^\pi e^{-\rho\sin^2(\theta_1/2)/2}\sin^{n-2}\theta_1\,\mathrm{d}\theta_1 = 2\int_0^{\pi/2} e^{-\rho\sin^2\theta/2}\sin(2\theta)\,\mathrm{d}\theta \leqslant 2^{n-1}\int_0^{\pi/2} e^{(-2/\pi 2)\rho\theta^2}\theta^{n-2}\,\mathrm{d}\theta$$

$$\leqslant (2\pi^2)^{(n-1)/2}\Gamma\left(\frac{n}{2}-1\right)\frac{1}{\rho^{(n-1)/2}}.$$

Par suite nous avons:

$$I_2 \leqslant (2\pi^2)^{(n-1)/2}\Gamma\left(\frac{n}{2}-1\right)\cdot\int_1^\infty e^\rho K_{(n/2)-1}(\rho)\phi\left(\frac{\rho}{|u|}\right)\frac{\rho}{|u|^2}\mathrm{d}\rho.$$

Or nous savons d'après [15], [16] que $e^\rho K_{(n/2)-1}(\rho) \leqslant (\pi/2\rho)^{1/2}$.

Ce qui nous donne en utilisant (2'):

$$I_2 \leqslant (2\pi^2)^{(n-1)/2}\Gamma\left(\frac{n}{2}-1\right)\frac{\pi}{2}\int_1^\infty \rho^{1/2}\phi\left(\frac{\rho}{|u|}\right)\frac{1}{|u|^2}\mathrm{d}\rho \leqslant (2\pi^2)^{(n-1)/2}\Gamma\left(\frac{n}{2}-1\right)p(0).$$

Ce qui démontre que:

$$W^u\phi(0) \leqslant (2\pi^2)^{n/2}\Gamma\left(\frac{n}{2}-1\right)p(0).$$

Ainsi nous obtenons:

$$W^u\phi(0) \leqslant (2\pi^2)^{n/2}\Gamma(n/2-1)p(0)$$

pour tout $u \in \mathbb{R}^n$ il en résulte que

$$\int_0^\infty\int_{\mathbb{R}^n}\frac{1}{(4\pi t)^{n/2}}e^{-|y-2tu|^2/4t}\,\mathrm{d}\mu(y)\,\mathrm{d}t \leqslant (2\pi^2)^{n/2}\Gamma\left(\frac{n}{2}-1\right)p(0).$$

Il suffit de prendre $c = (2\pi^2)^{n/2}\Gamma(n/2 - 1)$.

Ce qui démontre le Lemme 7.

THÉORÈME 7. *Soit μ une mesure de Radon positive V_0 régulière exacte et radiale alors $\mathbb{P}_0$ et ${}^{\mu}\mathbb{P}_0$ sont comparables si et seulement si $G_0\mu$ est borné.*

Démonstration. D'après le Lemme 5 les semi-groupes $\mathbb{P}_0$ et ${}^{\phi}\mathbb{P}_0$ sont comparables si et seulement s'il existe une constante $c > 0$ telle que: $W^u\phi \leqslant c$, $\forall u \in \mathbb{R}^n$. C'est-à-dire encore

$$W^u\phi(x) = \int_0^\infty \int_{\mathbb{R}^n} \frac{1}{(4\pi t)^{n/2}} e^{-|y-2tu-x|^2/4t}\phi(y)\,\mathrm{d}y\,\mathrm{d}t \leqslant c$$

pour tout $x, u \in \mathbb{R}^n$.

Il est facile à montrer que $W^u\phi(x)$ est toujours finie, et d'après le Lemme 7 il suffit de considérer $x \neq 0$.

Pour $n = 3$ c'est déjà fait dans [12].

Pour $n \geqslant 4$, soit μ une mesure régulière exacte et radiale sur $\mathbb{R}^n$ telle que $G_0\mu$ soit borné sur $\mathbb{R}^n$, il existe une suite de fonctions $(\phi_m)_m$ positives et radiales sur $\mathbb{R}^n$ telle que $G_0\mu = \sup_m V_0(\phi_m)$ où V_0 est le noyau de Newton associé à Δ sur $\mathbb{R}^n$. $V_0(\phi_m)$ est donc bornée, ϕ_m est régulière V_0 exacte et radiale. Il suffit alors de démontrer que $\mathbb{P}_0$ et ${}^{\phi}\mathbb{P}_0$ sont comparables pour ϕ une fonction régulière V_0 exacte radiale et $V_0(\phi)$ bornée par $\sup_{\mathbb{R}^n} G_0\mu$. Plus précisément nous allons démonstrer qu'il existe $c > 0$ telle que pour tout $u \in \mathbb{R}^n$ et tout $x \in \mathbb{R}^n$ nous avons $W^u\phi(x) \leqslant cV_0(\phi)(0)$ pour tout ϕ radiale vérifiant: $V_0(\phi) \leqslant G_0\mu$. Posons $p = V_0(\phi)$, nous avons: $\sup_{x\in\mathbb{R}^n} p(x) = p(0)$. Si $u = 0$ nous avons $W^0(\phi)(x) = V_0(\phi)(x) \leqslant V_0(\phi)(0) = p(0)$.

Si $u \neq 0$ nous avons:

$$\begin{aligned}
W^u\phi(x) &= \int_0^\infty \int_{\mathbb{R}^n} \frac{1}{(4\pi t)^{n/2}} e^{-|y-2tu-x|^2/4t}\,\phi(y)\,\mathrm{d}y\,\mathrm{d}t \\
&= \int_{\mathbb{R}^n} \int_0^\infty \frac{1}{(4\pi t)^{n/2}} e^{-|y-2tu-x|^2/4t}\phi(y)\,\mathrm{d}t\,\mathrm{d}t \\
&= \int_{\mathbb{R}^n} \int_0^\infty \frac{1}{(4\pi t)^{n/2}} e^{-|y-x|^2/4t-|u|^2t+(u,y-x)}\phi(y)\,\mathrm{d}t\,\mathrm{d}y \\
&= \frac{1}{(2\pi)^{n/2}} \int_{\mathbb{R}^n} \left(\frac{|u|}{|y-x|}\right)^{(n/2)-1} K_{(n/2)-1}(|u|\cdot|y-x|)e^{(u,y-x)}\phi(y)\,\mathrm{d}y.
\end{aligned}$$

Comme ϕ est invariante par rotation, on peut supposer que: $x = |x|e_n, u = u_1e_n + u_2e_{n-1}$. En fait on choisit e_n porté par x puis on considère le vecteur e_{n-1} de façon que (e_{n-1}, e_n) soit un repère orthonormée direct dans le plan défini par les deux vecteurs x et u, puis on complète pour avoir une base orthonormée directe de $\mathbb{R}^n$. Si (x, u) est lié, on fait de la même manière, on complète e_n pour avoir une base de $\mathbb{R}^n$. On utilise alors le changement de variables en coordonnées polaires dans $\mathbb{R}^n$:

$$\begin{aligned} y = (y_1, y_2, \dots, y_n), \text{ avec } y_n &= r\cos\theta_1 \\ y_{n-1} &= r\sin\theta_1\cos\theta_2 \\ y_{n-2} &= r\sin\theta_1\sin\theta_2\cos\theta_3 \\ &\vdots \\ y_k &= r\sin\theta_1\sin\theta_2\dots\sin\theta_{n-k}\cos\theta_{n-k+1} \\ &\vdots \\ y_2 &= r\sin\theta_1\sin\theta_2\dots\sin\theta_{n-2}\cos\theta_{n-1} \\ y_1 &= r\sin\theta_1\sin\theta_2\dots\sin\theta_{n-1}. \end{aligned}$$

Nous aurons alors:

$$|y-x|^2 = r^2 + |x|^2 - 2r|x|\cos\theta_1$$
$$(u, y-x) = u_1(r\cos\theta_1 - |x|) + u_2 r\sin\theta_1\cos\theta_2$$

le Jacobien est donée par $r^{n-1}\sin^{n-2}\theta_1\sin^{n-3}\theta_2\dots\sin\theta_{n-2}$.

L'intégrale devient alors:

$$\begin{aligned} W^u\phi(x) = \frac{1}{(2\pi)^{n/2}}\int_0^{2\pi}\int_0^{\pi}\cdots\int_0^{\infty}\left(\frac{|u|}{(r^2+|x|^2-2r|x|\cos\theta_1)^{1/2}}\right)^{(n/2)-1} \\ \cdot K_{(n/2)-1}(|u|(r^2+|x|^2-2r|x|\cos\theta_1)^{1/2}) \times e^{u_1(r\cos\theta_1-|x|)+u_2r\sin\theta_1\cos\theta_2} \\ \cdot\phi(r)r^{n-1}\sin^{n-2}\theta_1\sin^{n-3}\theta_2\dots\sin\theta_{n-2}\,dr\,d\theta_1\dots d\theta_{n-2}\,d\theta_{n-1}. \end{aligned}$$

On écrit maintenant l'intégrale en deux morceaux:

I$_1$: sur la partie de l'espace $\mathbb{R}^n$ pour laquelle

$$|u|(r^2+|x|^2-2r|x|\cos\theta_1)^{1/2} \leqslant 1.$$

Nous avons alors d'après [15] et [16]:

$$\begin{aligned} K_{(n/2)-1}(|u|(r^2+|x|^2-2r|x|\cos\theta_1)^{1/2}) \leqslant \frac{1}{2}\Gamma\left(\frac{n}{2}-1\right)e^{-|u|(r^2+|x|^2-2r|x|\cos\theta_1)^{1/2}} \\ \times\left(\frac{|u|(r^2+|x|^2-2r|x|\cos\theta_1)^{1/2}}{2}\right)^{1-(n/2)} \end{aligned}$$

ce qui nous permet de controler l'intégrale I_1

$$\begin{aligned} I_1 \leqslant 2^{(n/2)-2}\frac{\Gamma(n/2-1)}{(2\pi)^{n/2}}\int_0^{2\pi}\int_0^{\pi}\cdots\int_0^{\infty}(r^2+|x|^2-2r|x|\cos\theta_1)^{1-(n/2)}\phi(r)r^{n-1}\sin\theta_1^{n-2} \\ \dots\sin\theta_{n-2}\,dr\,d\theta_1\dots d\theta_{n-1}. \end{aligned}$$

Or nous avons $r^2+|x|^2-2r|x|\cos\theta_1 \geqslant r^2\sin^2\theta_1$ ce qui donne que:

$$I_1 \leqslant 2^{(n/2)-2}\frac{\Gamma(n/2-1)}{(2\pi)^{(n/2)-1}}\cdot b_{n-2}\cdot\pi\cdot\int_0^\infty r\phi(r)\,\mathrm{d}r = \frac{\pi}{n}\int_0^\infty r\phi(r)\,\mathrm{d}r = c_1 p(0)$$

où b_{n-2} = volume de la boule unité de $\mathbb{R}^{n-2}$,

$$b_{n-2} = \frac{\pi^{(n/2)-1}}{\Gamma(n/2)}.$$

$$c_1 = \frac{\Gamma(n/2)}{2n\cdot\pi^{(n/2)-1}}.$$

I_2: sur la partie de l'espace $\mathbb{R}^n$ pour laquelle $|u|(r2+|x|^2-2r|x|\cos\theta_1)^{1/2} \geqslant 1$. Nous avons alors d'après [15] et [16]:

$$K_{(n/2)-1}(|u|(r^2+|x|^2-2r|x|\cos\theta_1)^{1/2}) \leqslant \left(\frac{\pi}{2|u|(r^2+|x|^2-2r|x|\cos\theta_1)^{1/2}}\right)^{1/2} e^{-|u|(r^2+|x|^2-2r|x|\cos\theta_1)^{1/2}}.$$

Ce qui nous donne que:

$$\begin{aligned}
I_2 &\leqslant \frac{1}{2(2\pi)^{(n/2)-1}}\int\cdots\int |u|^{(n-3)/2}\left(\frac{1}{r^2+|x|^2-2r|x|\cos\theta_1}\right)^{(n-1)/4} e^{-|u|(r^2+|x|^2-2r|x|\cos\theta_1)^{1/2}}\\
&\quad\times e^{u_1(r\cos\theta_1-|x|)+u_2 r\sin\theta_1\cos\theta_2}\\
&\quad\times \phi(r)r^{n-1}\sin\theta_1^{n-2}\sin\theta_2^{n-3}\ldots\sin\theta_{n-2}\,\mathrm{d}r\,\mathrm{d}\theta_1\ldots\mathrm{d}\theta_{n-2}\,\mathrm{d}\theta_{n-1}\\
&\leqslant \frac{1}{2\cdot(2\pi)^{(n/2)-1}}b_{n-2}|u|^{(n-3)/2}\int_0^\infty\int_0^\pi\int_0^\pi\left(\frac{1}{r^2+|x|^2-2r|x|\cos\theta_1}\right)^{(n-1)/4}\\
&\quad\cdot e^{-|u|(r^2+|x|^2-2r|x|\cos\theta_1)^{1/2}+u_1(r\cos\theta_1-|x|)+u_2 r\sin\theta_1\cos\theta_2}\\
&\quad\cdot\phi(r)r^{n-1}\sin^{n-2}\theta_1\sin^{n-3}\theta_2\ldots\sin\theta_{n-2}\,\mathrm{d}r\,\mathrm{d}\theta_1\ldots\mathrm{d}\theta_{n-2}\,\mathrm{d}\theta_{n-1}.
\end{aligned}$$

Deux cas se présentent

(i) $|u_2| \geqslant |u_1|$, nous avons:

$$\begin{aligned}
\int_0^\pi e^{|u_2 r\sin\theta_1\cos\theta_2|}\sin_2^{n-3}\mathrm{d}\theta_2 &= \int_0^{\pi/2} e^{|u_2|r\sin\theta_1\cos\theta_2}\sin^{n-3}\theta_2\,\mathrm{d}\theta_2\\
&\quad+\int_{\pi/2}^\pi e^{-|u_2|r\sin\theta_1\cos\theta_2}\sin\theta_2^{n-3}\,\mathrm{d}\theta_2\\
&= 2\int_0^{\pi/2} e^{|u_2|r\sin\theta_1\cos\theta_2}\sin\theta_2^{n-3}\,\mathrm{d}\theta_2.
\end{aligned}$$

Ce qui entraine:

$$\begin{aligned}
&e^{-|u_2|r\sin\theta_1}\int_0^\pi e^{u_2 r\sin\theta\cos\theta_2}\sin\theta_2^{n-3}\,d\theta_2\\
&\leqslant 2e^{-|u_2|r\sin\theta_1}\int_0^{\pi/2} e^{|u_2|r\sin\theta_1\cos\theta_2}\sin\theta_2^{n-3}\,d\theta_2\\
&=2\int_0^{\pi/2} e^{-2|u_2|r\sin\theta_1\sin^2(\theta_2/2)}\sin\theta_2^{n-3}\,d\theta_2\leqslant 2\int_0^{\pi/2} e^{-2|u_2|r\sin\theta_1\cdot(\theta_2/\pi^2)}\theta_2^{n-4}\,d\theta_2\\
&\leqslant\left(\frac{\pi^2}{2|u_2|r\sin\theta_1}\right)^{(n-3)/2}\Gamma\left(\frac{n-3}{2}\right)
\end{aligned}$$

puisque: $\theta_2/\pi\leqslant\sin\theta_2/2\leqslant\min(1,\theta_2/2)$.

Nous obtenons alors:

$$\int_0^\pi e^{u_1 r\sin\theta_1\cos\theta_2}\sin\theta_2^{n-3}\,d\theta_2\leqslant\left(\frac{\pi^2}{2|u_2|r\sin\theta_1}\right)^{(n-3)/2}\Gamma\left(\frac{n-3}{2}\right)e^{|u_2|r\sin\theta_1}$$

et comme $r^2+|x|^2-2r|x|\cos\theta_1\geqslant r^2\sin^2\theta_1$ et $|u|\leqslant\sqrt{2}|u_2|$ nous avons:

$$\begin{aligned}
I_2&\leqslant\frac{b_{n-2}}{2(2\pi)^{(n/2)-1}}\int_0^\infty\int_0^\pi\Gamma\left(\frac{n-3}{2}\right)(\sqrt{2}|u_2|)^{(n-3)/2}\left(\frac{\pi^2}{2|u_2|r\sin\theta_1}\right)^{(n-3)/2}\left(\frac{1}{r\sin\theta_1}\right)^{(n-1)/2}\\
&\quad\cdot\sin\theta_1^{n-2}\times e^{-|u|(r^2+|x|^2-2r|x|\cos\theta_1)^{1/2}+u_1(r\cos\theta_1-|x|)+|u_2|r\sin\theta_1}\times r^{n-1}\phi(r)\sin\theta_1^{n-2}\,d\theta_1\,dr\\
&=\frac{1}{(2\pi)^{n/2}}b_{n-2}2^{(n-3)/2}\cdot 2^{(3-n)/2}\cdot\Gamma\left(\frac{n-3}{2}\right)\int_0^\infty\int_0^\pi r\phi(r)e^{-|u|(r^2+|x|^2-2r|x|\cos\theta_1)^{1/2}}\\
&\quad e^{u_1(r\cos\theta_1-|x|)+|u_2|)+|u_2|r\sin\theta_1}\,d\theta_1\,dr
\end{aligned}$$

or

$$-|u|(r^2+|x|^2-2r|x|\cos\theta_1)^{1/2}+u_1(r\cos\theta_1-|x|)+|u_2|r\sin\theta_1\leqslant 0$$

ce qui prouve que:

$$I_2\leqslant\frac{1}{(2\pi)^{(n/2)-1}}b_{n-2}2^{(3-n)/4}\Gamma\left(\frac{n-3}{2}\right)\int_0^\infty r\phi(r)\,dr\leqslant c_2 p(0)\quad\text{avec}\quad c_2=\frac{\Gamma\left(\frac{n-3}{2}\right)}{(2\pi)^{(n/2)-1}}.$$

(ii) $|u_1|\geqslant|u_2|$ nous avons en utilisant la quantité conjuguée:

$$\begin{aligned}
&|u|(r^2+|x|^2-2r|x|\cos\theta_1)^{1/2}-u_1(r\cos\theta_1-|x|)-u_2 r\sin\theta_1\cos\theta_2\\
&\qquad=\frac{|u|^2(r^2+|x|^2-2r|x|\cos\theta_1)-[(u_1(r\cos\theta_1-|x|)+u_2 r\sin\theta_1\cos\theta_2)^2}{|u|(r^2+|x|^2-2r|x|\cos\theta_1)^{1/2}+u_1(r\cos\theta_1-|x|)+u_2 r\sin\theta_1\cos\theta_2}.
\end{aligned}$$

On minore le numérateur par $u_1^2 r^2 \sin^2\theta_1 \sin^2\theta_2$, nous obtenons alors que l'expression est minoré par:

$$\geqslant \frac{u_1^2 r^2 \sin^2\theta_1 \sin^2\theta_2}{|u|(r^2+|x|^2-2r|x|\cos\theta_1)^{1/2}+u_1(r\cos\theta_1-|x|)+|u_2|r\sin\theta_1}$$

en utilisant:

$$u_1(r\cos\theta_1-|x|)+|u_2|r\sin\theta_1 \leqslant 1/2|u|(r^2+|x|^2-2r|x|\cos\theta_1)^{1/2}$$

nous obtenons que l'expression est minorée par:

$$\geqslant \frac{u_1^2 r^2 \sin^2\theta_1 \cdot \sin^2\theta_2}{3|u|(r^2+|x|^2-2r|x|\cos\theta_1)^{1/2}} \geqslant \frac{1/2|u|^2 r^2 \sin^2\theta_1 \sin^2\theta_2}{3|u|(r^2+|x|^2-2r|x|\cos\theta_1)^{1/2}}$$
$$= \frac{|u|r^2 \sin^2\theta_1 \sin^2\theta_2}{6(r^2+|x|^2-2r|x|\cos\theta_1)^{1/2}}$$

ce qui nous permet d'avoir:

$$I_2 \leqslant \frac{1}{(2\pi)^{n/2}} b_{n-2}|u|^{(n-3)/2} \int_0^\infty \int_0^\pi \int_0^\pi \left(\frac{1}{r^2+|x|^2-2r|x|\cos\theta_1}\right)\frac{n-1}{4}$$
$$\times e^{-|u|r^2\sin^2\theta_1\sin^2\theta_2/6(r^2+|x|^2-2r|x|\cos\theta_1)^{1/2}} r^{n-1}\phi(r)\sin\theta_1^{n-2}\sin\theta_2^{n-3}\,d\theta_2\,d\theta_1\,dr$$
$$= 2\cdot\frac{1}{(2\pi)^{n/2}} b_{n-2}\cdot|u|^{(n-3)/2} \int_0^\infty \int_0^\pi \int_0^{\pi/2} \left(\frac{1}{r^2+|x|^2-2r|x|\cos\theta_1}\right)^{(n-1)/4}$$
$$\times e^{-|u|r^2\sin^2\theta_1\sin^2\theta_2/6(r^2+|x|^2-2r|x|\cos\theta_1)^{1/2}} r^{n-1}\phi(r)\sin\theta_1^{n-2}\sin\theta_2^{n-3}\,d\theta_2\,d\theta_1\,dr.$$

On utilise maintenant que $(2/\pi)\theta_2 \leqslant \sin\theta_2 \leqslant \theta_2$ nous obtenons que l'intégrale I_2 est majorée par:

$$\leqslant 2\cdot\frac{1}{(2\pi)^{n/2}} b_{n-2}\cdot|u|^{(n-3)/2} \int_0^\infty \int_0^\pi \int_0^{\pi/2} \left(\frac{1}{r^2+|x|^2-2r|x|\cos\theta_1}\right)^{(n-1)/4}$$
$$\cdot e^{-|u|(4/\pi^2)\sin\theta_1^2\,\theta_2^2 r^2/6(r^2+|x|^2-2r|x|\cos\theta_1)^{1/2}} \times r^{n-1}\phi(r)\sin\theta_1^{n-2}\theta_2^{n-4}\,d\theta_2\,d\theta_1\,dr.$$

Ainsi nous obtenons en intégrant par rapport à θ_2:

$$I_2 \leqslant \frac{2}{2(2\pi)^{n/2}} b_{n-2}\Gamma\left(\frac{n-3}{2}\right)|u|^{(n-3)/2} \int_0^\infty \int_0^\pi \left(\frac{1}{r^2+|x|^2-2r|x|\cos\theta_1}\right)^{(n-1)/4}$$
$$\cdot\left[\frac{3\pi^2}{2}\frac{(r^2+|x|^2-2r|x|\cos\theta_1)^{1/2}}{|u|r^2\sin^2\theta_1}\right]^{(n-3)/2} \times r^{n-1}\phi(r)\sin\theta_1^{n-2}\,d\theta_1\,dr$$
$$= \frac{1}{(2\pi)^{n/2}} b_{n-2}\Gamma\left(\frac{n-3}{2}\right)\left(\frac{3\pi^2}{2}\right)^{(n-3)/2} \int_0^\infty \int_0^\pi \frac{\sin\theta_1}{(r^2+|x|^2-2r|x|\cos\theta_1)^{1/2}} r^2\phi(r)\,d\theta_1\,dr.$$

Mais nous avons:

$$\int_0^\pi \frac{\sin\theta_1}{(r^2+|x|^2-2r|x|\cos\theta_1)^{1/2}}\,d\theta_1 = \frac{1}{|x|\cdot r}[(r^2+|x|^2-2|x|r\cos\theta_1)^{1/2}]_0^\pi$$
$$= \frac{1}{|x|\cdot r}[|x|+r-||x|-r|].$$

Or nous avons

$$\frac{1}{|x|}(|x|+r-||x|-r|) \leqslant 2.$$

En effet deux cas se présentent:

– si $r \leqslant |x|$ nous avons $r+|x|-|r-|x|| = r+|x|-|x|+r = 2r$

Ce qui donne que $(|x|+r-||x|-r|)/|x| \leqslant 2$.

– si $r \geqslant |x|$ nous avons $r+|x|-|r-|x|| = 2|x|$

ce qui donne $(|x|+r-||x|-r|)/|x| = 2$.

Il en résulte que:

$$I_2 \leqslant \frac{4}{(2\pi)^{n/2-1}} b_{n-2}\Gamma\left(\frac{n-3}{2}\right)\left(\frac{3\pi^2}{2}\right)^{(n-3)/2}\int_0^\infty r\phi(r)\,dr = c_3 p(0)$$

avec $c_3 = \theta\pi\Gamma(n-3/2)\Gamma(n/2)$.

Ce qui prouve que $W^u\phi(x) \leqslant (c_1+c_2+c_3)p(0)$, pour tout $u\in\mathbb{R}^n$, $x\in\mathbb{R}^n$.

Ce qui démontre le Théorème 7.

REMARQUE 3. Pour $n \geqslant 4$ et μ non radiale le Théorème 7 n'est pas vrai. Pour cela nous allons étudier le contre exemple suivant:

CONTRE EXEMPLE dans $\mathbb{R}^n$; $n \geqslant 4$.

Nous fixons $u = e_1$, $e_1 = (1,0,\dots,0)$. Pour tout $k\in\mathbb{N}^*$. Nous définissons: $C_k = B(k^2\theta_1, k)\backslash B(k^2 e_1, k/2)$ et $\phi_k = \alpha_k\cdot 1_{C_k}$ avec la condition $\int_{\mathbb{R}^n}\phi_k(y)\,dy = k^{n-2}$.

On pose $\phi = \Sigma_{k=1}^\infty \phi_k$. Soient p_k le potentiel de newton engendré par ϕ_k et p le potentiel engendré par ϕ. On a $p = \Sigma_{k=1}^\infty p_k$.

PROPOSITION 1.

(1) *P est borné sur* $\mathbb{R}^n$: $P \leqslant 2^{n-2}\left(1 + 2\sum_{k=1}^\infty \frac{1}{K^{n-2}}\right)$.

(2)
$$\int_0^\infty \int_{\mathbb{R}^n} \frac{1}{(4\pi t)^{n/2}} e^{-|y-2te_1|^2/4t} \phi(y)\,\mathrm{d}y\,\mathrm{d}t = +\infty.$$

Démonstration. La démonstration se fait en plusieurs étapes. Nous avons:

(i)
$$P_k \leqslant 2^{n-2}.$$

En effet

$$P_k(k^2 e_1) = \int_{C_k} \frac{\phi_k(y)}{|k^2 e_1 - y|^{n-2}}\,\mathrm{d}y \leqslant \int_{C_k} \frac{\phi_k(y)}{\left(\frac{k}{2}\right)^{n-2}}\,\mathrm{d}y = 2^{n-2}$$

il s'en suit pour des raisons de symétrie que $P_k \leqslant 2^{n-2}$ sur $\mathbb{R}^n$.

(ii)
$$P(m^2 e_1) \leqslant 2^{n-2}\left(1 + 2\sum_{k=1}^{\infty} \frac{1}{k^{n-2}}\right)$$

pour tout $m \in \mathbb{N}^*$. En effet nous avons

(a)
$$\sum_{k=m+1}^{\infty} P_k(m^2 e_1) = \sum_{k=1}^{\infty} P_{k+m}(m^2 e_1)$$

et $|m^2 e_1 - y| \geqslant \mathrm{d}(m^2 e_1, C_{k+m}) = (m+k)^2 - (k+m) - m^2 = k^2 + (2m-1)k - m \geqslant \frac{1}{2}k(k+m)$ pour tout $y \in C_{k+m}$, $k, m \in \mathbb{N}^*$ ce qui permet d'écrire:

$$\sum_{k=1}^{\infty} P_{k+m}(m^2 e_1) \leqslant \sum_{k=1}^{\infty} \frac{(k+m)^{n-2}}{\left(\frac{k(k+m)}{2}\right)^{n-2}} = 2^{n-2} \sum_{k=1}^{\infty} \frac{1}{k^{n-2}}.$$

(b)
$$\sum_{k=1}^{m-1} P_k(m^2 e_1) \leqslant \sum_{k=1}^{m-1} \frac{k^{n-2}}{\left(\frac{k(m-k)}{2}\right)^{n-2}} = 2^{n-2} \sum_{k=1}^{m-1} \frac{1}{(m-k)^{n-2}}.$$

car nous avons

$$|m^2 e_1 - y| \geqslant \mathrm{d}(m^2 e_1, C_k) = m^2 - k^2 - k \geqslant \tfrac{1}{2}k(m-k)$$

pour tout $1 \leqslant k \leqslant m-1$ et tout $y \in C_k$.

Ce qui nous donne:

$$P(m^2 e_1) = \sum_{k=1}^{\infty} P_k(m^2 e_1) \leqslant 2^{n-2}\left(1 + 2\sum_{k=1}^{\infty} \frac{1}{k^{n-2}}\right).$$

(iii)
$$P(xe_1) \leqslant 2^{n-1}\left(1 + 2\sum_{k=1}^{\infty} \frac{1}{k^{n-2}}\right) \quad \text{pour tout } x \in \mathbb{R}.$$

En effet nous avons:

(a) Pour $x \leqslant 1$ nous avons: $|xe_1 - y| \geqslant \mathrm{d}(xe_1, C_k) = k^2 - k - x \geqslant k^2 - k - 1 \geqslant \frac{1}{2}k^2$ pour tout $k \geqslant 2$ et tout $y \in C_k$. Ceci nous permet d'avoir:

$$P_k(xe_1) = \int \frac{\phi_k(y)}{|xe_1 - y|^{n-2}} \mathrm{d}y \leqslant 2^{n-2} \frac{1}{k^{n-2}}$$

et par suite $p(xe_1) \leqslant 2^{n-2} \sum_{k=1}^{\infty} 1/k^{n-2}$.

(b) Pour $x > 1$, il existe m unique dans $\mathbb{N}^*$ tel que $m^2 \leqslant x < (m+1)^2$; soient $1 \leqslant k \leqslant m-1$ et $y \in C_k$ on a:

$$|xe_1 - y| \geqslant \mathrm{d}(xe_1, C_k) = x - k^2 - k \geqslant m^2 - k^2 - k \geqslant \tfrac{1}{2}k(m-k).$$

Ce qui permet d'écrire:

$$\sum_{k=1}^{m-1} P_k(xe_1) \leqslant \sum_{k=1}^{m-1} P_k(m^2 e_1) \leqslant 2^{n-2} \sum_{k=1}^{m-1} \frac{1}{(m-k)^{n-2}}$$

d'après (ii b).

D'autre part, soient $k \geqslant 2$ et $y \in C_{k+m}$ on a $|xe_1 - y| \geqslant \mathrm{d}(xe_1, C_{k+m}) = (k+m)^2 - (k+m) - x \geqslant (k+m)^2 - (k+m) - (m+1)^2 \geqslant \frac{1}{2}k(k+m)$ ce qui permet d'écrire d'après (ii a):

$$\sum_{k=m+2}^{\infty} P_k(xe_1) = \sum_{k=2}^{\infty} P_{k+m}(xe_1) \leqslant \sum_{k=2}^{\infty} P_{k+m}(m^2 e_1) \leqslant 2^{n-2} \sum_{k=2}^{\infty} \frac{1}{k^{n-2}}$$

il en résulte que:

$$\begin{aligned} P(xe_1) &= \sum_{k=1}^{\infty} P_k(xe_1) = \sum_{k=1}^{m-1} P_k(xe_1) + P_m(xe_1) + P_{m+1}(xe_1) + \sum_{k=m+2}^{\infty} P_k(xe_1) \\ &\leqslant 2^{n-2}\left(1 + 2\sum_{k=1}^{\infty} \frac{1}{k^{n-2}}\right). \end{aligned}$$

Ce qui donne

$$P(xe_1) \leqslant 2^{n-2}\left(1 + 2\sum_{k=1}^{\infty} \frac{1}{k^{n-2}}\right) \quad \text{pour tout } x \in \mathbb{R}.$$

Enfin nous avons

(iv) $$P(X) \leqslant 2^{n-2}\left(1 + 2\sum_{k=1}^{\infty} \frac{1}{k^{n-2}}\right) \quad \text{pour tout } X \in \mathbb{R}^n.$$

En effet: soit x la composante de X suivant e_1. Soit X_2 l'orthogonal de e_1 et $X = xe_1 + X_2$. Nous avons:

$$\mathrm{d}(X, C_k) = ((x - k^2)^2 + |X_2|^2)^{1/2} - k \geqslant |x - k^2| - k$$

(a) si $x \leqslant 1$ on aura:

$$\mathrm{d}(X, C_k) \geqslant |x - k^2| - k = k^2 - k - x = \mathrm{d}(xe_1, C_k).$$

Ce qui donne $|X - y| \geqslant \mathrm{d}(X, C_k) \geqslant k^2 - k - x \geqslant k^2 - k - 1 \geqslant \frac{1}{2}k^2$ pour tout $y \in C_k$, $k \geqslant 2$. Ce qui entraine d'aprés (iii a) que

$$P(X) \leqslant 2^{n-2} \sum_{k=1}^{\infty} \frac{1}{k^{n-2}}.$$

(b) Si $x > 1$, il existe $m \in \mathbb{N}^*$ unique tel que $m^2 \leqslant x \leqslant (m+1)^2$. Soient $k \in \mathbb{N}$, $1 \leqslant k \leqslant m - 1$ on a:

$$\mathrm{d}(X, C_k) = ((x - k^2)^2 + |X_2|^2)^{1/2} \geqslant (x - k^2) - k = \mathrm{d}(xe_1, C_k) \geqslant 1/2k(m - k)$$

d'après (iii b). Il s'en suit que $|x - y| \geqslant \mathrm{d}(x, C_k) \geqslant \frac{1}{2}k(m - k)$ pour tout $y \in C_k$.

Soit $k \geqslant 2$ et $y \in C_{k+m}$ on a aussi

$$|X - y| \geqslant \mathrm{d}(X, C_{k+m}) \geqslant |x - (k + m)^2| - (k + m) = (k + m)^2 - (m + k) - x$$

$= \mathrm{d}(xe_1, C_{k+m}) \geqslant 1/2k(k + m)$ d'après (iii b), on obtient ainsi:

$$P(X) = \sum_{k=1}^{\infty} P_k(X) = \sum_{k=1}^{m-1} P_k(X) + P_m(X) + P_{m+1}(X) + \sum_{k=m+2}^{\infty} P(X)$$
$$\leqslant 2^{n-2}\left(1 + 2 \sum_{k=1}^{\infty} \frac{1}{k^{n-2}}\right).$$

Ce qui démontre le (1) de la proposition.

Nous allons maintenant montrer que:

$$W^{e_1}(\phi)(x) = \int_0^{\infty} \int_{\mathbb{R}^n} \frac{1}{(4\pi t)^{n/2}} e^{-|y - 2te_1 - x|^2/4t} \phi(y) \, \mathrm{d}y \, \mathrm{d}t$$

n'est pas borné.

Pour $x = 0$ on a

$$W^{e_1}(\phi)(0) = \int_0^{\infty} \int_{\mathbb{R}^n} \frac{1}{(4\pi t)^{n/2}} e^{-|y - 2te_1|^2/4t} \phi(y) \, \mathrm{d}y \, \mathrm{d}t.$$

En utilisant le théorème de Fubini on aura:

$$\begin{aligned}W^{e_1}(\phi)(0) &= \int_{\mathbb{R}^n}\int_0^\infty \frac{1}{(4\pi t)^{n/2}} e^{-|y-2te_1|^2/4t}\phi(y)\,dt\,dy\\ &= \int_{\mathbb{R}^n}\int_0^\infty \frac{1}{(4\pi t)^{n/2}} e^{-(|y|^2/4t)-t}(e^{(y,e_1)}\phi(y))\,dt\,dy\\ &= \int_{\mathbb{R}^n} \frac{1}{(4\pi)^{n/2}}\left(\frac{|y|^2}{4}\right)^{(1/2)(1-n/2)} K_{(n/2)-1}(|y|)e^{(y,e_1)}\phi(y)\,dy = V_1(\phi e^{(\cdot,e_1)})(0)\end{aligned}$$

où $K_{(n/2)-1}$ est la fonction de Macdonald et V_1 est le noyau d'indice 1 de la résolvante du semi-groupe du mouvement brownien sur $\mathbb{R}^n$. Or nous savons d'après [17] que V_1 a une densité g_1^n par rapport à la mesure de Lebesgue sur $\mathbb{R}^n$ qui est radiale et vérifie:

(1) Pour n impair

$$g_1^n(r) = \left(\sum_{p=(n-1)/2}^{n-2} a_p^n \frac{1}{r^p}\right)e^{-r}$$

avec $a_p^n > 0$,

$$a_{n-2}^n = \frac{1}{4\pi^{(n+1)/2}}\Gamma\left(\frac{n}{2}-1\right), \quad a_{(n-1)/2}^n = \frac{1}{2\cdot(2\pi)^{(n-1)/2}}.$$

(2) Pour n pair

$$g_1^n(r) = \sum_{p=n/2-1}^{n-3} b_p^n \frac{1}{r^p}\int_0^\infty (cht)^{n-2-p}e^{-rcht}\,dt$$

avec $b_p^n > 0$,

$$b_{n-3}^n = \frac{(n-4)!}{2\cdot(4\pi)^{(n/2)-2}\left(\dfrac{n}{2}-2\right)!}, \quad b_{(n/2)-1}^n = \frac{1}{(2\pi)^{n/2}}.$$

Ce qui nous permet de remarquer:

(i) $$g_1^n(r) \geqslant \frac{1}{2\cdot(2\pi r)^{(n-1)/2}}e^{-r}$$

pour tout $r > 0$.

(ii) $$g_1^n(r) \simeq \frac{1}{2\cdot(2\pi r)^{(n-1)/2}}e^{-r}$$

quand r tend vers $+\infty$.

Il s'en suit d'après cette remarque que:

$$W^{e_1}(\phi)(0) \geqslant \frac{1}{2(2\pi)^{(n-1)/2}} \int_{\mathbb{R}^n} |y|^{(1-n)/2} e^{-|y|+\langle e_1, y\rangle} \phi(y)\,\mathrm{d}y$$
$$= \frac{1}{2(2\pi)^{(n-1)/2}} \int_{\mathbb{R}^n} |y|^{(1-n)/2} e^{-|y|+y_1} \phi(y)\,\mathrm{d}y$$

or sur C_k on a:

(1) $$y = y_1 e_1 + y_2 \quad \text{avec} \quad \langle e_1, y_2\rangle = 0.$$

(2) $$k^2 - k < y_1 < k^2 + k, \quad |y_2| < k.$$

Ce qui donne:

$$|y| - y_1 = (y_1^2 + |y_2|^2)^{1/2} - y_1 = y_1\left[\left(1 + \left(\frac{|y_2|^2}{y_1^2}\right)\right)^{1/2} - 1\right]$$
$$\leqslant y_1\left(1 + \frac{|y_2|}{y_1} - 1\right) = \frac{|y_2|}{y_1} \leqslant \frac{k}{k^2} \leqslant 1$$

pour tout $k \geqslant 2$ car $y_1 \geqslant k^2 - k > 1/2k^2$ pour $k \geqslant 2$ nous obtenons ainsi $e^{-|y|+y_1} \geqslant e^{-1}$ pour tout $y \in C_k$, $k \geqslant 2$ et $|y| \leqslant y_1 + |y_2| \leqslant k^2 + 2k \leqslant 2k^2$ pour tout $k \geqslant 2$.

Il en résulte que:

$$W^{e_1}(\phi)(0) \geqslant \frac{e^{-1}}{2(2\pi)^{(n-1)/2}} \sum_{k=2}^{\infty} \int_{\mathbb{R}^n} |y|^{(1-n)/2} \phi_k(y)\,\mathrm{d}y \geqslant \frac{e^{-1}}{2(2\pi)^{(n-1)/2}} \sum_{k=2}^{\infty} \int_{\mathbb{R}^n} \frac{\phi_k(y)}{(2k^2)^{(n-1)/2}}\,\mathrm{d}y$$
$$= \frac{e^{-1}}{2(2\pi)^{(n-1)/2}} \sum_{k=2}^{\infty} \frac{k^{n-2}}{k^{n-1}} = \frac{e^{-1}}{2(2\pi)^{(n-1)/2}} \sum_{k=2}^{\infty} \frac{1}{k} = +\infty.$$

Bibliographie

1. Ancona, A.: Principe de Harnack à la frontière et théorème de Fatou pour un opérateur elliptique dans un domaine lipschitzien, *Ann. Inst. Fourier* **28** (4) (1978), 169–213.
2. Aronson, D. G.: Bounds for the fundamental solution of a parabolic equation, *Bulletin of the American Mathematical Society* **73** (1967), 890–896.
3. Ben Saad, H.: Généralisation des noyaux V_h et applications, *Séminaire théorie du potentiel de Paris* N°7. Lecture Notes in Math. N°1061, Springer-Verlag (1984).
4. Ben Tahar, R.: Perturbation des espaces harmoniques et comparaison des fonctions de Green, Thése de 3e cycle, Université de Tunis (1985).
5. Bliedtner, J. et Hansen, W.: *Potential Theory – An Analytic and Probabilistic Approach to Balayage*, Universität Berlin–Heidelberg–New York Toyo, Springer (1986).
6. Boukricha, A., Hansen, W. et Hueber, H.: Continuous solutions of the generalized Schrödinger equation and perturbation of harmonic spaces. *Exp. Math.* **5** (1987), 97–135.
7. Davies, E. B.: *Heat Kernels and Spectral Theory*, Cambridge University Press, Cambridge, New York, New Rochelle, Melbourne, Sydney (1989).
8. Fabes, E. B. et Stroock, D. W.: A new proof of Moser's inegality using the old idea of Nash, *Arch. Rat. Mech. Anal.* **96** (1986), 327–338.

9. Hirsch, F.: Conditions nécessaires et suffisantes d'existence de résolvantes, *Z. Wahrscheinlichkeitstheorie Verw. Gebiete* **29** (1974), 73–85.
10. Hueber, H. et Sieveking, M.: Uniform bounds for quotient of Green fucntions on $C^{1,1}$ domains, *Ann. Inst. Fourier* **32** (1) (1982), 105–117.
11. Ito, M. et Nishio, M.: Poincaré type conditions of the regularity for the parabolic operator of order α, *Nagoya Math. J.* **115** (1989), 1–22.
12. Maagli, H. et Selmi, M.: Perturbation et comparaison des semi-groupes, *Revue Roum. de Math. Pures et Appliquées* **XXXIV** (1) (1989), 29–40.
13. Maagli, H. et Selmi, M.: Perturbation des résolvantes et des semi-groupes par une mesure de Radon positive, *Math. Zeitschrift* **205** (1990), 379–393.
14. Nishio, M.: The Wiener criterion of regular points for the parabolic operator of order α, *Nagoya Math. J.* **116** (1989), 163–179.
15. Olver, F. W. J.: *Asymptotics and Special Functions*, New York: Academic Press (1974).
16. Selmi, M.: Critère de comparaison de certains noyaux de Green, *Séminaire de Théorie du Potentiel de Paris N° 8*, Lecture Notes 1235 (1987).
17. Selmi, M.: Comparaison des noyaux vérifiant le principe complet du maximum avec leurs perturbés, Thèse de 3ème Cycle, Université de Tunis (1984).
18. Yosida, K.: *Functional Analysis*, 5th edition, Springer-Verlag, Berlin–Heidelberg–New York (1978).

Potential Analysis **3**: 47–59, 1994.

Minimal Operators from a Potential-Theoretic Viewpoint

SIRKKA-LIISA ERIKSSON-BIQUE
University of Joensuu, Department of Mathematics, SF-80101 Joensuu, Finland

and

HEINZ LEUTWILER
Mathematisches Institut der Universität Erlangen-Nürnberg, Bismarckstrasse 1 1/2, D-8520 Erlangen, Federal Republic of Germany

(Received: 17 November 1991; accepted: 13 November 1992)

Abstract. Minimal positive operators on a Hilbert space H are characterized in terms of so-called parallel addition of operators. It is also shown how these operators can be used to reproduce the inverse, respectively generalized inverse, of any positive operator on H.

Mathematics Subject Classifications (1991). 47D25, 39B50, 46C99, 31D05.

Key words. Minimal operators, Hilbert space, parallel addition, Poisson kernel, harmonic functions.

Introduction

The concept of minimal elements has been studied extensively in potential theory (see e.g. [7]). The definition, however, also makes sense in the case of $\mathscr{H}^+$, the set of bounded (linear) positive Hermitian operators, defined on some real or complex Hilbert space. An operator $M \in \mathscr{H}^+$, $M \neq 0$, is called *minimal*, provided that $A \leqslant M$, for some $A \in \mathscr{H}^+$, implies that $A = \alpha M$, for some $\alpha \in \mathbf{R}^+$. Here and in what follows $A \leqslant B$ means of course $B - A \geqslant 0$.

It is easy to prove that minimal operators have minimal range (Theorem 2.1). But we shall also need some characterizations of minimal elements within $\mathscr{H}^+$ in terms of so-called parallel addition (Theorem 2.2). This concept was introduced by W. N. Anderson and R. J. Duffin [1] and further developed by W. N. Anderson and G. E. Trapp [2], T. Ando [3], P. A. Fillmore and J. P. Williams [12], E. L. Pekarev and Ju. L. Smul'jan [14], and others. Recently a *potential theoretic approach* to the theory of parallel addition, based on methods developed in [4] and [5], has been given by the present authors in [10] and [11]. In Section 1 we shall recall some of the results of [10], relevant to this paper.

The main result of the present article is Theorem 3.11. It shows how one can reproduce any given operator $A \in \mathscr{H}^+$, more precisely its generalized inverse, in terms of minimal elements. Its statement is readily deduced in case the operator A is invertible (Theorem 3.1), but the general case does not seem to follow easily from this one. The difficulties come from the fact that parallel addition is in general not order continuous, not even for increasing sequences (see, e.g. [14], Section 2). In Section 4 we then use the results of Section 3 in order to prove a general uniqueness theorem.

1. Parallel Addition and Quasi-Units

In this paragraph we recall the basic concepts and results of [10], relevant to this paper. Let H denote a real or complex Hilbert space with scalar product $(,)$ and $\mathscr{H}^+$ the class of bounded, positive (semidefinite) Hermitean operators on H. On $\mathscr{H}^+$ a binary operation, called *parallel addition*, is introduced as follows: Given $A, B \in \mathscr{H}^+$, there is a unique operator $A:B \in \mathscr{H}^+$, such that

$$((A:B)x, x) = \inf\{(Ay, y) + (Bz, z): \quad y + z = x, \quad y, z \in H\}, \tag{1}$$

for all $x \in H$. In case the operator $A + B$ has a bounded inverse, the following simple relation holds

$$A:B = A(A + B)^{-1}B. \tag{2}$$

From this one can recover the general case noting, e.g. that

$$A:B = \inf_{\varepsilon > 0} (A + \varepsilon I):B, \tag{3}$$

where I denotes the identity operator on H. Note also that for arbitrary $A \in \mathscr{H}^+$ and $\alpha, \beta \in \mathbf{R}^+$, with $\alpha + \beta \neq 0$,

$$(\alpha A):(\beta A) = \frac{\alpha\beta}{\alpha + \beta} A. \tag{4}$$

The basic objects, studied in [10], are the mappings $P_A: \mathscr{H}^+ \to \mathscr{H}^+$, resp. $Q_A: \mathscr{H}^+ \to \mathscr{H}^+$, defined by

$$P_A B := \sup_{n \in N} (A:(nB)), \quad \text{resp. } Q_A B := P_B A, \tag{5}$$

for arbitrary $A, B \in \mathscr{H}^+$.

We now list those properties of P_A and Q_A, respectively, which we are going to use in what follows. For all $A, B, C \in \mathscr{H}^+$, and all $\lambda \in \mathbf{R}^+$, we have

$$P_A B \leqslant A \tag{6}$$

$$P_A(\lambda B) = P_A B, \quad P_{\lambda A} B = \lambda P_A B \tag{7}$$

$$A \leqslant B \Rightarrow P_C A \leqslant P_C B \quad \text{and} \quad P_A C \leqslant P_B C \tag{8}$$

$$P_A C + P_B C \leqslant P_{A+B} C \tag{9}$$

$$P_A(P_A B) = P_A B, \quad \text{as well as} \quad Q_A(Q_A B) = Q_A B. \tag{10}$$

Note that each property of P_A transcribes into a property of Q_A and vice versa.

The main concept introduced in [10] is the following one:

DEFINITION 1.1. Given $A \in \mathscr{H}^+$, an operator $B \in \mathscr{H}^+$ is called an A-quasi-unit if

$$P_A B = B. \tag{11}$$

Note that ([10], Prop. 4.5)

$$B \in \mathscr{H}^+ \quad \text{is an } I\text{-quasi-unit} \Leftrightarrow B \text{ is a projection.} \tag{12}$$

Among the characterizations of A-quasi-units given in [10] (Theorems 4.2 and 4.7), we only mention the following ones:

THEOREM 1.1. *For arbitrary operators $A, B \in \mathscr{H}^+$ the following conditions are mutually equivalent*:

(i) *B is an A-quasi-unit*

(ii) $A{:}B = \frac{1}{2}B$

(iii) *B is an extreme point of the convex set $\{C \in \mathscr{H}^+ : C \leqslant A\}$.*

In analogy to (11) we also introduce the following concept:

DEFINITION 1.2. Given $A \in \mathscr{H}^+$, an operator $B \in \mathscr{H}^+$ is called A-quasi-bounded, if

$$Q_A B = B, \tag{13}$$

and A-singular, respectively, if

$$Q_A B = 0. \tag{14}$$

Calling an operator $B \in \mathscr{H}^+$ A-bounded provided there is a $\lambda \in \mathbf{R}^+$ such that $B \leqslant \lambda A$, it is easy to verify ([10], Prop. 2.3) that every A-bounded operator is also A-quasi-bounded.

We also note that for A-singular elements there is the following obvious equivalence ([10], statement 2.11):

$$B \in \mathscr{H}^+ \quad \text{is } A\text{-singular} \Leftrightarrow A{:}B = 0. \tag{15}$$

Furthermore, we mention that every operator $B \in \mathscr{H}^+$ admits, with respect to any operator $A \in \mathscr{H}^+$, a decomposition as $B = Q + S$, where Q and S are, respectively, A-quasi-bounded and A-singular elements ([10], Theorem 3.1).

In this paper we shall, if possible, always work within the ordered convex cone $\mathscr{H}^+$ itself. However there are situations where we also have to consider the range of an operator; more precisely the following interplay between the inclusion of ranges and the order relation, a result due to R. G. Douglas [9].

THEOREM 1.2. *For arbitrary $A, B \in \mathscr{H}^+$ the following conditions are equivalent:*
(i) $A \leqslant \lambda B$ *for some constant* $\lambda > 0$.
(ii) range $A^{1/2} \subset$ range $B^{1/2}$.

2. Characterizations of Minimal Elements

In potential theory the concept of minimal elements was introduced in order to single out the Poisson kernels within the convex cone of positive harmonic functions, defined on some open disc in **C** (see, e.g. [7]). Formally the same definition applies to our situation.

DEFINITION 2.1. An element $M \in \mathscr{H}^+$, $M \neq 0$, is called minimal, provided for all $A \in \mathscr{H}^+$:

$$A \leqslant M \Rightarrow A = \lambda M \quad \text{for some } \lambda \in \mathbf{R}^+. \tag{16}$$

In terms of their ranges, minimal elements are readily characterized as follows:

THEOREM 2.1. *An operator $M \in \mathscr{H}^+$ is minimal if and only if its range is one-dimensional.*

Note that an operator $A \in \mathscr{H}^+$ has one-dimensional range if and only if it is of the form $A = \alpha P$, where α is a positive real number and P denotes the projection

$$P: H \to H: x \to (x, e)e, \tag{17}$$

defined by some $e \in H$ with $\|e\| = 1$.

Although there are shorter proofs of Theorem 2.1 (using spectral theory) we prefer to give the following one.

Proof. We begin by showing that the projection P, defined under (17), is a minimal element of $\mathscr{H}^+$.

Assuming that $A \in \mathscr{H}^+$ satisfies the condition $0 < A \leqslant P$, we first show that

$$\text{range } A = \text{range } P. \tag{18}$$

Let $z \in H$ be orthogonal to e. Then $0 \leqslant (Az, z) \leqslant (Pz, z) = 0$ implies that $z \in \ker A^{1/2}$. Hence $\ker P \subset \ker A^{1/2}$. Consequently,

$$\text{range } A \subset \overline{\text{range}}(A^{1/2}) = (\ker A^{1/2})^{\perp} \subset (\ker P)^{\perp} = \text{range } P,$$

and (18) holds.

Now $e \in \operatorname{range} A$ and A Hermitian imply that $Ae = \alpha e$ for some $\alpha > 0$. Decomposing an arbitrary $z \in H$ into $z = (z, e)e + y$, $y \in H$ orthogonal to e, we conclude that

$$Az = (z, e)Ae = \alpha Pz.$$

Hence $A = \alpha P$ and consequently P is minimal.

Conversely, assuming that M is minimal in $\mathscr{H}^+$, we first observe that $M \leqslant \gamma I$, for some $\gamma \in \mathbf{R}^+$, $(\gamma \neq 0)$ implies that $M^2 \leqslant \gamma M$ (see, e.g. [15], p. 251). Then taking into account the minimality of M we infer that $M^2 = \beta M$ for some $\beta \in \mathbf{R}^+$. Consequently $E := (1/\beta)M$ satisfies the relation $E^2 = E$ and hence defines a projection onto some (closed) subspace of H ([15], p. 252). Choosing a point $x_0 \in H$ with the property that $Mx_0 \neq 0$, we may set $e := \|Mx_0\|^{-1} Mx_0$ and look at the projection $P: H \to H: x \to (x, e)e$. From range $P \subset$ range E and the fact that both operators are projections we easily deduce that $P \leqslant E$ (see, e.g. [13], p. 136). The minimality of E – inherited from M – then implies that $P = \lambda E$ for some $\lambda > 0$. Consequently $M = \alpha P$, where $\alpha := \beta/\lambda$, completing the proof.

Besides this one there are also characterizations of minimal elements within the cone $\mathscr{H}^+$ alone. Some of them are valid in fact in any proper convex cone of a given vector space. We refer, e.g., to Choquet [8], vol. II, for such characterizations (see the equivalences (i), (vii) and (viii) in Theorem 2.2 below). In our situation, however, there are also some characterizations based on the concept of parallel addition.

THEOREM 2.2. *For any element $M \in \mathscr{H}^+$, $M \neq 0$, the following conditions are equivalent*:

(i) *M is minimal.*

(ii) *For each $A \in \mathscr{H}^+$ there is a $\lambda \in \mathbf{R}^+$ such that $A:M = \lambda M$.*

(iii) *For each $A \in \mathscr{H}^+$ there is a $\lambda \in \mathbf{R}^+$ such that $P_A M = \lambda M$.*

(iv) *For each $A \in \mathscr{H}^+$, which is not M-singular, there is a $\lambda \in \mathbf{R}^+$, $\lambda > 0$, such that λM is an A-quasi-unit.*

(v) *For each $A \in \mathscr{H}^+$, which is not M-singular, there is a $\lambda \in \mathbf{R}^+$, $\lambda > 0$, such that $A \geqslant \lambda M$.*

(vi) *For each $A \in \mathscr{H}^+$, which is not M-singular, there is a $\lambda \in \mathbf{R}^+$, $\lambda > 0$, such that M is an extreme point of the convex set $\{B \in \mathscr{H}^+ : B \leqslant \lambda A\}$.*

(vii) *$\{\alpha M : \alpha \in \mathbf{R}^+\}$ is an extreme ray.*

(viii) *$\mathscr{H}^+ \backslash \{\alpha M : \alpha \in \mathbf{R}^+\}$ is convex.*

Proof. (i) ⇒ (ii): Let M be a minimal and A an arbitrary element of $\mathscr{H}^+$. Then, from $A:M \leqslant M$, we conclude that $A:M = \lambda M$ for some $\lambda \in \mathbf{R}^+$.

(ii) ⇒ (iii): By hypothesis, for any $A \in \mathscr{H}^+$ and any $n \in \mathbf{N}$ we find $\lambda_n \in \mathbf{R}^+$ such that $((1/n)A):M = \lambda_n M$. Therefore $A:nM = n\lambda_n M \leqslant A$ holds for all $n \in \mathbf{N}$ and hence $P_A M = \sup_{n \in \mathbf{N}}(n\lambda_n M) = \lambda M$, where $\lambda := \sup_{n \in \mathbf{N}} n\lambda_n$.

(iii) $\Rightarrow$ (iv): On account of (7), $P_A M = \lambda M$ yields $P_A(\lambda M) = \lambda M$, showing that λM is an A-quasi-unit.

(iv) $\Rightarrow$ (v): Follows immediately from $\lambda M = P_A(\lambda M) \leqslant A$.

(v) $\Rightarrow$ (i): Let x_0 be a nonzero element of range M and let P denote the projection of H onto the one-dimensional subspace generated by x_0. According to Theorem 1.2 of R. G. Douglas the inclusion range $P \subset$ range M holds if and only if there exists $\beta \in \mathbf{R}^+$ such that $P^2 \leqslant \beta M^2$. On the other hand, $M \leqslant \gamma I$ (I denoting the identity operator on H), for some $\gamma > 0$ implies that $M^2 \leqslant \gamma M$. Consequently $P = P^2 \leqslant (\beta\gamma)M$ and thus $M \geqslant \eta P$ for some $\eta > 0$. This implies that $P{:}M \geqslant P{:}\eta P = (\eta/(1+\eta)) > 0$. Therefore, by hypothesis, there exists $\delta > 0$ such that $P \geqslant \delta M$. There results: $P^2 = P \geqslant (\delta/\gamma)M^2$. Drawing again on the Theorem 1.2 of Douglas we conclude that range $M \subset$ range P, so that range $M =$ range P. Thus, according to Theorem 2.1, M must be minimal.

(vi) $\Rightarrow$ (iv): See Theorem 1.1.

The equivalence of the conditions (i), (vii) and (viii) being well known (see, e.g. [8], Prop. 25.6 and 25.7), the proof of Theorem 2.2 is complete.

Remark concerning condition (v) *in Theorem* 2.2. If $M \in \mathscr{H}^+$ is minimal, then the number $\lambda_0 \in \mathbf{R}^+$ with the property that $P_A M = \lambda_0 M$ is the greatest number $\lambda \in \mathbf{R}^+$, satisfying $A \geqslant \lambda M$. Indeed, suppose that $A \geqslant \lambda M$, $\lambda \in \mathbf{R}^+$. Then, by (7) and (8), $P_A M = P_A(\lambda M) \geqslant P_{\lambda M}(\lambda M) = \lambda M$, showing that $\lambda_0 \geqslant \lambda$.

3. Reproduction of the Inverse Operator in Terms of the Minimal Elements

Throughout this section $A \in \mathscr{H}^+$ will be kept fixed. Then on behalf of Theorem 2.2(iii), for each minimal element $M \in \mathscr{H}^+$ there is a $\lambda \in \mathbf{R}^+$ such that $P_A M = \lambda M$. On the other hand, by Theorem 2.1, an element $M \in \mathscr{H}^+$ is minimal if and only if it is of the form $M = M_z$ ($z \in H\backslash\{0\}$), where

$$M_z x := (x, z)z, \quad \text{for all } x \in H. \tag{19}$$

Consequently there is a function $\lambda: H\backslash\{0\} \to \mathbf{R}^+$ such that

$$P_A M_z = \lambda(z) M_z, \quad \text{for all } z \in H\backslash\{0\}. \tag{20}$$

The aim of this paragraph is to determine the function λ explicitly.

We begin with the simplest case in which $A \in \mathscr{H}^+$ is assumed to be invertible.

THEOREM 3.1. *Let $A \in \mathscr{H}^+$ be invertible. Then*

$$P_A M_z = \frac{1}{(A^{-1}z, z)} M_z, \tag{21}$$

for all $z \in H\backslash\{0\}$, where M_z denotes the minimal operator defined by (19).

Observing that due to (9), $P_{A+B}M_z \geqslant P_A M_z + P_B M_z$, for arbitrary $A, B \in \mathscr{H}^+$ and $z \in H\backslash\{0\}$, we obtain the following fact, cited (in the finite-dimensional case), e.g. in [6] on p. 69:

COROLLARY 3.2. *Let $A, B \in \mathscr{H}^+$ be invertible. Then*

$$((A + B)^{-1}x, x)^{-1} \geqslant (A^{-1}x, x)^{-1} + (B^{-1}x, x)^{-1},$$

for all $x \in H$.

Another known result drops out if we recall (8), whereby for arbitrary $A, B \in \mathscr{H}^+$, $A \leqslant B$ implies that $P_A M_z \leqslant P_B M_z$, for all $z \in H\backslash\{0\}$. We then get

COROLLARY 3.3. *Let $A, B \in \mathscr{H}^+$ be invertible. Then*

$$A \leqslant B \Leftrightarrow A^{-1} \geqslant B^{-1}.$$

Proof of Theorem 3.1. Let $A \in \mathscr{H}^+$ be invertible and M_z ($z \in H\backslash\{0\}$) be defined by (19). We first note that

$$A^{-1}M_z A^{-1}M_z = (A^{-1}z, z)A^{-1}M_z,$$

since

$$\begin{aligned} A^{-1}M_z A^{-1}M_z x &= (x, z)A^{-1}M_z A^{-1}z = (x, z)(A^{-1}z, z)A^{-1}z \\ &= (A^{-1}z, z)A^{-1}M_z x, \quad \text{for all } x \in H. \end{aligned}$$

Thus

$$(A + M_z)^{-1} = A^{-1} - \frac{A^{-1}M_z A^{-1}}{1 + (A^{-1}z, z)}.$$

This in turn yields

$$\begin{aligned} A{:}nM_z &= A(A + nM_z)^{-1}nM_z = \left(I - \frac{nM_z A^{-1}}{1 + n(A^{-1}z, z)}\right)nM_z \\ &= n\frac{M_z + n(A^{-1}z, z)M_z - nM_z A^{-1}M_z}{1 + n(A^{-1}z, z)}. \end{aligned}$$

However, for any $x \in H$, we have

$$M_z A^{-1}M_z x = (x, z)M_z A^{-1}z = (x, z)(A^{-1}z, z)z = (A^{-1}z, z)M_z x,$$

and therefore

$$A{:}nM_z = \frac{n}{1 + n(A^{-1}z, z)}M_z,$$

for all $n \in \mathbf{N}$. Letting $n \to \infty$ yields

$$P_A M_z = \frac{1}{(A^{-1}z, z)} M_z,$$

completing the proof.

The following two results, involving projections, are needed to treat the above question in case the operator A is not invertible. They may, however, be of independent interest.

LEMMA 3.4. *Let $P \in \mathscr{H}^+$ be a projection. Then $A \in \mathscr{H}^+$ is P-quasi-bounded if and only if it is P-bounded.*

Proof. Let $P \in \mathscr{H}^+$ be a projection and $A \in \mathscr{H}^+$ be P-quasi-bounded. Since $A \leqslant \alpha I$, for some $\alpha \in \mathbf{R}^+$, we have

$$A = Q_P A = \sup_{n \in \mathbf{N}} (A : nP) \leqslant \sup_{n \in \mathbf{N}} (\alpha I : nP) = \alpha \sup_{m \in \mathbf{N}} (I : mP) = \alpha P_I P.$$

Being a projection, P is an I-quasi-unit, by (12), and hence satisfies $P_I P = P$. There results that $A \leqslant \alpha P$, showing that A is P-bounded. Since the converse assertion is obvious, in view of the fact that every P-bounded operator is also P-quasi-bounded, we are done.

The following result is contained (implicitly) in the work of Anderson and Trapp ([2], Corollary 2, in combination with Theorem 12). We shall however present a different, more direct, proof.

LEMMA 3.5. *Let $P \in \mathscr{H}^+$ be a projection and $(A_j)_{j \in J}$ be a downward directed set in $\mathscr{H}^+$. Then*

$$Q_P\Big(\inf_{j \in J} A_j\Big) = \inf_{j \in J} Q_P A_j. \tag{22}$$

Proof. Obviously, if $(A_j)_{j \in J}$ is a downward directed set in $\mathscr{H}^+$, so is $(Q_P A_j)_{j \in J}$. Hence $A := \inf A_j$ and $B := \inf Q_P A_j$ exist. Furthermore, since $Q_P A_j \leqslant A_j$, for all $j \in J$, we have $B \leqslant A$. In order to improve this inequality, we first note that due to the idempotency (10) of the mapping Q_P, the operator $Q_P A_j$ $(j \in J)$ is P-quasi-bounded. Then, on account of Lemma 3.4, $Q_P A_j$ is even P-bounded, i.e., there is $\alpha_j \in \mathbf{R}^+$ such that $Q_P A_j \leqslant \alpha_j P$. Consequently, $B \leqslant Q_P A_j \leqslant \alpha_j P$, showing, in particular, that B is P-bounded. Therefore $B = Q_P B$ and hence $B \leqslant A$ can be improved to yield $B \leqslant Q_P A$. The converse inequality, $B \geqslant Q_P A$, follows immediately from the fact that $Q_P A_j \geqslant Q_P A$, for all $j \in J$.

PROPOSITION 3.6. *For any* $A \in \mathscr{H}^+$,

$$P_A M_z = \inf_{\varepsilon>0} P_{A+\varepsilon I} M_z = \inf_{\varepsilon>0} ((A+\varepsilon I)^{-1}z, z)^{-1} M_z, \tag{23}$$

where M_z $(z \in H\backslash\{0\})$ *denotes the (minimal) operator defined by* (19).

Proof. Setting $M := M_z$ $(z \in H\backslash\{0\})$, an application of Lemma 3.5 yields $P_A M = Q_M A = \inf_{\varepsilon>0} Q_M(A+\varepsilon I) = \inf_{\varepsilon>0} P_{A+\varepsilon I} M$, and hence (23), in view of Theorem 3.1.

COROLLARY 3.7. *Let* $\varepsilon \in H$ *be a normal eigenvector of* $A \in \mathscr{H}^+$, $\|e\| = 1$, *and* $\lambda \in \mathbf{R}^+$ *its eigenvalue. Then*

$$P_A M_e = \lambda M_e, \tag{24}$$

where M_e *denotes the minimal operator defined by* (19).

Indeed, from Proposition 3.6 we conclude that

$$P_A M_e = \inf_{\varepsilon>0} ((A+\varepsilon I)^{-1}e, e)^{-1} M_e = \inf_{\varepsilon>0} (\lambda+\varepsilon) M_e = \lambda M_e.$$

We require one more preliminary result:

LEMMA 3.8. *For any* $A, B \in \mathscr{H}^+$,

$$P_A(P_B A) = P_A B. \tag{25}$$

Proof. Let $A, B \in \mathscr{H}^+$ be arbitrary. By definition of $P_B A$ and (4)

$$P_A(P_B A) \geqslant A{:}nB{:}kA = \left(\frac{k}{k+1}A\right){:}nB, \quad \text{for all } k, n \in \mathbf{N}.$$

Therefore, taking the supremum over $n \in \mathbf{N}$, we conclude that $P_A(P_B A) \geqslant P_{(k/(k+1))A} B = (k/(k+1)) P_A B$ holds for all $k \in \mathbf{N}$. Consequently, $P_A(P_B A) \geqslant P_A B$. On the other hand, $P_B A \leqslant B$ yields $P_A(P_B A) \leqslant P_A B$, and hence the equality in (25).

COROLLARY 3.9. *If* $A \in \mathscr{H}^+$ *is B-quasi-bounded, then* $P_A(P_B A) = A$. *In particular, we have* $P_A(P_I A) = A$, *for all* $A \in \mathscr{H}^+$, *where I denotes the identity operator.*

This result enables us to prove

PROPOSITION 3.10. *For given A in* $\mathscr{H}^+$, $P_I A$ $(I =$ *identity operator) is the least element within the class of all projections* $P \in \mathscr{H}^+$, *satisfying the condition* $A \leqslant \alpha P$ *for some* $\alpha \in \mathbf{R}^+$. *Moreover,* $P_I A$ *maps H onto the closure of range A.*

Proof. First of all, given $A \in \mathscr{H}^+$, the operator $B := P_I A$, being an I-quasi-unit, is a projection. Furthermore, on account of Corollary 3.9, $A = P_A B = Q_B A$, i.e., A is B-quasi-bounded. However, B being a projection, Lemma 3.4 applies, showing that A is in fact B-bounded, i.e., $A \leqslant \alpha B$ for some $\alpha \in \mathbf{R}^+$. In other words, B lies in the class of all projections P satisfying the condition $A \leqslant \alpha P$ for some $\alpha \in \mathbf{R}^+$. In order to show that B is the least element in this class, let P be a projection satisfying $A \leqslant \alpha P$ for some $\alpha \in \mathbf{R}^+$. As a projection, P is an I-quasi-unit and hence $P_I P = P$. There results $P_I A \leqslant P_I(\alpha P) = P_I P = P$, completing the proof of the first assertion.

In order to prove the second assertion, let P_0 denote the projection onto $\overline{\text{range}\, A}$, the closure of range A. Then range $A^{1/2} \subset$ range P_0 and hence, by Douglas Theorem 1.2, there is a $\gamma \in \mathbf{R}^+$ such that $A \leqslant \gamma P_0^2 = \gamma P_0$. Letting, on the other hand, P be an arbitrary projection satisfying $A \leqslant \alpha P$, for some $\alpha \in \mathbf{R}^+$, we conclude, again by Douglas Theorem, that range $A^{1/2} \subset$ range P. Thus range $P_0 = \overline{\text{range}\, A} = \overline{\text{range}\, A^{1/2}} \subset$ range P. Since both, P and P_0, are projections, this implies (see, e.g. [13], p. 136) that $P_0 \leqslant P$. Consequently P_0 is the least element within the above class of projections and hence must agree with $P_I A$, q.e.d.

We are now ready to generalize Theorem 3.1 to arbitrary operators. Given any $A \in \mathscr{H}^+$ there is an operator $A^-: \text{range}\, A \to (\ker A)^\perp$ (uniquely) defined by

$$A^-(Ay) = y, \quad \text{for all } y \in (\ker A)^\perp. \tag{26}$$

In case A is invertible, A^- obviously agrees with A^{-1}.

THEOREM 3.11. *For any* $A \in \mathscr{H}^+$,

$$P_A(M_z) = \begin{cases} \dfrac{1}{(A^- z, z)} M_z, & z \in \text{range}\, A \\ \dfrac{1}{((A^{1/2})^- z, (A^{1/2})^- z)} M_z, & z \in \text{range}\, A^{1/2} \setminus \text{range}\, A \\ 0, & z \in H \setminus \text{range}\, A^{1/2}, \end{cases} \tag{27}$$

where M_z $(z \in H \setminus \{0\})$ *denotes the minimal operator defined by* (19).

Proof. Given $A \in \mathscr{H}^+$, Proposition 3.10 assures us that $P_I A$ is a projection, mapping H onto $\overline{\text{range}\, A}$. Thus, since $\overline{\text{range}\, A} = (\ker A)^\perp$, we have

$$P_I A y = y, \quad \text{for every } y \in (\ker A)^\perp. \tag{28}$$

On the other hand, for arbitrary $y, w \in H$,

$$(P_I Ay, w) = \left(\lim_{\varepsilon \to 0}\left(I : \frac{1}{\varepsilon}A\right)y, w\right) = \lim_{\varepsilon \to 0}\left(\left(I : \frac{1}{\varepsilon}A\right)y, w\right)$$

$$= \lim_{\varepsilon \to 0}((A + \varepsilon I)^{-1}Ay, w). \tag{29}$$

Choosing $y \in (\ker A)^{\perp}$ as before and setting $z := Ay$ as well as $w := Ay$ we conclude from (28) and (29) that $(A^{-}z, z) = (y, z) = \lim_{\varepsilon \to 0}((A + \varepsilon I)^{-1}z, z)$.

Observing further that the function $\mathbf{R}^{+} \to \mathscr{H}^{+} : \varepsilon \to (A + \varepsilon I)^{-1}$ is monotone decreasing, by Corollary 3.3 we obtain

$$(A^{-}z, z) = \sup_{\varepsilon > 0}((A + \varepsilon I)^{-1}z, z) \neq 0,$$

for all $z \in \operatorname{range} A \setminus \{0\}$. In view of Proposition 3.6 we therefore have

$$P_A M_z = \frac{1}{(A^{-}z, z)} M_z, \quad \text{for all } z \in \operatorname{range} A \setminus \{0\}. \tag{30}$$

Assuming next that $z \in H \setminus \operatorname{range} A^{1/2}$, Theorem 4.2 of Fillmore and Williams [12] yields range $(A : nM_z)^{1/2} = \operatorname{range} A^{1/2} \cap \operatorname{range} M_z^{1/2} = \operatorname{range} A^{1/2} \cap \operatorname{range} M_z = \{0\}$. Hence $A : nM_z = 0$ for all $n \in \mathbf{N}$ and thus $P_A M_z = 0$, for all $z \in H \setminus \operatorname{range} A^{1/2}$.

In the remaining case we set $z := A^{1/2}y$, where $y \in (\ker A^{1/2})^{\perp} = (\ker A)^{\perp}$, and observe that by (28) and (29)

$$(y, y) = (P_I Ay, y) = \lim_{\varepsilon > 0}((A + \varepsilon I)^{-1}Ay, y. \tag{31}$$

On the other hand, since $A^{1/2}$ and $(A + \varepsilon I)^{-1}$ commute, we have $((A + \varepsilon I)^{-1}Ay, y) = (A^{1/2}(A + \varepsilon I)^{-1}A^{1/2}y, y) = ((A + \varepsilon I)^{-1}A^{1/2}y, A^{1/2}y) = ((A + \varepsilon I)^{-1}z, z)$. Combining this with (31) yields

$$((A^{1/2})^{-}z, (A^{1/2})^{-}z) = \lim_{\varepsilon \to 0}((A + \varepsilon I)^{-1}z,\ z)$$

$$= \sup_{\varepsilon > 0}((A + \varepsilon I)^{-1}z, z), \tag{32}$$

which is valid for all $z \in \operatorname{range} A^{1/2}$. The desired result thus follows from Proposition 3.6.

Note that in case H is finite-dimensional, range $A^{1/2} = \operatorname{range} A$, and hence (27) reduces to

$$P_A M_z = \begin{cases} \dfrac{1}{(A^{-}z, z)} M_z, & z \in \operatorname{range} A \\ 0, & \text{elsewhere.} \end{cases}$$

4. The Uniqueness Theorem

As a consequence of Theorem 3.1, given any two operators $A, B \in \mathscr{H}^+$, the equality $P_A M = P_B M$ for all minimal elements M in $\mathscr{H}^+$ implies that $A = B$, provided A and B are invertible. The aim of this paragraph is to show that the same conclusion holds even without the invertibility hypothesis.

We shall need the following classical result (see, e.g. [6], p. 86): For any invertible operator $A \in \mathscr{H}^+$ we have

$$(Ay, y) = \max_{x \in H} [2|(x, y)| - (A^{-1}x, x)], \tag{33}$$

for all $y \in H$. In fact, in what follows, we shall draw on the following generalization, valid for arbitrary $A \in \mathscr{H}^+$.

LEMMA 4.1. *For any* $A \in \mathscr{H}^+$,

$$(Ay, y) = \max_{x \in \operatorname{range} A^{1/2}} [2|(x, y)| - ((A^{1/2})^- x, (A^{1/2})^- x)], \tag{34}$$

for all $y \in H$. *Moreover, the maximum is attained for* $x := Ay$.

Proof. Fixing $y \in H$, we first observe that

$$2(Ay, y) - ((A^{1/2})^- Ay, (A^{1/2})^- Ay) = 2(Ay, y) - (A^{1/2}y, A^{1/2}y) = (Ay, y),$$

showing that the left-hand side of (34) is attained for $x := Ay$. There remains to be seen that

$$(Ay, y) + ((A^{1/2})^- x, (A^{1/2})^- x) \geqslant 2|(x, y)|, \tag{35}$$

for all $x \in \operatorname{range} A^{1/2}$ and all $y \in H$. By (33) we have

$$((A + \varepsilon I)y, y) + ((A + \varepsilon I)^{-1}x, x) \geqslant 2|(x, y)|,$$

for all $x, y \in H$ and all $\varepsilon > 0$. From (32), on the other hand, we get

$$((A^{1/2})^- x, (A^{1/2})^- x) = \lim_{\varepsilon > 0} ((A + \varepsilon I)^{-1}x, x),$$

for all $x \in \operatorname{range} A^{1/2}$. Hence (35) follows, q.e.d.

We now prove the following general version of the uniqueness theorem:

THEOREM 4.2. *For any* $A, B \in \mathscr{H}^+$, *the following statements are equivalent*:

(i) $A \leqslant B$

(ii) $P_A M \leqslant P_B M$, *for all minimal elements* $M \in \mathscr{H}^+$.

Proof. Suppose that $A \leqslant B$ for some $A, B \in \mathscr{H}^+$. Then, by (8), $P_A M \leqslant P_B M$ holds for arbitrary $M \in \mathscr{H}^+$.

On the other hand, assuming that $P_A M_z \leqslant P_B M_z$ holds for all minimal elements M_z $(z \in H \setminus \{0\})$, we infer from Theorem 3.11 that range $A^{1/2} \subset$ range $B^{1/2}$ and in addition that $\|(A^{1/2})^- z\| \geqslant \|(B^{1/2})^- z\|$ for all $z \in$ range $A^{1/2}$. An application of Lemma 4.1 therefore yields

$$(By, y) \geqslant 2|(x, y)| - \|(B^{1/2})^- x\|^2 \geqslant 2|(x, y)| - \|(A^{1/2})^- x\|^2,$$

for all $x \in$ range $A^{1/2}$. Drawing again on Lemma 4.1, we therefore obtain

$$(By, y) \geqslant \sup_{x \in \operatorname{range} A^{1/2}} [2|(x, y)| - \|(A^{1/2})^- x\|^2] = (Ay, y),$$

for all $y \in H$, and hence $B \geqslant A$.

COROLLARY 4.3. *For any* $A, B \in \mathscr{H}^+$,

$$P_A M = P_B M, \quad \text{for all minimal } M \in \mathscr{H}^+, \tag{36}$$

implies that $A = B$.

Furthermore, an account of Theorems 3.11 and 4.2 we have

COROLLARY 4.4. *For any* $A, B \in \mathscr{H}^+$, $A^2 \leqslant B^2$ *if and only if* range $A \subset$ range B *and* $\|A^- x\| \geqslant \|B^- x\|$ *for all* $x \in$ range A.

References

1. Anderson, W. N. and Duffin, R. J.: Series and parallel addition of matrices, *J. Math. Anal. Appl.* **26** (1969), 576–594.
2. Anderson, W. N. and Trapp, G. E.: Shorted operators II, *SIAM J. Appl. Math.* **28** (1975), 60–71.
3. Ando, T.: Lebesgue-type decomposition of positive operators, *Acta Sci. Math.* **38** (1976), 253–260.
4. Arsove, M. G. and Leutwiler, H.: Algebraic potential theory, *Memoirs of the AMS* **23**, no. 226 (1980).
5. Arsove, M. G. and Leutwiler, H.: A unified theory of harmonic measures and capacitary potentials, *Math. Z.* **183** (1983), 419–442.
6. Beckenbach, E. F. and Bellman, R.: *Inequalities*, Ergebnisse der Math., Band 30, Springer-Verlag, Berlin–Heidelberg–New York (1965).
7. Brelot, M.: *On Topologies and Boundaries in Potential Theory*, Lecture Notes in Math., no. 175, Springer-Verlag, Berlin–Heidelberg–New York (1971).
8. Choquet, G.: *Lectures on Analysis*, vol. II, W. A. Benjamin, Inc. Reading, Massachusetts (1976).
9. Douglas, R. G.: On majorization, factorization, and range inclusion of operators on Hilbert space, *Proc. Amer. Math. Soc.* **17** (1966), 413–416.
10. Eriksson, S.-L. and Leutwiler, H.: A potential-theoretic approach to parallel addition, *Math. Ann.* **274** (1986), 301–317.
11. Eriksson-Bique, S.-L. and Leutwiler, H.: A generalization of parallel addition, *Aeq. Math.* **38** (1989), 99–110.
12. Fillmore, P. A. and Williams, J. P.: On operator ranges, *Advances in Math.* **7** (1971), 254–281.
13. Hirzebruch, F. and Scharlau, W.: *Einführung in die Funktionalanalysis*, B. I. Hochschultaschenbücher, Band 296, Bibliographisches Institut, Mannheim/Wien/Zürich (1971).
14. Pekarev, E. L. and Smul'jan, Ju. L.: Parallel addition and parallel subtraction of operators, *Math. USSR Izv.* **10** (1976), 351–370.
15. Riesz, F. and Sz.-Nagy, B.: *Vorlesungen über Funktionalanalysis*, VEB Deutscher Verlag der Wissenschaften, Berlin (1956).

Potential Analysis 3: 61–87, 1994.

Perturbation semi-linéaire des résolvantes et des semi-groupes*

HABIB MAAGLI
Departement de Mathématiques, Faculté des Sciences de Tunis, Campus Universitaire, 1060 Tunis, Tunisie.

(Reçu: 13 décembre 1991; accepté: 30 octobre 1992)

Abstract. We are concerned with nonlinear resolvents and semi-groups. They are obtained by perturbing linear ones. Properties of these nonlinear operators are investigated, particularly supermedian and excessive functions.

Résumé. La perturbation semi-linéaire des résolvantes et des semi-groupes linéaires, nous donne des résolvantes et des semi-groupes non linéaires. Nous étudions alors les propriétés de ces opérateurs non linéaires et en particulier les fonctions surmédianes et excessives associées.

Mathematics Subject Classifications (1991). 31C45, 31D05, 35J60, 47H15, 47H20, 60J35, 60J45.

Key words. Resolvents, semi-groups, Markov processes, complete maximum principle, supermedian functions, excessive functions.

Introduction

Le but de ce travail est l'étude de la perturbation semi-linéaire des résolvantes et des semi-groupes linéaires.

Les résultats obtenus constituent une généralisation de ceux de [1] et [13] concernant la perturbation linéaire des résolvantes et de ceux de [9] et [10] concernant la perturbation linéaire des semi-groupes.

D'autre part, ce travail fait suite aux travaux de Dellacherie [5] et [6], lequel a étudié les résolvantes non linéaires et a établi une version non linéaire du théorème de Hunt, et de Maeda [12], lequel a étudié la perturbation semi-linéaire des espaces harmoniques, et De La Pradelle et Feyel [4], lesquels ont construit la solution du problème de Dirichlet correspondant à l'opérateur elliptique non linéaire $Lu = 1/2\Delta u + F(\cdot, u)u' + G(\cdot, u)$, en utilisant des méthodes probabilistes.

Dans le premier paragraphe, on considère un espace (X, B) mesurable sur lequel est définie une résolvante linéaire $\mathbb{V} = (V_\alpha)_{\alpha>0}$ sous-markovienne. On se donne une fonction $\phi: X \times \mathbb{R} \to \mathbb{R}^+$ mesurable telle que l'application $r \to r\phi(x, r)$ soit croissante et localement lipschitzienne uniformément par rapport à x. On montre alors que

*Ce travail est soutenu par la fondation nationale pour la recherche scientifique. Projet MA4-89-FST.

pour tous f mesurable bornée et $\alpha > 0$, il existe une fonction mesurable bornée ${}^{\phi}V_\alpha f$ unique vérifiant:

$$V_\alpha f = {}^{\phi}V_\alpha f + V_\alpha(\phi(\cdot, {}^{\phi}V_\alpha f){}^{\phi}V_\alpha f).$$

La fonction ${}^{\phi}V_\alpha f$ est alors une solution de l'équation semi-linéaire:

$$Au - \alpha u - u\phi(\cdot, u) = -f, \quad \text{où } (\alpha I - A)^{-1} = V_\alpha.$$

On obtient ainsi une famille résolvante $({}^{\phi}V_\alpha)_{\alpha>0}$ d'opérateurs non linéaires (i.e.: $\forall\, \alpha, \beta > 0$, ${}^{\phi}V_\alpha = {}^{\phi}V_\beta(I + (\beta - \alpha){}^{\phi}V_\alpha))$, subordonnée à $(V_\alpha)_{\alpha>0}$. On étudie ensuite les propriétés de cette résolvante. En particulier, on montre que ${}^{\phi}V_\alpha$ est un opérateur croissant et que pour tous f, g mesurables bornées et tout $\alpha > 0$:

$$|{}^{\phi}V_\alpha f - {}^{\phi}V_\alpha g| \leqslant V_\alpha(|f - g|).$$

On en déduit que si $V_0 1$ est borné, alors $({}^{\phi}V_\alpha)_{\alpha>0}$ est achevée par un opérateur ${}^{\phi}V$ qui vérifie le principe complet du maximum. On achève ce paragraphe par l'étude des fonctions surmédianes et excessives de la résolvante perturbée $({}^{\phi}V_\alpha)_{\alpha>0}$. En particulier, on donne une caractérisation des fonctions ${}^{\phi}\mathbb{V}$-surmédianes (analogue à celle du cas linéaire) à savoir: Pour qu'une fonction v soit ${}^{\phi}\mathbb{V}$-surmédiane il faut et il suffit que pour toute fonction h mesurable bornée, la relation:

$${}^{\phi}Vh(x) \leqslant v(x) \quad \text{pour tout } x \in [h > 0]$$

entraine: ${}^{\phi}Vh(x) \leqslant v(x)$ pour tout $x \in X$.

Dans le deuxième paragraphe, on considère un espace (X, B) mesurable sur lequel est défini un semi-groupe linéaire $(P_t)_{t>0}$ relativement borné. On se donne une fonction $\phi: X \times \mathbb{R} \to \mathbb{R}$ mesurable tell que ϕ^- soit bornée et l'application $r \to r\phi(x, r)$ soit localement lipschitzienne uniformément par rapport à x. On montre alors qu'il existe un semi-groupe non linéaire $({}^{\phi}P_t)_{t>0}$ unique vérifiant pour tous f mesurable bornée et $t > 0$:

$$P_t f = {}^{\phi}P_t f + \int_0^t P_{t-s}(\phi(\cdot, {}^{\phi}P_s f){}^{\phi}P_s f)\,\mathrm{d}s.$$

Si $\chi = (\Omega, X_t, F, F_t, \theta_t, P^x)$ est un processus de Markov associé à $(P_t)_{t>0}$, alors le semi-groupe $({}^{\phi}P_t)_{t>0}$ vérifie pour tous f mesurable bornée, $x \in X$ et $t > 0$, l'équation:

$${}^{\phi}P_t f(x) = E^x(e^{-\int_0^t \phi(X_s, {}^{\phi}P_{t-s}f(X_s))\,\mathrm{d}s} f(X_t)).$$

On étudie ensuite les propriétès de ce semi-groupe $({}^{\phi}P_t)_{t>0}$. En particulier, on montre que ${}^{\phi}P_t$ est un opérateur croissant et que pour tous f et g mesurables bornées et $t > 0$, il existe une constante $c > 0$ telle que:

$$|{}^{\phi}P_t f - {}^{\phi}P_t g| \leqslant c \cdot P_t(|f - g|).$$

On achève ce travail par l'étude des fonctions surmédianes et excessives par rapport au semi-groupe $({}^{\phi}P_t)_{t>0}$. En particulier, si $(P_t)_{t>0}$ est sous-markovien et si ϕ est comme dans le premier paragraphe, on montre alors que $({}^{\phi}P_t)_{t>0}$ a les mêmes fonctions excessives que la résolvante $({}^{\phi}V_\alpha)_{\alpha>0}$ où $(V_\alpha)_{\alpha>0}$ est la résolvante du semi-groupe $(P_t)_{t>0}$.

NOTATIONS ET RAPPELS. Soit (X, B) un espace mesurable. Dans la suite $B(X)$(resp. $B_b(X)$) désigne l'ensemble des fonctions mesurables (resp. mesurables bornées) sur X. L'exposant + affecté à ces espaces indique que seules les fonctions positives sont considérées.

On rappelle que si U est un noyau sur X vérifiant le principe complet du maximum et $U1 < +\infty$ et si $\theta \in B_b^+(X)$ alors U_θ désigne le noyau perturbé de U par θ (cf. [1] ou [13]). De plus on a la relation fondamentale suivante:

$$[I - U_\theta(\theta\,\cdot)][I + U(\theta\,\cdot)] = [I + U(\theta\,\cdot)][I - U_\theta(\theta\,\cdot) = I.$$

De même si $(P_t)_{t>0}$ est un semi-groupe relativement borné, associé à un processus de Markov $(X_t)_{t>0}$ et si $h \in B_b(X)$ alors $({}^hP_t)_{t>0}$ désigne le semi-groupe défini par la formule de Feymann–Kac:

$${}^hP_tf(x) = E^x\left(f(X_t)\exp\left(-\int_0^t h(X_s)\,\mathrm{d}s\right)\right)$$

et vérifie pour tout $t > 0$ (cf. [10]):

$${}^hP_tf(x) = P_tf(x) - \int_0^t P_{t-s}(h\,{}^hP_sf)(x)\,\mathrm{d}x = P_tf(x) - \int_0^t {}^hP_{t-s}(hP_sf)(x)\,\mathrm{d}s.$$

I. Perturbation semi-linéaire des résolvantes

Dans cette partie, on considère une résolvante linéaire $\mathbb{V} = (V_\alpha)_{\alpha>0}$ sous-markovienne sur un espace mesurable (X, B). On note par:

* L l'ensemble des fonctions $\phi: X \times \mathbb{R} \to \mathbb{R}^+$ mesurables telles que l'application $r \to r\phi(x, r)$ soit croissante sur $\mathbb{R}$ et localement lipschitzienne uniformément par rapport à x.

* $\mathscr{J} = \{f \in B(X): V_\alpha(|f|) \in B_b^+(X);\ \forall \alpha > 0\}$.

Remarquons que $B_b(X) \subset \mathscr{J}$ et que si $V_{\alpha_0}(|f|)$ est bornée pour un certain $\alpha_0 > 0$, alors $V_\alpha(|f|)$ est bornée pour tout $\alpha > 0$.

D'autre part si $\phi \in L$ alors la fonction $r \to \phi(x, r)$ est localement bornée uniformément par rapport à x.

A. CONSTRUCTION DE LA RÉSOLVANTE NON LINÉAIRE

LEMME 1. *Soient* $\phi \in L$ *et* $\alpha > 0$. *Alors l'opérateur* $U: B_b(X) \to B_b(X)$, *qui à* u *associe* $u + V_\alpha(\phi(\cdot, u)u)$, *est injectif.*

Preuve. Soient u et $v \in B_b(X)$ tels que $u + V_\alpha(\phi(\cdot, u)u) = v + V_\alpha(\phi(\cdot, v)v)$. On pose

$$h(x) = \begin{cases} \dfrac{u(x)\phi(x, u(x)) - v(x)\phi(x, v(x))}{u(x) - v(x)} & \text{si } u(x) \neq v(x) \\ 0 & \text{si } u(x) = v(x) \end{cases};$$

alors $h \in B_b^+(X)$ et $u - v + V_\alpha(h(u - v)) = 0$. Or $\mathrm{Id} + V_\alpha(h\,\cdot)$ est bijectif, donc on a $u = v$.

THÉORÈME 1. *Soit* $\phi \in L$. *Alors pour tous* $f \in \mathscr{J}$ *et* $\alpha > 0$, *il existe une fonction mesurable* ${}^\phi V_\alpha f$ *unique, vérifiant:*

$$\text{(i)} \quad V_\alpha f = {}^\phi V_\alpha f + V_\alpha(\phi(\cdot, {}^\phi V_\alpha f){}^\phi V_\alpha f).$$
$$\text{(ii)} \quad -V_\alpha f^- \leqslant {}^\phi V_\alpha f \leqslant V_\alpha f^+.$$

Preuve. Soient $\phi \in L$, $f \in \mathscr{J}$ et $\alpha > 0$. On considère le convexe $C = \{u \in B_b(X): -V_\alpha f^- \leqslant \mathbf{u} \leqslant V_\alpha f^+\}$. Soit $\lambda \in \mathbb{R}^+$ tel que pour tous $x \in X$, $u \in C: 0 \leqslant \phi(x, u(x)) \leqslant \lambda$, et soit T l'opérateur défini sur C par:

$$Tu = V_{\alpha+\lambda} f + V_{\alpha+\lambda}((\lambda - \phi(\cdot, u))u).$$

Alors on a $T(C) \subset C$; de plus tous $u, v \in C$ on a:

$$Tu - Tv = V_{\alpha+\lambda}((\lambda - h)(v - u))$$

où

$$h(x) = \begin{cases} \dfrac{v(x)\phi(x, v(x)) - u(x)\phi(x, u(x))}{v(x) - u(x)} & \text{si } v(x) \neq u(x) \\ 0 & \text{si } v(x) = u(x) \end{cases};$$

est une fonction dans $B_b^+(X)$.

Choisissons alors λ assez grand ($\lambda \geqslant \|h\|_\infty$); nous obtenons

$$\|Tv - Tu\|_\infty \leqslant \frac{\lambda}{\alpha + \lambda} \|v - u\|_\infty.$$

C étant fermé dans $B_b(X)$ et T est une contraction stricte de C dans C, il en résulte, d'après le théorème du point fixe de Banach, qu'il existe un élément w de C unique vérifiant: $Tw = w$. Cela donne:

$$w = V_{\alpha+\lambda} f + \lambda V_{\alpha+\lambda} w - V_{\alpha+\lambda}(\phi(\cdot, w)w).$$

D'où

$$(I - \lambda V_{\alpha+\lambda})w = V_{\alpha+\lambda}(f - \phi(\cdot, w)w).$$

Donc on a:

$$w = (I + \lambda V_\alpha)V_{\alpha+\lambda}(f - \phi(\cdot, w)w) = V_\alpha(f - \phi(\cdot, w)w).$$

Ainsi d'après le Lemme 1, la fonction w ne dépend que de f, α et ϕ. On la note par ${}^\phi V_\alpha f$, qui vérifie bien le résultat cherché.

REMARQUE 1. (1) La fonction ${}^\phi V_\alpha f$ est la limite de deux suites adjacentes $(u_n)_{n\geq 0}$ et $(v_n)_{n\geq 0}$ définies par: $u_0 = V_\alpha f^+$; $u_{n+1} = Tu_n$ et $v_0 = -V_\alpha f^-$; $v_{n+1} = Tv_n$. De plus on a: $-V_\alpha f^- \leqslant {}^\phi V_\alpha f \leqslant V_\alpha f^+$. Ce qui prouve que si $f \in \mathscr{J}^+$, alors ${}^\phi V_\alpha f \in B_b^+(X)$.

(2) Soit $\phi_0(x, r) = 1_{[0, +\infty]}(r)\phi(x, r)$, alors ${}^\phi V_\alpha f = {}^{\phi_0} V_\alpha f$ pour $f \in \mathscr{J}^+$ et ${}^{\phi_0} V_\alpha f = V_\alpha f$ si f est négative.

(3) Si ϕ ne dépend pas de r (i.e. $\phi(x, r) = h(x) \in B_b^+(X)$) alors ${}^\phi V_\alpha f$ n'est autre que $V_{\alpha+h} f$ définie par Neveu dans [13].

EXEMPLE. Soit $X = \mathbb{R}^n$, $V_\alpha = (\alpha I - \Delta)^{-1}$ pour $\alpha > 0$ et soit $\phi(x, r) = h(x)|r|^p$ où $h \in B_b^+(\mathbb{R}^n)$ et $p \geqslant 0$. Alors pour tout $f \in B_b(X)$, ${}^\phi V_\alpha f$ est l'unique solution bornée de l'équation semi-linéaire: $\Delta u - hu|u|^p - \alpha u = -f$.

PROPOSITION 1. *Soit $\phi \in L$; la famille d'opérateurs $({}^\phi V_\alpha)_{\alpha>0}$ de $\mathscr{J}$ dans $\mathscr{J}$ vérifie l'équation "résolvante": ${}^\phi V_\alpha = {}^\phi V_\beta(I + (\beta - \alpha){}^\phi V_\alpha)$; $\forall\, \alpha, \beta > 0$.*

Preuve. Soient $\phi \in L$, $f \in \mathscr{J}$ et $\alpha, \beta > 0$. On a:

$$V_\alpha f = {}^\phi V_\alpha f + V_\alpha(\phi(\cdot, {}^\phi V_\alpha f){}^\phi V_\alpha f).$$

Or, $V_\alpha f = V_\beta f + (\beta - \alpha)V_\beta V_\alpha f$, donc on a:

$$V_\beta(f - \phi(\cdot, {}^\phi V_\alpha f){}^\phi V_\alpha f) = {}^\phi V_\alpha f + (\alpha - \beta)V_\beta[V_\alpha f - V_\alpha(\phi(\cdot, {}^\phi V_\alpha f){}^\phi V_\alpha f)].$$

D'où:

$${}^\phi V_\alpha f + V_\beta(\phi(\cdot, {}^\phi V_\alpha f){}^\phi V_\alpha f) = V_\beta(f + (\beta - \alpha){}^\phi V_\alpha f).$$

Mais pour $g = f + (\beta - \alpha){}^\phi V_\alpha f$, on a:

$$V_\beta g = {}^\phi V_\beta g + V_\beta(\phi(\cdot, {}^\phi V_\beta g){}^\phi V_\beta g).$$

Il en résulte alors d'après le Lemme 1, que: ${}^\phi V_\alpha f = {}^\phi V_\beta g = {}^\phi V_\beta(f + (\beta - \alpha){}^\phi V_\alpha f)$.

* $({}^\phi V_\alpha)_{\alpha>0}$ est dite résolvante perturbée de $(V_\alpha)_{\alpha>0}$ par ϕ.

THÉORÈME 2. *Soient ϕ, Ψ dans L. Alors pour tous $f \in \mathscr{J}$ et $\alpha > 0$*

$$^{\phi}V_\alpha f = {}^{\Psi}V_\alpha(f + (\Psi - \phi)(\cdot, {}^{\phi}V_\alpha f)^{\phi}V_\alpha f).$$

Preuve. Soit $v = {}^{\Psi}V_\alpha(f + (\Psi - \phi)(\cdot, {}^{\phi}V_\alpha f)^{\phi}V_\alpha f) = V_\alpha(f + \Psi(\cdot, {}^{\phi}V_\alpha f)^{\phi}V_\alpha f) - V_\alpha(\phi(\cdot, {}^{\phi}V_\alpha f)^{\phi}V_\alpha f) - V_\alpha(\Psi(\cdot, v)v)$.

Alors on a: $v + V_\alpha(\Psi(\cdot, v)v) = {}^{\phi}V_\alpha f + V_\alpha(\Psi(\cdot, {}^{\phi}V_\alpha f)^{\phi}V_\alpha f)$. Ce qui donne d'après le Lemme 1: $v = {}^{\phi}V_\alpha f$.

COROLLAIRE 1. *Soit $\phi \in L$. Alors pour tous $f \in \mathscr{J}$ et $\alpha > 0$:*

$$V_\alpha f = {}^{\phi}V_\alpha(f + \phi(\cdot, V_\alpha f)V_\alpha f) = {}^{\phi}V_\alpha f + V_\alpha(\phi(\cdot, {}^{\phi}V_\alpha f)^{\phi}V_\alpha f).$$

REMARQUE 2. Soient $u \in B_b(X)$, $f \in \mathscr{J}$ *et* $\alpha > 0$. Alors on a:

$$u = V_{\alpha + \phi(\cdot, u)}(f) \Leftrightarrow u + V_\alpha(\phi(\cdot, u)u) = V_\alpha f \Leftrightarrow u = {}^{\phi}V_\alpha f.$$

En particulier si $\phi \in L$, $h \in B_b^+(X)$, $f \in \mathscr{J}$ et $\alpha > 0$; ${}^{\phi}V_{\alpha+h}f := {}^{\phi}(V_h)_\alpha(f) = {}^{\phi+h}V_\alpha f$.

PROPOSITION 2. *Soient $\phi \in L$ et $\alpha > 0$. Alors pour tous $f, g \in \mathscr{J}$ on a:*

$$(1)\ f \leqslant g \Rightarrow 0 \leqslant {}^{\phi}V_\alpha g - {}^{\phi}V_\alpha f \leqslant V_\alpha g - V_\alpha f.$$

$$(2)\ |{}^{\phi}V_\alpha g - {}^{\phi}V_\alpha f| \leqslant V_\alpha(|g - f|).$$

En particulier la résolvante $({}^{\phi}V_\alpha)_{\alpha>0}$ est sous-markovienne.

Preuve. Soient $f, g \in \mathscr{J}$ et $\alpha > 0$. On a:

$${}^{\phi}V_\alpha g - {}^{\phi}V_\alpha f = V_\alpha g - V_\alpha f + V_\alpha(\phi(\cdot, {}^{\phi}V_\alpha f)^{\phi}V_\alpha f - \phi(\cdot, {}^{\phi}V_\alpha g)^{\phi}V_\alpha g).$$

Il existe alors une fonction $h \in B_b^+(X)$ telle que:

$${}^{\phi}V_\alpha g - {}^{\phi}V_\alpha f = V_\alpha g - V_\alpha f + V_\alpha(h({}^{\phi}V_\alpha f - {}^{\phi}V_\alpha g)).$$

D'où

$$(I + V_\alpha(h\,\cdot))({}^{\phi}V_\alpha g - {}^{\phi}V_\alpha f) = V_\alpha g - V_\alpha f.$$

Ce qui donne:

$${}^{\phi}V_\alpha g - {}^{\phi}V_\alpha f = V_{\alpha+h}g - V_{\alpha+h}f = V_\alpha g - V_\alpha f - V_{\alpha+h}(h(V_\alpha g - V_\alpha f)).$$

Donc

(1) Si $f \leqslant g$ alors $V_{\alpha+h}f \leqslant V_{\alpha+h}g$ et par suite: $0 \leqslant {}^{\phi}V_\alpha g - {}^{\phi}V_\alpha f \leqslant V_\alpha g - V_\alpha f$.

(2) $|{}^{\phi}V_\alpha g - {}^{\phi}V_\alpha f| \leqslant V_{\alpha+h}(|g - f|) \leqslant V_\alpha(|g - f|)$.

Soient $f, g \in B_b(X)$, on a: $|\alpha^{\phi}V_\alpha g - \alpha^{\phi}V_\alpha f| \leqslant \alpha V_\alpha(|g - f|) \leqslant (\alpha V_\alpha 1)\|g - f\|$. Donc ${}^{\phi}(V_\alpha)_{\alpha>0}$ est sous-markovienne.

COROLLAIRE 2. *Soit $f \in \mathscr{J}^+$. Alors l'application $\alpha \to {}^\phi V_\alpha f$ est décroissante sur $]0, \infty[$ et $\phi \to {}^\phi V_\alpha f$ est décroissante sur L.*

Preuve. Soient $f \in \mathscr{J}^+$ et $0 < \alpha \leqslant \beta$. Alors on a: $0 \leqslant f \leqslant f + (\beta - \alpha){}^\phi V_\alpha f$. Ce qui donne d'après les propositions (1) et (2): $0 \leqslant {}^\phi V_\beta f \leqslant {}^\phi V_\beta(f + (\beta - \alpha){}^\phi V_\alpha f) = {}^\phi V_\alpha f$. Ce qui prouve que $\alpha \to {}^\phi V_\alpha f$ est décroissante sur $]0, \infty[$.

D'autre part, soient ϕ et $\psi \in L$ tels que $\phi \leqslant \psi$. Alors on a d'après le théorème 2 et la proposition (2): ${}^\phi V_\alpha f = {}^\psi V_\alpha(f + (\psi - \phi)(\cdot, {}^\phi V_\alpha f){}^\phi V_\alpha f) \geqslant {}^\psi V_\alpha f$. Ce qui prouve que $\phi \to {}^\phi V_\alpha f$ est décroissante sur L.

COROLLAIRE 3. *Soient $\phi \in L$ et $f \in \mathscr{J}$. Alors pour tous $\alpha, \beta > 0$:*

$$|{}^\phi V_\alpha f - {}^\phi V_\beta f| \leqslant |V_\alpha(|f|) - V_\beta(|f|)|.$$

Prueve. Soient $\phi \in L$, $f \in \mathscr{J}$ et $\alpha, \beta > 0$. On a d'après l'équation résolvante:

$${}^\phi V_\alpha f - {}^\phi V_\beta f = {}^\phi V_\alpha f - {}^\phi V_\alpha(f + (\alpha - \beta){}^\phi V_\beta f).$$

Ce qui donne d'après la Proposition (2):

$$|{}^\phi V_\alpha f - {}^\phi V_\beta f| \leqslant |\alpha - \beta| V_\alpha(|{}^\phi V_\beta(f)|) \leqslant |\beta - \alpha| V_\alpha V_\beta(|f|) = |V_\alpha(|f|) - V_\beta(|f|)|.$$

REMARQUE 3. Il est clair d'après le Corollaire 3, que $\alpha \to {}^\phi V_\alpha f$ est continue sur $]0, \infty[$. De plus si $f \in \mathscr{J}$ avec $V_0(|f|) < +\infty$, alors $\lim_{\alpha \to 0} {}^\phi V_\alpha f$ existe, qu'on note dans la suite par ${}^\phi V f$. On a alors ${}^{\alpha+\phi} V f = {}^\phi V_\alpha f$, en effet on a d'après la Remarque 2:

$${}^{\alpha+\phi} V f = \lim_{\beta \to 0} {}^{\alpha+\phi} V_\beta f = \lim_{\beta \to 0} {}^\phi V_{\alpha+\beta} f = {}^\phi V_\alpha f.$$

PROPOSITION 3. *Soient $\phi \in L$ et $f \in B(X)$ avec $V_0(|f|)$ bornée. Alors on a:*

$${}^\phi V f = {}^\phi V_\alpha(f + \alpha{}^\phi V f) \quad et \quad {}^\phi V_\alpha f = {}^\phi V(f - \alpha{}^\phi V_\alpha f)$$

ou encore $(I - \alpha{}^\phi V_\alpha)(I + \alpha{}^\phi V) = (I + \alpha{}^\phi V)(I - \alpha{}^\phi V_\alpha) = I$ sur l'ensemble $\{f \in B(X): V_0(|f|) \in B_b^+(X)\}$.

** ${}^\phi V$ achève la résolvante $({}^\phi V_\alpha)_{\alpha > 0}$ sur $\{f \in B(X); V_0(|f|) \in B_b^+(X)\}$.*

Preuve. Soit $f \in B(X)$ tel que $V_0(|f|)$ soit bornée, alors $f \in \mathscr{J}$ et $|{}^\phi V f| \leqslant V_0(|f|)$. Il s'ensuit que $V_\alpha(f + \alpha{}^\phi V f)$ est bornée pour tout $\alpha \geqslant 0$. Soient $\alpha, \beta > 0$; on a:

$$|{}^\phi V_\beta f - {}^\phi V_\alpha(f + \alpha{}^\phi V f)| = |{}^\phi V_\alpha(f + (\alpha - \beta){}^\phi V_\beta f) - {}^\phi V_\alpha(f + \alpha{}^\phi V f)|.$$

Ce qui donne d'après la Proposition 2:

$$|{}^\phi V_\beta f - {}^\phi V_\alpha(f + \alpha{}^\phi V f)| \leqslant V_\alpha(|(\alpha - \beta){}^\phi V_\beta f - \alpha{}^\phi V f|).$$

Maintenant $\lim_{\beta \to 0}(\alpha - \beta){}^\phi V_\beta f = \alpha{}^\phi V f$ et pour $\beta < \alpha$, on a:

$$|(\alpha-\beta)^{\phi}V_{\beta}f-\alpha^{\phi}Vf|\leqslant 2\alpha V_0(|f|).$$

Cela donne d'après le théorème de Lebesgue: $\lim_{\beta\to 0}{}^{\phi}V_{\beta}f={}^{\phi}Vf={}^{\phi}V_{\alpha}(f+\alpha^{\phi}Vf)$. De même on montre que: ${}^{\phi}V_{\alpha}f={}^{\phi}V(f-\alpha^{\phi}V_{\alpha}f)$.

PROPOSITION 4. *On suppose que* $V_0 1<+\infty$. *Alors pour toute* $\phi\in L$ *et toute* $f\in B(X)$ *tel que* $V_0(|f|)$ *soit bornée on a*:

$$V_0 f={}^{\phi}Vf+V_0(\phi(\cdot,{}^{\phi}Vf)^{\phi}Vf)={}^{\phi}V(f+\phi(\cdot,V_0f)V_0f).$$

Preuve. Soient $\alpha>0$ et $f\in B(X)$ tel que $V_0(|f|)$ soit bornée. On a

$$V_{\alpha}f={}^{\phi}V_{\alpha}f+V_{\alpha}(\phi(\cdot,{}^{\phi}V_{\alpha}f)^{\phi}V_{\alpha}f).$$

Ce qui donne:

$$V_0f=(I+\alpha V_0)^{\phi}V_{\alpha}f+V_0(\phi(\cdot,{}^{\phi}V_{\alpha}f)^{\phi}V_{\alpha}f)={}^{\phi}V_{\alpha}f+\alpha V_0{}^{\phi}V_{\alpha}f+V_0(\phi(\cdot,{}^{\phi}V_{\alpha}f)^{\phi}V_{\alpha}f).$$

Or, $|{}^{\phi}V_{\alpha}f|\leqslant V_{\alpha}(|f|)$, donc $\alpha|V_0{}^{\phi}V_{\alpha}f|\leqslant\alpha V_{\alpha}V_0(|f|)=V_0(|f|)-V_{\alpha}(|f|)$, qui tend vers 0 quand α tend vers 0.

De plus, $\lim_{\alpha\to 0}\phi(\cdot,{}^{\phi}V_{\alpha}f)^{\phi}V_{\alpha}f=\phi(\cdot,{}^{\phi}Vf)^{\phi}Vf$ avec $|\phi(\cdot,{}^{\phi}V_{\alpha}f)^{\phi}V_{\alpha}f|\leqslant cte$ et $V_0 1<+\infty$. Il en résulte d'après le théorème de Lebesgue, que $\lim_{\alpha\to 0}V_0(\phi(\cdot,{}^{\phi}V_{\alpha}f)^{\phi}V_{\alpha}f)=V_0(\phi(\cdot,{}^{\phi}Vf)^{\phi}Vf)$.

THÉORÈME 3. *On suppose que* $V_0 1$ *est bornée. Alors pour tout* $\phi\in L$, *l'opérateur*

$$\begin{aligned}{}^{\phi}V: B_b(X)&\to B_b(X)\\ f&\to{}^{\phi}Vf\end{aligned}$$

vérifie le principe complet du maximum.

Preuve. Soient $f,g\in B_b(X)$ et $a\geqslant 0$ tel que ${}^{\phi}\mathrm{V\,f}\leqslant{}^{\phi}\mathrm{V g}+\mathrm{a}$ sur $[f>g]$. Alors pour tout $p>0$: $f+p^{\phi}Vf\leqslant g+p^{\phi}Vg+pa+\|f-g\|$ sur $[f>g]$. Soient $u=f+p^{\phi}Vf$, $v=g+p^{\phi}Vg+pa+\|f-g\|$. On a alors:

$$f=u-p^{\phi}V_pu\quad\text{et}\quad v-p^{\phi}V_pv=g+pa+\|f-g\|+p^{\phi}V_p(g+p^{\phi}Vg)-p^{\phi}V_pv.$$

Ce qui donne d'après le Proposition 2:

$$v-p^{\phi}V_pv\geqslant g+pa+\|f-g\|-pV_p(pa+\|f-g\|)\geqslant g.$$

Il en résulte que $u\leqslant v$ sur $A=\{u-p^{\phi}V_pu>v-p^{\phi}V_pv\}$. Soit $w=(u-v)^+$, alors $w=0$ sur A et on a sur $\complement A$:

$$u-v\leqslant p^{\phi}V_pu-p^{\phi}V_pv\leqslant pV_p((u-v)^+).$$

Donc $0\leqslant w\leqslant pV_pw$; ce qui donne: $(I-pV_p)w\leqslant 0\Rightarrow w\leqslant 0$. Il s'ensuit que $w=(u-v)^+=0$, c'est à dire $u\leqslant v$ ou encore

$$\frac{1}{p}f + {}^{\phi}Vf \leqslant \frac{g}{p} + {}^{\phi}Vg + a + \frac{1}{p}\|f - g\|.$$

Faisons tendre p vers $+\infty$, on obtient ${}^{\phi}Vf \leqslant {}^{\phi}Vg + a$.

LEMME 2. *Soit $f \in B_b^+(X)$ et $(f_n)_{n\geqslant 0} \subset B_b^+(X)$ croissante vers f. Alors on a pour tous $\phi \in L$ et $\alpha > 0$: ${}^{\phi}V_\alpha f = \sup_n {}^{\phi}V_\alpha f_n$.*

Preuve. Soient $\phi \in L$ et $\alpha > 0$. On a pour tout $n \geqslant 0$:

$$V_\alpha f_n = {}^{\phi}V_\alpha f_n + V_\alpha(\phi(\cdot, {}^{\phi}V_\alpha f_n){}^{\phi}V_\alpha f_n).$$

Posons $u = \sup_n {}^{\phi}V_\alpha f_n$. Alors par passage à la limite $(n \to +\infty)$, *on obtient:*

$$V_\alpha f = u + V_\alpha(\phi(\cdot, u)u).$$

Or, $V_\alpha f = {}^{\phi}V_\alpha f + V_\alpha(\phi(\cdot, {}^{\phi}V_\alpha f){}^{\phi}V_\alpha f)$; il en résulte d'après le Lemme 1, que $u = {}^{\phi}V_\alpha f$.

LEMME 3. *Soit $(f_n)_{n\geqslant 0} \subset B_b^+(X)$ croissante vers $f \in B^+(X)$. Alors on a pour tous $\phi \in L$ et $\alpha > 0$: $\sup_n {}^{\phi}V_\alpha f_n = \sup_n {}^{\phi}V_\alpha(f \wedge n)$.*

Preuve. On a $\forall m, n \in \mathbb{N}: f_m \wedge n \leqslant f \wedge n$, donc ${}^{\phi}V_\alpha(f_m \wedge n) \leqslant {}^{\phi}V_\alpha(f \wedge n)$. Ce qui donne en faisant tendre n vers $+\infty$: ${}^{\phi}V_\alpha f_m \leqslant \sup_n {}^{\phi}V_\alpha(f \wedge n)$. D'où $\sup_m {}^{\phi}V_\alpha f_m \leqslant \sup_n {}^{\phi}V_\alpha(f \wedge n)$. D'autre part on a pour tous $n, m \in \mathbb{N}$: $f_m \wedge n \leqslant f_m$ implique que ${}^{\phi}V_\alpha(f \wedge n) \leqslant \sup_m {}^{\phi}V_\alpha f_m$ et $\sup_n {}^{\phi}V_\alpha(f \wedge n) \leqslant \sup_m {}^{\phi}V_\alpha f_m$.

DÉFINITION 1. Soient $\phi \in L$, $\alpha > 0$. On définit pour $f \in B^+(X)$, ${}^{\phi}V_\alpha f$ par:

$${}^{\phi}V_\alpha f := \sup_n {}^{\phi}V_\alpha(f \wedge n).$$

REMARQUE 4. (a) Soient $\phi \in L$, $\alpha > 0$ et $f \in B^+(X)$ tel que $V_\alpha f < \infty$. Alors on a:

$$V_\alpha f = {}^{\phi}V_\alpha f + V_\alpha(\phi(\cdot, {}^{\phi}V_\alpha f){}^{\phi}V_\alpha f).$$

(b) La Proposition 2 reste valable pour f et g dans $B^+(X)$.

(c) Soit $(f_n)_{n\geqslant 0} \subset B^+(X)$ croissante vers f. Alors pour tous $\phi \in L$ et $\alpha > 0$: ${}^{\phi}V_\alpha f = \sup_n {}^{\phi}V_\alpha f_n$.

PROPOSITION 5. *Soit $\phi \in L$ tel que $r \to \phi(\cdot, r)$ soit croissante sur $[0, +\infty[$. Alors pour tous $f, g \in B^+(X)$ et $\alpha > 0$, on a:*

(i) ${}^{\phi}V_\alpha(f + g) \leqslant {}^{\phi}V_\alpha f + {}^{\phi}V_\alpha g$.

(ii) ${}^{\phi}V_\alpha(tf) \leqslant t\,{}^{\phi}V_\alpha f$, *si* $t \geqslant 1$.

Preuve. (i) Soient $f, g \in B_b^+(X)$ et $u = {}^{\phi}V_\alpha f$; $v = {}^{\phi}V_\alpha g$; $w = {}^{\phi}V_\alpha(f + g)$. Alors d'après la Proposition 2, on a: $0 \leqslant \sup(u, v) \leqslant w$. De plus on a:

$$u + v - w = V_\alpha((w - u - v)\phi(\cdot, w)) + V_\alpha(u(\phi(\cdot, w) - \phi(\cdot, u))) + V_\alpha(v(\phi(\cdot, w) - \phi(\cdot, v))).$$

Posons $\theta = \phi(\cdot, w)$, $h = u(\phi(\cdot, w) - \phi(\cdot, u)) + v(\phi(\cdot, w) - \phi(\cdot, v))$. Alors θ et h sont dans $B_b^+(X)$ car $u, v, w \in B_b^+(X)$ et $r \to \phi(\cdot, r)$ est croissante. Donc $u + v - w + V_\alpha(\theta((u + v - w)) = V_\alpha h$, ce qui donne: $u + v - w = V_{\alpha+\theta}(h) \geqslant 0$. C'est à dire pour tous $\alpha > 0$, $f, g \in B_b^+(X)$: ${}^\phi V_\alpha(f + g) \leqslant {}^\phi V_\alpha(f) + {}^\phi V_\alpha g$.

(ii) Conséquence immédiate de (i) et de Proposition 2.

PROPRIÉTÉ 1. *Soit $\phi \in L$ telle que la fonction $r \to \phi(\cdot, r)$ est paire. Alors pour tous $f, g \in \mathscr{J}$ il existe $h \in B_b^+(X)$ telle que*:

$${}^\phi V_\alpha f + {}^\phi V_\alpha g = V_{\alpha+h}(f + g).$$

En particulier on a pour tout $f \in \mathscr{J}$:

$${}^\phi V_\alpha(-f) = -{}^\phi V_\alpha f \quad et \quad |{}^\phi V_\alpha f| \leqslant {}^\phi V_\alpha(|f|).$$

Preuve. Soient f et $g \in \mathscr{J}$ et soit $\alpha > 0$:

$${}^\phi V_\alpha f + {}^\phi V_\alpha g = V_\alpha(f + g) - V_\alpha[\phi(\cdot, {}^\phi V_\alpha f){}^\phi V_\alpha f - \phi(\cdot, {}^\phi V_\alpha g)(-{}^\phi V_\alpha g)].$$

Il existe alors $h \in B_b^+(X)$ telle que

$$\phi(\cdot, {}^\phi V_\alpha f){}^\phi V_\alpha f - \phi(\cdot, -{}^\phi V_\alpha g)(-{}^\phi V_\alpha g) = h \cdot ({}^\phi V_\alpha f + {}^\phi V_\alpha g).$$

Donc

$$[I + V_\alpha(h\, \cdot)]({}^\phi V_\alpha f + {}^\phi V_\alpha g) = V_\alpha(f + g).$$

Ce qui donne

$${}^\phi V_\alpha f + {}^\phi V_\alpha g = V_{\alpha+h}(f + g).$$

En particulier

$${}^\phi V_\alpha f + {}^\phi V_\alpha(-f) = 0 \quad \text{et} \quad {}^\phi V_\alpha f + {}^\phi V_\alpha(|f|) \geqslant 0.$$

Ce qui donne $-{}^\phi V_\alpha f \leqslant {}^\phi V_\alpha(|f|)$. Or, on sait que ${}^\phi V_\alpha f \leqslant {}^\phi V_\alpha(|f|)$. Donc $|{}^\phi V_\alpha f| \leqslant {}^\phi V_\alpha(|f|)$.

REMARQUE 5. Si $r \to \phi(\cdot, r)$ n'est pas paire, la propriété précédente n'est pas vérifiée. En effet soit $V_\alpha f = f/\alpha$ et $\phi(x, r) = \sup(0, r)$. Alors

$${}^\phi V_\alpha f(x) = \begin{cases} \dfrac{\sqrt{\alpha^2 + 4f(x)} - \alpha}{2} & \text{si } f(x) \geqslant 0, \\ \dfrac{f(x)}{\alpha} & \text{si } f(x) \leqslant 0. \end{cases}$$

On obtient

$$^{\phi}V_\alpha 1 = \frac{2}{\sqrt{\alpha^2+4}+\alpha} < \frac{1}{\alpha} = |^{\phi}V_\alpha(-1)|.$$

THÉORÈME 4. *Soit* $(W_\alpha)_{\alpha>0}$ *une résolvante (linéaire) sous-markovienne sur* (X, B) *telle que pour tout* $\alpha > 0$, $V_\alpha \leqslant W_\alpha$. *Alors pour tous* $\phi \in L$, $f \in B^+(X)$ *et* $\alpha > 0$: $^{\phi}V_\alpha f \leqslant {}^{\phi}W_\alpha f$.

Preuve. Soient $\phi \in L$, $f \in B_b^+(X)$ et $\alpha > 0$. Posons $u = {}^{\phi}V_\alpha f$; $v = {}^{\phi}W_\alpha f$ et

$$h = \begin{cases} \dfrac{u\phi(\cdot, u) - v\phi(\cdot, v)}{u - v} & \text{si } u \neq v \\ 0 & \text{si } u = v \end{cases};$$

alors $u, v, h \in B_b^+(X)$. Soit $\lambda \in \mathbb{R}^+$ tel que $0 \leqslant \sup[\phi(x, u(x)); \phi(x, v(x)); h(x)] \leqslant \lambda$ pour tout $x \in X$ et soit $\theta = \lambda - \phi$. Alors d'après le Théorème 1 on a:

$$u = V_{\alpha+\lambda}f + V_{\alpha+\lambda}(u\theta(\cdot, u)) \quad \text{et} \quad v = W_{\alpha+\lambda}f + W_{\alpha+\lambda}(v\theta(\cdot, v)).$$

Donc

$$v - u = W_{\alpha+\lambda}(f + v\theta(\cdot, v)) + V_{\alpha+\lambda}(v\theta(\cdot, v)) - u\theta(\cdot, u)) - V_{\alpha+\lambda}(f + \theta(\cdot, v)v).$$

Posons

$$\psi = \lambda - h \in B_b^+(X);\ g = f + v\theta(\cdot, v) \quad \text{et} \quad s = W_{\alpha+\lambda}g - V_{\lambda+\alpha}g \in B_b^+(X).$$

On obtient $v - u = V_{h+\alpha+\psi}(\psi(v - u)) + s$; c'est à dire $s = [I - V_{h+\psi+\alpha}(\psi\ \cdot)](v - u)$. Donc on a:

$$v - u = s + V_{\alpha+h}(\psi s) \geqslant 0.$$

PROPOSITION 6. *Soit* $\phi \in L$ *tel que* $r \to \phi(\cdot, r)$ *soit croissante sur* $[0, +\infty[$. *Alors pour tous* $\alpha > 0$, $f \in B^+(X)$ *et* $x \in X$ *tel que* $0 < V_\alpha f(x) < +\infty$:

$$^{\phi}V_\alpha f(x) \leqslant V_\alpha f(x) \leqslant {}^{\phi}V_\alpha f(x) \cdot \exp\left(\frac{V_\alpha(\phi(\cdot, V_\alpha f)V_\alpha f)(x)}{V_\alpha f(x)}\right).$$

Preuve. Soit $f \in B_b^+(X)$, on a:

$$^{\phi}V_\alpha f(x) = V_{\alpha+\phi(\cdot, {}^{\phi}V_\alpha f)}(f)(x), \text{ or } 0 \leqslant {}^{\phi}V_\alpha f \leqslant V_\alpha f \text{ donc } {}^{\phi}V_\alpha f \geqslant V_{\alpha+\phi(\cdot, V_\alpha f)}(f).$$

Soit $\theta(\lambda) = V_{\alpha+\lambda\phi(\cdot, V_\alpha f)}(f)(x)$, θ est complètement monotone sur $[0, \infty[$. Il en résulte que: $\theta(0) \leqslant \theta(1)\ \exp(-\theta'(0)/\theta(0))$; c'est à dire:

$$V_\alpha f(x) \leqslant V_{\alpha+\phi(\cdot, V_\alpha f)}(f)(x) \exp\left(\frac{V_\alpha(\phi(\cdot, V_\alpha f)V_\alpha f)(x)}{V_\alpha f(x)}\right)$$
$$\leqslant {}^{\phi}V_\alpha f(x) \cdot \exp\left(\frac{V_\alpha(\phi(\cdot, V_\alpha f)V_\alpha f)(x)}{V_\alpha f(x)}\right).$$

COROLLAIRE 4. *Soient* $\alpha > 0$, $\phi \in L$ *tel que* $r \to \phi(\cdot, r)$ *soit croissante sur* $[0, +\infty[$. *Alors les assertions suivantes sont équivalentes*:

(1) ${}^\phi V_\alpha \sim V_\alpha$ (*i.e.* $\exists c > 0$ *tel que* $\forall f \in B^+(X)$, ${}^\phi V_\alpha f \leqslant V_\alpha f \leqslant c\,{}^\phi V_\alpha f$).

(2) $\exists k > 0$ *tel que* $\forall f \in B^+(X)$; $V_\alpha(\phi(\cdot, V_\alpha f) V_\alpha f) \leqslant k V_\alpha f$.

Preuve. (1) $\Rightarrow$ (2): $V_\alpha(\phi(\cdot, V_\alpha f)V_\alpha f) \leqslant V_\alpha(\phi(\cdot, {}^\phi V_\alpha(cf)){}^\phi V_\alpha(cf)) \leqslant V_\alpha(cf) = cV_\alpha f$.

(2) $\Rightarrow$ (1): D'après la Proposition 6, on a: $V_\alpha f \leqslant {}^\phi V_\alpha f \cdot \exp(k)$.

EXEMPLE. Soit $\phi(x, r) = h(x)\theta(r)$ avec $\theta \in B_b^+(\mathbb{R})$, croissante sur $]0, +\infty[$ et $h \in B^+(X)$ tel qu'il existe $c > 0$ vérifiant $V_\alpha(hV_\alpha) \leqslant cV_\alpha$. Alors ${}^\phi V_\alpha \sim V_\alpha$.

B. FONCTIONS EXCESSIVES

On suppose dans la suite que $V_0 1$ est bornée.

DÉFINITION 2. Soient $\phi \in L$ et $v \in B^+(X)$. v est dite ${}^\phi\mathbb{V}$-surmédiane si pour tout $\alpha > 0$: ${}^\phi V_\alpha(\alpha v) \leqslant v$.

On note S_ϕ l'ensemble des fonctions ${}^\phi\mathbb{V}$-surmédianes, qui contient evidemment $S_0 = \{$fonctions $\mathbb{V}$-surmédianes$\}$.

PROPOSITION 7. *Soit* $\phi \in L$. *On a*:

(1) $\forall f \in B^+(X)$; ${}^\phi Vf \in S_\phi$.

(2) $\forall u, v \in S_\phi$; $\inf(u, v) \in S_\phi$ *et si* $(v_n)_n$ *est une suite monotone dans* S_ϕ, *alors* $\lim_{n \to +\infty} v_n$ *est dans* S_ϕ.

(3) *Si* $v \in S_\phi$, *alors l'application* $\alpha \to {}^\phi V_\alpha(\alpha v)$ *est croissante sur* $]0, +\infty[$.

Preuve. (1) Soit $f \in B^+(X)$, on a: ${}^\phi Vf = {}^\phi V_\alpha(f + \alpha\,{}^\phi Vf)$. D'où ${}^\phi V_\alpha(\alpha\,{}^\phi Vf) \leqslant {}^\phi Vf$.

(2) evidente.

(3) Soit $v \in S_\phi$, $n \in \mathbb{N}$ et $0 < \alpha \leqslant \beta$. On pose $v_n = v \wedge n$. Alors on a:

$$\begin{aligned} {}^\phi V_\beta(\beta v_n) &= {}^\phi V_\alpha(\beta v_n + (\alpha - \beta){}^\phi V_\beta(\beta v_n)) \\ &= {}^\phi V_\alpha(\alpha v_n + (\beta - \alpha)(v_n - {}^\phi V_\beta(\beta v_n))). \end{aligned}$$

Or, ${}^\phi V_\beta(\beta v_n) \leqslant v_n$, donc ${}^\phi V_\alpha(\alpha v_n) \leqslant {}^\phi V_\beta(\beta v_n)$. Ce qui donne par passage à la limite $(n \to +\infty)$: ${}^\phi V_\alpha(\alpha v) \leqslant {}^\phi V_\beta(\beta v)$.

REMARQUE 6. Soit $\phi \in L$ telle que $r \to \phi(\cdot, r)$ soit croissante sur $[0, +\infty[$. Alors S_ϕ est stable par somme. En effet si $u, v \in S_\phi$ et $\alpha > 0$, on a d'après la Proposition 5: ${}^\phi V_\alpha(\alpha(u + v)) \leqslant {}^\phi V_\alpha(\alpha u) + {}^\phi V_\alpha(\alpha v)$. Il en résulte que $u + v \in S_\phi$.

THÉORÈME 5. *Soit* $\phi \in L$ *telle que* $r \to \phi(\cdot, r)$ *soit croissante sur* $[0, +\infty[$. *Soit* v *une fonction positive mesurable; pour que* v *soit* ${}^\phi\mathbb{V}$-*surmédiane, il faut et il suffit que pour tout* $h \in B_b(X)$, *la relation*: ${}^\phi Vh \leqslant v$ *sur* $[h > 0]$ *entraine*: ${}^\phi Vh(x) \leqslant v(x)$ *pour tout* $x \in X$.

Preuve. Supposons que v est surmédiane; la relation ${}^{\phi}Vh \leqslant v$ sur $[h > 0]$ entraine pour tout $p > 0 : h + p^{\phi}Vh \leqslant pv + \|h\|$ sur $[h > 0]$. Posons $f = h + p^{\phi}Vh$ et $g = pv + \|h\|$. On obtient alors: $h = f - p^{\phi}V_p f$ et $p^{\phi}V_p g \leqslant g$, car la fonction $r \to \phi(\cdot, r)$ est croissante. D'où $f \leqslant g$ sur $[h > 0] = [f > p^{\phi}V_p f] = A$.
Par suite si $u = (f - g)^+$ alors $u \equiv 0$ sur A et on a sur $\complement A : f - g \leqslant p^{\phi}V_p f - g \leqslant p^{\phi}V_p f - p^{\phi}V_p g \leqslant pV_p((f-g)^+)$, d'après la Proposition 2.
Il en résulte que: $0 \leqslant u \leqslant pV_p u$.
Cela donne: $u = 0$, c'est à dire $f \leqslant g$ ou encore

$$\frac{h}{p} + {}^{\phi}Vh \leqslant v + \frac{\|h\|}{p}.$$

Faisons tendre p vers $+\infty$, on obtient: ${}^{\phi}Vh \leqslant v$.
Réciproquement, supposons que v vérifie la propriété de l'énoncé.
Soit $v_n = v \wedge n$ et $h_n = p(v_n - {}^{\phi}V_p(pv_n))$ pour $n \in \mathbb{N}$ et $p > 0$.
La suite $(h_n)_n \subset B_b(X)$ et ${}^{\phi}Vh_n = {}^{\phi}V_p(pv_n)$. Or on a:

$${}^{\phi}Vh_n = {}^{\phi}V_p(pv_n) \leqslant v \quad \text{sur} \quad [v - {}^{\phi}V_p(pv_n) > 0]$$

et a fortiori sur $[v_n - {}^{\phi}V_p(pv_n) > 0] = [h_n > 0]$.
On a donc partout ${}^{\phi}Vh_n = {}^{\phi}V_p(pv_n) \leqslant v$. Faisons tendre n vers $+\infty$, on obtient: ${}^{\phi}V_p(pv) \leqslant v$, ce qui montre que v est surmédiane.

DÉFINITION 3. Une fonction $v \in B^+(X)$ est dite ${}^{\phi}\mathbb{V}$-excessive si $v \in S_{\phi}$ et $\lim_{\alpha \to +\infty} {}^{\phi}V_{\alpha}(\alpha v) = \sup_{\alpha > 0} {}^{\phi}V_{\alpha}(\alpha v) = v$.

* On note E_{ϕ} l'ensemble des fonctions ${}^{\phi}\mathbb{V}$-excessives.

PROPOSITION 8. (a) $\forall f \in B^+(X)$; ${}^{\phi}Vf$ *appartient à* E_{ϕ}.
(b) *Si* $(v_n)_n$ *est une suite croissante dans* E_{ϕ}, *alors* $\sup_n v_n \in E_{\phi}$.
(c) $\forall v \in E_{\phi}$, *il existe une suite* $(f_n)_n \subset B_b^+(X)$ *telle que* $v = \sup_n {}^{\phi}Vf_n$.

Preuve. (a) Soient $f \in B^+(X)$, $\alpha > 0$ et $f_n = f \wedge n$ *pour* $n \in \mathbb{N}$.On sait que ${}^{\phi}Vf_n \in S_{\phi}$, de plus on a d'aprés la Proposition 2:

$${}^{\phi}V_{\alpha}(\alpha^{\phi}Vf_n) \leqslant {}^{\phi}Vf_n = {}^{\phi}V_{\alpha}(f_n + \alpha^{\phi}Vf_n) \leqslant {}^{\phi}V_{\alpha}(\alpha^{\phi}Vf_n) + V_{\alpha}f_n.$$

En passant à la limite $(\alpha \to +\infty)$ puis $(n \to +\infty)$, on obtient:

$${}^{\phi}Vf = \sup_{\alpha > 0} {}^{\phi}V_{\alpha}(\alpha^{\phi}Vf), \quad \text{c'est à dire } {}^{\phi}Vf \in E_{\phi}.$$

(b) C'est évident.
(c) Soit $v \in E_{\phi}$ et $v_n = v \wedge n$. On a $v_n \in S_{\phi}$ et pour tout $p \in \mathbb{N}$

$${}^{\phi}V_p(pv_n) = {}^{\phi}V(p(v_n - p^{\phi}V_p(pv_n))).$$

Ce qui donne: $\sup_p {}^\phi V_p(pv) = v = \sup_p \sup_n {}^\phi V_p(pv_n) = \sup_p \sup_n {}^\phi V(p(v_n - p^\phi V_p(pv_n))$.
Posons $f_n = n(v_n - n^\phi V_n(nv_n))$, alors $(f_n)_n \subset B_b^+(X)$ et $v = \sup_n {}^\phi V f_n$.

THÉORÈME 6. *Soit* $\phi \in L$. *On a:*

(1) *Si* $v \in S_\phi$; *alors* $v + V_0(\phi(\cdot, v)v)$ *est dans* S_0 *et* $\tilde{v} + V_0(\phi(\cdot, v)v)$ *est dans* E_0 *avec* $\tilde{v} = \sup_{\alpha > 0} {}^\phi V_\alpha(\alpha v)$.

(2) *Pour tout* $v \in S_\phi$ *et tout* $\lambda > 0$: ${}^\phi V_\lambda(\lambda v) = {}^\phi V_\lambda(\lambda \tilde{v})$; *en particulier* $\tilde{v}$ *est la plus grande minorante* ${}^\phi\mathbb{V}$*-excessive de* v.

(3) *Pour tout* $v \in B_b^+(X)$ *tel que* $v + V_0(\phi(\cdot, v)v) \in S_0$ *(resp.* E_0*) alors* $v \in S_\phi$ *(resp.* E_ϕ*).*

Preuve. (1) Soit $v \in S_\phi$ et $u = v + V_0(\phi(\cdot, v)v)$. Alors pour tout $\lambda > 0$, on a: $\lambda V_\lambda u = \lambda V_\lambda v + \lambda V_\lambda V_0(\phi(\cdot, v)v) = {}^\phi V_\lambda(\lambda v) + V_\lambda(\phi(\cdot, {}^\phi V_\lambda(\lambda v)){}^\phi V_\lambda(\lambda v)) + \lambda V_\lambda V_0(\phi(\cdot, v)v)$.
Ce qui donne: $\lambda V_\lambda u \leqslant v + V_\lambda(\phi(\cdot, v)v) + \lambda V_\lambda V_0(\phi(\cdot, v)v) = v + V_0(\phi(\cdot, v)v) = u$ c'est à dire $u \in S_0$.
Maintenant, soit $v \in S_\phi \cap B_b^+(X)$ et $s_\lambda = {}^\phi V_\lambda(\lambda v)$. D'après ce qui précède, on a:

$$\lambda V_\lambda u = s_\lambda + V_0(\phi(\cdot, s_\lambda)s_\lambda) - \lambda V_\lambda V_0(\phi(\cdot, s_\lambda)s_\lambda) + \lambda V_\lambda V_0(\phi(\cdot, v)v). \qquad (*)$$

Pour $0 < \mu \leqslant \lambda$, on a: $\mu V_\mu V_0(\phi(\cdot, s_\lambda)s_\lambda) \leqslant \lambda V_\lambda V_0(\phi(\cdot, s_\lambda)s_\lambda) \leqslant \lambda V_\lambda V_0(v\phi(\cdot, v))$.
Cela donne: $\mu V_\mu V_0(\tilde{v}\phi(\cdot, \tilde{v})) \leqslant \sup_{\lambda > 0} \lambda V_\lambda V_0(\phi(\cdot, s_\lambda)s_\lambda) \leqslant V_0(\tilde{v}\phi(\cdot, \tilde{v}))$.
Donc: $\sup_{\lambda > 0} \lambda V_\lambda V_0(\phi(\cdot, s_\lambda)s_\lambda) = V_0(\tilde{v}\phi(\cdot, \tilde{v}))$.
Il s'ensuit d'après (*) que: $\underset{\sim}{u} = \sup_{\lambda > 0} \lambda V_\lambda u = \tilde{v} + V_0(\phi(\cdot, v)v)$.
Maintenant si $v \in S_\phi$ alors $v_n = v \wedge n \in S_\phi$ et $\tilde{v}_n + V_0(\phi(\cdot, v_n)v_n) \in E_0$.
Puisque $\tilde{v}_n$ croit vers $\tilde{v}$ (d'après la démonstration de la Proposition 8), on déduit que $\tilde{v} + V_0(\phi(\cdot, v)v) \in E_0$.

(2) Soit $v \in S_\phi$ alors $\tilde{v} + V_0(\phi(\cdot, v)v) \in E_0$ et par suite pour tout $\lambda \geqslant 0$:

$$V_\lambda(v + V_0(\phi(\cdot, v)v)) = V_\lambda(u) = V_\lambda(\underset{\sim}{u}) = V_\lambda(\tilde{v} + V_0(\phi(\cdot, v)v)).$$

Donc pour tout $\lambda \geqslant 0$: $V_\lambda v = V_\lambda \tilde{v}$. Or d'après la Proposition 2, on a:

$$0 \leqslant {}^\phi V_\lambda(\lambda v_n) - {}^\phi V_\lambda(\lambda \tilde{v}_n) \leqslant V_\lambda(\lambda(v_n - \tilde{v}_n)) = 0.$$

Donc, pour tout $\lambda \geqslant 0$: ${}^\phi V_\lambda(\lambda v_n) = {}^\phi V_\lambda(\lambda \tilde{v}_n)$ et par pasage à la limite $(n \to +\infty)$, on obtient ${}^\phi V_\lambda(\lambda v) = {}^\phi V_\lambda(\lambda \tilde{v})$ pour tout $\lambda \geqslant 0$. Ce qui donne $\sup_{\lambda > 0} {}^\phi V_\lambda(\lambda \tilde{v}) = \sup_{\lambda > 0} {}^\phi V_\lambda(\lambda v) = \tilde{v}$. D'autre part on a: $\tilde{v} \leqslant v$ implique que ${}^\phi V_\lambda(\lambda \tilde{v}) \leqslant {}^\phi V_\lambda(\lambda v) \leqslant \tilde{v}$. Donc $\tilde{v} \in E_\phi$, de plus si $w \in E_\phi$ tel que $w \leqslant v$ alors pour tout $\lambda > 0$, ${}^\phi V_\lambda(\lambda w) \leqslant {}^\phi V_\lambda(\lambda v)$. Donc $w \leqslant \tilde{v}$. C'est à dire que $\tilde{v}$ est la plus grande minorante ${}^\phi\mathbb{V}$-excessive de v.

(3) Soit $v \in B_b^+(X)$ et $u = v + V_0(v\phi(\cdot, v)) \in S_0$. On a:

$$s_\lambda = {}^\phi V_\lambda(\lambda v) = \lambda V_\lambda v - V_\lambda(\phi(\cdot, s_\lambda)s_\lambda) = \lambda V_\lambda u - \lambda V_\lambda V_0(\phi(\cdot, v)v) - V_\lambda(\phi(\cdot, s_\lambda)s_\lambda).$$

Par suite: $v - s_\lambda + V_\lambda(v\phi(\cdot, v) - s_\lambda \phi(\cdot, s_\lambda)) = u - \lambda V_\lambda u$. Il existe alors $h \in B_b^+(X)$ telle que: $v - s_\lambda = u - \lambda V_\lambda u - V_{\lambda+h}(h(u - \lambda V_\lambda u))$. Or $u \in S_0$ donc $u - \lambda V_\lambda u \in S_\lambda$ et par suite il existe $(f_n)_{n \geqslant 0} \subset B_b^+(X)$ telle que: $v - s_\lambda = \lim_{n \to +\infty} [V_\lambda f_n - V_{\lambda+h}(hV_\lambda f_n)] =$

$\lim_{n\to+\infty} V_{\lambda+h}f_n \geqslant 0$, c'est à dire $v \in S_\phi$. Si de plus $u \in E_0$, alors $\lim_{\lambda\to+\infty} s_\lambda = v$, c'est à dire $v \in E_\phi$.

II. Perturbation semi-linéaire des semi-groupes

Dans cette partie, on considère un semi-groupe linéaire $\mathbb{P} = (P_t)_{t>0}$ relativement borné (i.e.: $\sup_{0\leqslant s\leqslant t} \|P_s\| = \|P\|_t < +\infty$), défini sur un espace mesurable (X, B). Soit $\mathbb{T} = (T_t)_{t>0}$ le semi-groupe du mouvement uniforme à gauche sur $]0, +\infty[$. Alors le produit tensoriel $\tilde{\mathbb{P}} = \mathbb{P} \otimes \mathbb{T}$ est un semi-groupe relativement borné sur $X \times]0, +\infty[$ défini par:

$$\tilde{P}_t h(x, \sigma) = 1_{]t,+\infty[}(\sigma) P_t h(\cdot, \sigma - t)(x) \quad \text{où} \quad h \in B^+(X \times]0, +\infty[).$$

La résolvante de $\tilde{\mathbb{P}}$ notée $\tilde{\mathbb{V}} = (\tilde{V}_\alpha)_{\alpha\geqslant 0}$ est donnée par:

$$\tilde{V}_\alpha h(x, t) = \int_0^t e^{-\alpha s} P_s h(\cdot, t - s)(x)\, \mathrm{d}s.$$

* On note $\tilde{V}$ au lieu de $\tilde{V}_0$.
* On rappelle que si $f \in B^+(X)$, la fonction Pf définie par $Pf(x, t) = P_t f(x)$, est excessive par rapport à $(\tilde{V}_\alpha)_{\alpha>0}$.
* On note H l'ensemble des fonctions $\phi: X \times \mathbb{R} \to \mathbb{R}$ mesurables telles que $\phi^- = \sup(-\phi, 0)$ soit bornée et l'application $r \to r\phi(x, r)$ soit localement lipschitzienne uniformément par rapport à x. Il s'ensuit que l'application $r \to \phi^+(x, r)$ est localement bornée uniformément par rapport à x.

A. CONSTRUCTION DU SEMI-GROUPE PERTURBÉ

THÉORÈME 7. *Soit $\phi \in H$. Alors il existe un semi-groupe non linéaire ${}^\phi\mathbb{P} = ({}^\phi P_t)_{t>0}$ relativement borné unique vérifiant pour tous $f \in B_b(X)$, $x \in X$ et $t > 0$:*

$${}^\phi P_t f(x) = P_t f(x) - \int_0^t P_{t-s}(\phi(\cdot, {}^\phi P_s f)\, {}^\phi P_s f)(x)\, \mathrm{d}s.$$

Preuve. Soit $\mu \in \mathbb{R}^+$ tel que $0 \leqslant \phi^- \leqslant \mu$ et soient $f \in B_b(X)$ et $a > 0$. On pose $D = \{u \in B_b(X \times [0, a]) : |u(x, t)| \leqslant e^{\mu t} P_t(|f|)(x);\ \forall x \in X,\ \forall t \in [0, a]\}$.

Soit $\lambda = \sup\{\phi^+(x, u(x, t));\ x \in X,\ u \in D \text{ et } t \in [0, a]\}$ et $\theta = \lambda - \phi$. On définit alors l'opérateur T sur D par:

$$Tu(x, t) = e^{-\lambda t} P_t f(x) + \int_0^t e^{-\lambda(t-s)} P_{t-s}(\theta(\cdot, u(\cdot, s)) u(\cdot, s))(x)\, \mathrm{d}s.$$

On a: $T(D) \subset D$ et il existe $k > 0$ tel que pour tous $u, v \in D$, $x \in X$ et $t \in [0, a]$:

$$|Tu(x,t) - Tv(x,t)| \leqslant k \int_0^t P_{t-s}(|u(\cdot, s) - v(\cdot, s)|)(x)\,\mathrm{d}s.$$

Ce qui donne par récurrence sur $n \geqslant 1$:

$$|T^n u(x,t) - T^n v(x,t)| \leqslant (k\|P\|_a)^n \frac{t^n}{n!} \sup_{0 \leqslant s \leqslant a} \|u(\cdot, s) - v(\cdot, s)\|.$$

Donc pour n assez grand, T^n est une contraction stricte de D dans D. Or, D est fermé de $B_b(X \times [0, a])$, donc T^n admet un unique point fixe $w \in D$, qui est un point fixe unique de T dans D. Ainsi on construit une fonction $v \in B(X \times]0, +\infty[)$ telle que pour tous $x \in X$ et $t > 0$:

$$|v(x,t)| \leqslant e^{\mu t} P_t(|f|)(x).$$

De plus pour tout $a > 0$, il existe $\lambda \in \mathbb{R}^+$ telle que pour tous $x \in X$ et $t \in [0, a]$:

$$v(x,t) = e^{-\lambda t} P_t f(x) + \int_0^t e^{-\lambda(t-s)} P_{t-s}(\theta(\cdot, v(\cdot, s)) v(\cdot, s))(x)\,\mathrm{d}s.$$

Or cette équation s'écrit sur $X \times [0, a]$:

$$v = {}^\lambda Pf + \tilde{V}_\lambda(\theta(\cdot, v)v) = {}^\lambda Pf + \lambda \tilde{V}_\lambda v - \tilde{V}_\lambda(\phi(\cdot, v)v).$$

D'où:

$$v = (I + \lambda \tilde{V})({}^\lambda Pf - \tilde{V}_\lambda(\phi(\cdot, v)v)) = Pf - \tilde{V}(\phi(\cdot, v)v).$$

Donc la fonction v vérifie pour tous $x \in X$ et $t > 0$:

$$v(x,t) = P_t f(x) - \int_0^t P_{t-s}(\phi(\cdot, v(\cdot, s)) v(\cdot, s))(x)\,\mathrm{d}s.$$

Posons alors ${}^\phi P_t f(x) = v(x,t)$. Nous obtenons une famille $({}^\phi P_t)_{t>0}$ d'opérateurs non linéaires sur $B_b(X)$. Cette famille $({}^\phi P_t)_{t>0}$ est un semi-groupe.

En effet, soient $f \in B_b(X)$, $x \in X$, t et $t' > 0$:

$$\begin{aligned} u_1(x,t) &= {}^\phi P_{t+t'} f(x) \\ &= P_{t+t'} f(x) - \int_0^{t'} P_{t+t'-s}(\phi(\cdot, {}^\phi P_s f)\, {}^\phi P_s f)(x)\,\mathrm{d}s \\ &\quad - \int_0^t P_{t-s}(\phi(\cdot, {}^\phi P_{s+t'} f)\, {}^\phi P_{s+t'} f)(x)\,\mathrm{d}s. \end{aligned}$$

$$
\begin{aligned}
u_2(x,t) &= {}^{\phi}P_t({}^{\phi}P_{t'}f)(x) \\
&= P_{t+t'}f(x) - \int_0^{t'} P_{t+t'-s}(\phi(\cdot, {}^{\phi}P_s f){}^{\phi}P_s f)(x)\,ds \\
&\quad - \int_0^{t} P_{t-s}(\phi(\cdot, {}^{\phi}P_s({}^{\phi}P_{t'}f)){}^{\phi}P_s({}^{\phi}P_{t'}f))(x)\,ds.
\end{aligned}
$$

On a: $|u_i(x,t)| \leqslant e^{\mu(t+t')}P_{t+t'}(|f|)(x)$ pour $i = 1, 2$ et

$$u_1(x,t) - u_2(x,t) = \tilde{V}(\phi(\cdot, u_2)u_2 - \phi(\cdot, u_1)u_1)(x,t).$$

Donc pour tout $a > 0$, il existe $k > 0$ telle que pour tous $x \in X$, $t \in [0, a]$ et $n \geqslant 1$:

$$|u_1(x,t) - u_2(x,t)| \leqslant (k\|P\|_a)^n \frac{a^n}{n!} \sup_{0 \leqslant s \leqslant a} \|u_1(\cdot, s) - u_2(\cdot, s)\|.$$

Il en résulte que $u_1 = u_2$, c'est à dire: ${}^{\phi}P_{t+t'}f = {}^{\phi}P_t({}^{\phi}P_{t'}f)$.

Soit maintenant $(Q_t)_{t>0}$ un autre semi-groupe relativement borné (i.e.: $\sup_{0\leqslant s\leqslant t} \|Q_s f\| \leqslant c_t\|f\|_\infty < +\infty$) tel que

$$Q_t f = P_t f - \int_0^t P_{t-s}(\phi(\cdot, Q_s f)Q_s f)\,ds.$$

Ce qui donne pour tout $a > 0$, il existe $k > 0$ tel que pour tous $x \in X$, $t \in [0, a]$ et $n \geqslant 1$: $|{}^{\phi}P_t f(x) - Q_t f(x)| \leqslant (k\|P\|_a)^n a^n/n! \sup_{0\leqslant s\leqslant a} \|{}^{\phi}P_s f - Q_s f\|$.
Donc ${}^{\phi}P_t f = Q_t f$ pour tout $t > 0$.

* $({}^{\phi}P_t)_{t>0}$ est appelé semi-groupe perturbé de $(P_t)_{t>0}$ par ϕ.

REMARQUE 7. (a) Si $f \in B_b^+(X)$ alors ${}^{\phi}P_t f \in B_b^+(X)$ et si $\phi_0(x,r) = 1_{[0,\infty]}(r)\phi(x,r)$ alors ${}^{\phi}P_t f = {}^{\phi_0}P_t f$ pour $f \in B_b^+(X)$ et ${}^{\phi_0}P_t f(x) = P_t(X)$ si f est négative.

(b) Si ϕ ne dépend pas de r (i.e.: $\phi(x,r) = \psi(x)$) alors $({}^{\phi}P_t)_{t>0}$ n'est autre que le semi-groupe linéaire défini dans [10].

LEMME 4. *Soit* $\chi = (\Omega, X_t, F, F_t, \theta_t, P^x)$ *un processus de Markov associé à* $(P_t)_{t>0}$ *et soit* $h \in B(X +]0, +\infty[)$ *telle que pour tout* $t > 0$, $\int_0^t \sup_{x\in X} |h(x,s)|\,ds < +\infty$. *Alors* ${}^{h}\tilde{P}_s f(x,t) = 1_{]s,+\infty[}(t)E^x(f(X_s, t-s)\cdot \exp(-\int_0^s h(X_r, t-r)\,dr))$, *est un semi-groupe sur* $X \times]0, \infty[$ *de noyau* $\tilde{V}_h f(x,t) = \int_0^t {}^{h}\tilde{P}_s f(x,t)\,ds$, *vérifiant*:

$$\tilde{V} = \tilde{V}_h + \tilde{V}_h(h\tilde{V}) = \tilde{V}_h + \tilde{V}(h\tilde{V}_h).$$

PROPOSITION 9. *Si* $\chi = (\Omega, X_t, F, F_t, \theta_t, P^x)$ *est un processus de Markov associé à* $(P_t)_{t>0}$, *alors le semi-groupe* $({}^{\phi}P_t)_{t>0}$ *vérifie pour* $f \in B_b(X)$, $x \in X$ *et* $t > 0$:

$${}^{\phi}P_t f(x) = E^x\left(f(X_t)\exp\left(-\int_0^t \phi(X_s, {}^{\phi}P_{t-s}f(X_s))\,ds\right)\right).$$

Preuve. On a: $Pf = {}^{\phi}Pf + \tilde{V}(\phi(\cdot, {}^{\phi}Pf){}^{\phi}Pf)$. Ce qui donne d'après le Lemme 4:

$$ {}^{\phi}Pf = Pf - \tilde{V}_h(hPf) \quad \text{où} \quad h = \phi(\cdot, {}^{\phi}Pf).$$

Soit $f_n(x,t) = ne^{-nt}P_t f(x)$, alors $Pf = \sup_n \tilde{V} f_n$ et on a:

$$\begin{aligned} {}^{\phi}P_t f(x) &= \lim_{n\to+\infty} \tilde{V}_h f_n(x,t) \\ &= \lim_{n\to+\infty} \int_0^t E^x\left(ne^{-ns}P_s f(X_{t-s})\exp\left(-\int_0^{t-s}\phi(X_r, {}^{\phi}P_{t-r}f(X_r))\,\mathrm{d}r\right)\right)\mathrm{d}s \\ &= \lim_{n\to+\infty} \int_0^{nt} e^{-s}E^x\left(f(X_t)\exp\left(-\int_0^{t-s/n}\phi(X_r, {}^{\phi}P_{t-r}f(X_r))\,\mathrm{d}r\right)\right)\mathrm{d}s \\ &= E^x\left(f(X_t)\exp\left(-\int_0^t \phi(X_r, {}^{\phi}P_{t-r}f(X_r))\,\mathrm{d}r\right)\right). \end{aligned}$$

PROPOSITION 10. *Soit $\phi \in H$ et soit $h \in B_b(X)$. Alors $\phi + h \in H$ et on a pour tout $t > 0$: ${}^{\phi}({}^{h}P)_t = {}^{\phi+h}P_t$.*

Preuve. Soit $(X_t)_{t>0}$ un processus associé à $(P_t)_{t>0}$. Posons $Q_t = {}^{\phi}({}^{h}P)_t$. On a pour $f \in B_b(X)$, $x \in X$ *et* $t > 0$:

$$Q_t f(x) = {}^{h}P_t f(x) - \int_0^t {}^{h}P_{t-s}(\phi(\cdot, Q_s f)Q_s f)(x)\,\mathrm{d}s.$$

Soit $\theta(x,t) = \phi(x, Q_t f(x))$. Alors on a: $Qf = {}^{h}Pf - \tilde{V}_h(\theta Qf)$ et d'après le Lemme 4 appliqué à $({}^{h}P)_{t>0}$, on obtient:

$$Qf = {}^{h}Pf - \tilde{V}_{h+\theta}(\theta\, {}^{h}Pf).$$

Ce qui donne pour $x \in X$ et $t > 0$:

$$Q_t f(x) = {}^{h}P_t f(x) - E^x\left(\int_0^t \theta(X_s, t-s)\,{}^{h}P_{t-s}f(X_s)\exp\left(-\int_0^s [h(X_r) + \theta(X_r, t-r)]\,\mathrm{d}r\right)\mathrm{d}s\right).$$

D'où

$$\begin{aligned} Q_t f(x) &= {}^{h}P_t f(x) - E^x\left[\int_0^t \theta(X_s, t-s)E^{X_s}(e^{-\int_0^{t-s}h(X_r)\,\mathrm{d}r}f(X_{t-s}))\exp\left(-\int_0^s h(X_r)\right.\right. \\ &\qquad \left.\left. + \,\theta(X_r, t-r)\,\mathrm{d}r)\,\mathrm{d}s\right)\right] \\ &= {}^{h}P_t f(x) - E^x\left[e^{-\int_0^t h(X_r)\,\mathrm{d}r}f(X_t)\cdot \int_0^t \theta(X_s, t-s)\exp\left(-\int_0^s \theta(X_r, t-r)\mathrm{d}r\right)\mathrm{d}s\right] \\ &= {}^{h}P_t f(x) - {}^{h}P_t f(x) + E^x\left[f(X_t)\exp\left(-\int_0^t (h(X_r) + \theta(X_r, t-r))\mathrm{d}r\right)\right]. \end{aligned}$$

Il en résulte que:

$$Q_t f(x) = E^x\left[f(X_r)\exp\left(- \int_0^t (h(X_r) + \phi(X_r, Q_{t-r} f(X_r)))\,\mathrm{d}r\right)\right].$$

C'est à dire:

$${}^{\phi}({}^{h}P)_t = {}^{\phi+h}P_t, \quad \text{pour tout } t > 0.$$

THÉORÈME 8. *Soit $\phi \in H$ et soient $f, g \in B_b(X)$. Alors on a:*

(1) *Si $f \leqslant g \Rightarrow \forall t > 0$, ${}^{\phi}P_t f \leqslant {}^{\phi}P_t g$.*

(2) *$\forall t > 0$, il existe une constante $c = c(t, \phi, f, g) > 0$ tell que:*

$$|{}^{\phi}P_t f - {}^{\phi}P_t g| \leqslant c P_t(|f - g|).$$

En particulier, si $\phi \in L$ (cf. partie I), alors on a:

$$|{}^{\phi}P_t f - {}^{\phi}P_t g| \leqslant P_t(|f - g|).$$

Preuve. Soient $f, g \in B_b(X)$ et $\phi \in H$. Posons pour $y \in X$ et $s \geqslant 0$:

$$h(y,s) = \begin{cases} \dfrac{\phi(y, {}^{\phi}P_s g(y)){}^{\phi}P_s g(y) - \phi(y, {}^{\phi}P_s f(y)){}^{\phi}P_s f(y)}{{}^{\phi}P_s g(y) - {}^{\phi}P_s f(y)} & \text{si } {}^{\phi}P_s g(y) \neq {}^{\phi}P_s f(y), \\ 0 & \text{sinon.} \end{cases}$$

Alors pour tout $t > 0$, il existe $\alpha \geqslant 0$ tel que: $\forall y \in X$, $\forall s \in [0, t]$, $|h(y, s)| \leqslant \alpha$. Il s'ensuit d'après le Lemme 4 que:

$$\begin{aligned} {}^{\phi}P_t f(x) - {}^{\phi}P_t g(x) &= P_t(f - g)(x) - \tilde{V}_h(hP(f - g))(x, t) \\ &= E^x\left((f - g)(X_t)\exp\left(- \int_0^t \mathrm{h}(X_s, t - s)\,\mathrm{d}s\right)\right). \end{aligned}$$

Ce qui montre que:

(1) Si $f \leqslant g$ alors pour tout $t > 0$; ${}^{\phi}P_t f \leqslant {}^{\phi}P_t g$.

(2) Pour tous $x \in X$ et $t > 0$:

$$|{}^{\phi}P_t f(x) - {}^{\phi}P_t g(x)| \leqslant e^{t\alpha} P_t(|f - g|)(x).$$

En particulier si $\phi \in L$ alors la fonction h est positive et par suite:

$$|{}^{\phi}P_t f - {}^{\phi}P_t g| \leqslant P_t(|f - g|).$$

LEMME 5. *Soit $f \in B_b^+(X)$ et soit $(f_n)_n \subset B_b^+(X)$ telle que $f = \sup_n f_n$. Alors*

$${}^{\phi}P_t f = \sup_n {}^{\phi}P_t f_n.$$

Preuve. On a $Pf_n = {}^{\phi}Pf_n + \tilde{V}(\phi(\cdot, {}^{\phi}Pf_n){}^{\phi}Pf_n)$. Posons $u = \sup_n {}^{\phi}Pf_n$ alors, $\lim_{n\to+\infty} \phi(\cdot, {}^{\phi}Pf_n){}^{\phi}Pf_n = u\phi(\cdot, u)$ et $0 \leqslant u \leqslant {}^{\phi}Pf$. Donc d'après le théorème de Lebesgue on a: $Pf = u + \tilde{V}(\phi(\cdot, u)u)$. Donc $u = {}^{\phi}Pf$.

LEMME 6. *Soient $f \in B^+(X)$ et $(f_n)_n \subset B_b^+(X)$ une suite croissante vers f. Alors:* $\sup_n {}^{\phi}P_t f_n = \sup_n {}^{\phi}P_t(f \wedge n)$.

Preuve. On a pour $m, n \in N$: $f_m \wedge n \leqslant f_m$ implique que ${}^{\phi}P_t(f_m \wedge n) \leqslant {}^{\phi}P_t f_m$. Ce qui donne: ${}^{\phi}P_t(f \wedge n) \leqslant \sup_m {}^{\phi}P_t f_m$ et par suite $\sup_n {}^{\phi}P_t(f \wedge n) \leqslant \sup_m {}^{\phi}P_t f_m$. D'autre part:

$$f_m \wedge n \leqslant f \wedge n \text{ implique que } {}^{\phi}P_t(f_m \wedge n) \leqslant {}^{\phi}P_t(f \wedge n) \text{ et } {}^{\phi}P_t f_m \leqslant \sup_n {}^{\phi}P_t(f \wedge n).$$

Donc $\sup_m {}^{\phi}P_t f_m \leqslant \sup_n {}^{\phi}P_t(f \wedge n)$. D'où le résultat cherché.

DÉFINITION 4. Soit $f \in B^+(X)$. On définit ${}^{\phi}P_t f := \sup_n {}^{\phi}P_t(f \wedge n)$.

REMARQUE 7. Soit $f \in B^+(X)$ et soit $(f_n)_n \subset B^+(X)$ telle que $f = \sup_n f_n$. Alors ${}^{\phi}P_t f = \sup_n {}^{\phi}P_t f_n$.

PROPOSITION 11. *Soit $\phi \in H$ telle que l'application $r \to \phi(\cdot, r)$ soit croissante sur $[0, +\infty[$. Alors pour tous $f, g \in B^+(X)$ et $t > 0$, on a:*

(*i*) ${}^{\phi}P_t(f + g) \leqslant {}^{\phi}P_t f + {}^{\phi}P_t g$.

(*ii*) ${}^{\phi}P_t(\alpha f) \leqslant \alpha {}^{\phi}P_t f$; *si* $\alpha \geqslant 1$.

Preuve. (i) Soient $f, g \in B_b^+(X)$ et $\phi \in H$ telle que $r \to \phi(\cdot, r)$ soit croissante sur $[0, +\infty[$. Posons $u = {}^{\phi}P_t f, v = {}^{\phi}P_t g$ et $w = {}^{\phi}P(f + g)$. Alors d'après le Théorème 8, on a: $0 \leqslant \sup(u, v) \leqslant w$. D'autre part on a:

$$u + v - w = \tilde{V}((w - u - v)\phi(\cdot, w)) + \tilde{V}(u(\phi(\cdot, w) - \phi(\cdot, u)) + \tilde{V}(v(\phi(\cdot, w) - \phi(\cdot, v))).$$

Soient $h = \phi(\cdot, w)$ et $\theta = u(\phi(\cdot, w) - \phi(\cdot, u)) + v(\phi(\cdot, w) - \phi(\cdot, v))$. Alors θ est positive et d'après le Lemme 4, on a $u + v - w = \tilde{V}\theta - \tilde{V}_h(h\tilde{V}\theta) = \tilde{V}_h(\theta))$, que est positive. C'est à dire pour $f, g \in B_b^+(X)$:

$${}^{\phi}P_t(f + g) \leqslant {}^{\phi}P_t f + {}^{\phi}P_t g.$$

Maintenant, en utilisant la Définition 4, on obtient l'inégalité pour $f, g \in B^+(X)$.

(ii) Ça se démontre de la même manière que (i).

PROPRIÉTÉ 2. *Soit $\phi \in H$ telle que l'application $r \to \phi(\cdot, r)$ est paire. Alors pour tous $f, g \in B_b(X)$ et tout $a > 0$, il existe $h \in B_b(X \times [0, a])$ telle que pour tous $x \in X$ et $t \in [0, a]$:*

$${}^{\phi}P_t f(x) + {}^{\phi}P_t g(x) = E^x\left(\exp\left(-\int_0^t h(X_s, t - s)\,ds\right)(f + g)(X_t)\right).$$

où $(X_t)_{t>0}$ *est un processus de Markov associé à* $(P_t)_{t>0}$. *En particulier pour tous* $f \in B_b(X)$ *et* $t > 0$, *on a:*

$$^{\phi}P_t(-f) = -{}^{\phi}P_t f \quad \textit{et} \quad |{}^{\phi}P_t f| \leqslant {}^{\phi}P_t(|f|).$$

Preuve. On a sur $X \times [0, a]$:

$$^{\phi}Pf + {}^{\phi}Pg = P(f+g) - \tilde{V}(\phi(\cdot, {}^{\phi}Pf){}^{\phi}Pf + \phi(\cdot, {}^{\phi}Pg){}^{\phi}Pg).$$

Or la fonction $r \to \phi(\cdot, r)$ est paire, donc on a:

$$^{\phi}Pf + {}^{\phi}Pg = P(f+g) - \tilde{V}(\phi(\cdot, {}^{\phi}Pf){}^{\phi}Pf - \phi(\cdot, -{}^{\phi}Pg)(-{}^{\phi}Pg)).$$

Soit $h \in B_b(X \times [0, a])$ telle que pour tous $x \in X$ et $t \in [0, a]$:

$$\phi(x, {}^{\phi}P_t f(x)){}^{\phi}P_t f(x) - \phi(x, -{}^{\phi}P_t g(x))(-{}^{\phi}P_t g(x)) = h(x,t)({}^{\phi}P_t f(x) + {}^{\phi}P_t g(x)).$$

Alors on a d'après le Lemme 4 pour $x \in X$ et $t \in [0, a]$:

$$^{\phi}P_t f(x) + {}^{\phi}P_t g(x) = P_t(f+g)(x) - \tilde{V}_h(h(P(f+g)))(x,t).$$

C'est à dire

$$^{\phi}P_t f(x) + {}^{\phi}P_t g(x) = E^x\left((f+g)(X_t)\exp\left(-\int_0^t h(X_s, t-s)\,\mathrm{d}s\right)\right).$$

En particulier si $g = -f$, on obtient pour tout $t > 0$:

$$^{\phi}P_t(-f) = -{}^{\phi}P_t f.$$

D'autre part, on a pour tout $t > 0$: ${}^{\phi}P_t f + {}^{\phi}P_t(|f|) \geqslant 0$. Or on sait d'après le Théorème 8 que: ${}^{\phi}P_t f \leqslant {}^{\phi}P_t(|f|)$. Donc $|{}^{\phi}P_t f| \leqslant {}^{\phi}P_t(|f|)$.

REMARQUE 8. Si $r \to \phi(\cdot, r)$ n'est pas paire, la Propriété 2 ne subsiste pas. En effet soit $\phi(x, r) = \sup(r, 0)$ et $P_t = \mathrm{Id}$.

Alors

$$^{\phi}P_t f(x) = \begin{cases} \dfrac{f(x)}{1 + tf(x)} & \text{si } f(x) \geqslant 0, \\ f(x) & \text{si } f(x) \leqslant 0. \end{cases}$$

On a: ${}^{\phi}P_t(-1) = -1$ et ${}^{\phi}P_t 1 = 1/(1+t)$. Ce qui montre que:

$$^{\phi}P_t 1 \neq -{}^{\phi}P_t(-1) \quad \text{et} \quad |{}^{\phi}P_t(-1)| = 1 > \frac{1}{1+t} = {}^{\phi}P_t 1; \text{ pour tout } t > 0.$$

THÉORÈME 9. *Soient* ϕ *et* ψ *dans* H *tels que* $\phi \leqslant \psi$. *Alors pour tous* $f \in B^+(X)$ *et* $t > 0$: ${}^{\psi}P_t f \leqslant {}^{\phi}P_t f$.

Preuve. Soit $f \in B_b^+(X)$. On a: ${}^{\phi}Pf - {}^{\psi}Pf = \tilde{V}({}^{\psi}Pf\psi(\cdot, {}^{\psi}Pf) - {}^{\phi}Pf\phi(\cdot, {}^{\phi}Pf))$. Posons:

$$h = \begin{cases} \dfrac{\Psi(\cdot, {}^{\phi}Pf){}^{\phi}Pf - \Psi(\cdot, {}^{\psi}Pf){}^{\psi}Pf}{{}^{\phi}Pf - {}^{\psi}Pf} & \text{si } {}^{\phi}Pf \neq {}^{\psi}Pf. \\ 0 & \text{sinon;} \end{cases}$$

$u = {}^{\phi}Pf - {}^{\Psi}Pf$ et $v = {}^{\phi}Pf(\Psi(\cdot, {}^{\phi}Pf) - \phi(\cdot, {}^{\phi}Pf))$.

Alors on a: $u = -\tilde{V}(hu) + \tilde{V}v$. Ce qui donne d'après le Lemme 4: $u = \tilde{V}v - \tilde{V}_h(h\tilde{V}v) = \tilde{V}_h v$. Or la fonction v est positive, donc u est positive; c'est à dire ${}^{\Psi}P_t f \leqslant {}^{\phi}P_t f$.

COROLLAIRE 3. *Soit $\phi \in H$ et soit $\phi_n(x, r) = 1_{[0, +\infty[}(r)(\phi(x, r) \wedge n)$, pour $n \in \mathbb{N}$. Alors pour tout $f \in B_b^+(X)$, on a: ${}^{\phi}P_t f(x) = \inf_n {}^{\phi_n}P_t f$.*

Preuve. On a: $r\phi_n(x, r) = 1_{[0, +\infty[}(r) \inf(r\phi(x, r), nr)$. Il s'ensuit que $\phi_n \in H$. De plus on a pour $f \in B_b^+(X)$:

$${}^{\phi_n}P_t f(x) = P_t f(x) - \tilde{V}(\phi_n(\cdot, {}^{\phi_n}Pf){}^{\phi_n}Pf)(x, t).$$

D'après le Théorème 9, la suite $({}^{\phi_n}Pf)_n$ est décroissante, soit $u(x, t) = \inf_n {}^{\phi_n}P_t f(x)$. D'autre part si $0 \leqslant \phi^- \leqslant \mu \in \mathbb{R}^+$ alors $0 \leqslant {}^{\phi_n}P_t f \leqslant e^{\mu t}P_t f$. Donc pour tout $a > 0$, il existe $n_0 \in \mathbb{N}^*$ tel que pour tous $n \geqslant n_0$, $x \in X$ et $t \in [0, a]$: $\phi(x, {}^{\phi_n}P_t f(x)) \leqslant n$.

Il en résulte que pour tous $n \geqslant n_0$, $x \in X$ et $t \in [0, a]$:

$${}^{\phi_n}P_t f(x) = P_t f(x) - \tilde{V}(\phi(\cdot, {}^{\phi_n}Pf){}^{\phi_n}Pf)(x, t). \qquad (*)$$

Or $\lim_{n \to +\infty} {}^{\phi_n}P_t f(x)\phi(x, {}^{\phi_n}P_t f(x)) = u(x, t)\phi(x, u(x, t))$ et il existe $k > 0$ telle que $|\phi(x, {}^{\phi_n}P_t f(x)){}^{\phi_n}P_t f(x)| \leqslant k$, pour $x \in X$ et $t \in [0, a]$.

Donc par passage à la limite dans (*) en utilisant le théorème de Lebesgue, on obtient pour tous $x \in X$ et $t > 0$: $u(x, t) = P_t f(x) - \tilde{V}(\phi(\cdot, u)u)(x, t)$. Ce qui donne d'après le Théorème 7: $u(x, t) = {}^{\phi}P_t f(x)$, c'est à dire

$${}^{\phi}P_t f(x) = \inf_n {}^{\phi_n}P_t f(x).$$

THÉORÈME 10. *Soit $(Q_t)_{t > 0}$ un semi-groupe linéaire relativement borné sur (X, B) tel que pour tout $t > 0$: $P_t \leqslant Q_t$. Alors pour tous $\phi \in H$, $f \in B^+(X)$ et $t > 0$, on a: ${}^{\phi}P_t f \leqslant {}^{\phi}Q_t f$.*

Preuve. On peut supposer que $\phi \in H^+$ (quitte à prendre $\mu + \phi$ au lieu de ϕ où $0 \leqslant \phi^- \leqslant \mu \in \mathbb{R}^+$ et $e^{\mu t}P_t$ au lieu de P_t et $e^{\mu t}Q_t$ au lieu de Q_t). De même d'après le Corollaire 3, on peut supposer que ϕ est bornée sur $X \times [0, \infty[$. Soit $f \in B_b^+(X)$ et $\lambda \geqslant 0$ tel que pour tous $x \in X$ et $r \geqslant 0$, $0 \leqslant \phi(x, r) \leqslant \lambda$. Alors d'après le Théorème 7, on a

$${}^{\phi}Pf = {}^{\lambda}Pf + \tilde{V}_{\lambda}((\lambda - \phi(\cdot, {}^{\phi}Pf)){}^{\phi}Pf)$$
$${}^{\phi}Qf = {}^{\lambda}Qf + \tilde{W}_{\lambda}((\lambda - \phi(\cdot, {}^{\phi}Qf)){}^{\phi}Qf)$$

où

$$\tilde{V}_\lambda = \int_0^\infty {}^\lambda P_t f \, dt = \int_0^\infty e^{-\lambda t} P_t f \, dt \quad \text{et} \quad \tilde{W}_\lambda = \int_0^\infty {}^\lambda Q_t f \, dt.$$

On pose $\theta = \lambda - \phi$; $v = {}^\phi Qf - {}^\phi Pf$; $u = {}^\lambda Qf - {}^\lambda Pf$ et $g = {}^\phi Qf\theta(\cdot, {}^\phi Qf)$. Alors il existe une fonction mesurable

$$h = \begin{cases} \dfrac{{}^\phi Pf\theta(\cdot, {}^\phi Pf) - {}^\phi Qf\theta(\cdot, {}^\phi Qf)}{{}^\phi Qf - {}^\phi Pf} & \text{si } {}^\phi Pf \neq {}^\phi Qf, \\ 0 & \text{sinon}; \end{cases}$$

telle que:

$$v = u - \tilde{V}_\lambda(hv) + \tilde{W}_\lambda g - \tilde{V}_\lambda g.$$

Ce qui donne d'après le Lemme 4:

$$v = [I - \tilde{V}_{\lambda+h}(h\,\cdot)](u + \tilde{W}_\lambda g - \tilde{V}_\lambda g).$$

Les fonctions u et $\tilde{W}_\lambda g - \tilde{V}_\lambda g$ sont $\tilde{\mathbb{W}}_\lambda$-surmédianes donc la fonction $s = u + \tilde{W}_\lambda g - \tilde{V}_\lambda g$ est $\tilde{\mathbb{W}}_\lambda$-surmédiane et par suite s est $\tilde{\mathbb{V}}_\lambda$-surmédiane et on a: $s - \tilde{V}_{\lambda+h}(hs) \geqslant \hat{s} - \tilde{V}_{\lambda+h}(h\hat{s})$ où $\hat{s}$ = régularisée $\tilde{\mathbb{V}}_\lambda$-excesive de s. Or il existe $s_n \in B_b^+(X \times]0, \infty[)$ telle que $\hat{s} = \sup_n \tilde{V}_\lambda s_n$, donc $v = s - \tilde{V}_{\lambda+h}(hs) \geqslant \hat{s} - \tilde{V}_{\lambda+h}(h\hat{s}) = \lim_{n\to+\infty} \tilde{V}_{\lambda+h} s_n$, qui est positive. Par suite v est une fonction positive, c'est à dire ${}^\phi Pf \leqslant {}^\phi Qf$.

PROPOSITION 12. *Soit $\phi \in H^+$ telle que l'application $r \to \phi(\cdot, r)$ soit croissante sur $[0, +\infty[$. Alors pour tous $f \in B^+(X)$, $x \in X$ et $t > 0$ tels que $0 < P_t f(x) < +\infty$:*

$${}^\phi P_t f(x) \leqslant P_t f(x) \leqslant {}^\phi P_t f(x) \exp\left(\frac{\displaystyle\int_0^t P_{t-s}(\phi(\cdot, P_s f) P_s f)(x)\, ds}{P_t f(x)}\right).$$

Preuve. Soient $f \in B_b^+(X)$, $x \in X$ et $t > 0$ tels que $0 < P_t f(x)$. Soit $(X_t)_{t>0}$ un processus associé à $(P_t)_{t>0}$. Alors d'après la Proposition 9, on a:

$${}^\phi P_t f(x) = E^x\left(\left[\exp\left(-\int_0^t \phi(X_s, {}^\phi P_{t-s} f(X_s))\, ds\right)\right] f(X_t)\right).$$

Or la fonction $r \to \phi(\cdot, r)$ est croissante sur $[0, \infty[$ et ${}^\phi P_t f \leqslant P_t f$. Donc

$${}^\phi P_t f(x) \geqslant E^x\left[f(X_t) \exp\left(-\int_0^t \phi(X_s, P_{t-s} f(X_s))\, ds\right)\right].$$

D'autre part la fonction $\theta(\lambda) = E^x[f(X_t)\exp(-\lambda\int_0^t \phi(X_s, P_{t-s}f(X_s))\,ds)]$ est complétement monotone sur $]0, \infty[$, donc on a:

$$\theta(0) \leqslant \theta(1)\exp\left(-\frac{\theta'(0)}{\theta(0)}\right).$$

Ce qui donne:

$$P_tf(x) \leqslant {}^{\phi}P_tf(x)\exp\left(\frac{E^x\left(\int_0^t \phi(X_s, P_{t-s}f(X_s))\,ds f(X_t)\right)}{P_tf(x)}\right)$$

ou encore

$$P_tf(x) \leqslant {}^{\phi}P_tf(x)\exp\left(\frac{\int_0^t P_{t-s}(\phi(\cdot, P_sf)P_sf)(x)\,ds}{P_tf(x)}\right).$$

COROLLAIRE 4. *Soit $\phi \in H^+$ telle que l'application $r \to \phi(\cdot, r)$ soit croissante sur $[0, +\infty[$. Alors les assertions suivantes sont équivalentes*:

(1) $({}^{\phi}P_t)_{t>0} \sim (P_t)_{t>0}$ (*i.e.*: $\exists c > 0$ *tel que* $\forall f \in B^+(X)$, $\forall t > 0$; ${}^{\phi}P_tf \leqslant P_tf \leqslant c\,{}^{\phi}P_tf$).

(2) *Il existe $k > 0$ tel que* $\forall f \in B^+(X)$, $\forall t > 0$: $\int_0^t P_{t-s}(\phi(\cdot, P_sf)P_sf)\,ds \leqslant kP_tf$.

Preuve: (1) $\Rightarrow$ (2). Pour tous $f \in B^+(X)$ et $t > 0$ un a:

$$\int_0^t P_{t-s}(\phi(\cdot, P_sf)P_sf)\,ds \leqslant \int_0^t P_{t-s}(\phi(\cdot, {}^{\phi}P_s(cf)){}^{\phi}P_s(cf))\,ds \leqslant P_t(cf) = cP_tf.$$

(2) $\Rightarrow$ (1): Ça découle de la Proposition 12.

EXEMPLE. Soit $P_tf(x) = f(x+t)$ sur $\mathbb{R}$ et soit $\phi \in H^+$ tel que $r \to \phi(\cdot, r)$ soit croissante sur $[0, +\infty[$. Alors $({}^{\phi}P_t)_{t>0} \sim (P_t)_{t>0}$ si et seulement si $x \to \int_{-\infty}^{\infty} \phi(s, x)\,ds$ est bornée sur $[0, +\infty[$.

B. FONCTIONS EXCESSIVES

DÉFINITION 5. Soient $\phi \in H$ et $v \in B^+(X)$. v est dite ${}^{\phi}\mathbb{P}$-surmédiane si pour tout $t > 0$: ${}^{\phi}P_tv \leqslant v$.

* On note $S({}^{\phi}\mathbb{P})$ l'ensemble des fonctions ${}^{\phi}\mathbb{P}$-surmédianes, qui contient evidemment $S({}^{-\mu}\mathbb{P})$ où $0 \leqslant \phi^- \leqslant \mu \in \mathbb{R}^+$.

REMARQUES 9. (1) Si $v \in S({}^{\phi}\mathbb{P})$ alors l'application $t \to {}^{\phi}\mathbb{P}_tv$ est décroissante sur $]0, +\infty[$.

(2) Soit $\phi \in H$ telle que $r \longrightarrow \phi(\cdot, r)$ soit croissante sur $[0, +\infty[$ alors $S({}^{\phi}\mathbb{P})$ est stable per somme.

(3) $\forall u, v \in S({}^{\phi}\mathbb{P})$, $\inf(u, v) \in S({}^{\phi}\mathbb{P})$ et si $(v_n)_n$ est une suite monotone dans $S({}^{\phi}\mathbb{P})$ alors $\lim_{n \to +\infty} v_n$ est dans $S({}^{\phi}\mathbb{P})$.

DÉFINITION 6. Une fonction $v \in B^+(X)$ est dite ${}^{\phi}\mathbb{P}$-excessive si $v \in S({}^{\phi}\mathbb{P})$ et $\lim_{t \to 0} {}^{\phi}P_t v = \sup_{t>0} {}^{\phi}P_t v = v$.

* On note $E({}^{\phi}\mathbb{P})$ l'ensemble des fonctions ${}^{\phi}\mathbb{P}$-excessives.

REMARQUES 10. (a) Si $v \in S({}^{\phi}\mathbb{P})$ alors $u = \sup_{t>0} {}^{\phi}\mathbb{P}_t v$ est la plus grande minorante ${}^{\phi}\mathbb{P}$-excessive de v.

(b) Soient $a > 0$ et $v \in E({}^{\phi}\mathbb{P})$. Alors ${}^{\phi}\mathbb{P}_a v$ est ${}^{\phi}\mathbb{P}$-excessive.

(c) Si $(v_n)_{n \geqslant 1}$ est une suite croissante dans $E({}^{\phi}\mathbb{P})$ alors $\sup_n v_n \in E({}^{\phi}\mathbb{P})$.

PROPOSITION 13. *Soient $\phi \in H$ et $v \in B_b^+(X)$. On considère les assertions suivantes:*

(*a*) $P_t v \leqslant v + \int_0^t P_s(\phi(\cdot, v)v)\,ds$; $(\forall t > 0)$.

(*b*) ${}^{\phi}P_t v \leqslant v$; $(\forall t > 0)$.

Alors (a) $\Rightarrow$ (b).

Preuve. Soient $a > 0$ et $v \in B_b^+(X)$. Il existe alors $\lambda \in \mathbb{R}^+$ telle que pour tous $x \in X$ et $t \in [0, a]$: $\phi(x, v(x)) \leqslant \lambda$ et $\phi(x, {}^{\phi}P_t v(x)) \leqslant \lambda$. De plus on a:

$$ {}^{\phi}P_t v(x) = {}^{\lambda}P_t v(x) + \tilde{V}_{\lambda}[[\lambda - \phi(\cdot, {}^{\phi}Pv)]{}^{\phi}Pv](x, t) \quad \text{pour} \quad x \in X \quad \text{et} \quad t \in [0, a]. $$

D'autre part l'inégalité $P_t v \leqslant v + \int_0^t P_s(\phi(\cdot, v)v)\,ds$ est équivalente à ${}^{\lambda}Pv + \tilde{V}_{\lambda}((\lambda - \phi(\cdot, v))v) \leqslant v$ sur $X \times [0, a]$.

Donc en posant $u = {}^{\phi}Pv$, on obtient sur $X \times [0, a]$:

$$ u - \tilde{V}_{\lambda}((\lambda - \phi(\cdot, u))u) \leqslant v - \tilde{V}_{\lambda}((\lambda - \phi(\cdot, v))v). $$

Soit $h = \lambda - \phi(\cdot, u)$ et $\theta = \phi(\cdot, v)$: alors on a sur $X \times [0, a]$:

$$ u - \tilde{V}_{h+\theta}(hu) \leqslant v - \tilde{V}_{h+\theta}(hv). $$

Ce qui donne: $[I - \tilde{V}_{h+\theta}(h\,\cdot)](u - v) \leqslant 0$ et par suite $u \leqslant v$.

COROLLAIRE 5. *Soit $\phi \in H^+$ telle que $r \longrightarrow r\phi(\cdot, r)$ soit croissante sur $[0, +\infty[$ et soit $v \in B_b^+(X)$. Alors les assertions suivantes sont équivalentes:*

(*a*) $P_t v \leqslant v + \int_0^t P_s(\phi(\cdot, v)v)\,ds$; $(\forall t > 0)$.

(*b*) ${}^{\phi}P_t v \leqslant v$; $(\forall t > 0)$.

On suppose dans la suite que le semi-groupe $(P_t)_{t>0}$ est sous-markovien (i.e.: $\forall t > 0$, $P_t 1 \leqslant 1$) et on considère $\phi \in L$. On note $V_{\alpha} = \int_0^{\infty} e^{-\alpha t} P_t\,dt$, la résolvante de $(P_t)_{t>0}$ et $({}^{\phi}V_{\alpha})_{\alpha>0}$ sa perturbée par ϕ. On suppose que $V_0 1$ est bornée.

LEMME 7. *Toute fonction* ${}^{\phi}\mathbb{P}$*-surmédiane est* ${}^{\phi}\mathbb{V}$*-surmédiane.*

Preuve. Soit $u \in B_b^+(X) \cap S({}^{\phi}\mathbb{P})$. Alors d'après le Corollaire 5, on a:

$$P_t u \leqslant u + \int_0^t P_s(\phi(\cdot, u)u)\,ds.$$

Ce qui donne: $u + V_0(\phi(\cdot, u)u)$ est dans $S(\mathbb{P}) \subset S_0$. Par suite d'après le Théorème 6, $u \in S_\phi$.

Maintenant si v est une fonction quelconque ${}^{\phi}\mathbb{P}$-surmédiane alors pour tout $n \in \mathbb{N}$, $u_n = v \wedge n \in B_b^+(X) \cap S({}^{\phi}\mathbb{P})$ car ${}^{\phi}P_t(n) \leqslant P_t(n) \leqslant n$. Donc d'après ce qui précède, $u_n \in S_\phi$ et par suite $v = \sup_n u_n$ est dans S_ϕ.

REMARQUE 11. Si $S_0 = S(\mathbb{P})$ alors $S({}^{\phi}\mathbb{P}) = S_\phi$. En effet, soit $u \in B_b^+(X) \cap S_\phi$ alors d'après le Théorème 6, $u + V_0(\phi(\cdot, u)u) \in S_0 = S(\mathbb{P})$. Il en résulte que pour tout $t > 0$: $P_t u \leqslant u + \int_0^t P_s(\phi(\cdot, u)u)\,ds$. Donc d'après le Corollaire 5, $u \in S({}^{\phi}\mathbb{P})$. Si v est une fonction quelconque dans S_ϕ, alors $u_n = v \wedge n$ est dans $B_b^+(X) \cap S_\phi$ et donc $u_n \in S({}^{\phi}\mathbb{P})$. Par suite, $v = \sup_n u_n \in S({}^{\phi}\mathbb{P})$.

THÉORÈME 11. *Soit* $v \in B_b^+(X)$. *Alors les assertions suivantes sont équivalentes:*

(*a*) v *est* ${}^{\phi}\mathbb{P}$*-excessive.*

(*b*) $(\forall t > 0)$, $P_t v \leqslant v + \int_0^t P_s(\phi(\cdot, v)v)\,ds$ *et* $\lim_{t\to 0} P_t v = v$.

(*c*) $v + V_0(\phi(\cdot, v)v)$ *est* $\mathbb{P}$*-excessive.*

(*d*) v *est* ${}^{\phi}\mathbb{V}$*-excessive.*

Preuve: (a)$\Leftrightarrow$(b). D'après le Corollaire 5, on a: $v \in E({}^{\phi}\mathbb{P})$ si et seulement si pour tout $t > 0$, $P_t v \leqslant v + \int_0^t P_s(\phi(\cdot, v)v)\,ds$ et $\lim_{t\to 0} {}^{\phi}P_t v = v$.
Or, $P_t v = {}^{\phi}P_t v + \int_0^t P_s(\phi(\cdot, {}^{\phi}P_{t-s}v){}^{\phi}P_{t-s}v)\,ds$ et $\lim_{t\to 0} \int_0^t P_s(\phi(\cdot, v)v)\,ds = 0$, car $V_0(\phi(\cdot, v)v) < +\infty$. Donc v est ${}^{\phi}\mathbb{P}$-excessive si pour tout $t > 0$,

$$P_t v \leqslant v + \int_0^t P_s(\phi(\cdot, v)v)\,ds \quad \text{et} \quad \lim_{t\to 0} P_t v = v.$$

(b)$\Leftrightarrow$(c) évidente.

(c)$\Leftrightarrow$(d) Ça résulte d'après le Théorème 6 et la fait que $E_0 = E(\mathbb{P})$.

COROLLAIRE 6. *La résolvante non linéaire* $({}^{\phi}V_\alpha)_{\alpha>0}$ *et le semi-groupe non linéaire* $({}^{\phi}P_t)_{t>0}$ *possèdent les mêmes fonctions excessives.*

Preuve. Soit v une fonction ${}^{\phi}\mathbb{P}$-excessive alors pour tout $n \in \mathbb{N}$, $v_n = \sup_{t>0} {}^{\phi}P_t(v \wedge n)$ est ${}^{\phi}\mathbb{P}$-excessive bornée et $v = \sup_n v_n$. Il s'ensuit d'après le Théorème 11 qui v_n est ${}^{\phi}\mathbb{V}$-excessive et donc $v \in E_\phi$.

Réciproquement si u est une fonction ${}^{\phi}\mathbb{V}$-excessive alors pour tout $n \in \mathbb{N}$, $u_n = \sup_{\alpha>0} {}^{\phi}V_\alpha(\alpha(u \wedge n))$ est dans $E_\phi \cap B_b^+(X)$ et $u = \sup_n u_n$. Or d'après le théorème précédent u_n est ${}^{\phi}\mathbb{P}$-excessive et donc u aussi.

Reconnaissance

Je remercie le reférée pour les suggestions qu'il m'a faites.

Bibliographie

1. Ben Saad, H.: *Généralisation des noyaux V_h et applications.* Séminaire de Théorie du Potentiel de Paris. Lecture Notes in Math. **1060**, 14–39, Springer-Verlag (1984).
2. Bliedtner, J. et Hansen, W.: *Potential Theory – An Analytic and Probabilistic Approach to Balayage.* Springer-Verlag (1986).
3. De La Pradelle, A. et Feyel, D.: Etude de l'équation $1/2\Delta u - u\mu = 0$ où μ est une mesure positive, *Ann. Inst. Fourier* **38** (1988), 199–218.
4. De La Pradelle, A. et Feyel, D.: Sur certaines perturbations non linéaires du Laplacien, *J. Math. Pures et Appl.* **67** (1988), 397–404.
5. Dellacherie, C.: Théorie élémentaire du potentiel non linéaire. Séminaire d'Initiation à l'Analyse Paris VI (1985/86).
6. Dellacherie, C.: Une version non linéaire du théorème de Hunt. ICPT90; Septembre 1990, Nagoya, Japan.
7. Dellacherie, C. et Meyer, P. A.: *Probabilités et potentiel,* A.S.I 1417, Paris–Hermann (1987).
8. Hirsch, F.: Conditions nécessaires et suffisantes d'existence des résolvantes, *Z. Wh. Verw. Gebiete* **29** (1974), 73–85.
9. Maagli, H.: *Perturbation and Excessive Functions,* Proceedings of a Conference on Potential Theory held July 19–24, 1987, in Prague, Czechoslovakia, pp. 223–230.
10. Maagli, H. et Selmi, M.: Perturbation et comparaison des semi-groupes, *Rev. Roum. de Math. Pures et Appl.* **34** (1989), 29–40.
11. Maagli, H. et Selmi, M.: Perturbation des résolvantes et des semi-groupes par une mesure de Radon positive, *Math. Z.* **205** (1990), 379–393.
12. Maeda, F. Y.: Semi-linear perturbation of harmonic spaces, *Hokkaido. Math. J.* **10** (1981), 464–493.
13. Neveu, J.: Potentiel Markovian recurrent des chaînes de Harris, *Ann. Inst. Fourier* **22** (2) (1972), 85–130.

Potential Analysis **3**: 89–105, 1994.

Opérateurs linéaires gaussiens*

DENIS FEYEL et ARNAUD DE LA PRADELLE
Laboratoire d'Analyse, Tour 46-0, 4ème étage, Université P.M. Curie, 4 place Jussieu, 75230, Paris Cedex 05, France.

(Received: 29 January 1992; accepted: 20 May 1992)

Abstract. We extend operators from the Cameron–Martin space to Gaussian Lusinian locally convex space. We then are allowed to give sense to the Mehler formula for every such bounded operator. An application is made to Hilbert–Schmidt operators. Next we show that capacities asociated to second quantizations of operators are tight on compact sets, and this is a general result even if the underlying space is not a Banach space.

Mathematics Subject Classifications (1991). 28A12, 28C20, 31C15, 46G12, 47B15, 47B25, 47B38, 60B11, 80D07.

Key words. Gaussian measures, Fock space, linear measurable operators, Mehler formula, Hilbert–Schmidt operators, semi-groups, second quantization, capacities, Sobolev spaces, tightness of capacities.

Introduction

Soit E un espace localement convexe lusinien muni d'une mesure gaussienne centrée μ, et soit H son espace de Cameron–Martin. Si E est de dimension finie, et si A est un opérateur de norme $\leqslant 1$ de H, on connaît la formule dite "de Mehler"

$$\Gamma(A)f(x) = \int f(A^*x + Sy)\,\mathrm{d}\mu(y)$$

pour f borélienne bornée, définissant l'opérateur $\Gamma(A)$ markovien sur E [18], où $S = \sqrt{I - A^*A}$. En dimension infinie, on a $H \neq E$, de sorte que la formule n'a plus de sens *a priori*. On s'en tire traditionnellement en définissant $\Gamma(A)$ à l'aide de l'espace de Fock $\Gamma(H)$, mais on perd en général la formule de Mehler et toutes les facilités qu'elle procure, sauf bien sûr dans les cas où A et S sont déjà donnés en opérateurs linéaires continus de E.

Dans cet article, on se propose de donner un sens à la formule de Mehler sans hypothèse spéciale sur A. On est ainsi amené à montrer (théorème 5) que tout opérateur borné A de H possède un prolongement $\tilde{A}$ linéaire μ-mesurable de E dans E que l'on

* Le deuxième auteur a exposé ce travail au colloque d'Amersfoort, août 1991.

nomme prolongement essentiel de A. Cela répond d'ailleurs à une question posée par Potthoff ([15], p. 49).

Les deux opérateurs prolongés $\tilde{A}$ et $\tilde{S}$ permettent alors d'écrire la formule de Mehler en toute généralité, de retrouver très facilement les propriétés essentielles de $\Gamma(A)$, et de simplifier les hypothèses de bon nombre de résultats d'auteurs antérieurs (cf. [6, 14, 15, 1]).

Dans le cas où A est un opérateur de Hilbert–Schmidt, le prolongement essentiel de A est à valeurs dans H. On retrouve donc le fait que l'image μ_A de μ par A est concentrée sur H. D'autre part, si A est hermitien de norme < 1, un théorème de Shale affirme que l'image μ_S de μ par $S = \sqrt{I - A^2}$ est absolument continue par rapport à μ. On calcule ici sa densité, et l'on trouve

$$\varphi_S(x) = \det(S)^{-1} \exp(-|Tx|^2/2)$$

où $T = S^{-1}A$ est aussi de Hilbert–Schmidt, et où le déterminant converge. De manière analogue, on trouve que l'opérateur $\Gamma(A)$ est donné par le noyau

$$K(x, y) = \det(S)^{-1} \exp(-|Tx|^2/2 - |Ty|^2/2 + \langle x, AS^{-2}y \rangle).$$

On en déduit que $\Gamma(A)$ est un opérateur de Hilbert–Schmidt. Il y a aussi une formule si A n'est pas hermitien.

Dans le théorème 16 (troisième partie), on caractérise les opérateurs non bornés de H ayant un prolongement en opérateur μ-mesurable de E.

Dans une quatrième partie, on étudie dans le même esprit les semi-groupes définis par $Q_t = \Gamma(e^{-tA})$, où A est le générateur d'une semi-groupe hermitien borné d'opérateurs de H. Si ρ est une mesure de probabilité sur $[0, +\infty[$, on définit l'opérateur $U = \int \Gamma(e^{-tA})\, d\rho(t)$. Les capacités $C_p^{A,\rho}$ associées à cet opérateur U sont définies par

$$C_p^{A,\rho}(g) = \mathrm{Inf}\{N_p(f)/Uf \geqslant g \text{ presque partout}\}$$

pour g s.c.i. $\geqslant 0$, ce qui généralise une idée de [6].

On montre alors sous les conditions les plus générales (théorème 21), que les capacités $C_p^{A,\rho}$ sont tendues sur les compacts de E. De plus (théorème 26), les opérateurs linéaires μ-mesurables dont la restriction à H est scalairement dans le domaine de A (ou plutôt de son transposé dans H') sont $C_p^{A,\rho}$-quasi-continus.

On en déduit (corollaire 28) que U envoie continûment $L^p(E, \mu)$ dans l'espace de Banach adapté $L^1(E, C_p^{A,\rho})$.

Dans une dernière partie, on montre grâce à une étude fine des trajectoires des processus $e^{-tA}x$, que la formule définissant Uf au sens de Bochner a en fait un sens en $C_p^{A,\rho}$-quasi-tout point.

I. Opérateurs mesurables

Soit E un espace localement convexe lusinien, muni d'une mesure gaussienne centrée μ. Dans toute la suite, N_p désigne la norme de L^p. On notera H l'espace de Camerons–Martin, et H' son dual, qui n'est autre que le premier chaos de Wiener. On sait que si E est complet, l'espace H est inclus dans E (cf. [7, 8]), on a plus généralement

1. THÉORÈME. *E contient H. Plus généralement, tout sous-espace F de E portant μ, contient H.*

Démonstration. Soit E_1 le complété de E, et soit $j: E_1 \to E$ une application linéaire valant l'identité sur E. Il est clair que j est μ-mesurable. Soit $u \in H \subset E_1$, et soit $f \in E' = E_1'$. On a

$$f \circ j(u) = \int_{E_1} k_u(x) f \circ j(x)\, d\mu(x) = \int_E k_u(x) f(x)\, d\mu(x) = f(u)$$

où $k_u(x) = \exp(\langle u, x\rangle - |u|^2/2)$. Donc $u = j(u) \in E$, puis $H = j(H) \subset E$. Si F est un sous-espace portant μ, il existe un sous-espace borélien F_0 portant μ de F auquel on peut appliquer le raisonnement précédent.

Pour la suite, le lemme suivant est commode:

2. LEMME. *On suppose que F est lusinien. Soit $T: E \to F$ une application linéaire scalairement μ-mesurable. Alors T est mesurable au sens de Lusin, c'est à dire que pour tout $\varepsilon > 0$, il existe un compact K tel que $\mu(E \setminus K) < \varepsilon$, et que la restriction de T à K soit continue.*

Démonstration. Supposons que T soit scalairement mesurable, et soit j une injection linéaire continue de F dans $\mathbb{R}^{\mathbb{N}}$. Il est clair que $S = j \circ T$ est mesurable. Comme j est un isomorphisme borélien de F sur son image, on en déduit que T est mesurable au sens de Lebesgue, i.e., que l'image réciproque de tout ensemble borélien de F est μ-mesurable. Soit alors ν la mesure image de μ par T. Soit $\varepsilon > 0$, soit K un compact de E de mesure $\mu(K) > 1 - \varepsilon$, et tel que S soit continue sur K. Soit L un compact de F de mesure $\nu(L) > 1 - \varepsilon$. Il est clair que T est continue sur $K \cap T^{-1}(L) = K \cap S^{-1}(j(L))$ car j est un homéomorphisme de L sur $j(L)$. On a $\mu(K \cap T^{-1}(L)) > 1 - 2\varepsilon$, ce qui achève la démonstration.

3. COROLLAIRE. (*a*) *Il existe un sous-espace borélien E_0 de E portant μ et tel que la restriction de T à E_0 soit borélienne.*

(*b*) *soit $T: E \times E \to F$ une application linéaire $\mu \otimes \mu$-mesurable. Alors pour tout $y \in E$, l'application partielle $x \to T(x, y)$ est μ-mesurable.*

Démonstration. Le (a) résulte immédiatement de la propriété de Lusin. Passons au (b), on voit à l'aide d'une injection linéaire de E dans $\mathbb{R}^{\mathbb{N}}$ et du théorème de Fubini que l'application partielle est μ-mesurable pour presque tout y. Il existe alors y_0 tel que $x \to 2T(x, 0) = T(x, y_0) + T(x, -y_0)$ soit μ-mesurable. On écrit ensuite $T(x, y_1) = T(x, 0) + T(0, y_1)$, de sorte que $x \to T(x, y_1)$ est μ-mesurable.

4. PROPOSITION. Soit $T: E \to E$ *une application linéaire* μ*-mesurable, on a les propriétés suivantes:*

(*a*) *pour tout* $u \in H$, *on a* $T(u) = \int k_u(x) T(x)\, d\mu(x)$ (*intégrale faible*).

(*b*) *si* T *s'annule sur* H, *alors* T *s'annule presque partout sur* E.

Démonstration. (a) Soit $f \in E'$, la fonction $f \circ T$ est linéaire μ-mesurable sur E, et appartient donc à H', d'où la formule $f \circ T(u) = \int k_u(x) f \circ T(x)\, d\mu(x)$.

(b) si T s'annule sur H, on voit que les $f \circ T$ sont orthogonales aux k_u, et sont donc nulles μ-presque partout. En particulier $j \circ T$ est nulle presque partout, où j est l'injection de E dans $\mathbb{R}^{\mathbb{N}}$ du lemme 2, d'où le résultat.

On peut alors construire beaucoup d'opérateurs linéaires μ-mesurables:

5. THÉORÈME. *Soit* A *un opérateur borné de* H. *Il existe un opérateur* $\tilde{A}$ *linéaire et* μ*-mesurable de* E *essentiellement unique et prolongeant* A. *De plus tout sous-espace portant* μ *porte aussi* $\tilde{A}(\mu)$. *On dit que* $\tilde{A}$ *est le prolongement essentiel de* A.

Réciproquement, tout opérateur linéaire μ*-mesurtable.* A *de* E *tel que tout sous-espace portant* μ *porte aussi* $A(\mu)$ *induit par restriction un opérateur linéaire continu de* H.

Démonstration. L'unicité résulte de la Proposition 4(b). Supposons d'abord que A soit une isométric surjective de H. L'existence de $\tilde{A}$ résulte de [8], applications 15,e), mais pour être complets nous allons refaire la démonstration. Soit j une injection linéaire continue de E ands $\mathbb{R}^{\mathbb{N}}$. Les coordonnées de $j \circ A$ appartiennent à H' de sorte que l'application $j \circ A$ est prolongeable coordonnée par coordonnée (cf. th. 22 de [7]) en une application $h: E \to \mathbb{R}^{\mathbb{N}}$ linéaire et μ-mesurable. Les deux mesures gaussiennes $j(\mu)$ et $h(\mu)$ ont même covariance puisque A est une isométric surjective. Par suite μ est portée par $F = h^{-1}(j(E))$. Il suffit alors de poser $\tilde{A} = j^{-1} \circ h$ sur F, et de compléter sa définition à l'aide d'une base de Hamel convenable de E. Comme F porte μ, on a $H \subset F$ (théorème 1), de sorte que $\tilde{A}$ prolonge A.

Si A n'est pas une isométrie surjective, on se ramène d'abord au cas où $\|A\| \leqslant 1$. On considére ensuite l'espace $E \times E$ muni de la mesure $\mu \otimes \mu$. Son space de Cameron–Martin est l'espace $H \times H$. Pour $(x, y) \in H \times H$, posons

$$U(x, y) = (Ax + Ty, -Sx + A^*y)$$

où T désigne l'opérateur $\sqrt{I - AA^*}$, et S l'opérateur $\sqrt{I - A^*A}$. L'opérateur U est un isométrie surjective de $H \times H$, et a donc une extension linéaire $\tilde{U}$ qui est

$\mu \otimes \mu$-mesurable sur $E \times E$. Posons $V(x, y) = \pi(U(x, y) + U(x, -y))/2$ où π est la première projection. Alors V est linéaire, $\mu \otimes \mu$-mesurable de $E \times E$ dans E, et prolonge $(x, y) \rightarrow Ax$. Il résulte du corollaire 3) que $\tilde{A}(x) = V(x, 0)$ répond à la question.

Soit maintenant F un sous-espace borélien portant μ, donc $H \subset F$ (th. 1), on peut alors considérer $\check{A}: F \rightarrow F$ le prolongement essentiel de A à F. Prolongeons $\check{A}$ en application linéaire de E dans F à l'aide d'une base de Hamel convenable. L'unicité du prolongement essentiel montre que $\tilde{A} = \check{A}$ presque partout, donc $\tilde{A}(\mu) = \check{A}(\mu)$ est portée par F.

Démontrons enfin la réciproque. Soit $f \in H'$, et soit E_0 un sous-espace borélien portant μ, tel que f soit borélienne sur E_0. Comme E_0 porte aussi $A(\mu)$, on constate que $f \circ A$ est μ-mesurable. Remarquons que si f s'annule μ-presque partout, la fonction $f \circ A$ s'annule aussi μ-presque partout puisque le noyau de f porte $A(\mu)$. On en déduit sand ambiguïté une application linéaire $A^*: H' \rightarrow H'$ telle que $A^*(f) = f \circ A$. Le théorème du graphe fermé montre que A^* est continue: en effet, soit f_n une suite tendant vers 0 preque partout, i.e., sur un sous-espace portant μ donc portant aussi $A(\mu)$, on voit que la suite $f_n \circ A$ tend vers 0 sur un sous-espace qui porte μ. Ensuite, la formule $f \circ A(u) = \int k_u f \circ A \, d\mu$ entraîne la majoration

$$|f \circ A(u)| \leqslant N_2(k_u) N_2(f \circ A) \leqslant C.\exp(|u|^2/2) N_2(f)$$

pour tout $(u, f) \in H \times H'$. Alors pour $u \in H$, le vecteur $A(u)$ appartient à H, et la restriction $A: H \rightarrow H$ est bornée.

6. THÉORÈME. *Soient A_1 et A_2 deux opérateurs bornés de H. Alors $\tilde{A}_2 \circ \tilde{A}_1$ est μ-mesurable et vaut $A_2 \tilde{\circ} A_1$ presque partout. En particulier, si A est bijectif, $\tilde{A}$ est "presque bijectif".*

Démonstration. Il existe un sous-espace borélien E_0 de E portant μ, et sur lequel $\tilde{A}_2$ est borélien. Comme l'image réciproque de E_0 par $\tilde{A}_1$ porte μ, on voit que $\tilde{A}_2 \circ \tilde{A}_1$ est μ-mesurable. Il ne reste qu'à appliquer l'unicité du prolongement essentiel.

7. COROLLAIRE. (cf. [12]). *Soient q une pseudo-norme mesurable au sens de Gross sur H, et A un opérateur borné de H. Alors $q \circ A$ est mesurable au sens de Gross.*

Démonstration. On se ramène au cas $\|A\| \leqslant 1$. Reprenons les notations de la démonstration du théorème 5. On voit que $q(Ax + Ty)$ est une norme mesurable au sens de Gross sur $H \times H$, puisque sa répartition sous $\mu \otimes \mu$ est la même que celle de q sous μ. On a $2q(Ax) \leqslant q(Ax + Ty) + q(Ax - Ty)$, de sorte que $(x, y) \rightarrow q(Ax)$ est mesurable au sens de Gross sur $H \times H$, d'où l'on déduit facilement la résultat.

8. REMARQUES. Soit A une application linéaire continue d'un espace de Hilbert H_1 dans un espace de Hilbert H_2. L'application $(x, y) \rightarrow (0, Ax)$ est linéaire continue

de $H_1 \times H_2$ dans lui même, et admet un prolongement B linéaire $\mu_1 \otimes \mu_2$-mesurable de $E_1 \times E_2$ dans lui-même, où (E_1, μ_1) et (E_2, μ_2) sont des espaces lusiniens gaussiens correspondant à H_1 et H_2. Soit π la deuxième projection, $x \longrightarrow \pi(B(x, 0))$ est linéaire mesurable (corollaire 3) et prolonge A.

Nous cherchons maintenant à caractériser les mesures gaussiennes qui sont de la forme $A(\mu)$.

9. THÉORÈME. *Soient μ et ν deux mesures gaussiennes centrées sur un espace lusinien E. On suppose que tout sous-espace portant μ porte aussi ν. On a les propriétés suivantes:*

(*a*) *l'espace de Cameron–Martin H_ν associé à ν est un sous-espace de l'espace de de Cameron–Martin H_μ associé à μ,*

(*b*) *il existe un opérateur linéaire A continu de H_μ hermitien de type positif unique et tel que $\nu = A(\mu)$,*

(*c*) *tout opérateur T linéaire μ-mesurable est aussi ν-mesurable,*

(*d*) *l'opérateur A opère aussi continûment dans H_ν,*

Démonstration. (a) Si f appartient à H'_μ, il existe un sous-espace borélien portant μ et donc aussi ν sur lequel f est borélienne. On en déduit que f appartient aussi à H'_ν. De plus, si f s'annule μ-presque partout, elle s'annule aussi ν-presque partout, de sorte que l'on définit sans ambiguïté une application $j: H'_\mu \longrightarrow H'_\nu$. On montre que j est continue grâce au théorème du graphe fermé en effet, si une suite $f_n \in H'_\mu$ tend vers 0 μ-presque partout, elle tend vers 0 ν-presque partout, donc $\sup_n |f_n|$ appartient à $\mathbb{L}^2(\nu)$ d'après [10], et f_n tend vers 0 dans $\mathbb{L}^2(\nu)$. Evidemment l'image de j contient l'image canonique de E' dans H'_ν, de sorte que la transposée de j n'est autre que l'application identique de H_ν dans H_μ.

(b) On a donc une constante c vérifiant $\int f^2 \, d\nu \leqslant c^2 \int f^2 \, d\mu$ pour toute $f \in H'_\mu$. Le théorème de Riesz–Lax–Milgram fournit un opérateur borné hermitien unique de type positif sur H'_μ, noté A^* et verifiant $\int f^2 \, d\nu = \int (A^* f)^2 \, d\mu$ pour toute $f \in H'_\mu$. Evidemment $\|A^*\| \leqslant c$. Le transposé A opère dans H_μ. On en déduit (théorème 5) que $\nu = \tilde{A}(\mu)$.

(c) On a un sous-espace borélien à complémentaire μ-négligeable donc aussi ν-négligeable sur lequel T est borélienne.

(d) Le prolongement linéaire μ-essentiel $\tilde{A}$ est μ-mesurable, donc aussi ν-mesurable grâce à l'hypothèse. Alors pour $f \in E'$, on a

$$\|f \circ \tilde{A}\|_\nu = \|A^*(f \circ \tilde{A})\|_\mu \leqslant c\|f \circ \tilde{A}\|_\mu = c\|f\|_\nu$$

d'où l'existence comme plus haut d'un opérateur continu hermitien positif B de H_ν tel que $B^*(f) = f \circ \tilde{A}$ pour toute $f \in E'$. Soit $\tilde{B}$ le prolongement linéaire ν-essentiel de B. Les deux opérateurs ν-mesurables $\tilde{A}$ et $\tilde{B}$ coïncident ν-presque partout, et ont donc la même restriction à H_ν, ce qui achève la démonstration.

On généralise alors la formule de Mehler afin de définir l'opérateur bien connu $\Gamma(A)$, appelé quantisation (cf. [18]). Cela étend une idée de [17]:

10. THÉORÈME. *Soit A un opérateur de H, de norme $\leqslant 1$. Posons $S = \sqrt{I - A^*A}$. On définit $\Gamma(A)$ par la "formule de Mehler"*

$$\Gamma(A)f(x) = \int f(A^*x + Sy)\,\mathrm{d}\mu(y)$$

pour toute fonction $f \geqslant 0$ et borélienne. Dans cette formule, A^* et S désignent les prolongements essentiels. Alors aux ensembles négligeables près, $\Gamma(A)f$ ne dépend pas du prolongement essentiel particulier de A. De plus pour tout $p \geqslant 1$, $\Gamma(A)$ est l'unique opérateur sous-markovien et contractant de $L^p(E, \mu)$ vérifiant

$$\Gamma(A)k_u = k_{Au}$$

pour tout $u \in H$. On a de plus $\Gamma(AB) = \Gamma(A)\Gamma(B)$.

Démonstration. L'unicité est claire, vu les propriétés de densité des k_u. Si f est borélienne $\geqslant 0$, la fonction $\Gamma(A)f$ est bien définie puisque $(x, y) \to A^*x + Sy$ est séparément μ-mesurable (corollaire 3). Comme les fonctions $f(A^*x + Sy)$ et $f(x)$ ont même répartition, on a $N_p(\Gamma(A)f) \leqslant N_p(f)$. Le reste est évident. Remarquons que la formule s'étend ponctuellement presque partout aux fonctions μ-mesurables.

11. COROLLAIRE. *L'opérateur $\Gamma(A)$ commute avec le semi-groupe d'Ornstein–Uhlenbeck, et avec les chaos de Wiener.*

En effet, le semi-groupe d'Ornstein–Uhlenbeck est défini par $P_t = \Gamma(\mathrm{e}^{-t})$. Il suffit ensuite de remarquer que les chaos de Wiener sont les sous-espaces propres du semi-groupe P_t.

II. Cas des opérateurs de Hilbert–Schmidt

Soit A un opérateur de Hilbert–Schmidt de H. Il existe une suite A_n d'opérateurs de rangs finis convergeant vers A en norme de Hilbert–Schmidt. Il est clair que le prolongement essentiel de chaque A_n est presque sûrement à valeurs dans H, et que

$$\int |A_n(x) - A_m(x)|^2\,\mathrm{d}\mu(x) = \|A_n - A_m\|_{HS}^2$$

de sorte que la suite A_n converge dans $L^2(E, \mu, H)$ vers un opérateur linéaire mesurable de E dans H qui coïncide évidemment avec le prolongement essentiel de A. On retrouve ainsi le résultat bien connu suivant lequel l'opérateur A définit une mesure

μ_A sur H: c'est l'image de la mesure μ par le prolongement essentiel de A. On constate de plus que l'espace des opérateurs de Hilbert–Schmidt est canoniquement isométrique à son image dans $L^2(E, \mu, H)$, laquelle est constituée des applications linéaires μ-mesurables de E dans H. Ces applications linéaires sont de carré intégrable d'après le théorème de Fernique [10].

Supposons maintenant que A soit hermitien de norme usuelle < 1, de sorte que ses valeurs propres sont dans $[0, 1[$. Soit S l'opérateur $\sqrt{I - A^2}$.

12. PROPOSITION. *Soit μ_S l'image de μ par S. Alors μ_S est absolument continue par rapport à μ et sa densité vaut*

$$\varphi_S(x) = \det(S)^{-1} \exp(-|Tx|^2/2)$$

où T est le prolongement essentiel de l'opérateur de Hilbert–Schmidt $T = S^{-1}A$.

Démonstration. Il suffit évidemment de se placer dans le cas où $E = \mathbb{R}^{\mathbb{N}}$, où μ est la mesure gaussienne canonique, et où les directions propres de A sont les axes de coordonnées. Alors μ_S est un produit infini de mesures à une dimension dont chacune est l'image de la mesure gaussienne canonique à une dimension par l'homothétie de rapport σ_n valeur propre de S. Il est clair que le produit infini des densités converge vers la function φ_S. (Le déterminant infini n'est autre que le produit des valeurs propres σ_n, et converge vers une valeur non nulle car $\Sigma|\alpha_n|^2 < +\infty$.)

13. REMARQUE. Cette proposition qui explicite la densité φ_S précise un théorème de Shale (cf. [16]).

14. THÉORÈME. *L'opérateur $\Gamma(A)$ est de Hilbert–Schmidt, et est donné par le noyau*

$$K(x, y) = \det(S)^{-1} \exp(-|Tx|^2/2 - |Ty|^2/2 + \langle x, AS^{-2}y\rangle).$$

Démonstration. On a

$$\Gamma(A)f(x) = \int f(Ax + Sy)\,d\mu(y) = \int f(Ax + y)\varphi_S(y)\,d\mu(y)$$
$$= \int f(y)\varphi_S(y - Ax)k_{Ax}(y)\,d\mu(y).$$

Il suffit alors de remplacer φ_S et k_{Ax} par leur valeur. On a évidemment $\int K(x, y)\,d\mu(y) = 1$. Soit K_2 le noyau associé à A^2. On a

$$K_2(x, y) = \int K(x, z)K(z, y)\,d\mu(z)$$

pour presque tout (x, y), de sorte que $\int K(x, y)^2 \, d\mu(x) \, d\mu(y) = \int K_2(x, x) \, d\mu(x)$. On a $K_2(x, x) = \det(S_2)^{-2} \exp(|Ux|^2/2)$ où $S_2 = \sqrt{I - A^4}$ et $U = \sqrt{2A^2/(I + A^2)}$, d'où l'on tire $\int K_2(x, x) \, d\mu(x) = \det(I - A^2)^{-1} = \det(S)^{-2}$ et finalement

$$N_2(K) = \det(S)^{-1}.$$

15. REMARQUES. (a) Si A est de plus un opérateur nucléaire (ou à trace), i.e., $\Sigma_n |\alpha_n| < +\infty$, le même calcul prouve que $\Gamma(A)$ est nucléaire, de trace $\det(I - A)^{-1}$.

(b) On remarque que la projection de K sur le deuxième chaos de Wiener de $(E \times E, \mu \otimes \mu)$ coïncide avec la forme bilinéaire $(x, y) \to \langle Ax, Ay \rangle$.

(c) Dans le cas où A n'est pas hermitien, des calculs analogues conduisent à la formule

$$K(x, y) = \det(S)^{-1} \exp(-|\check{T}x|^2/2 + \langle x, AS^{-2}y \rangle - |Ty|^2/2)$$

où $S = \sqrt{I - A^*A}$, $T = \Phi(\sqrt{A^*A})$ et $\check{T} = \Phi(\sqrt{AA^*})$, où $\Phi(t) = \dfrac{t}{\sqrt{1 - t^2}}$.

III. Prolongement d'opérateurs non-bornés

16. THÉORÈME. *Soit A un opérateur fermé de H, à domaine dense. On suppose que le domaine de A^* contient E', et qu'il existe une mesure gaussienne ν sur E de covariance*

$$\int f^2 \, d\nu = |A^*f|^2.$$

Alors l'opérateur A admet un prolongement essentiel à E.

Démonstration. Soit j une injection linéaire continue de E dans $\mathbb{R}^{\mathbb{N}}$. Soit A^*j l'application linéaire μ-mesurable de E dans $\mathbb{R}^{\mathbb{N}}$ dont les coordonnées sont les A^*j_n. On constate que $j(\nu) = A^*j(\mu)$, de sorte que $A^*j(\mu)$ est portée par l'image $j(E)$. Soit F l'image réciproque de $j(E)$ par A^*j, on définit A sur F en composant A^*j par j^{-1}. D'une part F porte μ, d'autre part F contient le domaine $\mathscr{D}(A)$, de sorte que le théorème est démontré.

17. REMARQUES. (a) Inversement, si $A: E \to E$ est μ-mesurable, soit $\nu = A(\mu)$. On peut définer $\mathscr{D}(A^*)$ comme l'ensemble des formes linéaire qui sont $(\mu + \nu)$-mesurables, et poser $A^*f = f \circ A$ pour $f \in \mathscr{D}(A^*)$. On constate que A^* est fermé et à domaine dense, et que son adjoint A est la restriction de A à H.

(b) Si A est prolongeable et B borné, on montre comme au théorème 6 que $A \circ B$ est prolongeable et vaut le composé des prolongements.

(c) Soient $E = \mathscr{C}([0, 1])$, et μ la mesure de Wiener. L'opérateur D de dérivation est non borné sur l'espace de Cameron–Martin $H = W_0^{1,2}$ qui est l'espace de Sobolev classique sur $[0, 1]$ des fonctions s'annulant en 0. On voit que D n'est pas prolongeable en opérateur linéaire μ-mesurable de E. En effet si c'était le cas, on aurait presque sûrement $J \circ D\varphi = \varphi$ où J est l'opérateur de primitive, par suite, $D\varphi$ serait presque sûrement la dérivée distribution de φ, de sorte que presque toute φ serait de classe C^1, ce qui est faux.

18. THÉORÈME. *Supposons A et B hermitiens positifs, tels que $B - A$ soit positif et tels que $AB = BA$. Alors si B est prolongeable, A l'est aussi.*

Démonstration. Soit $B = \int \lambda \, \mathrm{d}E_\lambda$ la résolution spectrale de B. On a $A = \int f(\lambda) \, \mathrm{d}E_\lambda$ où $f(\lambda)$ est compris entre 0 et λ, posons $C = \int (f(\lambda)/\lambda) \, \mathrm{d}E_\lambda$. On voit que C est un opérateur borné, et que $A = BC$. Soit E_0 un sous-espace borélien portant μ sur lequel le prolongement essentiel $\tilde{C}$ de C soit borélien. Alors E_0 porte aussi $\tilde{C}(\mu)$, de sorte que $\tilde{A} = \tilde{B} \circ \tilde{C}$ est linéaire μ-mesurable et prolonge A.

19. REMARQUES. (a) Si A est hermitien positif, il est bien connu que l'opérateur $B = (I + A^2)^{-1/2}$ est borné, et que les domaines $\mathscr{D}(A)$ et $\mathscr{D}(B^{-1})$ sont égaux. Le théorème 18 montre que A et $B^{-1} = \sqrt{I + A^2}$ sont simultanément prolongeables. Pour l'opérateur borné $C = A \circ B$, on a alors $\tilde{C} = \tilde{A} \circ \tilde{B}$. On ignore si $\tilde{C} = \tilde{B} \circ \tilde{A}$ (problème de mesurabilité). On pourrait aussi définir $\Gamma(A)$ comme opérateur non borné, en prenant pour $\mathscr{D}(\Gamma(A))$ l'image de $\Gamma(B)$, et $\Gamma(A) = \Gamma(C) \circ \Gamma(B)^{-1}$.

(b) Le théorème 18 entraîne que si A est hermitien positif et prolongeable, alors ses puissances fractionnaires A^α le sont aussi pour $\alpha \in [0, 1]$.

20. THÉORÈME. *Soit $A = \int \lambda \, \mathrm{d}E_\lambda$ la décomposition spectrale d'un opérateur hermitien A. Si A est prolongeable, on a la formule*

$$\tilde{A}x = \int \lambda \, \mathrm{d}\tilde{E}_\lambda x$$

où l'intégrale converge scalairement au sens de Wiener–Itô.

Démonstration. Remarquons d'abord que si P est un projecteur orthogonal de H, $\Gamma(P)$ est l'opérateur d'espérance conditionnelle sur la sous-tribu engendrée par les $f \circ P$ où $f \in H'$. Ces sous-tribus sont les sous-tribus gaussiennes de [7]. Si f appartient au domaine de $A^* = A$, (en particulier si $f \in E'$), le processus $f \circ \tilde{E}_\lambda$ est une martingale. On constate que l'intégrale de Wiener–Itô $\int \lambda \, d(f \circ \tilde{E}_\lambda)$ converge avec les mêmes majorations que l'intégrale spectrale de Riesz $\int \lambda \, \mathrm{d}(E_\lambda f)$.

Il est clair que l'on a aussi $\tilde{\varphi}(A)x = \int \varphi(\lambda) \, \mathrm{d}\tilde{E}_\lambda x$, au sens de Wiener–Itô pour toute φ borélienne convenable.

IV. Semi-groupes

On considère ici un semi-groupe fortement continu et contractant d'opérateurs hermitiens de H, soit $C_t = \exp(-tA)$, où A est le générateur. Soit Q_t le semi-groupe d'opérateurs de $L^p(E,\mu)$ donné par la formule de Mehler

$$Q_t f(x) = \Gamma(C_t)f(x) = \int f(C_t x + S_t y)\,\mathrm{d}\mu(y)$$

où l'on a posé $S_t = \sqrt{I - C_t^2}$, et où l'on note encore C_t et S_t les prolongements essentiels. Le cas où C_t et S_t existent *a priori* en opérateurs continus de E a déjà été étudié dans [14, 15].

Evidemment, Q_t est un semi-groupe hermitien, et il est fortement continu dans chaque $L^p(E,\mu)$ puisque $Q_t k_u = k_{C_t u}$ pour tout $u \in H$. Ce semi-groupe commute avec le semi-groupe d'Ornstein–Uhlenbeck, et avec les chaos de Wiener.

Soit ρ une mesure de probabilité sur $]0, +\infty[$, posons

$$Uf = \int Q_t f\,\mathrm{d}\rho(t) = \int \Gamma(\exp(-tA))f\,\mathrm{d}\rho(t)$$

l'intégrale étant prise au sens de Bochner. Il est clair que U opère dans chaque $L^p(E,\mu)$. On pourrait aussi définir Uf ponctuellement presque partout en remarquant que selon un résultat classique le processus $t \to Q_t f(x)$ possède une modification $\mathrm{d}t \otimes \mu$-mesurable.

Si $g \geqslant 0$ est une fonction s.c.i., on définit

$$C_p^{A,\rho}(g) = \mathrm{Inf}\{N_p(f)/Uf \geqslant g\ \mu\text{-p.p.}\}$$

puis

$$C_p^{A,\rho}(h) = \mathrm{Inf}\{C_p^{A,\rho}(g)/g \text{ s.c.i. } \geqslant |h|\ \mu\text{-p.p.}\}$$

pour h quelconque. La capacité $C_p^{A,\rho}$ a les propriétés suivantes:

(a) $\mu^*(h) \leqslant C_p^{A,\rho}(h)$,
(b) $C_p^{A,\rho}(\Sigma_n h_n) \leqslant \Sigma_n C_p^{A,\rho}(h_n)$.

Le cas où $\mathrm{d}\rho(t) = t^{r/2-1}\mathrm{e}^{-t}\,\mathrm{d}t/\Gamma(r/2)$, a été étudié par [6, 14, 15]. Si l'on prend de plus $A = I$, on obtient des capacités équivalentes aux capacités associées aux espaces de Sobolev $W^{r,p}(E,\mu)$, comme il résulte du théorème de Meyer (cf. [8, 13]).

Nous avons alors

21. THÉORÈME. *Soit B l'opérateur de H défini par $Bu = \int e^{-tA}u\,\mathrm{d}\rho(t)$. On suppose que B^{-1} est prolongeable, et soit F un convexe fermé équilibré tel que $\nu(F) > 0$, où $\nu = B^{-1}(\mu)$. Alors $C_p^{A,\rho}(E\backslash nF)$ tend vers 0 quand n tend vers ∞.*

Démonstration. Considérons la jauge de F, soit $g(x) = \text{Inf}\{\lambda > 0/x \in \lambda F\}$. On sait (cf. [8]) que g est s.c.i. finie ν-presque partout. D'après le théorème de Hahn–Banach et le numero 67 de [3], g est l'enveloppe supérieure d'une suite de formes linéaires continues $f_i \in E'$. En posant $h_i = f_i \circ B^{-1}$, on trouve un suite d'éléments $h_i \in H'$, dont on notera q l'enveloppe supérieure. On a $\int g \, d\nu < +\infty$ de sorte que q est μ-mesurable et vérifie $\int q \, d\mu = \int g \, d\nu < +\infty$. On a pour tout i

$$2h_i(C_t x) = h_i(C_t x + S_t y) + h_i(C_t x - S_t y) \leqslant q(C_t x + S_t y) + q(C_t x - S_t y)$$

pour tout $(x, y) \in E \times E$. Pour tout $t \in \mathbb{R}$ l'intégration en y fournit $h_i(C_t x) \leqslant Q_t q(x)$ pour μ-presque tout x. L'intégration au sens de Bochner fournit $h_i \circ B \leqslant Uq$ μ-presque partout. On en déduit $g = q \circ B \leqslant Uq$ μ-presque partout. Soit alors l'ouvert $G_n = \{g > n\}$. On a

$$C_p^{A,\rho}(G_n) \leqslant N_p(q)/n$$

ce qui tend vers 0 quand n tend vers $+\infty$.

22. COROLLAIRE. *Si de plus E est fortement convexe, c'est-à-dire si l'enveloppe convexe fermée de tout compact est compacte, alors la capacité $C_p^{A,\rho}$ est tendue sur les compacts.*

Démonstration. Il existe alors en effet un compact convexe équilibré de ν-mesure non nulle, de sorte que dans le théorème 21 on peut supposer que F est compact.

23. REMARQUES. (a) La suite $G_n = E \backslash nF$ ne dépend ni de la mesure ρ, ni de p. Si de plus A est borné, la démonstration se simplifie, car on peut en fait prendre alors un convexe fermé F de mesure $\mu(F) > 0$. On voit dans ce cas que la suite G_n ne dépend pas non plus de l'opérateur borné A initialement choisi. En particulier, la même suite convient aux capacités classiques associées aux espaces de Sobolev $W^{r,p}(E, \mu)$ (cf. [8]).

(b) Si l'on prend $d\rho(t) = t^{r/2-1} e^{-t} dt/(r/2 - 1)!$, $(r \in]0, +\infty[)$, on trouve grâce au théorème 18 que B^{-1} est prolongeable si et seulement si $A^{r/2}$ est prolongeable.

(c) Si l'on prend en particulier pour E l'espace S' des distributions tempérées, μ la mesure du bruit blanc, et $A = I - \Delta + x^2$ (hamiltonien) sur $L^2(\mathbb{R}, dx)$, les puissances de A sont prolongeables (car déjà prolongées), de sorte que les capacités correspondantes sont tendues sur les compacts de S'. Ce dernier résultat est en fait équivalent à un résultat antérieur de [14].

(d) Prenons $E = \mathscr{C}([0, 1])$ muni de la mesure de Wiener μ et de coordonnées W_t. Pour tout $\omega(t) = \int_0^t dW_s(\omega)$, posons $A\omega(t) = \int_0^t s \, dW_s(\omega)$. Il est clair que la restriction de A à H est un opérateur continu de H. On a $A^{r/2}\omega(t) = \int_0^t s^{r/2} dW_s(\omega)$, de sorte que le théorème 21 s'applique pour la mesure $d\rho(t) = t^{r/2-1} e^{-t} dt/(r/2 - 1)!$, $(r \in]0, +\infty[)$. On peut remarquer que A est un opérateur à spectre continu.

(e) Remarquons que l'hypothèse de convexité forte de E est commode mais nullement nécessaire. Il suffit évidemment de supposer que ν ne néglige pas tous les convexes compacts.

24. PROPOSITION. *Si B^{-1} est prolongeable, toute forme linéaire ν-mesurable sur E est $C_p^{A,\rho}$-quasi-continue.* ($\nu = B^{-1}(\mu)$.)

Démonstration. Rappelons qu'une application $f: E \to X$ où X est un espace topologique est quasi-continue s'il existe pour tout $\varepsilon > 0$ un fermé $F \subset E$ tel que f soit continue sur F, et tel que la capacité $C_p^{A,\rho}(E \setminus F) < \varepsilon$.

Il est clair que toute application continue est quasi-continue. De plus, si f appartient à E', on a $f = Uh$ puis l'inégalité $C_p^{A,\rho}(f)^p \leqslant \int |f|^p \, d\nu$. Soit f une forme linéaire ν-mesurable, il existe une suite $f_n \in E'$ telle que $\int |f - f_n|^p \, d\nu < 4^{-np}$. En suivant un raisonnement clasique de J. Deny [4], on trouve que f_n converge vers f uniformément sur des ensembles fermés convexes équilibrés à complémentaires de $C_p^{A,\rho}$-capacités arbitrairement petites.

25. RAPPELS. Si c est une capacité bornée tendue sur les compacts, l'espace $L^1(E, c)$ est l'adhérence des fonctions continues bornées pour la norme (semi-norme) définie par la capacité. Tout élément de $L^1(E, c)$ est une (classe de) fonction c-quasi-continue (cf. [5]). De plus, toute forme linéaire positive su $L^1(E, c)$ est représentable par une mesure ne chargeant pas les ensembles c-polaires.

26. THÉORÈME. *Si B^{-1} est prolongeable, et si E est fortement convexe, toute application T linéaire ν-mesurable de E dans E est $C_p^{A,\rho}$-quasi-continue et appartient à* $L^1(E, C_p^{A,\rho})$.

Démonstration. Soit j une injection linéaire continue de E dans $\mathbb{R}^{\mathbb{N}}$. D'après la proposition 24, $j \circ T$ est scalairement quasi-continue. Soit $\varepsilon > 0$, on obtient un fermé F convexe équilibré tel que $C_p^{A,\rho}(E \setminus F) < \varepsilon$, et tel que $j \circ T$ soit continue sur F. Soit $\lambda = T(\nu)$ la mesure gaussienne image. Comme E est fortement convexe, il existe un compact convexe équilibré $L \subset E$ de mesure $\lambda(L) > 1 - \varepsilon$. L'ensemble $H = F \cap T^{-1}(L) = F \cap (j \circ T)^{-1}(j(L))$ est fermé car j est un homéomorphisme de L sur $j(L)$. De plus, on a $\nu(E \setminus H) \leqslant 2\varepsilon$ car $\nu(T^{-1}(L)) = \lambda(L) > 1 - \varepsilon$. Comme H est fermé convexe équilibré, le théorème 21 montre que $C_p^{A,\rho}(E \setminus nH)$ tend vers 0 quand n tend vers $+\infty$.

27. COROLLAIRE. *Soient de plus T un opérateur borné de H_ν, de norme $\leqslant 1$, et f continue bornée sur E. On suppose que E est fortement convexe et que B^{-1} est prolongeable. Alors la fonction $\Gamma(T)f$ appartient à $L^1(E, C_p^{A,\rho})$.*

Démonstration. Soient $\varepsilon > 0$ et K un compact tel que $C_p^{A,\rho}(E \setminus K) < \varepsilon$ et tel que la restriction de T^* à K soit continue. Comme K est métrisable, le théorème de Lebesgue entraîne que $\Gamma(T)f(x) = \int f(T^*x + Sy)\mu(\mathrm{d}y)$ où $S = \sqrt{I - T^*T}$ est continue sur K. Par suite $\Gamma(T)f$ est $C_p^{A,\rho}$-quasi-continue. Comme elle est bornée, il résulte de ([5], prop. 4) qu'elle appartient à $L^1(E, C_p^{A,\rho})$.

28. COROLLAIRE. *On suppose que E est fortement convexe et que B^{-1} est prolongeable. Alors on a les propriétés suivantes:*

(*a*) *e^{-tA} est un opérateur borné de H_ν,*

(*b*) *pour toute f continue bornée, les fonctions $Q_t f$ appartiennent à $L^1(E, C_p^{A,\rho})$,*

(c) *l'opérateur U envoie continûment $L^p(E,\mu)$ dans $L^1(E, C_p^{A,\rho})$.*

Démonstration. (a) Si $\varphi \in E'$, on a

$$\int |e^{-tA}\varphi(x)|^2 \,\mathrm{d}\nu(x) = \int |e^{-tA}g(x)|^2 \,\mathrm{d}\mu(x) \leqslant \int |g(x)|^2 \,\mathrm{d}\mu(x) = \int |\varphi(x)|^2 \,\mathrm{d}\nu(x)$$

où l'on a posé $g = \varphi \circ B^{-1}$.

(b) Résulte du corollaire 27.

(c) D'abord si $\psi \in E'$, posons $\varphi = \psi \circ B^{-1} \in H'_\mu$, et l'on a $C_p^{A,\rho}(U\varphi) = C_p^{A,\rho}(\psi) \leqslant N_{p,\mu}(\varphi) = N_{p,\nu}(\psi)$ (notations évidentes). La relation

$$C_p^{A,\rho}(\psi) \leqslant N_{p,\nu}(\psi)$$

s'étend par continuité au cas où $\psi \in H'_\nu$. On en déduit que quand t tend vers s, l'expression $C_p^{A,\rho}(C_t\psi - C_s\psi)$ tend vers 0. Le théorème des accroissements finis montre que $C_p^{A,\rho}(\exp(iC_t\psi) - \exp(iC_s\psi))$ tend vers 0 quand t tend vers s. D'autre part, le corollaire 27 affirme que les fonctions $Q_t(\exp(i\psi))$ appartiennent à $L^1(E, C_p^{A,\rho})$, il s'ensuit que la fonction $t \to Q_t(\exp(i\psi))$ est continue à valeurs dans $L^1(E, C_p^{A,\rho})$. Par intégration au sens de Bochner, on voit que Uf a un représentant dans $L^1(E, C_p^{A,\rho})$, pour toute f combinaison linéaire d'exponentielles. De plus, on a alors la relation

$$C_p^{A,\rho}(Uf) \leqslant N_{p,\mu}(f).$$

Cette relation serait évidente si la fonction Uf était positive s.c.i. Supposons que f soit un polynôme trigonométrique, et soit $\varepsilon > 0$, il existe un compact K de complémentaire G tel que $C_p^{A,\rho}(G) < \varepsilon$ et tel que la restriction de f à K soit continue. Soit m une constante majorant $|Uf|$, et soit w la fonction s.c.i. valant $|Uf|$ sur K et valant m sur G. On a $w \leqslant |Uf| + mUg$ où Ug est le $C_p^{A,\rho}$-potentiel d'équilibre de G. On en déduit $c(Uf) \leqslant c(w) \leqslant N_p(|f| + mg) \leqslant N_p(f) + m\varepsilon$. Comme ε est arbitrare, on obtient l'inégalité cherchée. Par densité on obtient la même relation pour $f \in L^p(E,\mu)$, et l'appartenance de Uf à $L^1(E, C_p^{A,\rho})$.

29. COROLLAIRE. *Dans les mêmes hypothèses, soit g l'enveloppe supérieure d'une suite croissante $f_i \in H'_\nu$. On suppose que g est finie ν-presque partout. Alors g est finie $C_p^{A,\rho}$-quasi-partout.*

Démonstration. En reprenant la démonstration du théorème 21, avec les mêmes notations, on obtient $f_i = h_i \circ B \leqslant Uq$ μ-presque partout. Or $f_i \in L^1(E, C_p^{A,\rho})$ d'après le théorème 26, et Uq a un représentant dans $L^1(E, C_p^{A,\rho})$, de sorte que l'inégalité vaut $C_p^{A,\rho}$-quasi-partout. En effet (cf. [5]) tout élément de $L^1(E, C_p^{A,\rho})$ s'annulant μ-presque partout s'annule en fait $C_p^{A,\rho}$-quasi-partout. On en déduit $g \leqslant Uq$ quasi-partout, et le résultat.

V. Trajectoires

On étudie ici la régularité des trajectoires du semi-groupe d'opérateurs linéaires μ-mesurables obtenu par prolongement essentiel du semi-groupe $C_t = \exp(-tA)$ introduit au chapitre III.

On appellera "trajectoire rationnelle" la restriction aux rationnels d'une trajectoire réelle.

30. THÉORÈME. *On suppose que E est fortement convexe et que B^{-1} est prolongeable. Alors pour $C_p^{A,\rho}$-quasi tout $x \in E$ la trajectoire rationnelle $t \to C_t x$ est relativement compacte et admet un prolongement continu sur $[0, +\infty]$. Ce prolongement est une μ-(resp.ν)-modification du processus $C_t x$.*

Démonstration. On remarque d'abord que l'ensemble des $x \in E$ ayant la propriété indiquée est un sous-espace F de E. Nos montrons d'abord que F porte ν. Soit q une semi-norme ν-mesurable et finie ν-presque partout. D'après le corollaire 28, e^{-tA} est un opérateur borné de H_ν, donc prolongeable en opérateur linéaire ν-mesurable de E, coïncidant avec le prolongement linéaire μ-mesurable d'après le théorème 9. On en déduit l'existence d'un semi-groupe Q_t^ν sur $L^2(E, \nu)$ par la formule

$$Q_t^\nu f(x) = \int f(C_t x + S_t y)\, \mathrm{d}\nu(y).$$

On a comme plus haut les inégalités $2q(C_t x) \leqslant q(C_t x + S_t y) + q(C_t x - S_t y)$ pour $(x, y, t) \in E \times E \times \mathbb{Q}^+$ puis $q(C_t x) \leqslant Q_t^\nu q(x)$ pour ν-presque tout x. Posons

$$q^*(x) = \operatorname*{Sup}_{t \in \mathbb{Q}^+} q(C_t x)$$

on obtient

$$q^* \leqslant Q^* q$$

où Q^*q désigne la fonction maximale de Stein (cf. [19]) pour le semi-groupe Q_t^ν. On sait que Q^*q est finie ν-presque partout, de sorte que q^* est une semi-norme ν-mesurable et finie ν-presque partout. En prenant pour q la jauge d'un convexe compact équilibré non ν-négligeable, on voit d'abord que ν-presque toute trajectoire rationnelle est relativement compacte.

Passons à la continuité des trajectoires. Soit $f \in E'$, posons pour $\varepsilon > 0$

$$q_\varepsilon(x) = \mathrm{Sup}\{f(C_t x - C_s x)/t, s \in \mathbb{Q}^+, \delta(t,s) < \varepsilon\}$$

où δ est une distance compatible avec la topologie de $[0, +\infty]$. On a aussi

$$q_\varepsilon(x) = \mathrm{Sup}\{Q_t^\nu f(x) - Q_s^\nu f(x)/t, s \in \mathbb{Q}^+, \delta(t,s) < \varepsilon\}$$

qui tend vers 0 ν-presque partout d'après le théorème ergodique de Stein. On en déduit que ν-presque toute trajectoire rationnelle $t \to f(C_t x)$ admet un prolongement continu sur $[0, +\infty]$. Soit maintenant j une injection continue de E dans $\mathbb{R}^{\mathbb{N}}$. Comme j est un homéomorphisme de tout compact sur son image, et que ν-presque toute trajectoire rationnelle est relativement compacte dans E, on voit que ν-presque toute trajectoire rationnelle $x \to C_t x$ admet un prolongement continu à valeurs dans E.

Ainsi F porte ν (donc aussi μ). Il reste à prouver que le complémentaire de F est $C_p^{A,p}$-polaire. D'abord la semi-norme q est finie $C_p^{A,p}$-quasi-partout d'après le corollaire 29, de sorte que $C_p^{A,p}$-quasi-toute trajectoire est relativement compacte. Soit $f \in E'$ et reprenons les semi-normes $q_\varepsilon(x)$. Il existe alors une suite ε_n tendant vers 0 et telle que $\tilde{q}(x) = \Sigma_n q_{\varepsilon_n}$ soit finie ν-presque partout. Chaque semi-norme q_ε est par définition l'enveloppe supérieure d'une suite de formes linéaires ν-mesurables de sorte que le théorème de Hahn–Banach implique la même propriété pour $\tilde{q}$. On applique ensuite le corolaire 29 d'où il suit que $\tilde{q}$ est finie $C_p^{A,p}$-quasi-partout, et l'on termine comme pour la mesure ν.

Il est clair que l'on obtient ainsi une ν-modification du processus $C_t x$ or c'est aussi une μ-modification car pour t tendant vers s, l'ensemble des x pour lesquels $C_t x$ converge vers $C_s x$ est visiblement un sous-espace de E portant ν donc aussi μ.

31. THÉORÈME. *Mêmes hypothèses qu'au théorème* 30, *alors* $C_p^{A,p}$*-quasi toute trajectoire rationnelle* $t \to S_t x$ *admet un prolongement continu sur* $[0, +\infty]$. *On obtient ainsi une* μ*-(resp.*ν*)-modification du processes* $S_t x$.

Démonstration. On a $S_t = I - \Sigma_{n \geqslant 1} \alpha_n C_t^n$ au sens hilbertiebn. Si q et semi-norme finie continue sur E, le reste de la série $\Sigma_{n \geqslant k} \alpha_n q(C_t^n x) \leqslant (\Sigma_{n \geqslant k} \alpha_n) q^*(x)$ tend vers 0 uniformément en t pour $C_p^{A,p}$-quasi tout x.

En fait ces mêmes trajectoires ont des propriétés de continuité encore plus fortes comme le prouve le

32. THÉORÈME. *Sous le mêmes hypothèses, les trajectoires rationnelles* $t \to C_t x$ *et* $t \to S_t x$ *sont continûment prolongeables à* $[0, +\infty]$ *pour tout* x *hors d'un ensemble mince au sens des* $c_{r,p}$*-capacités définies dans* [8] *et* [alt].

Démonstration. On remarque que les $x \in E$ ayant la propriété voulue forment un sous-espace vectoriel de E portant la mesure μ, et donc à complémentaire mince selon [8].

33. THÉORÈME. *Posons* $\tilde{U}f(x) = \iint f(C_t x + S_t y)\,d\mu(y)\,d\rho(t)$ *où* $C_t x$ *et* $S_t y$ *sont continues en t pour* $C_p^{A,\rho}$*-quasi-tout x (resp y). Alors pour* $f \in L^p(E, \mu)$, *la fonction* $\tilde{U}f(x)$ *est définie* $C_p^{A,\rho}$*-quasi-partout, appartient à* $L^1(E, C_p^{A,\rho})$, *et est un représentant de l'intégrale de Bochner définie plus haut* $Uf = \int Q_t f\,d\rho(t)$.

Démonstration. Soient f continue bornée et $Q_t f(x) = \int f(C_t x + S_t y)\,d\mu(y)$. Alors pour $C_p^{A,\rho}$-quasi-tout x, la fonction $Q_t f(x)$ est continue en $t \in [0, +\infty]$ comme il résulte du théorème de Lebesgue. La démonstration du corollaire 24(c) nous dit que $t \to Q_t f$ est continue à valeurs dans $L^1(E, C_p^{A,\rho})$, de sorte que la fonction $(t, \xi) \to \int Q_t f(x)\,d\xi(x)$ est séparément continue sur $[0, +\infty] \times \mathcal{M}^\infty$ où $\mathcal{M}^\infty$ est la boule unité positive du dual de $L^1(E, C_p^{A,\rho})$. La lemme de Fatou et le théorème de Fubini entraînent que $\xi \to \int \tilde{U}f(x)\,d\xi(x)$ est s.c.i. puis continue (changer f en $-f$). Le théorème de Banach montre ensuite que $\tilde{U}f$ appartient à $L^1(E, C_p^{A,\rho})$. On en déduit facilement que $\tilde{U}f$ est un représentant de l'intégrale de Bochner Uf. La majoration $C_p^{A,\rho}(\tilde{U}f) \leqslant N_p(f)$ permet de passer au cas général par densité, sommations, et théorème de Fubini.

Bibliographie

1. Albeverio, S., Fukushima, M., Hansen, W., Ma, Z. M. and Röckner, M.: An invariance result for capacities on Wiener space, to appear in *Journal of Functional Analysis.*
2. Albeverio, S., Fukushima, M., Hansen, W., Ma, Z. M. and Röckner, M.: Capacities on Wiener space: tightness and invariance, *CRAS Paris* **312** (Série I) (1991), 931–935.
3. Dellacherie, C. and Meyer, P. A.: *Probabilités et potentiel,* ASI 1372, Paris Hermann, 1975.
4. Deny, J.: *Méthodes hilbertiennes en théorie du potentiel,* CIME, Potential Theory, Cremonese, Stresa, 1970.
5. Feyel, D.: *Espaces de Banach adaptés, quasi-topologie et balayage,* Sém. Théorie du Potentiel, Paris, Lec. Notes in Math. 681, Springer, 1978.
6. Fukushima, M. and Kaneko, K.: On (r, p)-capacities for general Markovian semi-groups, in S. Albeverio, ed., *Infinite dimensional analysis and stochastic processes,* Research Notes in Math. 124, Pitman, 1985.
7. Feyel, D. and de la Pradelle, A.: Espaces de Sobolev gaussiens, *Ann. Inst. Fourier* **39** (4) (1989), 875–908.
8. Feyel, D. and de la Pradelle, A.: Capacités gaussiennes, *Ann. Inst. Fourier* **41** (1) (1991), 49–76.
9. Feyel, D. and de la Pradelle, A.: Opérateur linéaires et espaces de Sobolev sur l'espace de Wiener, *CRAS* **316** (1) (1991), 227–229.
10. Fernique, X.: Intégrabilité des vecteurs gaussiens, *CRAS* **270** (A) (1970), 1698.
11. Fukushima, M.: *A note on capacities in infinite dimensions,* Prob. Th. and Math. Stat. S. Watanabe and Yu V. Prokhorov, eds., Proc. Ninth Soviet-Japanese Symposium on Prob. Th. Kyoto, Lec. notes in Math. 1299, Springer, 1988.
12. Gross, L.: Measurable functions on Hilbert spaces, *Trans. Amer. Math. Soc.* **105** (1962), 9.372–390.
13. Meyer, P. A.: *Note sur le processus d'Ornstein–Uhlenbeck,* Sém. Proba. XVI, p. 95, Lec. Notes in Math. 920, Springer, 1982.
14. Potthoff, J.: On positive generalized functionals, *J. Funct. Anal.* **74** (1987), 81–95.
15. Potthoff, J.: Littlewood–Paley theory on Gaussian spaces, *Nagoya Math. J.* **109** (1988), 47–61.
16. Shale, D.: Linear symmetrics of the free boson field, *Trans. Amer. Math. Soc.* **103** (1962), 149–167.
17. Shigekawa, S.: Sobolev spaces over the Wiener space based on an Ornstein–Uhlenbeck operator, Preprint.
18. Simon, B.: *The* $P(\Phi)_2$*-Euclidean (quantum) field theory,* Princeton University Press, 1974.
19. Stein, E. M.: *Singular integrals and differentiability properties of functions,* Princeton University Press, 1970.

Potential Analysis **3**: 107–118, 1994.

Nonlinear Potential Theory and PDEs

TERO KILPELÄINEN
Department of Mathematics, University of Jyväskylä, P.O. Box 35, 40351 Jyväskylä, Finland.

(Received: 28 February 1992)

Abstract. We consider equations like $-\operatorname{div}(|\nabla u|^{p-2}\nabla u) = \mu$, where μ is a nonnegative Radon measure and $1 < p < \infty$. Results that relate the solution u and the measure μ are reviewed. A link between potential estimates and the boundary regularity of the Dirichlet problem is established.

Mathematics Subject Classifications (1991). 35J60, 31C45, 31C15.

Key words. Nonlinear potentials, p-Laplacian, $\mathscr{A}$-superharmonic functions, Wiener's criterion.

1. Riesz Measures of $\mathscr{A}$-Superharmonic Functions

Let Ω be an open set in $\mathbf{R}^n$, $n \geqslant 2$. A continuous solution u to the equation

$$-\operatorname{div} \mathscr{A}(x, \nabla u) = 0 \tag{1.1}$$

in Ω (in the sense of distributions) is called *$\mathscr{A}$-harmonic* in Ω, i.e., u is $\mathscr{A}$-harmonic in Ω if $u \in W^{1,p}_{loc}(\Omega)$, u is continuous in Ω, and

$$\int_\Omega \mathscr{A}(x, \nabla u) \cdot \nabla \varphi \, \mathrm{d}x = 0$$

for all $\varphi \in C_0^\infty(\Omega)$.

A lower semicontinuous function

$$u : \Omega \to (-\infty, \infty]$$

is called *$\mathscr{A}$-superharmonic* in Ω if

(i) $u \not\equiv \infty$ in any component of Ω

(ii) for each open $D \subset\subset \Omega$ and for each $\mathscr{A}$-harmonic function h in D, continuous on $\bar{D}$, the condition $h \leqslant u$ on ∂D implies that $h \leqslant u$ in D.

Throughout we let $1 < p < \infty$ be a fixed number, the type of the equation. The model equation for (1.1) is the p-Laplacian

$$-\operatorname{div}(|\nabla u|^{p-2}\nabla u) = 0.$$

We impose the following conditions on $\mathscr{A}$: there are constants $0 < \alpha \leqslant \beta < \infty$ such that

(a) $$x \mapsto \mathscr{A}(x,\xi) \text{ is measurable for all } \xi \in \mathbf{R}^n \text{ and}$$
$$\xi \mapsto \mathscr{A}(x,\xi) \text{ is continuous for a.e. } x \in \mathbf{R}^n;$$

for all $\xi, \zeta \in \mathbf{R}^n$ and a.e. $x \in \mathbf{R}^n$

(b) $$|\mathscr{A}(x,\xi)| \leqslant \beta |\xi|^{p-1};$$

(c) $$\mathscr{A}(x,\xi)\cdot\xi \geqslant \alpha|\xi|^p;$$

(d) $$(\mathscr{A}(x,\xi) - \mathscr{A}(x,\zeta))\cdot(\xi-\zeta) > 0$$

whenever $\xi \neq \zeta$; and

(e) $$\mathscr{A}(x,\lambda\xi) = |\lambda|^{p-2}\lambda\mathscr{A}(x,\xi)$$

for $\lambda \in \mathbf{R}$, $\lambda \neq 0$.

The p-Laplacian is obtained by choosing $\mathscr{A}(x,\xi) = |\xi|^{p-2}\xi$.

The relationship between $\mathscr{A}$-superharmonic functions and supersolutions to equation (1.1) is presented in the following theorem, proven in [5].

1.2. THEOREM. (i) *If u is a function in $W^{1,p}_{loc}(\Omega)$, then u is $\mathscr{A}$-superharmonic in Ω if and only if*

$$-\operatorname{div}\mathscr{A}(x,\nabla u) \geqslant 0$$

and

$$u(x) = \operatorname*{ess\,lim\,inf}_{y\to x} u(y) \tag{1.3}$$

for each $x \in \Omega$.

(ii) *If u is $\mathscr{A}$-superharmonic and locally bounded (above), then u is in $W^{1,p}_{loc}(\Omega)$.*

(iii) *If u is $\mathscr{A}$-superharmonic in Ω, then (1.3) holds everywhere in Ω.*

(iv) *If $u \in W^{1,p}_{loc}(\Omega)$ and if*

$$-\operatorname{div}\mathscr{A}(x,\nabla u) \geqslant 0,$$

then (1.3) holds a.e. in Ω. In particular, there is an $\mathscr{A}$-superharmonic function v such that $v = u$ a.e.

For $1 < p \leqslant n$ there are $\mathscr{A}$-superharmonic functions that are not in $W^{1,p}_{loc}(\Omega)$; for instance in the case of the p-Laplacian one may choose

$$u(x) = \begin{cases} |x|^{(p-n)/(p-1)} & \text{if } p < n \\ -\log|x| & \text{if } p = n. \end{cases}$$

However, Lindqvist [10] observed that $|\nabla u|^{p-1}$ is always integrable; see also [9].

1.4. THEOREM. *If u is $\mathscr{A}$-superharmonic in Ω, then $u \in W^{1,q}_{loc}(\Omega)$ for all $0 < q < n(p-1)/(n-1)$.*

Note that ∇u and $W^{1,q}_{loc}(\Omega)$ need to be interpreted properly if $q < 1$; in particular for $p \leqslant 2 - 1/n$; then we let $W^{1,q}_{loc}(\Omega)$ be the set of all functions u such that the truncations $u_k = \min(\max(u, -k), k)$ belong to $W^{1,1}_{loc}(\Omega)$, and both u and

$$\nabla u \equiv \lim_{k \to \infty} \nabla u_k$$

are locally q-integrable in Ω.

COROLLARY. *If u is $\mathscr{A}$-superharmonic in Ω, then $x \mapsto \mathscr{A}(x, \nabla u(x))$ is locally integrable and hence its divergence can be defined by*

$$\langle -\operatorname{div} \mathscr{A}(x, \nabla u), \varphi \rangle = \int_\Omega \mathscr{A}(x, \nabla u) \cdot \nabla \varphi \, dx$$

for $\varphi \in C_0^\infty(\Omega)$.

Now it is natural to ask: is the distribution

$$Tu = -\operatorname{div} \mathscr{A}(x, \nabla u)$$

nonnegative for all $\mathscr{A}$-superharmonic functions u? The affirmative answer was given in [9].

1.5. THEOREM. *If u is $\mathscr{A}$-superharmonic in Ω, then*

$$Tu = -\operatorname{div} \mathscr{A}(x, \nabla u)$$

defines a nonnegative Radon measure μ, that is

$$\int_\Omega \mathscr{A}(x, \nabla u) \cdot \nabla \varphi \, dx = \int_\Omega \varphi \, du$$

for all $\varphi \in C_0^\infty(\Omega)$.

Proof. Fix $\varphi \in C_0^\infty(\Omega)$, $\varphi \geqslant 0$. Since

$$\mathscr{A}(\cdot, \nabla u) \in L^1(\operatorname{spt} \varphi),$$

we have by the Lebesgue dominated convergence theorem that

$$\langle Tu, \varphi \rangle = \int_\Omega \mathscr{A}(x, \nabla u) \cdot \nabla \varphi \, dx$$

$$= \lim_{k \to \infty} \int_\Omega \mathscr{A}(x, \nabla \min(u, k)) \cdot \nabla \varphi \, dx \geqslant 0$$

because $\min(u, k)$ is a locally bounded $\mathscr{A}$-superharmonic function (see Theorem 1.2). Hence

$$Tu = -\operatorname{div} \mathscr{A}(x, \nabla u)$$

is a nonnegative distribution, and therefore, a Radon measure. □

Let us turn our attention to the converse question: let μ be a nonnegative Radon measure on Ω. Is there an $\mathscr{A}$-superharmonic function u with

$$-\operatorname{div} \mathscr{A}(x, \nabla u) = \mu \, ?$$

A solution to this harder problem was given in [9].

1.6. THEOREM. *Let μ be a finite nonnegative Radon measure on a bounded open set Ω. Then there is an $\mathscr{A}$-superharmonic function u in Ω such that*

$$-\operatorname{div} \mathscr{A}(x, \nabla u) = \mu$$

and

$$\min(u, k) \in W_0^{1,p}(\Omega)$$

for all k.

REMARK. Rakotoson [13] proved independently that if $\mathscr{A}$ is a general Leray–Lions operator and μ is a given finite Radon measure, then for $p > 2 - 1/n$ there is a function v such that

$$-\operatorname{div} \mathscr{A}(x, \nabla v) = \mu,$$

$v \in W_0^{1,q}(\Omega)$ for all $q \in [1, n(p-1)/(n-1))$, and $\min(\max(v, -k), k) \in W_0^{1,p}(\Omega)$ for all integers k. It is easily seen (and shown in [9]) that the same regularity for the $\mathscr{A}$-superharmonic solution u in Theorem 1.6 follows from the integrability result in Theorem 1.4.

Earlier existence results include a paper by Boccardo and Gallouët [1], where they established the existence of a function u that belongs to $W_0^{1,q}(\Omega)$ for all

$$1 \leqslant q < \frac{n}{n-1}(p-1)$$

and

$$-\operatorname{div} \mathscr{A}(x, \nabla u) = \mu$$

provided that $\mathscr{A}$ satisfies a strong monotonicity assumption in addition to our assumptions.

Recall that if u is $\mathscr{A}$-superharmonic, then

$$u \in W_{loc}^{1,q}(\Omega) \tag{1.7}$$

for all $0 < q < n(p-1)/(n-1)$. Suppose that u has the regularity (1.7) and

$$-\operatorname{div} \mathscr{A}(x, \nabla u) = \mu,$$

where μ is a nonnegative Radon measure. Is u then $\mathscr{A}$-superharmonic? For $p = 2$ there is an example due to Serrin [15] showing that the answer in general is negative.

We next display a similar example for $p = n$. For $0 < a \leqslant 1$ let

$$f(x) = \frac{x}{|x|^{1+a}}, \quad x \neq 0.$$

Then f is quasiconformal in $\mathbf{R}^n \setminus \{0\}$ with pole at 0. Let

$$\mathscr{A}(x, h) = J_f(x) f'(x)^{-1} |f'(x)^{-1*} h|^{n-2} f'(x)^{-1*} h,$$

i.e., $\mathscr{A}$ is the pull-back of the n-Laplacian under f; see [3], [7, Chapter 14]. If u is the first coordinate function of f,

$$u(x) = \frac{x_1}{|x|^{1+a}},$$

and if B is the unit ball in $\mathbf{R}^n$, then

(i) $u \in W^{1,q}(B)$ for all $1 \leqslant q < n/(1+a)$

(ii) $u \notin W^{1,n/(1+a)}(B)$

(iii) u satisfies the equation

$$-\operatorname{div} \mathscr{A}(x, \nabla u) = 0$$

in B, but

(iv) u is not $\mathscr{A}$-superharmonic in B.

A direct computation gives (i) and (ii); assertion (iv) is a consequence of (ii) and Theorem 1.4. That $-\operatorname{div} \mathscr{A}(x, \nabla u) = 0$ in $B \setminus \{0\}$ follows because $v(x) = x_1$ is a solution to the n-Laplacian in $\mathbf{R}^n$, and the solutions of the n-Laplacian are pulled back to $\mathscr{A}$-harmonic functions under the quasiconformal mapping f (outside the origin). It is also fairly easy to show that

$$\int_B \mathscr{A}(x, \nabla u) \cdot \nabla \varphi \, dx = 0$$

if $\varphi \in C_0^\infty(B)$ and $0 \in \operatorname{spt}\varphi$, but it requires a lengthy calculation.

According to our knowledge the only positive result that is related to this problem is the following recent theorem of Iwaniec and Sbordone [8].

1.8. THEOREM. *Suppose that $\mathscr{A}$ satisfies an additional monotonicity assumption (the p-Laplacian is included). Then there is $\varepsilon > 0$, depending on the structure of $\mathscr{A}$ and on the dimension, such that*

$$\begin{cases} u \in W^{1,p-\varepsilon}_{loc}(\Omega) \\ -\operatorname{div} \mathscr{A}(x, \nabla u) = 0 \ \text{in } \Omega \end{cases}$$

imply that u is $\mathscr{A}$-harmonic in Ω.

The problem is open for a general measure μ. Also in case $\mu = 0$ there are no good estimates for ε even in the case of the p-Laplacian. Moreover, ε really depends on the structure of $\mathscr{A}$, a fact that can be seen by looking at the example that precedes the theorem.

2. $\mathscr{A}$-Superharmonic Functions and Nonlinear Potentials

It turns out that $\mathscr{A}$-superharmonic functions can be estimated in terms of a nonlinear potential of the corresponding measure. To be more precise, define the *W-potential* of μ by

$$\mathbf{W}^\mu_{1,p}(x; r) = \int_0^r \left(\frac{\mu(B(x,t))}{t^{n-p}}\right)^{1/(p-1)} \frac{dt}{t},$$

$x \in \mathbf{R}^n, r > 0$. The W-potential is an essential concept in nonlinear potential theory, see [4].

2.1. THEOREM [9]. *Suppose that u is $\mathscr{A}$-superharmonic with*

$$-\operatorname{div} \mathscr{A}(x, \nabla u) = \mu$$

and $\bar{B}(x, 2r) \subset \Omega$. Then there is a constant $c_1 = c_1$ (n, p, structure) > 0 such that

$$u(x) \geqslant \inf_\Omega u + c_1 \mathbf{W}^\mu_{1,p}(x; r).$$

In particular, $u(x) = \infty$ if $\mathbf{W}^\mu_{1,p}(x; r) = \infty$.

If, in addition, $p > n - 1$, then

$$u(x) - \sup_{\partial B(x,r)} u \leqslant c_2 \mathbf{W}^\mu_{1,p}(x; r) + c_2 \left(\frac{\mu(\bar{B}(x,r))}{r^{n-p}}\right)^{1/(p-1)},$$

where $c_2 = c_2(n, p, \text{structure}) > 0$. In particular, if $\mathbf{W}^\mu_{1,p}(x; r) < \infty$, then $u(x) < \infty$.

Outline of the proof for the first part. Suppose for simplicity that $u \in W^{1,p}(\Omega)$. Let $B_R = B(x, R)$. First we show that

$$\frac{\mu(B_{R/2})}{R^{n-p}} \leqslant c\left(\inf_{B_{R/2}} u - \inf_{B_R} u\right)^{p-1}. \tag{$*$}$$

Write

$$a = \inf_{B_R} u$$

$$b = \inf_{B_{R/2}} u.$$

Choose a cut-off function $\eta \in C_0^\infty(B_R)$, $0 \leqslant \eta \leqslant 1$, $\eta = 1$ in $B_{R/2}$, and

$$|\nabla \eta| \leqslant \frac{4}{R}.$$

Let

$$w = v\eta^p,$$

where $v = \min(u, b) - a$. Then

$$0 \leqslant w \leqslant b - a$$

and $w = b - a$ on $B_{R/2}$.

By the Caccioppoli estimate and a gradient estimate of Gariepy and Ziemer [2] we have

$$\begin{aligned}
(b-a)\mu(B_{R/2}) &\leqslant \int_{B_R} w \, d\mu = \int_{B_R} \mathscr{A}(x, \nabla u) \cdot \nabla w \, dx \\
&\leqslant \beta \int_{B_R} |\nabla v|^p \eta^p \, dx + p(b-a) \int_{B_R} |\nabla u|^{p-1} \nabla \eta \, dx \\
&\leqslant c(b-a)^p \int_{B_R} |\nabla \eta|^p \, dx + cR^{n-p}(b-a)^p \\
&\leqslant cR^{n-p}(b-a)^p
\end{aligned}$$

and $(*)$ follows.

Now we use $(*)$ with $R_j = 2^{1-j} r$ and obtain

$$\begin{aligned}
c \sum_{j=1}^{\infty} \left(\frac{\mu(B_{R_j})}{R_j^{n-p}}\right)^{1/(p-1)} &\leqslant \sum_{j=1}^{\infty} \left(\inf_{B_{R_j}} u - \inf_{B_{R_{j-1}}} u\right) \\
&= \lim_{k \to \infty} \left(\inf_{B_{R_k}} u - \inf_{B_{2r}} u\right) \leqslant u(x) - \inf_{\Omega} u.
\end{aligned}$$

□

It is not known whether the latter estimate of Theorem 2.1 holds true for

$$1 < p \leqslant n - 1?$$

This problem is related to another open problem in nonlinear potential theory, called the *inverse Wiener criterion*: Let Ω be bounded. Consider the Dirichlet problem: find a continuous function u in Ω such that

$$\begin{cases} -\operatorname{div} \mathscr{A}(x, \nabla u) = 0 & \text{in } \Omega \\ u - f \in W_0^{1,p}(\Omega), \end{cases}$$

where $f \in W^{1,p}(\Omega)$ is continuous on $\bar{\Omega}$. A point $x_0 \in \partial\Omega$ is called *regular* if for every such u and f it holds that

$$\lim_{x \to x_0} u(x) = f(x_0).$$

The problem is to find a property of Ω that characterizes regular boundary points.

Maz'ya showed in 1970 that a sufficient condition for the regularity can be given in terms of a Wiener integral

$$W(\mathbf{C}\Omega, x_0) = \int_0^1 \left(\frac{\operatorname{cap}_p(\mathbf{C}\Omega \cap B(x_0, t))}{\operatorname{cap}_p(B(x_0, t))} \right)^{1/(p-1)} \frac{dt}{t};$$

here $\operatorname{cap}_p(E)$ is the p-capacity of E, defined as

$$\operatorname{cap}_p(E) = \inf \int_{\mathbf{R}^n} |\varphi|^p + |\nabla\varphi|^p \, dx,$$

where the infimum is taken over all $\varphi \in W^{1,p}(\mathbf{R}^n)$ such that $\varphi \geqslant 1$ in a neighborhood of E.

To have a geometric interpretation of the Wiener integral it is crucial to notice that

$$W(\mathbf{C}\Omega, x_0) \approx \sum \left(\frac{\operatorname{cap}_p(\mathbf{C}\Omega \cap B(x_0, 2^{-j}))}{\operatorname{cap}_p(B(x_0, 2^{-j}))} \right)^{1/(p-1)}.$$

We have the sufficiency criterion [12], [7, Chapter 6].

2.2. THEOREM (Maz'ya). *If* $W(\mathbf{C}\Omega, x_0) = \infty$, *then* x_0 *is regular.*

A partial converse was proven by Lindqvist and Martio in [11].

2.3. THEOREM. *Let* $p > n - 1$. *If* x_0 *is regular, then*

$$W(\mathbf{C}\Omega, x_0) = \infty.$$

The necessity of the Wiener criterion for regularity is still unknown if

$$1 < p \leqslant n - 1$$

and if the equation

$$-\operatorname{div}\mathscr{A}(x,\nabla u)=0$$

is nonlinear.

Next we proceed to show that also this problem would be solved if the second W-potential estimate in Theorem 2.1 were established for all values of p.

Consider the following two properties of the operator

$$Tu=-\operatorname{div}\mathscr{A}(x,\nabla u).$$

(P) If u is $\mathscr{A}$-superharmonic with $Tu=\mu$ and $\mathbf{W}^{\mu}_{1,p}(x;r)<\infty$ for some $r>0$, then

$$u(x)<\infty.$$

(P′) If u_1 and u_2 are bounded $\mathscr{A}$-superharmonic functions with $Tu_i=\mu_i$, $i=1,2$, and if u is $\mathscr{A}$-superharmonic with $Tu=\mu_1+\mu_2$, then

$$u(x)<\infty$$

for all $x\in\Omega$.

It follows from Theorem 2.1 that (P) implies (P′). Moreover, (P) holds if $p>n-1$ or if T is a linear operator. In the next theorem we show that property (P′) implies the necessity of the Wiener criterion for regularity.

2.4. THEOREM. *Suppose that the operator T has property (P′). Then $W(\mathbf{C}\Omega,x_0)=\infty$ if and only if x_0 is regular.*

Proof. In light of Theorem 2.2 only the sufficiency part needs to be proven. For it, let us split $\mathbf{C}\Omega$ into two parts: $\mathbf{C}\Omega=E_1\cup E_2$, where

$$E_1=\bigcup_{j=1}^{\infty}A(x_0,2^{-2j},2^{-2j+1})\setminus\Omega,$$
$$E_2=\mathbf{C}\Omega\setminus E_1,$$

where $A(x_0,r,R)$ is the annulus

$$A(x_0,r,R)=B(x_0,R)\setminus\bar{B}(x_0,r).$$

Now it follows from the proof of [6, Thm. 3.2] that there are a ball B about x_0 and $\mathscr{A}$-superharmonic functions u_i in B, $i=1,2$, such that $0\leqslant u_i\leqslant 1$, $u_i\in W_0^{1,p}(B)$, $u_i=1$ in $\frac{1}{2}B\cap E_i\setminus\{x_0\}$, and

$$u_i<\tfrac{1}{4}\quad\text{on } S_i,$$

where

$$S_i = \bigcup_{j=1}^{\infty} \partial B(x_0, \tfrac{3}{4}2^{i-1-2j}) \cap \tfrac{1}{2}B.$$

Let $\mu_i = -\operatorname{div} \mathscr{A}(x\nabla u_i)$ and $\mu = \mu_1 + \mu_2$. Let u be the $\mathscr{A}$-superharmonic function in B such that $u \in W_0^{1,p}(B)$ and that

$$-\operatorname{div} \mathscr{A}(x, \nabla u) = \mu.$$

We claim that

$$\liminf_{\substack{x \to x_0 \\ x \in \complement\Omega}} u(x) > u(x_0). \tag{2.5}$$

One easily concludes the proof once (2.5) is established (cf. [7, Chapter 9]); thus we prove (2.5) only. To this end, write

$$v = u - u(x_0) + \tfrac{1}{4};$$

note that $u(x_0) < \infty$ by property (P′). Because u is lower semicontinuous, we find a ball $B_1 \subset \frac{1}{2}B$ about x_0 such that $\partial B_1 \subset S_1$ and $v \geqslant 0$ in B_1. Then $\eta = \min(v - u_1 + \frac{1}{4}, 0) \in W_0^{1,p}(B_1)$ because $u_1 < \frac{1}{4}$ on S_1. Hence

$$\begin{aligned}
0 &\leqslant \int_{\{\eta < 0\}} (\mathscr{A}(x, \nabla v) - \mathscr{A}(x, \nabla u_1)) \cdot (\nabla v - \nabla u_1)\, dx \\
&= \int_{B_1} \mathscr{A}(x, \nabla v) \cdot \nabla \eta \, dx - \int_{B_1} \mathscr{A}(x, \nabla u_1) \cdot \nabla \eta \, dx \\
&= \int_{B_1} \eta \, d\mu - \int_{B_1} \eta \, d\mu_1 \\
&= \int_{B_1} \eta \, d\mu_2 \leqslant 0,
\end{aligned}$$

and it follows from the strict monotonicity assumption (d) that

$$|\{\eta < 0\}| = 0$$

or

$$v \geqslant u_1 - \tfrac{1}{4}$$

a.e. in B_1. Because both v and $u_1 - \frac{1}{4}$ are $\mathscr{A}$-superharmonic, the inequality holds everywhere in B_1 (see Theorem 1.2). In particular,

$$u(x) - u(x_0) = v(x) - \tfrac{1}{4} \geqslant u_1(x) - \tfrac{1}{2} = \tfrac{1}{2}$$

whenever $x \in E_1 \cap B_1$, $x \neq x_0$. Similarly, we find a ball B_2 about x_0 such that

$$u(x) - u(x_0) \geqslant \tfrac{1}{2}$$

for $x \in E_2 \cap B_2$, $x \neq x_0$. Consequently

$$u(x) \geqslant u(x_0) + \tfrac{1}{2}$$

whenever $x \in B_1 \cap B_2 \setminus \Omega$, $x \neq x_0$, and (2.5) follows. □

We conclude this paper with the following theorem of Rakotoson and Ziemer [14]. It shows that faster convergence of the integral (the W-potential)

$$\int_0^r \left(\frac{\mu(B(x,t))}{t^{n-p}} \right)^{1/(p-1)} \frac{dt}{t}$$

results in Hölder continuity of solutions.

2.6. THEOREM. *Let $p < n$ and suppose that $\mathscr{A}$ satisfies a strong monotonicity assumption:*

$$(\mathscr{A}(x,\xi) - \mathscr{A}(x,\zeta)) \cdot (\xi - \zeta) \geqslant c|\xi - \zeta|^p.$$

Then a solution u to

$$-\operatorname{div} \mathscr{A}(x, \nabla u) = \mu$$

is locally Hölder continuous if and only if there exists $\varepsilon > 0$ such that

$$\mu(B(x,r)) \leqslant c r^{n-p+\varepsilon}$$

for all balls $B(x,r)$ with $B(x,2r) \subset \Omega$.

Note added in proof: the author and Malý have recently showed that property (P), and hence (P′), holds for all $p > 1$.

References

1. Boccardo, L., and Gallouët, T.: Non-linear elliptic and parabolic equations involving measure data, *J. Funct. Anal.*, **87** (1989), 149–169.
2. Gariepy, R., and Ziemer, W. P.: A regularity condition at the boundary for solutions of quasilinear elliptic equations, *Arch. Rat. Mech. Anal.* **67** (1977), 25–39.
3. Granlund, S., Lindqvist, P., and Martio, O.: Conformally invariant variational integrals, *Trans. Amer. Math. Soc.* **277** (1983), 43–73.
4. Hedberg, L. I., and Wolff, Th. H.: Thin sets in nonlinear potential theory, *Ann. Inst. Fourier, Grenoble* **33**(4) (1983), 161–187.
5. Heinonen, J., and Kilpeläinen, T.: *A*-superharmonic functions and supersolutions of degenerate elliptic equations, *Ark. Mat.* **26** (1988), 87–105.
6. Heinonen, J., Kilpeläinen, T., and Martio, O.: Fine topology and quasilinear elliptic equation, *Ann. Inst. Fourier, Grenoble* **39**(2) (1989), 293–318.
7. Heinonen, J., Kilpeläinen, T., and Martio, O.: *Nonlinear Potential Theory of Degenerate Elliptic Equations*, Oxford University Press (In press).

8. Iwaniec, T., and Sbordone, C.: Weak minimizers of variational integrals. (to appear)
9. Kilpeläinen, T., and Malý, J.: Degenerate elliptic equations with measure data and non-linear potentials. (to appear)
10. Lindqvist, P.: On the definition and properties of p-superharmonic functions. *J. Reine Angew. Math.* **365** (1986), 67–79.
11. Lindqvist, P., and Martio, O.: Two theorems of N. Wiener for solutions of quasilinear elliptic equations, *Acta Math.* **155** (1985), 153–171.
12. Maz'ya, V. G.: On the continuity of a boundary point of solutions of quasi-linear elliptic equations, *Vestnik Leningrad. Univ. Mat. Mekh. Astronom.* **25** (1970), 42–55 (Russian), *Vestnik Leningrad Univ. Math.* **3** (1976), 225–242 (English translation).
13. Rakotoson, J. M.: Quasilinear elliptic problems with measures as data, *Diff. Int. Equations* **4** (1991), 449–457.
14. Rakotoson, J. M., and Ziemer, W. P.: Local behavior of solutions of quasilinear elliptic equations with general structure, *Trans. Amer. Math. Soc.* **319** (1990), 747–764.
15. Serrin, J.: Pathological solutions of elliptic differential equations, *Ann. Scuola Norm. Sup. Pisa* (1964), 385–387.

Potential Analysis **3**: 119–131, 1994.

Removability of Singularities in Potential Theory

JOSEF KRÁL
Mathematical Institute, Czechoslovak Academy of Sciences, Žitná 25, 11567 Praha 1, Czechoslovakia.

(Received: 2 April 1992; accepted: 13 May 1992)

Abstract. If Q is a compact metric space, $\mathscr{L}$ a system of its closed subsets and $g: \mathscr{L} \to \mathbf{R}$ a prescribed nonnegative function, the conditions on g, $\mathscr{L}$ and a closed $F \subset Q$ are specified guaranteeing the existence of a nontrivial Borel measure μ with support in F such that $\mu(L) \leqslant g(L)$, $\forall L \in \mathscr{L}$.

For some kernels in potential theory these conditions permit to characterize geometrically those sets which contain support of a nontrivial measure whose potential belongs to a given class of functions. Several applications concerning removability of singularities of partial differential equations are presented.

Mathematics Subject Classifications (1991). 31B35, 35B60.

Key words. Removable singularities, potentials of measures, semielliptic equations.

Introduction

Let $G \subset \mathbf{R}^N$ be an open set in the Euclidean N-space. We shall consider a differential operator

$$P(D) = \sum_{\alpha} a_\alpha D^\alpha, \quad \alpha \in M, \tag{1}$$

acting on distributions in G; here M is a finite set of multiindices $\alpha = (\alpha_1, \dots, \alpha_N)$ whose components α_j $(1 \leqslant j \leqslant N)$ are nonnegative integers, the a_α are infinitely differentiable functions in G and the following standard notation is used:

$$D^\alpha = D_1^{\alpha_1} \dots D_N^{\alpha_N}, \quad \text{where} \quad D_j = -i\partial_j,$$

i is the imaginary unit, and ∂_j is the partial derivative with respect to the j-th variable. We adopt the following terminology from [7].

DEFINITION 1. Let $\mathscr{K}$ be a given class of distributions in G. A relatively closed set $F \subset G$ will be termed *removable* for $\mathscr{K}$ with respect to $P(D)$ if each $u \in \mathscr{K}$, which satisfies $P(D)u = 0$ in $G \backslash F$, also satisfies $P(D)u = 0$ in G.

For special operators $P(D)$ in $\mathbf{R}^N$ with constant complex coefficients a_α the so-called fundamental solution E satisfying

$$P(D)E = \delta$$

(where δ is the Dirac unit point-mass concentrated at the origin) is usually either given explicitly or at least some estimates of E and its derivatives are known which permit to establish conditions on a compactly supported Borel measure μ guaranteeing that its potential $E * \mu$ (arising as a convolution of μ with E) belongs to $\mathscr{X}$. If F contains the support of such a nontrivial measure μ, then F cannot be removable for $\mathscr{X}$, because $P(D)(E * \mu) = \mu$ which vanishes on $G \setminus F$ but not on the whole G. For the proof of $E * \mu \in \mathscr{X}$ estimates are often useful for values $\mu(L)$ taken by μ on special subsets $L \subset \mathbf{R}^N$. A classical example is due to Frostman [4] who characterized, in terms of Hausdorff measures, those sets F containing the support of a nontrivial measure μ satisfying the estimates $\mu(B_r(x)) \leqslant f(r)$ for a given measure function f (to be defined below) and all balls $B_r(x)$ of radius $r > 0$ (and arbitrary center $x \in \mathbf{R}^N$). If E is the Newtonian kernel in $\mathbf{R}^N$ ($N > 2$) and $f(t) = t^{N-2+\gamma}$ with $0 < \gamma < 1$, then the potential $E * \mu$ of such a μ satisfies the Hölder condition with exponent γ which leads to necessary conditions concerning removability of F for the class of Hölder functions with respect to the laplacian (cf. chap. VII in [1]).

We shall first establish a general proposition which plays the role of Frostman's lemma also in some cases when this lemma is not directly applicable. This proposition will then be used as a tool for investigation of removable singularities of partial differential equations.

Notation

$\mathbf{Z}$ is the set of integers, $\mathbf{N}$ is the set of all positive integers, $\mathbf{N}_0 = \mathbf{N} \cup \{0\}$, $\mathbf{R}_+$ is the set of nonnegative real numbers. We shall use the abbreviations int, cl, dist, diam and supp for the interior, closure, distance, diameter and support, respectively.

PROPOSITION 2. *Let Q be a compact metric space, $\mathscr{L}$ a system of its closed subsets, $g: \mathscr{L} \to \mathbf{R}_+$ a given function, $\emptyset \neq F \subset Q$ a closed set. A necessary condition on F to contain the support of a nontrivial Borel measure μ satisfying*

$$\mu(L) \leqslant g(L), \quad \forall L \in \mathscr{L}, \tag{2}$$

is given by

$$\inf\left\{\sum_j g(L_j); \quad L_j \in \mathscr{L}, \quad F \subset \bigcup_j L_j\right\} > 0 \tag{3}$$

(where the infimum is taken over all sequences of sets $L_j \in \mathscr{L}$ covering F). The condition (3) *is also sufficient under the following additional requirements* $[R_1]$–$[R_3]$ *on* $\mathscr{L}$ *and* g:

$[R_1]$ $\mathscr{L} = \cup_{n=0}^{\infty} \mathscr{L}_n$, $Q \in \mathscr{L}_0$, $\mathscr{L}_n \subset \mathscr{L}_{n+1}$; *for each* $n \in \mathbf{N}_0$ *there exists a finite system* $\mathscr{M}_n$ *of closed sets* $H \subset Q$ *such that* $H \setminus \cup \{K \in \mathscr{M}_n;\ K \neq H\} \neq \emptyset$, *each set in* $\mathscr{L}_n$ *is a union of some sets in* $\mathscr{M}_n$ *and*

$$\lim_{n \to \infty} \max\{\operatorname{diam}(H);\ H \in \mathscr{M}_n\} = 0. \tag{4}$$

$[R_2]$ *There is a* $p \in \mathbf{N}$ *such that the following implication holds: whenever* $H \in \mathscr{M}_n$, $\{L_1, \ldots, L_s\} \subset \mathscr{L}_n$ $(n \in \mathbf{N}_0)$:

$$\left(H \subset \bigcap_{j=1}^{s} L_j,\ L_j \not\subset L_k \text{ whenever } 1 \leqslant j \neq k \leqslant s\right) \Rightarrow s \leqslant p. \tag{5}$$

$[R_3]$ *There is a finite* $c > 0$ *such that for each* $L \in \mathscr{L}$ *there are* $L_1, \ldots, L_t \in \mathscr{L}$ *with*

$$L \subset \operatorname{int}\left(\bigcup_{j=1}^{t} L_j\right),\ \sum_{j=1}^{t} g(L_j) \leqslant c g(L). \tag{6}$$

Proof. The necessity of (3) is obvious. Assuming (3) and $[R_1]$–$[R_3]$ we fix $\varepsilon > 0$ small enough to have for any sequence $\{L_j\} \subset \mathscr{L}$

$$F \subset \bigcup_j L_j \Rightarrow \sum_j g(L_j) \geqslant \varepsilon. \tag{7}$$

Associate with each $H \in \mathscr{M}_n$ a point $q_H \in H \setminus \cup \{K \in \mathscr{M}_n; K \neq H\}$; denoting by δ_q the Dirac unit measure concentrated at q define for each $n \in \mathbf{N}_0$ the measure μ_n by

$$\mu_n = \sum_H x_H \delta_{qH}, \quad H \in \mathscr{M}_n,$$

where the coefficients $x_H \in \mathbf{R}_+$ are to be chosen so that

$$x_H = 0 \quad \text{whenever} \quad H \cap F = \emptyset, \quad H \in \mathscr{M}_n, \tag{8_n}$$

$$g(L) \geqslant \sum_{H \subset L} x_H\ (H \in \mathscr{M}_n), \quad \forall L \in \mathscr{L}_n. \tag{9_n}$$

Suppose for a while that a solution $\{x_H\}$ of the system (8_n), (9_n) (which evidently exists) has been fixed. Since $\mu_n(Q) = \sum_H x_H \leqslant g(Q)$ for all $n \in \mathbf{N}_0$, we may pass to a subsequence of $\{\mu_n\}$ tending vaguely to a measure ν. Writing $d_n = \max\{\operatorname{diam}(H); H \in \mathscr{M}_n\}$ we get from (8_n) that $\operatorname{supp}(\mu_n) \subset \{x \in Q; \operatorname{dist}(x, F) \leqslant d_n\}$ whence $\operatorname{supp}(\nu) \subset F$ by (4). If $L \in \mathscr{L}$ has been arbitrarily fixed, then $[R_3]$ implies the existence of $L_1, \ldots, L_t$ in $\mathscr{L}$ satisfying (6). Hence we have for large n

$$\mu_n\left(\operatorname{int}\left(\bigcup_{j=1}^{t} L_j\right)\right) \leqslant \sum_{j=1}^{t} \mu_n(L_j) \leqslant \sum_{j=1}^{t} g(L_j) \leqslant c g(L),$$

so that

$$\nu(L) \leqslant \nu\left(\operatorname{int}\left(\bigcup_{j=1}^{t} L_j\right)\right) \leqslant cg(L).$$

We see that $\mu = \nu/c$ has all the required properties except nontriviality. We shall show that nontriviality of ν will follow from the following requirement valid for any $K \in \mathcal{M}_n$ with $K \cap F \neq \emptyset$ and any $n \in \mathbf{N}_0$:

[R] There is an $L \in \mathcal{L}_n$ with $K \subset L$ such that equality holds in (9_n) for this particular L, i.e.

$$g(L) = \sum_{H \subset L} x_H, \quad H \in \mathcal{M}_n.$$

Assuming [R] we associate with each $K \in \mathcal{M}_n$, intersecting F, such an $L_K \in \mathcal{L}_n$ which has the property described in [R] for this K and which is maximal with respect to the inclusion (i.e. $L = L_K$ whenever $L \supset L_K$ has the property from [R] for our K). Let $\{L_{K_1}, \ldots, L_{K_s}\}$ be the system of all different sets L_K which we obtain in this way as K runs over $\{K \in \mathcal{M}_n;\ K \cap F \neq \emptyset\}$.

Clearly,

$$F \subset \bigcup_{j=1}^{s} L_{K_j}. \tag{10}$$

As $L_{K_j} \not\subset L_{K_k}$ whenever $1 \leqslant j \neq k \leqslant s$, thanks to maximality, we conclude from $[R_2]$ that the number of different sets L_{K_j} $(1 \leqslant j \leqslant s)$ containing a given $H \in \mathcal{M}_n$ never exceeds p, whence

$$p \sum_H x_H \geqslant \sum_{j=1}^{s} \sum_{H \subset L_{K_j}} x_H \quad (H \in \mathcal{M}_n),$$

so that we get by (10), (7)

$$\mu_n(Q) = \sum_H x_H \geqslant \frac{1}{p} \sum_{j=1}^{s} \sum_{H \subset L_{K_j}} x_H = \frac{1}{p} \sum_{j=1}^{s} g(L_{K_j}) \geqslant \varepsilon/p$$

and consequently, $\nu(Q) \geqslant \varepsilon/p$.

In order to guarantee [R] we use the following trick proposed originally by Chlebík for the proof of Lemma 6 in [3]. The unknown coefficients $\{x_H\}$ satisfying (8_n), (9_n) will be chosen so as to make the sum

$$\sum_H x_H \quad (H \in \mathcal{M}_n) \tag{11}$$

maximal. This is possible because the system $\{x_H\}$ may be viewed as a system of coordinates of a point in $\mathbf{R}^m$, where m is the number of elements H in $\mathcal{M}_n$. The set of all points in $\mathbf{R}^m$ corresponding in this way to solutions $\{x_H\}$ of (8_n), (9_n) is clearly closed and bounded, because $0 \leqslant x_H \leqslant g(Q)$. Since the function (11) is continuous, it must attain its maximum at a point $\{x_H\}$ satisfying (8_n), (9_n). We assert that such a solution satisfies [R] for each $K \in \mathscr{M}_n$ intersecting F. Indeed, if for some $K \in \mathscr{M}_n$ with $K \cap F \neq \varnothing$ the strict inequality

$$g(L) > \sum_{H \subset L} x_H \quad (H \in \mathscr{M}_n) \tag{12}$$

would be valid for all $L \in \mathscr{L}_n$ with $K \subset L$, then we could define $\tilde{x}_K = x_K + \varepsilon_0$ and leave $\tilde{x}_H = x_H$ unchanged for $H \in \mathscr{M}_n \backslash \{K\}$; choosing $\varepsilon_0 > 0$ small enough we could conserve all the inequalities (12) (with x_H replaced by $\tilde{x}_H$) corresponding to $L \in \mathscr{L}_n$ containing K. This would yield a new solution $\{\tilde{x}_H\}$ of the system (8_n), (9_n) such that $\sum_H \tilde{x}_H = \sum_H x_H + \varepsilon_0$ in contradiction with maximality of (11). Thus [R] is verified and the proof is complete. ■

As an example of application of Proposition 2 we shall describe plane compacts supporting a nontrivial measure whose wave potential satisfies the Lipschitz condition. Let us recall that the fundamental solution corresponding to the wave operator $D_2^2 - D_1^2$ in $\mathbf{R}^2$ is given by the indicator function χ of the cone of future $\{(x_1, x_2) \in \mathbf{R}^2; |x_1| < x_2\}$. If μ is a compactly supported Borel measure in $\mathbf{R}^2$ then its wave potential will be denoted by $V_\mu \equiv \chi * \mu$. Let π_1 and π_2 denote the orthogonal projection of $\mathbf{R}^2$ onto the line

$$L_1 = \{(x_1, x_2) \in \mathbf{R}^2; x_1 = x_2\} \quad \text{and} \quad L_2 = \{(x_1, x_2) \in \mathbf{R}^2; x_1 + x_2 = 0\},$$

respectively; λ_1 will stand for the length (= outer one-dimensional measure in the sense of [12], chap. II, §8). The above Proposition 2 permits a simple proof of the following result established in [2] by a different method.

PROPOSITION 3. *A compact $F \subset \mathbf{R}^2$ contains the support of a nontrivial Borel measure μ such that $V\mu$ satisfies the Lipschitz condition iff F cannot be decomposed into sets F_1, F_2 in such a way that $\lambda_1(\pi_1 F_1) = 0 = \lambda_1(\pi_2 F_2)$ and $F_1 \cup F_2 = F$.*

Proof. It is convenient to place the coordinate axes into the characteristic lines L_1, L_2 which amounts to transformation of the variables $\xi_1 = \frac{1}{2}(x_1 + x_2), \xi_2 = \frac{1}{2}(x_1 - x_2)$. The value at (ξ_1, ξ_2) of the function u corresponding to the wave potential of a compactly supported Borel measure μ is then simply given by

$$u(\xi_1, \xi_2) = \mu(]-\infty, \xi_1[\times]-\infty, \xi_2[).$$

Such a u satisfies the Lipschitz conditions

$$|u(\xi_1 + h, \xi_2) - u(\xi_1, \xi_2)| \leqslant |h|, |u(\xi_1, \xi_2 + h) - u(\xi_1, \xi_2)| \leqslant |h|, \quad (\xi_1, \xi_2) \in \mathbf{R}^2, \quad h \in \mathbf{R},$$

iff μ satisfies the estimates

$$\mu(I \times \mathbf{R}) \leqslant \lambda_1(I), \quad \mu(\mathbf{R} \times I) \leqslant \lambda_1(I) \tag{13}$$

for each interval $I \subset \mathbf{R}$. We are thus interested in characterizing those compacta $F \subset \mathbf{R}^2$ which contain the support of a nontrivial Borel measure μ satisfying (13) for all intervals I (eventually up to a positive multiplicative constant). Let us fix a nonvoid compact $F \subset \mathbf{R}^2$. Applying a suitable shift, if necessary, we may clearly suppose that $F \subset \{(\xi_1, \xi_2); \xi_1 > 0, \xi_2 > 0\}$. Denote by $\tilde{\mathscr{M}}_n$ the system of all the dyadic squares of the form

$$[c2^{-n}, (c+1)2^{-n}] \times [d2^{-n}, (d+1)2^{-n}], \quad n, c, d \in \mathbf{Z}.$$

Fix $n_0 \in \mathbf{Z}$ such that

$$F \subset [0, 2^{-n_0}] \times [0, 2^{-n_0}] \equiv Q$$

and let

$$\mathscr{M}_n = \{H \in \tilde{\mathscr{M}}_{n_0+n}; H \subset Q\}, \quad n \in \mathbf{N}_0.$$

$\mathscr{L}_n$ will consist of all vertical dyadic rectangles $L^V \subset Q$ of the form

$$L^V = [c2^{-(n_0+k)}, (c+1)2^{-(n_0+k)}] \times [0, 2^{-n_0}], \quad c, k \in \mathbf{N}_0, \quad k \leqslant n, \tag{14}$$

and also of all horizontal dyadic rectangles $L^H \subset Q$ of the form

$$L^H = [0, 2^{-n_0}] \times [d2^{-(n_0+k)}, (d+1)2^{-(n_0+k)}], \quad d, k \in \mathbf{N}_0, \quad k \leqslant n. \tag{15}$$

The requirement $[R_1]$ of Proposition 1 is obviously satisfied with $\mathscr{L} = \cup_{n=0}^{\infty} \mathscr{L}_n$. If an $H \in \mathscr{M}_n$ and $\{L_1, \ldots, L_s\} \subset \mathscr{L}_n$ satisfy the assumption occuring in the implication (5), then at most one of the rectangles L_j is vertical of the form (14) and at most one of them is horizontal of the form (15); hence $[R_2]$ holds with $p = 2$. Now define $g: \mathscr{L} \to \mathbf{R}_+$ by $g(L^V) = 2^{-(n_0+k)} = g(L^H)$ for any $L^V \in \mathscr{L}$ of the form (14) and any $L^H \in \mathscr{L}$ of the form (15). Since any $L \in \mathscr{L}$ is contained in the interior of the union of at most three adjacent rectangles $\in \mathscr{L}$ of equal size, it follows from the definition of g that $[R_3]$ holds with $c = 3$. Clearly, (2) is necessary for validity of (13) for all intervals $I \subset \mathbf{R}$. Conversely, if (2) holds for our $\mathscr{L}$ and g, then (13) holds with the measure $\mu/3$ replacing μ, because any interval $I \subset \mathbf{R}$ can be covered by at most 3 dyadic intervals of length $\leqslant \lambda_1(I)$. Realizing that $g(L)$ is the width of the rectangle $L \in \mathscr{L}$ if $L = L^V$ is vertical of the form (14) and $g(L)$ is the height of the rectangle L if $L = L^H$ is horizontal of the form (15), it is not difficult to see that F admits coverings $\{L_j\} \subset \mathscr{L}$ with arbitrarily small sums $\sum_j g(L_j)$ iff F can be decomposed into sets F_1, F_2 in such a way that F_1 projects orthogonally onto a set of vanishing length on the axis $L_1 = \{(\xi_1, \xi_2); \xi_2 = 0\}$ and F_2 projects orthogonally onto a set of vanishing length on the axis $L_2 = \{(\xi_1, \xi_2); \xi_1 = 0\}$. Proposition 3 is thus obtained as a consequence of Proposition 2. ■

REMARK. Proposition 2 enables also to treat the wave potentials satisfying the anisotropic Hölder condition and to characterize removable singularities with respect to the wave-operator $D_2^2 - D_1^2$ in $\mathbf{R}^2$ for suitably defined classes of Hölderian functions (cf. [3]).

NOTATION. We shall now define a metric in $\mathbf{R}^N$ adapted to the operator (1). First fix $m \in \mathbf{R}^N$ with components $m_1, \ldots, m_N \in \mathbf{N}$ in such a way that

$$\alpha \in M \Rightarrow |\alpha : m| \equiv \sum_{k=1}^{N} \alpha_k / m_k \leqslant 1, \tag{16}$$

put $\bar{m} = max\{m_k; 1 \leqslant k \leqslant N\}$ and define for $x = (x_1, \ldots, x_N)$ and $y = (y_1, \ldots, y_N)$

$$\rho_m(x, y) = \max\{|x_k - y_k|^{m_k/\bar{m}}; 1 \leqslant k \leqslant N\}. \tag{17}$$

Clearly, ρ_m is a metric on $\mathbf{R}^N$. If λ_N denotes the Lebesgue measure on $\mathbf{R}^N$ and

$$B_r(x, \rho_m) = \{y \in \mathbf{R}^N; \rho_m(x, y) \leqslant r\} = \prod_{k=1}^{N} [x_k - r^{\bar{m}/m_k}, x_k + r^{\bar{m}/m_k}] \tag{18}$$

is the ball of radius $r > 0$ and center x with respect to ρ_m, then

$$\lambda_N(B_r(x, \rho_m)) = 2^N r^{\bar{m}b}, \quad \text{where } b = \sum_{k=1}^{N} 1/m_k. \tag{19}$$

For $M \subset \mathbf{R}^N$ we denote by $\operatorname{diam}(M, \rho_m)$ the diameter of M with respect to ρ_m. By a measure function we mean a continuous nondecreasing $f\colon [0, \infty[\to [0, \infty[$ which is strictly positive on $]0, \infty[$. With such an f we associate the (outer) Hausdorff measure $\mathbf{H}^f(\cdot, \rho_m)$ defining $\mathbf{H}^f(\emptyset, \rho_m) = 0$ and putting, for $M \neq \emptyset$,

$$\mathbf{H}^f(M, \rho_m) = \sup_{\varepsilon > 0} \inf \left\{ \sum_n f(\operatorname{diam}(M_n, \rho_m)); M \subset \bigcup_n M_n, \quad 0 \leqslant \operatorname{diam}(M_n, \rho_m) \leqslant \varepsilon \right\}.$$

If $f(t) = t^\gamma$ for all $t > 0$ and fixed $\gamma \in \mathbf{R}_+$, then we write $\mathbf{H}_\gamma(\cdot, \cdot)$ instead of $\mathbf{H}^f(\cdot, \cdot)$ and call it the γ-dimensional Hausdorff measure.

Given $\varepsilon > 0$ and a non-void compact set $K \subset \mathbf{R}^N$, we denote by $\mathcal{N}_\varepsilon(K, \rho_m)$ the least number of balls $B_\varepsilon(x, \rho_m)$ with $x \in K$ sufficient to cover K. The (upper) γ-dimensional Minkowski's content $\mathbf{M}_\gamma(K, \rho_m)$ is defined by

$$\mathbf{M}_\gamma(K, \rho_m) = \limsup_{\varepsilon \to 0+} \mathcal{N}_\varepsilon(K, \rho_m) \varepsilon^\gamma;$$

further we put $\mathbf{M}_\gamma(\emptyset, \rho_m) = 0$. If

$$K_\varepsilon = \{x \in \mathbf{R}^N; \rho_m(x, K) < \varepsilon\}, \tag{20}$$

then $\mathcal{N}_\varepsilon(K, \rho_m)$ balls of radii 2ε suffice to cover K_ε, whence it follows by (19) that

$$\mathbf{M}_\gamma(K, \rho_m)) < \infty \Rightarrow \lambda_N(K_\varepsilon) = O(\varepsilon^{\bar{m}b-\gamma}) \quad \text{as} \quad \varepsilon \to 0+, \tag{21}$$

$$\mathbf{M}_\gamma(K, \rho_m) = 0 \Rightarrow \lambda_N(K_\varepsilon) = o(\varepsilon^{\bar{m}b-\gamma}) \quad \text{as} \quad \varepsilon \to 0+. \tag{22}$$

Proposition 2 may also be used for an easy proof of the following version of Frostman's lemma.

LEMMA 4 (Frostman's anisotropic lemma). *Let f be a measure function and $F \subset \mathbf{R}^N$ a compact set. Then F contains the support of a nontrivial Borel measure μ satisfying*

$$\mu(B_r(x, \rho_m)) \leqslant f(r) \tag{23}$$

for all $x \in \mathbf{R}^N$ and all $r > 0$ iff

$$\mathbf{H}^f(F, \rho_m) > 0. \tag{24}$$

Proof. By shifting we may achieve $F \subset]0, \infty[^N$. Put

$$q = \prod_{k=1}^{N} m_k, \quad q_k = q/m_k \quad (1 \leqslant k \leqslant n).$$

For $n \in \mathbf{Z}$ denote by $\bar{\mathscr{M}}_n$ the system of all intervals of the form

$$\prod_{k=1}^{N} [c_k 2^{-nq_k}, (c_k + 1)2^{-nq_k}], \quad c_k \in \mathbf{Z} \quad (1 \leqslant k \leqslant N).$$

Clearly,

$$H \in \bar{\mathscr{M}}_n \Rightarrow \operatorname{diam}(H, \rho_m) = 2^{-nq/\bar{m}}. \tag{25}$$

Fix $n_0 \in \mathbf{Z}$ such that

$$F \subset \prod_{k=1}^{N} [0, 2^{-n_0 q_k}] \equiv Q$$

and let for $n \in \mathbf{N}_0$

$$\mathscr{M}_n = \{H \in \bar{\mathscr{M}}_{n_0+n}; H \subset Q\}, \; \mathscr{L}_n = \bigcup_{j=0}^{n} \mathscr{M}_j, \; \mathscr{L} = \bigcup_{n=0}^{\infty} \mathscr{L}_n.$$

If two intervals in $\mathscr{L}$ overlap, then one of them must be contained in another; hence $[R_2]$ from Proposition 2 holds with $p = 1$. $[R_1]$ is obvious. Defining

$$g(L) = f(\operatorname{diam}(L, \rho_m)), L \in \mathscr{L},$$

we get $[R_3]$ with $c = 3^N$; indeed, for any $L \in \mathscr{L}$ there are intervals $L_1, \ldots, L_{3^N} \in \mathscr{L}$ of equal size with $L \subset \operatorname{int}(\cup_{j=1}^{3^N} L_j)$. If μ is a Borel measure on $\mathbf{R}^N$ satisfying

$$\mu(H) \leqslant f(\operatorname{diam}(H, \rho_m)), \quad H \in \bar{\mathscr{M}}_n, \quad n \in \mathbf{Z} \tag{26}$$

then $\mu(B_r(x,\rho_m)) \leqslant 2^N \prod_{k=1}^N (2^{q_k}+1) f(r)$ for any ball (18); to see this choose $n \in \mathbf{Z}$ satisfying $2^{-nq} < r^{\bar{m}} \leqslant 2^{-(n-1)q}$. Then $2^{-nq_k} < r^{\bar{m}/m_k} \leqslant 2^{-(n-1)q_k}$, so that $[x_k - r^{\bar{m}/m_k}, x_k + r^{\bar{m}/m_k}]$ can be covered by $2(2^{q_k}+1)$ intervals of the form $[p2^{-nq_k}, (p+1)2^{-nq_k}]$ $(p \in \mathbf{Z})$ and the ball (18) can be covered by $2^N \prod_{k=1}^N (2^{q_k}+1) \equiv s$ intervals of $\mathscr{M}_n$ whose ρ_m-diameters are less than r by (25). It is therefore sufficient to divide μ satisfying (26) by s to get (23). The conditions (24) and (3) are now easily seen to be equivalent in view of the definition of g and the proof is complete. ■

REMARK. If the coefficients of the operator (1) are complex constants, we associate with $P(D)$ the polynomials of the variable $\xi = (\xi_1, \ldots, \xi_N)$ letting $\xi^\alpha = \xi_1^{\alpha_1} \ldots \xi_N^{\alpha_N}$ for any multiindex $\alpha = (\alpha_1, \ldots, \alpha_N)$ and defining

$$P(\xi) = \sum_\alpha a_\alpha \xi^\alpha, \quad \alpha \in M,$$

$$P_m(\xi) = \sum_\alpha a_\alpha \xi^\alpha, |\alpha : m| = 1, \quad \alpha \in M.$$

Let us recall that $P(D)$ is termed semielliptic if $P_m(\xi)$ has no nontrivial zeros in $\mathbf{R}^N$:

$$(P_m(\xi) = 0, \xi \in \mathbf{R}^N) \Rightarrow \xi = 0 (\in R^N);$$

in such a case m_k is uniquely determined and precisely equals the degree of $P(\xi)$ with respect to the variable ξ_k, $1 \leqslant k \leqslant N$ (cf. [14]).

Frostman's anisotropic lemma permits to establish sharp results on removable singularities for functions in anisotropic Campanato spaces with respect to semielliptic operators (cf. [8]). We shall illustrate its application in the proof of the following theorem of the Bochner–Riemann type concerning functions with a specified anisotropic growth near the singular set.

THEOREM 5. *Let $G \subset \mathbf{R}^N$ be open, $F \subset G$ relatively closed and consider the operator $P(D)$ given by* (1). *Define the metric ρ_m by* (17), *where $m = (m_1, \ldots, m_N)$ satisfies* (16), *and suppose that $-\bar{m} < q \leqslant \bar{m}(b-1)$, where b is given by* (19). *Then F is removable with respect to $P(D)$ for the class of all locally integrable functions u in G satisfying the estimate*

$$u(x) = o(\rho_m(x,F)^{-q}) \tag{27}$$

uniformly on compact subsets of G if

$$\mathbf{M}_\gamma(K, \rho_m) < \infty \tag{28}$$

for all compact sets $K \subset F$, where

$$\gamma = \bar{m}(b-1) - q; \tag{29}$$

the assertion remains valid if (27) *is replaced by*

$$u(x) = O(\rho_m(x, F)^{-q}) \tag{27*}$$

and (28) *is replaced by*

$$\mathbf{M}_\gamma(K, \rho_m) = 0. \tag{28*}$$

If $P(D)$ *is semielliptic (with costant coefficients) and*

$$b > 1, \quad 0 < q \leqslant \bar{m}(b-1), \tag{30}$$

then

$$\mathbf{H}_\gamma(F, \rho_m) = 0 \tag{31}$$

(*with* γ *given by* (29)) *is necessary for* F *to be removable for the class of* (*locally integrable*) *functions* u *satisfying* (27*) *and* σ*-finiteness of* $\mathbf{H}_\gamma(\cdot, \rho_m)$ *on* F *is necessary for* F *to be removable for the class of functions* u *satisfying* (27).

Proof. Sufficiency can be established by modification of Bochner's ideas (cf. §2 in [7]). Suppose that u is locally integrable in G, satisifes (27*) and $P(D)u = 0$ in $G \setminus F$. Consider an arbitrary infinitely differentiable test function φ with compact support in G. Denote by $\langle \cdot, \cdot \rangle$ the pairing between distributions and test functions. If $F \cap \text{supp}(\varphi) = \emptyset$, then

$$\langle P(D)u, \varphi \rangle = 0; \tag{32}$$

it remains to verify (32) in the case when

$$K \equiv F \cap \text{supp}(\varphi) \neq \emptyset.$$

Fix an infinitely differentiable function ψ on $\mathbf{R}$ with $\text{supp}(\psi) \subset]-1, 1[$ such that $\int_{\mathbf{R}} \psi(t)\,dt = 1$. Writing χ_L for the indicator function of $L \subset \mathbf{R}^N$, define for $\varepsilon > 0$ and $x \in \mathbf{R}^N$, using the notation from (20)

$$\psi_\varepsilon(x) = \varepsilon^{-\bar{m}b} \int_{\mathbf{R}^N} \chi_{K_{2\varepsilon}}(y) \prod_{j=1}^{N} \psi((x_j - y_j)\varepsilon^{-\bar{m}/m_j})\, dy_1 \ldots dy_N.$$

Then $\psi_\varepsilon(x) = 1$ for $x \in K_\varepsilon$, $\psi_\varepsilon(x) = 0$ for $x \in \mathbf{R}^N \setminus K_{3\varepsilon}$ and for any $x \in \mathbf{R}^N$ and any multiindex $\alpha = (\alpha_1, \ldots, \alpha_N)$

$$|D^\alpha \psi_\varepsilon(x)| \leqslant \varepsilon^{-\bar{m}|\alpha:m|} \int_{\mathbf{R}^N} \left| \prod_{j=1}^{N} \psi^{(\alpha_j)}(z_j) \right| dz_1 \ldots dz_N.$$

Denoting by

$$'P(D) = \sum_\alpha (-1)^{|\alpha|} D^\alpha(a_\alpha \ldots),\ \alpha \in M,\ (|\alpha| = \alpha_1 + \cdots + \alpha_N)$$

the operator transposed to $P(D)$ we get

$$\langle P(D)u, \varphi\rangle = \langle P(D)u, \psi_\varepsilon \varphi\rangle = \langle u, {}^tP(D)(\psi_\varepsilon \varphi)\rangle. \tag{33}$$

Assuming $\mathbf{M}_\gamma(Q, \rho_m) < \infty$ for any compact $Q \subset F$ we have $\lambda_N(Q_\varepsilon) = O(\varepsilon^{\bar{m}+q})$ by (21), (29), so that $\lambda_N(F) = 0$. For fixed φ and $\varepsilon \in]0, 1[$ we arrive at

$$|\langle u, {}^tP(D)(\psi_\varepsilon \varphi)\rangle| \leqslant k_\varepsilon \cdot \varepsilon^{-\bar{m}} \int_{K_{3\varepsilon}} \rho_m(x, F)^{-q}\, \mathrm{d}x$$

with $k_\varepsilon = O(1)$ or $k_\varepsilon = o(1)$ according as (27*) or (27) holds. If $q \leqslant 0$ then combining (28*) with (22) and (28) with (21) we obtain $\varepsilon^{-\bar{m}} \int_{K_{3\varepsilon}} (x, F)^{-q}\, \mathrm{d}x \leqslant \varepsilon^{-\bar{m}} \cdot (3\varepsilon)^{-q} \lambda_N(K_{3\varepsilon}) \leqslant c_\varepsilon$ with $c_\varepsilon = o(1)$ or $c_\varepsilon = O(1)$ according as (28*) or (28) holds. Hence

$$|\langle u, {}^tP(D)(\psi_\varepsilon \varphi)\rangle| \leqslant k_\varepsilon c_\varepsilon \to 0 \quad \text{as} \quad \varepsilon \to 0_+$$

which proves (32) in view of (33). Next consider $q > 0$. Fix $\varepsilon_0 > 0$ small enough to have $\mathrm{cl}(K_{6\varepsilon_0}) \subset G$, put $K^* = F \cap \mathrm{cl}(K_{6\varepsilon_0})$ and observe that for $0 < \varepsilon \leqslant \varepsilon_0$ and $x \in K_{3\varepsilon}$ we have $\rho_m(x, F) = \rho_m(x, K^*)$, whence

$$\varepsilon^{-\bar{m}} \int_{K_{3\varepsilon}} \rho_m(x, F)^{-q}\, \mathrm{d}x \leqslant \varepsilon^{-\bar{m}} \int_{K^*_{3\varepsilon}} \rho_m(x, K^*)^{-q}\, \mathrm{d}x \leqslant c_\varepsilon;$$

the last estimate follows from (22) or (21) (applied to K^* instead of K) with $c_\varepsilon = o(1)$ or $c_\varepsilon = O(1)$ according as (28*) or (28) holds. Hence (32) follows as above.

Suppose now that $P(D)$ is semielliptic with constant coefficients and (30) holds. According to [5], $P(D)$ has a fundamental solution given by a locally integrable function E which is infinitely differentiable off the origin and satisfies

$$E(z) = O\left(\sum_{k=1}^{N} |z_k|^{m_k}\right)^{1-b} \quad \text{as} \quad z \to 0 \text{ (in } \mathbf{R}^N). \tag{34}$$

If (31) is violated or even $\mathbf{H}_\gamma(\cdot, \rho_m)$ is not σ-finite on F then there is a compact $\hat{F} \subset F$ and a measure function h of the form $h(t) = t^\gamma f(t)$ $(t > 0)$ with

$$0 \leqslant f \leqslant k_f \tag{35}$$

for suitable $k_f \in \mathbf{R}_+$ such that $\mathbf{H}^h(\hat{F}, \rho_m) > 0$; it follows from [11] (chap. 2) and [13] (th. 6.5) that f can be supposed to satisfy

$$\lim_{t \to 0+} f(t) = 0 \tag{36}$$

if $\mathbf{H}_\gamma(\cdot, \rho_m)$ is not σ-finite on F. By Frostman's anisotropic lemma there is a nontrivial measure μ with $\mathrm{supp}(\mu) \subset \hat{F}$ such that

$$\mu(B_r(x, \rho_m)) \leqslant r^\gamma f(r), \quad r > 0, \quad x \in \mathbf{R}^N. \tag{37}$$

Writing

$$\bar{m}(1-b) = s\ (<0) \tag{38}$$

we have by the definition of ρ_m

$$\rho_m^s(x,y) \geqslant \left(\sum_{k=1}^{N} |x_k - y_k|^{m_k}\right)^{1-b}, \quad x \neq y.$$

Fix an arbitrary $R > 0$ and write briefly $B_R \equiv B_R(0, \rho_m)$, $B_R(x) \equiv B_R(x, \rho_m)$, etc. According to (34) there is a $c_R \in \mathbf{R}_+$ such that

$$|E(x-y)| \leqslant c_R \rho_m^s(x,y), \quad x, y \in B_R, \quad x \neq y, \tag{39}$$

whence we get by (19)

$$\begin{aligned}\iint_{B_R X B_R} |E(x-y)|\, \mathrm{d}\lambda_N(x)\, \mathrm{d}\mu(y) &\leqslant c_R \int_{B_R} \left\{ \int_{B_{2R}(y)} \rho_m^s(x,y)\, \mathrm{d}\lambda_N(x) \right\} \mathrm{d}\mu(y) \\ &= c_R 2^{N+\bar{m}} b R^{\bar{m}} \mu(B_R).\end{aligned}$$

Since μ is compactly supported by F we conclude that the potential

$$u(x) = \int_{R^N} E(x-y)\, \mathrm{d}\mu(y)$$

is finitely defined for λ_N-almost every $x \in \mathbf{R}^N$ (and every $x \in \mathbf{R}^N \backslash F$) and is locally λ_N-integrable. Take $R > 0$ large enough to have $\operatorname{supp}(\mu) \subset B_R$ and consider $x \in B_R \backslash F$ with $\rho_m(x, F) = r$. For $0 < \delta < r$ we obtain by (39), (37)

$$\begin{aligned}|u(x)| &\leqslant c_R \int_{B_{2R}(x) \backslash B_\delta(x)} \rho_m^s(x,y)\, \mathrm{d}\mu(y) \\ &\leqslant c_R (2R)^s \mu(B_{2R}(x)) + c_R \int_{(2R)^s}^{\delta^s} t^{-1-q/s} f(t^{1/s})\, \mathrm{d}t.\end{aligned}$$

Making $\delta \to r$ we get

$$|u(x)| \leqslant c_R (2R)^{-q} f(2R) + c_R \int_{(2R)^s}^{r^s} t^{-1-q/s} f(t^{1/s})\, \mathrm{d}t, \quad r = \rho_m(x,F), \quad x \in B_R \backslash F. \tag{40}$$

Employing (35) we get for suitable constants d_R, ε_R

$$|u(x)| \leqslant d_R + \varepsilon_R r^{-q}, \quad x \in B_R \backslash F, \quad r = \rho_m(x,F),$$

which shows that F is not removable for functions satisfying (27*) if $\mathbf{H}_\gamma(F, \rho_m) > 0$. If $\mathbf{H}_\gamma(\cdot, \gamma_m)$ is not σ-finte on F we have, besides (35), the relation (36) at our disposal. Given an arbitrary $\varepsilon > 0$, we can first choose $n > 0$ large enough to have $k_f |s| n^{-q}/q < \varepsilon/2$ and then consider $r = \rho_m(x, F)$ small enough to have

$$|s|q^{-1}\sup\{f(\tau); 0<\tau<nr\}<\varepsilon/2, \quad nr<2R,$$

which results in the estimate

$$\int_{(2R)^s}^{r^s} t^{-1-q/s} f(t^{1/s})\,\mathrm{d}t = \int_{(2R)^s}^{(nr)^s} \cdots + \int_{(nr)^s}^{r^s} \cdots < \varepsilon r^{-q}$$

which together with (40) tells us that $u(x) = o(r^{-q})$ for $x \in B_R \backslash F$, $r = \rho_m(x, F)$ whenever $R > 0$ has been fixed. We see that F is not removable for functions satisfying (27) if $\mathbf{H}_\gamma(\cdot, \rho_m)$ is not σ-finite on F. ■

REMARK. For elliptic equations sufficient conditions for removability of singularities for solutions with specified growth near the singular sets have been investigated in [10], where additional related references are included. Growth estimates of potentials corresponding to fundamental solutions of elliptic equations in dependence on the Euclidean distance from the support of the measure established in [6] yield necessary conditions for removability of singularities. For the heat equation the above theorem has been obtained in [15]. Anisotropic Minkowskian content has been applied in [9] in connection with removability of singularities for equations of general type.

References

1. Carleson, L.: *Selected Problems on Exceptional Sets.* Van Nostrand Co. (1967).
2. Chlebík, M. and Král, J.: Removable singularities of the functional wave equation, *Z. Anal. Anwendungen* **8** (6) (1989), 495–500.
3. Chlebík, M. and Král, J.: Removability of the wave singularities in the plane, Preprint 38, Math. Institute of the Czechoslovak Academy of Sciences in Prague (1988).
4. Frostman, O.: Potentiel d'équilibre et capacité des ensembles, *Meddel. Lunds. Univ. Mat. Sem.* **3** (1935), 1–118.
5. Grušin, V. V.: Connection between local and global properties of solutions of hypoelliptic equations with constant coefficients (Russian), *Mat. Sb.* (*N.S.*) **66** (108) (1965), 525–550.
6. Hamann, U.: Eigenschaften von Potentialen bezüglich elliptischer Differential-operatoren, *Math. Nachr.* **96** (1980), 7–15.
7. Harvey, R. and Polking, J.: Removable singularities of solutions of linear partial differential equations, *Acta Math.* **125** (1970), 39–56.
8. Král, J.: Semiielliptic singularities, *Časopis Pěst. Mat.* **109** (1984), 304–322.
9. Littman, W.: Polar sets and removable singularities of partial differential equations, *Ark. Mat.* **7** (1967), 1–9.
10. Marcus, M.: On removable singular sets for solutions of elliptic equations, *Amer. J. Math.* **90** (1968), 197–213.
11. Rogers, C. A.: *Hausdorff Measures*, Cambridge University Press (1970).
12. Saks, S.: *Theory of the Integral*, Dover Publications (1964).
13. Sion, M. and Sjerve, D.: Approximation properties of measures generated by continuous functions, *Mathematika* **9** (1962), 145–156.
14. Trèves, F.: *Lectures on Linear Partial Differential Equations wth Constant Coefficients*, Notas de Matemática 27, Rio de Janeiro (1961).
15. Zlonická, H.: Removable singularities of solutions of the heat equation with special growth, *Comment. Math. Univ. Carolin.* **25** (1984), 363–365.

Potential Analysis **3**: 133–143, 1994.

Effilement minimal en une singularité isolée de l'équation de Schrödinger et application au principe de Picard

EZEDDINE HAOUALA
Faculté de Sciences du Tunis, Departement de Mathématiques, Campus Universitaire, 1060 Tunis, Tunisie.

(Received: 23 April 1992; accepted: 25 November 1992)

Abstract. In this paper, the generalized Schrödinger equation $(\Delta - \mu)u = 0$ on the punctured unit disk Ω of $\mathbb{R}^2$ is investigated. If μ is rotation free and satisfies the Picard principle at the origin, it is shown that if a set $E \subset \Omega$ is minimal thin relatively to an extremal harmonic function h_μ with zero boundary values at $\{|x| = 1\}$, there exists a sequence (r_n) converging to zero such that $\partial B(0, r_n) \subset \complement E$. Let e_μ be the μ-unit. It is proved that if a measure ν satisfies $\int_{\Omega\setminus E} e_\mu h_\mu \,\mathrm{d}\nu < \infty$, for a minimal thin, relatively to h_μ, set E then the Picard principle is valid for the measure $\mu + \nu$.

Mathematics Subject Classifications (1991). 31A05, 31A35, 31C35.

Key words. Green function, Kato class, minimal thinness, Picard principle, Schrödinger equation.

0. Introduction

La notion d'effilement est un outil usuel de la théorie du potentiel. Dans le cas classique de l'équation de Laplace, sur $\mathbb{R}^2$, le Théorème de Brelot suivant ([6], p. 216) donne une condition nécessaire pour qu'un ensemble $E \subset \mathbb{R}^2$ soit effilé en un point: Si E est effilé en x alors il existe des réels arbitrairement petits $\rho > 0$ tels que $\partial B(x, \rho) \subset \complement E$.

Dans ce travail, nou considérons, l'équation de Schrödinger généralisée

$$(\Delta - \mu)u = 0$$

avec une mesure de Radon positive μ qui est dans la classe de Kato locale de $\mathbb{R}^2\setminus\{0\}$. Il est connu (voir [3]) que les solutions continues de cette équation forment un espace $\mathscr{P}$-harmonique de Brelot sur $\mathbb{R}^2\setminus\{0\}$. Nous considérons la restriction, $(U, {}^\mu H)$, de cet espace au disque unité pointé $U := \{0 < |x| < 1\}$ et nous supposons de plus que la mesure μ est invariante par le groupe orthogonal $SO(2)$ et qu'elle vérifie le principe de Picard en zéro, i.e. il n'existe, à une constante multiplicative prés, qu'une seule solution $h_\mu \in {}^\mu H(U)$ de l'équation $\Delta u = u\mu$ qui tend vers zéro à la frontière: $\{|x| = 1\}$.

Nous montrons alors, un analogue du Théorème précédent pour la notion générale d'effilement minimal en zéro ([6]) relative à l'espace perturbé $(U, {}^{\mu}H)$. Remarquons que lorsque $\mu = 0$, la notion initiale d'effilement coincide avec l'éffilement minimal en zéro ([6], p. 118), nous retrouvons alors le Théorème de Brelot.

Nous appliquons le résultat précédent pour prouver un test pour le principe de Picard: Designons par e_μ l'unique solution bornée de $\Delta u = u\mu$ sur U qui tend vers 1 à la frontière: $\{|x| = 1\}$ et soit ν une mesure de Radon positive, dans la classe de Kato locale de $\mathbb{R}^2\setminus\{0\}$. S'il existe un ensemble E effilé minimal reltivement à h_μ et tel que

$$\int_{U\setminus E}^{*} e_\mu h_\mu \, d\nu < \infty$$

alors la mesure $\nu + \mu$ vérifie le principe de Picard. Dans le cas où $\mu = 0$, ce résultat était démontré par Boukricha [3] et lorsque $\mu = 0$ et ν est à densité localement hölderienne par rapport à la mesure de Lebesgue, le résultat est établi par Nakai [10].

Nous rappelons, dans une première section préliminaire, les notions de classe de Kato locale et de principe de Picard.

Dans la deuxième section, nous fixons une mesure μ invariante par $SO(2)$ dans la classe de Kato locale de $\mathbb{R}^2\setminus\{0\}$ et nous montrons que la fonction de Green ${}^{\mu}G$ associée à l'espace $(U, {}^{\mu}H)$ vérifie l'inégalité suivante

$${}^{\mu}G_y(x) \leqslant {}^{\mu}G_{T(y)}(T(x)),$$

où $T(x) = (|x|, 0)$ pour tout $x \in \mathbb{R}^2$.

Dans la troisième section, nous utilisons l'inégalité précédente pour montrer l'analogue du Théorème de Brelot pour l'éffilement minimal en zéro.

A la dernière section nous prouvons le test pour le principe de Picard annoncé et nous donnons quelques applications.

1. Notations et préliminaires

Soit $U = \{x \in \mathbb{R}^2 : 0 < |x| < 1\}$. Pour tout ouvert $V \subset U$ nous notons par $C(V)$ (resp. $B(V)$) l'ensemble des fonctions continues et réelles (resp. numériques boréliennes) sur V.

Dans toute la suite H désigne le faisceau harmonique associé à l'equation de Laplace, i.e. pour tout ouvert $W \subset U$,

$$H(W) = \{h \in C^2(W) : \Delta h = 0\}.$$

Nous notons par $S(W)$ l'ensemble des fonctions surharmoniques sur W et par $\mathscr{P}(W)$ l'ensemble des potentiels sur W.

Soit G la fonction de Green de l'espace (U, H). Si V est un ouvert, $\bar{V} \subset U$, alors la fonction de Green sur V est

$$G_y^v(x) = G_y(x) - H_V G_y(x).$$

Soit $K_{loc}(\mathbb{R}^2 \backslash \{0\})$ l'ensemble des mesures de Radon positives sur $\mathbb{R}^2 \backslash \{0\}$ telles que pour tout ouvert relativement compact V de $\mathbb{R}^2 \backslash \{0\}$, la fonction

$$p_v(x) := \int_v G_g^v(x)\, d\mu(y)$$

est continue et réelle sur V, où G^V est la fonction de Green sur V. $K_{loc}(\mathbb{R}^2 \backslash \{0\})$ est la classe de Kato locale de $\mathbb{R}^2 \backslash \{0\}$.

Pour $\mu \in K_{loc}(\mathbb{R}^2 \backslash \{0\})$, nous désignons par ${}^{\mu}H$ le faisceau défini sur U par:

$${}^{\mu}H(v) = \{h \in C(v) : \Delta h = h\mu \text{ au sens des distributions}\}.$$

D'après [3], $(U, {}^{\mu}H)$ est un espace $\mathscr{P}$-harmonique de Brelot ayant une fonction de Green symétrique ${}^{\mu}G$ qui vérifie l'équation intégrale suivante

$$G_y(x) = {}^{\mu}G_y(x) + \int_U G_z(x)\, {}^{\mu}G_y(z)\, d\mu(z).$$

Nous précédons par μ toute notion qui se rapporte à l'espace $(U, {}^{\mu}H)$, et nous désignons par K_V l'opérateur sur $B(V)$:

$$K_v f(x) = \int_v G_c^v(x) f(z)\, d\mu(z).$$

Les noyaux μ-harmoniques sont donnés par:

$${}^{\mu}H_V = (I + K_V)^{-1} H_V.$$

Nous posons

$${}^{\mu}H_0 = \left\{h \in {}^{\mu}H^+(U) : \lim_{|x| \to 1} h(x) = 0\right\}$$

et

$${}^{\mu}H_0^e = \{h \in {}^{\mu}H_0 : h \text{ est extrémale dans } {}^{\mu}S^+(U)\}.$$

${}^{\mu}H_0^e$ est non vide. En effet: Soit $x_0 \in U$ et (y_n) une suite de U convergente vers zéro. Alors d'après ([7], p. 273), pour une sous-suite (y_n') de (y_n), ${}^{\mu}G_{y_n'}/{}^{\mu}G_{y_n'}(x_0)$ converge localement uniformément vers une fonction $h \in {}^{\mu}H_0$. Comme $h(x_0) = 1$ on a ${}^{\mu}H_0 \neq \{0\}$. Avec une démonstration identique à celle du Lemme (2) dans [2] nous montrons que ${}^{\mu}H^+(U)$ est la somme directe de ${}^{\mu}H_0$ et de l'ensemble des fonctions μ-harmoniques positives et bornées au voisinage de zéro. D'après l'inégalité de Harnack, il existe une constante $c > 0$ et $x_1 \in U$ tels que $|x_1| = 1/2$ et pour toute $u \in {}^{\mu}H^{+}(U)$ on a

$$u(x) \leqslant cu(x_1) \quad (|x| = 1/2).$$

Supposons que l'assertion est fausse. Par le Théorème de représentation des fonctions harmoniques, (voir [6]), l'inégalité précédente et le principe du minimum ([3], p. 261), toute fonction μ-harmonique est bornée au voisinage de zéro, ce qui contredit le fait que ${}^{\mu}H_0 \neq \varnothing$.

DÉFINITION 1.1 (voir [5, 10, 111, 12, 3, 4]). Soit $\mu \in K_{\text{loc}}(\mathbb{R}^2 \setminus \{0\})$. Nous disons que μ vérifie le principe de Picard en zéro si ${}^{\mu}H_0$ est engendré par une fonction. Soit $M_p(U)$ l'ensemble des mesures qui véifient le principe de Picard.

2. Fonction de Green inégalité

Dans toute la suite nous fixons une mesure $\mu \in K_{\text{loc}}(\mathbb{R}^2 \setminus \{0\})$ radiale, c'est à dire telle que $\mu(fo\sigma) = \mu(f)$ pour tout $\sigma \in SO(2)$ et $f \in B(U)$. Soit T l'application $\mathbb{R}^2 \to \mathbb{R}^2 : x \to (|x|, 0)$. La fonction de Green G sur U vérifie:

PROPOSITION 2.1. *Pour tout $x, y \in U$ on a*

$$G_y(x) \leqslant G_{T(y)}(T(x)).$$

Démonstration. Identifions $\mathbb{R}^2$ à C. Alors

$$G_y(x) = \operatorname{Log}\left|\frac{1 - x\bar{y}}{x - y}\right|$$

et

$$G_{T(y)}(T(x)) = \operatorname{Log}\left|\frac{1 - |x|\,|y|}{|x| - |y|}\right|.$$

Nous avons à montrer que

$$\left|\frac{1 - x\bar{y}}{x - y}\right|^2 \leqslant \left|\frac{1 - |x|\,|y|}{|x| - |y|}\right|^2.$$

Posons $a = 1 + |x|^2|y|^2$ et $b = |x|^2 + |y|^2$. Comme $|x|$ et $|y| < 1$ nous avons $a \geqslant b$. Le résultat découle alors du fait que $Re\, xy \leqslant |x|\,|y|$.

Nous allons montrer que la fonction de Green ${}^{\mu}G$ vérifie, l'inégalité précédente. Remarquons que ${}^{\mu}G$, comme G, est invariante par $SO(2)$.

Soit $y \in U$ et A un compact de U contenant y. Désignons par g_A^y la plus grande fonction μ-harmonique qui minore G_y sur $U \backslash A$. Si $(V_n)_n$ est une exhaution de $U \backslash A$ alors $g_A^y = \inf {}^\mu H_{v_n} G_y$ et si A' est un compact tel que $A \subset A'$ alors $g_{A'}^y \leqslant g_A^y$. En particulier $g^y := g_{\{y\}}^y = {}^\mu G_y$ sur $U \backslash \{y\}$. En effet: Pour tout n

$$g^y + K_{V_n} g^y \leqslant {}^\mu H_{V_n} G_y + K_{V_n} \quad {}^\mu H_{V_n} G_y = G_y.$$

Donc

$$g^y + K_{U\backslash\{y\}} g^y = G_y.$$

D'après ([3], p. 249), l'opérateur $I + K_{U\backslash\{y\}}$ est injectif sur $\{f \in B(U)\backslash\{y\}; K_{U\backslash\{y\}}|f| < \infty\}$ et d'après ([3], p. 254) ${}^\mu G_y + K_{U\backslash\{y\}} {}^\mu G_y = G_y$ sur $U\backslash\{y\}$. Nous avons ${}^\mu G_y \leqslant g^y$ puisque ${}^\mu G_y$ est une minorante μ-harmonique de G_y donc également $g^y + K_{U\backslash\{y\}} g^y = G_y$. Comme $K_{U\backslash\{y\}} g^y \leqslant G_y < +\infty$ nous obtenons $g^y = {}^\mu G_y$ sur $U\backslash\{y\}$.

LEMME 2.2 *Soit $y \in U$ et A un compact tel que $y \in A \subset U$. Soit $\sigma \in SO(2)$. Alors*

$$g_A^y o \sigma^{-1} = g_{\sigma(A)}^{\sigma(y)}.$$

Démonstration. Soit $\sigma \in SO(2)$. La fonction $g_A o \sigma^{-1}$ est μ-harmonique dans $U\backslash\sigma(A)$ et

$$g_A^y o \sigma^{-1} \leqslant G_y o \sigma^{-1} = G_{\sigma(y)},$$

donc

$$g_A^y o \sigma^{-1} \leqslant g_{\sigma(A)}^{\sigma(y)}.$$

En appliquant cette inégalité pour le point $\sigma(y)$ le compact $\sigma(A)$ et la rotation σ^{-1} nous obtenons

$$g_{\sigma(A)}^{\sigma(y)} o \sigma \leqslant g_A^y.$$

Par suite

$$g_A^y o \sigma^{-1} \leqslant g_{\sigma(A)}^{\sigma(y)}.$$

PROPOSITION 2.3. *Soit $x, y \in U$. Alors*

$${}^\mu G_y(x) \leqslant {}^\mu G_{T(y)} T(x).$$

Démonstration. L'inégalité est évidente si $T(x) = T(y)$, puisque ${}^\mu G_z(z) = \infty$ pour tout $z \in U$. Donc supposons que $T(x) \neq T(y)$. Soit σ la rotation telle que $\sigma(y) = T(y)$ et $y' = |y|\,|x|^{-1}\sigma(x)$. On a $y' \neq T(y)$.

Soit $0 < r < \min(|T(y) - y'|/2, |T(x) - T(y)|)$ et considérons les ensembles suivants:

$$D := \{t(T(y) + y'),\ t \in \mathbb{R}\}$$

$$A_r := B(T(y), r)$$

$$A'_r := B(y', r)$$

et V la composante connexe de $U\backslash D$ contenant $T(y)$. Soit s la rotation qui envoie $T(y)$ sur y'. Alors $A'_r = s(A_r)$ et $T(x) = s(\sigma(x))$. Les fonctions $g_{A_r}^{T(y)}$ et $g_{A'_r}^{y'}$ sont μ-harmoniques sur $V\backslash A_r$ et vérifient:

$$g_{A_r}^{T(y)} = g_{A'_r}^{y'} = 0$$

sur $\partial B(0, 1)$.

$$g_{A_r}^{T(y)} = g_{A'_r}^{y'}$$

sur $D \cap U$ d'après (2.2). D'autre part

$$g_{A'_r}^{y'} \leqslant G_{y'} \leqslant G_{T(y)} = g_{A_r}^{T(y)}$$

sur ∂A_r. D'après le principe du minimum dans ([3], p. 261) $g_{A'_r}^{y'} \leqslant g_{A_r}^{T(y)}$ sur $V\backslash A_r$. Utilisant le Lemme (2.2), nous obtenons

$$g_{A_r}^{T(y)}(\sigma(x)) = g_{A'_r}^{y'}(T(x)) \leqslant g_{A_r}^{T(y)}(T(x)).$$

Finalement, en faisant tendre r vers zéro, et tenant compte du fait que $\sigma(x) = T(x)$ nous aurons

$${}^{\mu}G_{T(y)}(T(x)) \leqslant {}^{\mu}G_{T(y)}\, T(x).$$

D'où le résultat.

3. Effilement minimal

Dans toute la suite, nous supposons de plus que la mesure $\mu \in M_p(U)$. Nous allons prouver un analogue du Théorème de Brelot pour la notion d'éffilement minimal en zéro relative à l'espace harmonique $(U, {}^{\mu}H)$.

DÉFINITION 3.1 (voir [6]). Soit $\nu \in K_{\text{loc}}(\mathbb{R}^2\backslash\{0\})$, $h \in {}^{\nu}H_0^e \cdot (U)$ et $E \subset U$. Nous disons que E est ν-effilé relativement à h si

$${}^{\nu}R_h^E \neq h,$$

où

$${}^{\nu}R_h^E = \inf\{u \in {}^{\nu}S^+(U): u \geqslant h \text{ sur } E\}.$$

REMARQUE 3.2. D'après ([6], p. 103), E est ν-effilé relativement à h si et seulement si ${}^{\nu}\hat{R}_h^E$ est ν-potentiel, où pour toute fonction numérique $\hat{u}$ est la régularisée s.c.i. de u.

Comme ${}^{\mu}H_0$ est engendré par une seule fonction, nous posons

DÉFINITION 3.3. Soit $E \subset U$. Nous disons que E est μ-effilé en zéro si E est μ-effilé relativement à $h \in {}^{\mu}H_0 \backslash \{0\}$.

PROPOSITION 3.4. (a) Il existe une seule fonction μ-harmonique h_μ radiale et telle que

$$h_\mu(x) = 1 \text{ pour } |x| = 1/2 \text{ et } \lim_{|x| \to 1} h_\mu(x) = 0.$$

(b) Il existe une seule fonction μ-harmonique bornée e_μ radiale telle que

$$\lim_{|x| \to 1} e_\mu(x) = 1.$$

Démonstration. Analogue à la démonstration du Lemme 1 dans ([2], p. 652).

THÉORÈME 3.5. *Soit $E \subset U$. Si E est μ-effilé en zéro alors il existe une suite $(r_n)_n$ de réels strictement positifs tendant vers zéro avec $\partial B(0, r_n) \subset \complement E$.*

Démonstration. Siut $E \subset U$ un ensemble μ-effilé en zéro. D'après ([4], p. 14), il existe un μ-potentiel p avec $p = h_\mu$ sur E.

Soit $x_0 \in U$ tel que $x_0 = T(x_0)$ et V un voisinage ouvert de zéro dans $\mathbb{R}^2$ tel que $\bar{V} \backslash \{0\} \subset U \backslash \{x_0\}$. D'après ([3], p. 261), il existe deux réels α, β strictement positifs tels que

$$\alpha e_\mu(y) \leqslant {}^{\mu}G_{x_0}(y) = {}^{\mu}G_y(x_0) \leqslant \beta e_\mu(y). \qquad (*)$$

sur $V \backslash \{0\}$. Sans perdre la généralité, nous pouvons supposer que $E \subset V$ et que p est μ-harmonique sur $U \backslash \bar{V}$. Il existe alors une mesure positive τ portée part V telle que $p = \int {}^{\mu}G_y \, d\tau(y)$. Posons, pour $x \in U$

$$q(x) = \int {}^{\mu}G_{T(y)}(x) \, d\tau(y)$$

De (*) et du fait que e_μ est radiale, nous avons ${}^{\mu}G_{T(y)}(x_0) \leqslant (\beta/\alpha) {}^{\mu}G_y(x_0)$, donc

$$\begin{aligned} q(x_0) &= \int {}^{\mu}G_{T(y)}(x_0) \, d\tau(y) \\ &\leqslant \beta/\alpha \int {}^{\mu}G_y(x_0) \, d\tau(y) = (\beta/\alpha) p(x_0) < +\infty. \end{aligned}$$

On en déduit que q est un μ-potentiel.

Soit $x \in U$, d'après (2.3)

$$\begin{aligned} q(T(x)) &= \int {}^{\mu}G_{T(y)}(T(x)) \, d\tau(y) \\ &\geqslant \int {}^{\mu}G_y(T(x)) \, d\tau(y) = p(T(x)). \end{aligned}$$

Donc $q(T(x)) \geqslant {}^{\mu}R^{E}_{h_\mu}(T(x))$ pour tout $x \in U$. Supposons maintenant qu'il existe $\rho > 0$ tel que si $0 < r < \rho$ alors $\partial B(0,r) \cap E \neq \emptyset$. Soit x_r un point de $\partial B(0,r) \cap E$. Nous avons

$$\begin{aligned} h_\mu(T(x_r)) &= h_\mu(x_r) \\ &= {}^{\mu}R^{E}_{h_\mu}(x_r) \\ &\leqslant q(T(x_r)) \end{aligned}$$

Celà implique que le segment $\{(t,0) \in \mathbb{R}^2,\ 0 < t < \rho\}$ est μ-effilé en zéro ce qui est en contradiction avec la Proposition 2.8 dans [4].

4. Principe de Picard

Soit $\nu \in K_{\mathrm{loc}}(\mathbb{R}^2 \backslash \{0\})$ telle qu'il existe un ensemble μ-effilé en zéro E avec

$$\int^{*}_{U \backslash E} e_\mu h_\mu \,\mathrm{d}\nu < \infty.$$

Il a été démontré dans [4] que cette condition est équivalente aux deux propositions suivantes:

$$\text{(a)} \quad \limsup_{y \to 0} {}^{\mu+\nu}G_y(x)/{}^{\mu}G_y(x) > 0, \quad x \in U.$$

$$\text{(b)} \quad \limsup_{x \to 0} e_{\mu+\nu}(x)/e_{\mu(x)} > 0.$$

Soit $(U_n)_n$ une suite croissante d'ouverts tels que $\bar{U}_n \subset U_n$ et $\cup U_n = U$ et considérons la fonction

$$g := \lim_{n \to \infty} {}^{\mu+\nu}H_{U_n} h_\mu;$$

g est la plus grande fonction $\mu + \nu$-harmonique sur U, inférieure à h_μ.

PROPOSITION 4.1. *La fonction g est non nulle.*

Démonstration. Soit $x_0 \in U$, $|x_0| = 1/2$ et

$$\alpha := \limsup_{y \to 0} {}^{\mu+\nu}G_y(x_0)/{}^{\mu}G_y(x_0).$$

L'hypothèse faite sur μ implique que $\alpha > 0$. Soit $(y_n)_n$ une suite convergente vers zéro telle que $\lim_{n \to \infty} {}^{\nu+\mu}G_{y_n}(x_0)/{}^{\mu}G_{y_n}(x_0) = \alpha$. Comme ${}^{\nu+\mu}G \leqslant {}^{\mu}G$, il existe, d'après ([7], p. 273), une sous-suite $(y'_n)_n$ de $(y_n)_n$ telle que ${}^{\nu+\mu}G_{y'_n}/{}^{\nu+\mu}G_{y'_n}(x_0)$ converge localement uniformément sur U vers une fonction $h \in {}^{\nu+\mu}H(U)$. Soit $0 < \gamma < \alpha$. Pour n suffisamment grand nous avons ${}^{\nu+\mu}G_{y'_n}(x_0) \geqslant \gamma\, {}^{\mu}G_{y'_n}(x_0)$. Donc

$$h \leqslant \lim_{n \to \infty} {}^{\nu+\mu}G_{y'_n} / {}^{\nu+\mu}G_{y'_n}(x_0)$$
$$\leqslant \lim_{n \to \infty} {}^{\mu}G_{y'_n} / \gamma {}^{\mu}G_{y'_n}(x_0) = (1/\gamma) h_\mu.$$

Nous obtenons ainsi une fonction non nulle, $\gamma h \in {}^{\nu+\mu}H_0$ qui est plus petite que h_μ. Comme $g \geqslant \gamma h$, g est non nulle.

PROPOSITION 4.2. *Soit $h \in {}^{\nu+\mu}H_0$ avec $h \leqslant h_\mu$. Alors il existe $\alpha \in \mathbb{R}_+$ tel que*

$$h + \int_U {}^{\mu}G_y h(y) \, \mathrm{d}\nu(y) = \alpha h_\mu.$$

Démonstration. La fonction

$$h' := h + \int_U {}^{\mu}G_y h(y) \, \mathrm{d}\nu(y)$$

est μ-harmonique. Comme $h \leqslant g$, nous avons $h' \leqslant h_\mu$. Comme $\mu \in M_P(U)$, il existe α tel que $h' = \alpha h \mu$.

COROLLAIRE 4.3. *Soit $h \in {}^{\nu+\mu}H_0$. Si $h \leqslant \alpha h_\mu$ pour un réel α, alors il existe $\lambda \in \mathbb{R}_+$ tel que $h = \lambda g$.*

PROPOSITION 4.4. *Soit $h \in {}^{\nu+\mu}H_0 \backslash \{0\}$. Il existe $n \in \mathbb{N}$ tel que l'ensemble*

$$D_n := \{x \in U : h(x) \geqslant n g(x)\}$$

est μ-effilé en zéro.

Démonstration. Supposons que les D_n ne soient pas μ-effilés en zéro. Alors pour tout n nous avons ${}^{\mu}R_{h_\mu}^{D_n} = h_\mu$. Soit

$$g' = g + \int_U {}^{\mu}G_y g(y) \, \mathrm{d}\nu(y)$$

$g' \in {}^{\mu}H_0$. Il existe alors $\alpha \in \mathbb{R}_+$ tel que $g' = \alpha h_\mu$ par suite ${}^{\mu}R_{g'}^{D_n} = g'$. D'après ([4], p. 14), D_n n'est pas $\nu + \mu$-effilé relativement à g. Comme $h_\mu \in {}^{\nu+\mu}S(U)$, nous avons pour tout $n \in \mathbb{N}$

$$g = {}^{\nu+\mu}R_g^{D_n}$$
$$\leqslant (1/n) h_\mu.$$

Donc $g = 0$ en contradiction avec (4.1).

THÉORÈME 4.5. *La mesure $\mu + \nu$ vérifie le principe de Picard.*

Démonstration. Soit $h \in {}^{\mu+\nu}H_0 \setminus \{0\}$. D'après la Proposition précédente il existe $n_0 \in \mathbb{N}$ tel que l'ensemble $D = \{x \in U : h(x) \geqslant n_0 g(x)\}$ est μ-effilé en zéro. D'après le Théorème (3.5), il existe une suite décroissante vers zéro $(r_n)_n$ de réels strictement positifs vérifiant $\partial B(0, r_n) \subset \complement D$. Soit $V_n = U \setminus \bar{B}(0, r_n)$. Sur ∂V_n, $h \leqslant n_0 g$. D'après le principe du minimum nous obtenons $h \leqslant n_0 g$ sur V_n pour tout n. Donc $h \leqslant n_0 g$ sur U. D'après le Corollaire (4.3) il existe alors $\alpha \in \mathbb{R}_+$ tel que $h = \alpha g$.

REMARQUE 4.6. Dans le cas où $\mu = 0$, $e_\mu = 1$ et $h_\mu(x) = -\mathrm{Log}\,|x|$. Le Théorème (4.5) nous permet de retrouver les résultats de Nakai [10] et Boukricha [3].

Dans la suite r désigne la fonction $x \longrightarrow |x|$ et λ la mesure de Lebesgue sur U.

COROLLAIRE 4.7. *Soit $\nu \in K_{\mathrm{loc}}(\mathbb{R}^2 \setminus \{0\})$. S'il existe $E \subset U$ et un réel $\alpha > 0$ tels que E est $\alpha^2/r^2\ \lambda$-effilé en zéro et $\nu^*(U \setminus E) < +\infty$ alors $\nu + \alpha^2/r^2\ \lambda \in M_P(U)$.*

Démonstration. Posons $\mu = \alpha^2/r^2\ \lambda$. Un calcul simple montre que

$$e_\mu = r^\alpha$$

et

$$h_\mu = r^{-\alpha} - r^\alpha$$

Il en résulte que

$$\int_{U \setminus E}^{*} e_\mu h_\mu \,\mathrm{d}\nu < \infty$$

et le résultat découle du Théorème (4.5).

COROLLAIRE 4.8. *Soit c une fonction localement höldérienne sur U et $\nu = c\lambda$. Si $\nu(U) < +\infty$ alors $\nu + \alpha^2/r^2\ \lambda \in M_P(U)$ pour tout $\alpha \in \mathbb{R}$.*

Démonstration. Le cas $\alpha = 0$ est traité dans [12]. Si $\alpha \neq 0$ le résultat est une conséquence du Théoŕme (4.5).

Reconnaissance

L'auteur est reconnaissant au prof. W. Hansen et A. Boukricha pour les discussions fructueuses qu'il a entretenu avec eux.

References

1. Bliedtner, J. and Hansen, W.: *Potential Theory. An Analytic and Probabilistic Approach to Balayage*, Universitext, Springer-Verlag, 1986.
2. Boukricha, A. and Hueber, H.: 'The Poisson Space 'P_x for $\Delta u = cu$ with Rotation Free c', *Acad. Roy. Belg. Bull. Cl. Sci.* (5) **LXIV**(10), (1978), 651–658.
3. Boukricha, A.: 'Das Picard-Prinzip und verwandte Fragen bei Störung von harmonischen Räumen', *Math. Ann.* **239** (1979), 247–270.
4. Boukricha, A.: Principe de Picard et comportement des solutions continues de l'équation de Schrödinger, au voisinage d'une singularité isolée, BiBos preprint 247, University of Bielefeld (1987).
5. Brelot, M.: 'Etude de l'équation de la chaleur $\Delta u = c(M)u(M)$, $c(M) \geqslant 0$, au voisinage d'un point singulier du coefficient', *Ann. Sci. Ecole Norm. Sup.* **48** (1931), 153–246.
6. Brelot, M.: *On Topoligies and Boundaries in Potential Theory*, Lecture Notes in Math. 175, Springer-Verlag, 1971.
7. Constaninescu, C. and Cornea, A.: *Potential Theory on Harmonic Spaces*, Springer-Verlag, 1972.
8. Helms, L.: *Introduction to Potential Theory*, Wiley-Interscience, 1969.
9. Jassenn, K.: 'On the Existence of a Green Function for Harmonic Spaces', *Math. Ann.* **208** (1974), 295–303.
10. Nakai, M.: 'A Test for Picard Principle', *Nagoya Math. J.* **56** (1974), 105–119.
11. Nakai, M.: 'A Test for Picard Principle for Rotation Free Densities', *J. Math. Soc. Japan* **27** (1975), 412–431.
12. Nakai, M.: 'Picard Principle for Finite Densities', *Nagoya Math. J.* **70** (1978), 7–24.

Potential Analysis **3**: 145–152, 1994.

Sur les systèmes dynamiques instables

MOHAMED HMISSI
Fachbereich Mathematik, Universität Frankfurt am Main, Postfach 11 19 32, D-6000 Frankfurt am Main, Germany.

(Received: 23 April 1992; accepted: 16 November 1992)

Abstract. Let (X, Φ) be a continuous dynamical system on a locally compact space X with countable base. In this note we prove the equivalence of the following statements:
1. (X, Φ) is unstable;
2. The kernel $f \mapsto Vf = \int_0^\infty f(\Phi(t, \cdot))\,dt$, is a proper kernel.

As application, every unstable dynamical system possesses a section S in the form $S = \{p = q\}$, such that p and q are lower semicontinuous and >0 on X.

Mathematics Subject Classification (1991). 58F31.

Key words. Système dynamique (instabilité, section), noyau potentiel propre.

0. Introduction

Soit (X, Φ) un système dynamique, une *section* de (X, Φ) est une partie S de X telle que, pour tout $x \in X$, il existe un unique $\tau(x) \in \mathbb{R}$, vérifiant $\Phi(\tau(x), x) \in S$. Il est clair qu'un système dynamique possède une section si et seulement si, il est sans périodes. Mais l'intérêt d'une section ne réside pas dans son existence mais plutôt dans ses propriétés topologiques. Par exemple, il est connu ([1]) qu'un système dynamique est parallélisable si et seulement si il possède une section continue (c'est à dire que τ est continue).

La présente note est consacrée aux systèmes (complètement) instables; il s'agit d'étudier le noyau potentiel associé pour construire une (bonne) section pour un tel système. Soit $\Phi: \mathbb{R} \times X \mapsto X$ telle que (X, Φ) est un système dynamique continu sur un espace X localement compact à base dénombrable, nous montrons d'abord l'équivalence des propriétés suivantes

1. Le système dynamique (X, Φ) est *instable*, c'est à dire que pour tout $x \in X$, il existe un voisinage O de x et $r > 0$ tels que $O \cap \Phi(t, O) = \emptyset$, pour tout $|t| \geqslant r$;
2. Le noyau potentiel associé à (X, Φ) est *propre*, c'est à dire que pour tout $x \in X$, la mesure $f \mapsto Vf(x) := \int_0^\infty f(\Phi(t, x))\,dt$ est une mesure de Radon.

Lorsque (X, Φ) est instable alors nous montrons comme application, qu'il existe deux fonctions p, q semi-continues inférieurement et strictement positives sur X telles que $S := \{x \in X : p(x) = q(x)\}$ est une section de (X, Φ).

Soit $J := \{\lim_{n\to\infty} \Phi(t_n, x_n) \in X : \lim_{n\to\infty} x_n \in X, \lim_{n\to\infty} t_n = \infty\}$. Dans le cas où (X, Φ) est instable alors J est sous-ensemble maigre de X. De plus si f est une fonction continue et à support compact sur X, alors Vf est continue sur X si et seulement si $\operatorname{supp}(f)$ est inclus dans $X \backslash J$.

Ce travail fait partie d'une série de notes ([4, 5]) sur l'étude des courbes de Siegel dans le cadre des systèmes dynamiques non nécessairement différentiables. Sa réalisation doit en parties à Sieveking que je remercie aussi pour les discussions à propos de ce thème.

1. Généralités

L'objet de ce paragraphe est un rappel des notions et résultats utilisés dans cette note, les références de base sont [1, 2]. Soit X un espace localement compact et à base dénombrable (noté L.C.D.). $\mathscr{B}$ étant la tribu borélienne sur X, désigne aussi l'espace des fonctions mesurables et définies sur X. Pour $f \in \mathscr{B}$ et $a \in \mathbb{R}$, notons par $\{f > a\} := \{x \in X : f(x) > a\}$ et par $\operatorname{supp}(f)$ le support topologique de f. Pour tout $x \in X$, soit $\mathscr{U}(x) := \{U \subset X : U$ est un voisinage ouvert de $x\}$. Si $U \subset X$, alors $\bar{U}$ (resp. U^*) dénote la fermeture (resp. la frontière) de U. En outre soient $\mathscr{C}$ l'espace des fonctions définies, finies et continues sur X et $\mathscr{K}$ le sous-espace de $\mathscr{C}$, des fonctions à support compact. $\mathscr{B}_b$ etc.... dénote le sous-espace de $\mathscr{B}$ etc...., des fonctions bornées $\mathbb{R}^+$, $\mathscr{C}^+$ etc. ... désigne l'ensemble des éléments de $\mathbb{R}$, $\mathscr{C}$ etc. ..., qui sont positives. Enfin si $|\cdot|$ est la norme naturelle de $\mathbb{R}$, posons $\|f\| := \sup_{x \in X} |f(x)|$, pour tout $f \in \mathscr{B}_b$.

1.1. SYSTÈMES DYNAMIQUES

1. Un *système dynamique* (noté S.D.) sur l'espace X est une application continue $\Phi : \mathbb{R} \times X \mapsto X$, vérifiant

$$\forall x \in X: \quad \Phi(0, x) = x, \tag{1}$$

$$\forall x \in X, \quad s, t \in \mathbb{R}: \quad \Phi(s + t, x) = \Phi(s, \Phi(t, x)). \tag{2}$$

Un tel système est plutôt noté par le couple (X, Φ).

2. Soit (X, Φ) un S.D. alors $\Phi(I, U) := \{\Phi(t, x) : t \in I, x \in U\}$, pour $U \subset X$ et $I \subset \mathbb{R}$. Une partie $U \subset X$, est dite *invariante* si $\Phi(\mathbb{R}, U) = U$. Dans ce cas la restriction du S.D. (X, Φ) à U, est aussi un S.D. noté également par (U, Φ).

3. Soit (X, Φ) un S.D., pour tout $x \in X$, posons

$$J(x) := \left\{\lim_{n\to\infty} \Phi(t_n, x_n) \in X: \quad \lim_{n\to\infty} x_n = x, \quad \lim_{n\to\infty} t_n = \infty\right\}. \tag{3}$$

L'ensemble $J := \cup_{x \in X} J(x)$ est appelé *attracteur uniforme* de X relativement au système dynamique (X, Φ).

1.2. NOYAU POTENTIEL

Soit (X, Φ) un S.D., l'opérateur V défini par

$$\forall f \in \mathscr{K}, \quad x \in X: \quad Vf(x) := \int_0^\infty f(\Phi(t, x))\, \mathrm{d}t \tag{4}$$

est appelé le *noyau potentiel* de (X, Φ). V est en fait le noyau potentiel du *semi-groupe déterministe* $\mathbb{H} := (H_t)_{t \geqslant 0}$ associé à (X, Φ). Ce semi-groupe qui est défini par

$$\forall f \in \mathscr{B}, \quad x \in X, \quad \forall t \geqslant 0: \quad H_t f(x) := f(\Phi(t, x)), \tag{5}$$

est un semi-groupe de Feller.

1.3. SYSTÈMES DYNAMIQUES PARALLÉLISABLES

Un S.D. (X, Φ) est dit *parallélisable* ([1], IV) si et seulement si, il existe une partie S de X et un homéomorphisme $h: X \mapsto \mathbb{R} \times S$ tels que $\Phi(\mathbb{R}, S) = X$ et

$$\forall x \in S; \quad t \in \mathbb{R}: \quad h(\Phi(t, x)) = (t, x). \tag{6}$$

S'il n'y a pas de confusion, nous disons aussi dans ce cas que X est parallélisable. Soient (X, Φ) un S.D., alors chacune des propriétés suivantes est équivalente au fait que (X, Φ) est parallélisable ([1], IV et [3])

L'attracteur uniforme J est vide; (7)

$Vf \in \mathscr{C}_b$, pour tout $f \in \mathscr{K}$. (8)

1.4. SYSTÈMES DYNAMIQUES INSTABLES

Un système dynamique (X, Φ) est dit (*complètement*) *instable* ([1], IV) si et seulement si $x \notin J(x)$, pour tout $x \in X$.

Soient (X, Φ) un S.D., alors chacune des propriétés suivantes est équivalente au fait que (X, Φ) est instable ([1], IV)

Pour tout $x \in X$, il existe $O \in \mathscr{U}(x)$ et $r \in]0, \infty[$, tels que $O \cap \Phi(t, O) = \varnothing$ pour tout $|t| \geqslant r$; (9)

X est *localement parallélisable*, c'est-à-dire que X est réunion dénombrable d'ouverts invariants et parallélisables. (10)

1.5. EXEMPLES

1. Un S.D. parallélisable est évidemment instable. La réciproque, qui est fausse en général, est vérifiée lorsque $X = \mathbb{R}$.

2. Soient $X := \mathbb{R}^2\backslash\{(0,0)\}$ et $\Phi(t,(a,b)) := (a\exp(-t), b\exp t)$, pour tous $(a,b) \in X$ et $t \in \mathbb{R}$. Dans ce cas $J = \{0\} \times (\mathbb{R}\backslash\{0\})$ et (X,Φ) est instable.

3. Soient $X := \mathbb{R}^2$ et A le champ de vecteurs défini par $A(a,b) := (\sin b, \cos^2 \mathrm{b})$, pour tous $a, b \in \mathbb{R}$. L'étude de ce champ (voir [1], IV 1.5 par exemple) montre que le S.D. (X,Φ) est aussi instable mais non parallélisable. En fait nous avons $J = \{(a, \pi/2 + 2k\pi): a \in \mathbb{R}, k \in \mathbb{Z}\}$.

4. Plus généralement, nous montrons ([4]) que pour tout S.D. $(\mathbb{R}^2,\Phi)$, l'attracteur J est une réunion discrète de trajectoires de $(\mathbb{R}^2,\Phi)$.

5. Si un S.D. est instable alors il ne possède aucune trajectoire périodique. La réciproque est fausse comme le montre ([1], IV 1.5).

2. Noyau potentiel et instabilité

L'objet de ce paragraphe est de caractériser l'instabilité d'un système dynamique en terme du noyau potentiel associé.

2.1. LEMME. *Soient* (X,Φ) *un S.D. et* $A \subset B \subset X$, *deux ouverts relativement compacts tels que* $A^* \cap B^* = \varnothing$, *alors*

$$\inf\{t \geqslant 0 : \exists\, y \notin B \text{ avec } \Phi(t,y) \in A\} =: a > 0. \tag{11}$$

Démonstration. Si (11) n'est pas vérifiée alors il existe une suite $(a_n)_{n\in\mathbb{N}}$ de $\mathbb{R}^+$, une suite $(y_n)_{n\in\mathbb{N}}$ de $X\backslash B$ telles que

$$\lim_{n\to\infty} a_n = 0 \text{ et } \forall n \in \mathbb{N}: \quad \Phi(a_n, y_n) \in A. \tag{12}$$

Pour tout $n \in \mathbb{N}$, posons alors

$$b_n := \inf\{t \geqslant 0 : \Phi(t, y_n) \in B\}; \quad c_n := \inf\{t \geqslant 0 : \Phi(t, y_n) \in A\}. \tag{13}$$

D'après (12) et (13), nous avons

$$\forall n \in \mathbb{N}: \quad 0 \leqslant b_n \leqslant c_n \leqslant a_n; \quad \Phi(b_n, y_n) \in B^*; \quad \Phi(c_n, y_n) \in A^*. \tag{14}$$

En particulier

$$\lim_{n\to\infty} b_n = \lim_{n\to\infty} c_n = 0. \tag{15}$$

Puisque A^* et B^* sont des compacts, alors (14) implique que, quitte à prendre des sous-suites, nous pouvons supposer, sans perdre de généralités que

$$\lim_{n\to\infty}\Phi(b_n,y_n):=u\in B^*;\quad \lim_{n\to\infty}\Phi(c_n,y_n):=v\in A^*. \tag{16}$$

Mais alors (15) et (16) entraînent que $u = v$, ce qui contredit l'hypothèse $A^* \cap B^* = \emptyset$.

2.2. THÉORÈME. *Un S.D.* (X,Φ) *est instable si et seulement si*

$$\textit{Pour toute } f\in\mathscr{K}, \textit{ la fonction } Vf \textit{ est bornée sur } X. \tag{17}$$

Démonstration. Supposons que (X,Φ) est instable alors d'après (10) et le fait que X est L.C.D., il existe une famille $(O_n)_{n\in\mathbb{N}}$ d'ouverts invariants et parallélisables, qui recouvre X. Soit alors $(h_n)_{n\in\mathbb{N}}$ une partition de l'unité subordonnée au recouvrement $(O_n)_{n\in\mathbb{N}}$, c'est à dire que:

$$\forall n\in\mathbb{N}:\quad h_n\in\mathscr{K}^+,\quad \mathit{Supp}\,h_n\subset O_n;\quad \sum_{n=1}^{\infty}h_n=1. \tag{18}$$

Soient maintenant $f\in\mathscr{K}^+$ et $K:=\operatorname{supp}(f)$. Remarquons d'abord que, puisque $X\backslash O_n$ est invariant et que O_n est parallélisable, pour tout $n\in\mathbb{N}$, alors (8) entraîne que

$$\forall n\in\mathbb{N}:\quad \|V(fh_n)\|=\sup_{x\in O_n}|(fh_n)(x)|<\infty. \tag{19}$$

Puisque K est un compact alors (18) implique que

$$m:=\sup\{n\in\mathbb{N}:\quad \mathit{Supp}\,h_n\cap K\neq\emptyset\}<\infty. \tag{20}$$

Mais alors (19) et (20) impliquent (17) car

$$\|Vf\|=\left\|V\left(\sum_{n=1}^{\infty}fh_n\right)\right\|=\left\|V\left(\sum_{n=1}^{m}h_nf\right)\right\|\leqslant\sum_{n=1}^{m}\|V(h_nf)\|<\infty.$$

Réciproquement: Si (X,Φ) n'est pas instable alors il existe d'après (9), $x\in X$ tel que

$$\forall O\in\mathscr{U}(x),\quad r>0:\quad \exists t>r:\quad O\cap\Phi(t,O)\neq\emptyset. \tag{21}$$

Soit $f\in\mathscr{K}^+$ tel que $x\in A:=\{f>1\}\subset B:=\{f>1/2\}$ alors

$$\forall t\geqslant 0,\quad \exists s>t:\quad \Phi(s,x)\notin B \tag{22}$$

car par hypothèse, nous avons $Vf(x)<\infty$. Soit donc $s_0>0$ tel que $\Phi(s_0,x)\notin B$, alors en appliquant (21) à $O:=A$ et $r:=s_0$, il existe $t_0>s_0$ tel que $\Phi(t_0,x)\in A$. Or la continuité de Φ permet de choisir s_0 et t_0 tels que $\Phi([s_0,t_0],x)\subset\bar{B}$. Mais alors d'après (22), il existe $s_1>t_0$ tels que $\Phi(s_1,x)\notin B$. Une nouvelle application de (21) à $O:=A$ et $r:=s_1$, nous permet de trouver $t_1>s_1$, tel que $\Phi(t_1,x)\in A$. De plus nous pouvons choisir s_1 et t_1 tels que $\Phi([s_1,t_1],x)\subset\bar{B}$.

Ainsi une application répétée de (21) et (22), permet de définir deux suites réelles $(s_n)_{n\in\mathbb{N}}$ et $(t_n)_{n\in\mathbb{N}}$, telles que

$$\forall n \in \mathbb{N}: \quad s_n < t_n < s_{n+1}, \tag{23}$$

$$\forall n \in \mathbb{N}: \quad \Phi(s_n, x) \notin B; \quad \Phi(t_n, x) \in A; \quad \Phi([s_n, t_n], x) \subset \bar{B}. \tag{24}$$

En appliquant le Lemme 2.1, les relations (11), (23) et (24) impliquent alors que

$$\forall n \in \mathbb{N}: \quad 0 < a \leqslant t_n - s_n. \tag{25}$$

Enfin par définition de B et d'après (23) et (25), nous avons

$$Vf(x) = \int_0^\infty f(\Phi(t,x))\,\mathrm{d}t \geqslant \sum_{n=0}^\infty \int_{s_n}^{t_n} f(\Phi(t,x))\,\mathrm{d}t \geqslant \sum_{n=0}^\infty \frac{a}{2} = \infty.$$

Mais ceci contredit l'hypothèse (17).

2.3. REMARQUE. Soit (X, Φ) un S.D. alors pour tout $f \in \mathscr{K}^+$, la fonction Vf est semi-continue inférieurement sur X. Lorsque (X, Φ) est instable, nous allons entre autre caractériser dans le paragraphe suivant, les fonctions $f \in \mathscr{K}$ telles que Vf est continue sur X. Pour cela l'attracteur uniforme J de X, va jouer un rôle important.

3. Potentiels et sections

Dans tout ce paragraphe, nous fixons un S.D. instable et nous proposons de lui associer une "bonne" section et aussi de caractériser les potentiels continus.

3.1. DÉFINITIONS. Soit (X, Φ) un système dynamique.

1. Une partie S de X, est appelée *section* du S.D. (X, Φ) si

$$\forall x \in X, \ \exists r(x) \in \mathbb{R}, \quad \text{unique: } \Phi(r(x), x) \in S. \tag{26}$$

2. Le S.D. noté $(X, \hat{\Phi})$ dit *dual* de (X, Φ), est défini sur l'espace X par

$$\forall x \in X; \quad t \in \mathbb{R}: \quad \hat{\Phi}(t, x) := \Phi(-t, x). \tag{27}$$

3.2. COROLLAIRE. *Il existe deux fonctions p, q semi-continues inférieurement et strictement positives sur X telles que $S := \{p = q\}$ est une section de (X, Φ).*

Démonstration. Soit $(K_n)_{n\in\mathbb{N}}$ une exhaustion de X par des compacts, définissons la suite de fonctions $(f_n)_{n\in\mathbb{N}}$ de $\mathscr{K}$ telle que, pour tout $n \in \mathbb{N}$

$$f_n = 1 \text{ sur } K_n; \quad f_n = 0 \text{ sur } X \backslash K_{n+1} \quad \text{et} \quad 0 \leqslant f_n \leqslant 1. \tag{28}$$

D'après (28) et le Théorème 2.2, nous avons alors:

$$\forall n \in \mathbb{N}: \quad c_n := \|Vf_n\| < \infty. \tag{29}$$

Soit maintenant

$$\varphi := \sum_{n \in \mathbb{N}} \frac{f_n}{2^n(1 + c_n)},$$

alors la fonction $p := V\varphi$ est bornée, strictement positive, semi-continue inférieurement, strictement décroissante le long des trajectoires de (X, Φ) qui vérifie:

$$\forall x \in X: \quad \lim_{t \to \infty} p(\Phi(t, x)) = 0. \tag{30}$$

En appliquant la relation (9), il est clair que le S.D. dual $(X, \hat{\Phi})$ défini par (27), est aussi instable. Ainsi nous obtenons aussi une fonction $q > 0$ bornée, semi-continue inférieurement, strictement croissante le long des trajectoires de (X, Φ) qui vérifie:

$$\forall x \in X: \quad \lim_{t \to -\infty} q(\Phi(t, x)) = \infty. \tag{31}$$

Considérons maintenant la fonction $v := p/q$, alors $v > 0$ et v est strictement décroissante le long des trajectoires de (X, Φ). De plus (30) et (31) impliquent que:

$$\forall x \in X: \quad \lim_{t \to -\infty} v(\Phi(t, x)) = \infty; \quad \lim_{t \to \infty} v(\Phi(t, x)) = 0. \tag{32}$$

Finalement soit $S := \{v = 1\} = \{p = q\}$, alors (32) implique (26), c'est à dire que S est une section de (X, Φ).

3.3. LEMME. *Il existe une famille démonbrable $(O_n)_{n \in \mathbb{N}}$ d'ouverts de X, telle que*

$$J \subset \bigcup_{n \in \mathbb{N}} O_n^*. \tag{33}$$

C'est à dire que J est une partie maigre de X.

Démonstration. Puisque (X, Φ) est instable alors la relation (10) entraîne qu'il existe une famille démonbrable $(O_n)_{n \in \mathbb{N}}$ d'ouverts de X, invariants et parallélisables, telle que $X = \cup_{n \in \mathbb{N}} O_n$. En posant $J_n := \cup_{x \in O_n} J(x)$, alors (3) implique que $J = \cup_{n \in \mathbb{N}} J_n$. D'autre part, puisque O_n est parallélisable, alors la relation (7) entraîne que $J_n \subset O_n^*$, pour tout $n \in \mathbb{N}$. La relation (33) est alors immédiate.

3.4. THÉORÈME. *Soit $f \in \mathscr{K}$, alors supp (f) est inclus dans $X \backslash J$ si et seulement si la fonction Vf est continue sur X.*

Démonstration. Soit $K := \mathit{Supp} f$ alors pour tout $x \in X$, posons $\Gamma(x) := \{\Phi(t, x) : t \geqslant 0\}$ et

$$a_K(x) := \begin{cases} \sup\{t \geqslant 0 : \Phi(t, x) \in K\} & \text{si} \quad \Gamma(x) \cap K \neq \varnothing; \\ 0 & \text{si} \quad \Gamma(x) \cap K = \varnothing. \end{cases}$$

Supposons que $K \subset X \backslash J$ et montrons que:

$$\forall L \subset X, \quad L \text{ compact: } \sup_{x \in L} a_K(x) < \infty. \tag{34}$$

Sinon il existe une suite $(x_n)_{n \in \mathbb{N}}$ de L; une suite $(t_n)_{n \in \mathbb{N}}$ de $\mathbb{R}^+$, telle que $\lim_{n \to \infty} t_n = \infty$ et $(y_n := \Phi(t_n, x_n))_{n \in \mathbb{N}}$ est une suite de K. Nous pouvons supposer que les suites $(x_n)_{n \in \mathbb{N}}$ et $(y_n)_{n \in \mathbb{N}}$ sont convergentes vers $x \in L$ et $y \in K$, respectivement. En tenant compte de la définition (3), nous avons $y \in J(x)$ et donc $y \in K \cap J$, ce qui contredit l'hypothèse. Maintenant, par définition de V (relation (4)), il est clair que la relation (34) implique Vf est continue.

Réciproquement, supposons que $K \cap J \neq \emptyset$ et soient alors $y \in K \cap J$ et $x \in X$, tels que $y \in J(x)$. Puisque (X, Φ) est instable alors $x \neq y$. Soient alors g et h dans $\mathscr{K}$, $O \in \mathscr{U}(x)$ et $P \in \mathscr{U}(y)$, telles que

$$f = g + h; \quad P \subset Supp\, g; \quad O \cap Supp\, g = \emptyset. \tag{35}$$

Montrons que Vg n'est pas continue au point x: D'après (35), il existe une suite $(x_n)_{n \in \mathbb{N}}$ de O convergente vers x; une suite $(t_n)_{n \in \mathbb{N}}$ de $\mathbb{R}^+$ telle que $\lim_{n \to \infty} t_n = \infty$ et $(y_n := \Phi(t_n, x_n))_{n \in \mathbb{N}}$ est une suite de P, convergente vers y. Mais alors il existe $r \in]0, \infty[$ tel que

$$\forall n \in \mathbb{N}: \quad r \geqslant Vg(x_n). \tag{36}$$

Ainsi (36) entraîne que Vg n'est pas continue car d'après (35), nous avons aussi $Vg(x) = 0$. Enfin puisque $Vf = Vg + Vh$ et Vg et Vh sont semi-continues inférieurement alors Vf n'est pas continue.

3.5. REMARQUES. 1. Lorsque J est un fermé de X alors nous pouvons montrer, à l'aide du Théorème 3.4, qu'il existe une fonction $\varphi \in \mathscr{C}_b^+$ telle que $V\varphi \in \mathscr{C}_b^+$ et $J = \{V\varphi = 0\}$.

2. En général J n'est pas fermé dans X. Par contre lorsque $X = \mathbb{R}^2$ alors nous montrons, en utilisant le Théorème de Poincaré–Bendixson, que J est fermé dans $\mathbb{R}^2$, pour tout S.D. défini sur tout le plan (voir exemple 1.5.4). Notre référence [4] fournit suffisament de détails concernant ce problème.

Références

1. Bhatia, N. P. and Szegö, G. P.: *Stability Theory of Dynamical Systems*, Grundl. Math. Wiss. 161, Springer-Verlag (1970).
2. Bliedtner, J. and Hansen, W.: *Potential Theory, An Analytic and Probabilistic Approach to Balayage*, Universitext, Springer-Verlag (1986).
3. Hmissi, M.: *Semi-groupes déterministes*, Séminaire de Théorie du Potentiel, Paris, No 9, pages 135–144, Lecture Notes in Math. 1393, Springer-Verlag (1989).
4. Hmissi, M.: *Recouvrement parallélisable du plan*, Proceedings of the European Conference on Iteration Theory, Lisboa 1991, World Scientific (à paraître).
5. Hmissi, M. and Sieveking, M.: *Sur l'existence des courbes de Siegel*, A paraître.

Potential Analysis **3**: 153–157, 1994.

Uniqueness of Kernel Functions of the Heat Equation

MASAHARU NISHIO
Department of Mathematics, Osaka City University, Sugimoto, Sumiyoshi-ku, Osaka, 558, Japan.

(Received: 23 April 1992; accepted: 21 September 1992)

Abstract. We consider the heat equation on $\Omega_\alpha = \{(x,t) \in \mathbf{R}^2;\ t < 0,\ |x| < (-t)^\alpha\}$ and give the uniqueness of kernel functions at the infinity (see Theorem 5). For the proof, we examine the continuity of the density of the parabolic measure on $D_\beta = \{(x,t); t > |x|^\beta\}$, closely related to Ω_α. By this theorem, we can decide the Martin boundary of Ω_α ($\alpha < 1$) with respect to the heat equation.

Mathematics Subject Classifications (1991). 35K05, 31C35.

Key words. Heat equation, uniqueness of positive solutions, Martin boundary.

1. Introduction

We shall consider parabolic functions u on a domain Ω in $\mathbf{R}^2$, which are defined as solutions of the heat equation

$$(\partial/\partial t - \partial^2/\partial x^2)u = 0.$$

For an unbounded domain Ω in $\mathbf{R}^2$, a nonnegative parabolic function u on Ω is called a *kernel function* at the infinity (resp. at $(y,s) \in \partial_p\Omega$) if u is not identically equal to 0 and if u vanishes continuously on $\partial_p\Omega$ (resp. on $\partial_p\Omega \setminus \{(y,s)\}$), where $\partial_p\Omega$ denotes the parabolic boundary of Ω, namely,

$$\partial_p\Omega = \{(y,s) \in \partial\Omega;\ V \cap \Omega \cap \{(x,t);\ t > s\} \neq \varphi \text{ for any neighborhood } V \text{ of } (y,s)\}.$$

Assume that Ω is of form $\{(x,t);\ t < T_0,\ \varphi_1(t) < x < \varphi_2(t)\}$ for some locally 1/2-Hölder continuous functions $\varphi_1 < \varphi_2$ and for $T_0 \in \mathbf{R}$. Kemper showed that for $(y,s) \in \partial_p\Omega$, the normalized kernel functions u at (y,s) are uniquely determined. For the normalized kernel functions at the infinity, Jones and Tu [2] discussed their uniqueness on Ω in the case of $-\varphi_1(t) = \varphi_2(t) = 1$ and of $-\varphi_1(t) = \varphi_2(t) = (-t)^{1/2}$. The purpose of this paper is to complete Jones and Tu's result, namely, we shall show the uniqueness of normalized kernel functions on Ω_α with $\alpha < 1$ at the infinity, where

$$\Omega_\alpha = \{(x,t);\ t < 0, |x| < (-t)^\alpha\}.$$

This means that for $\alpha < 1$, the Martin boundary of Ω_α with respect to the heat equation is equal to $\partial_p\Omega_\alpha \cup \{\infty\}$.

2. Preliminaries and Known Results

For a domain D in $\mathbf{R}^2$ and $(x,t)\in D$, we denote by $\omega_D^{(x,t)}$ the parabolic measure at (x,t). A boundary point $(y,s)\in\partial D$ is said to be *regular* if

$$\lim_{D\ni(x,t)\to(y,s)} \omega_D^{(x,t)} = \varepsilon_{(y,s)} \quad \text{(vaguely)},$$

where $\varepsilon_{(y,s)}$ denotes the Dirac measure at (y,s). For a C^2 function τ on $\mathbf{R}$, we define the domain $D(\tau)=\{(x,t); t>\tau(x)\}$. Then every boundary point of $D(\tau)$ is regular (see, for example, [1]). In [3], Kaufman and Wu give an explicit form of the parabolic measure with respect to $D(\tau)$ and show the continuity of the density $\mathrm{d}\omega_{D(\tau)}^{(x,t)}/\mathrm{d}y$ at $(y,\tau(y))$ with $\tau'(y)\neq 0$. Put

$$\Gamma_\tau(x,t;\,y)=\begin{cases}\dfrac{t-\tau(y)-\tau'(y)(x-y)}{(4\pi)^{1/2}(t-\tau(y))^{3/2}}\exp\left(-\dfrac{(x-y)^2}{4(t-\tau(y))}\right) & \text{for } t>\tau(y),\\ 0 & \text{for } t\leqslant\tau(y),\end{cases}$$

$$B_\tau(x,t;\,y)=\int \Gamma_\tau(z,\tau(z);y)\,\mathrm{d}\omega_{D(\tau)}^{(x,t)}(z)$$

and

$$K_\tau(x,t;y)=\Gamma_\tau(x,t;y)-B_\tau(x,t;\,y).$$

LEMMA 1 (*Theorem 8 in* [3]). *Let τ be a C^2 function on $\mathbf{R}$. If $\tau'\neq 0$ on some interval (a,b), then*

$$\omega_{D(\tau)}^{(x,t)} = K_\tau(x,t;\,y)\,\mathrm{d}y \quad on \quad \{(y,\tau(y));\, a<y<b\}.$$

For $(x,t)\in\mathbf{R}\times(-\infty,0)$, we define $A(x,t)=(-t^{-1}x,-t^{-1})$. For a function u on a domain $\Omega\subset\mathbf{R}\times(-\infty,0)$, the *Appell transformation* $\bar{A}u$ of u is defined by

$$\bar{A}u(x,t)=W(x,t;\,0,0)u\circ A^{-1}(x,t)=W(x,t;0,0)u(t^{-1}x,-t^{-1}),$$

where W is the fundamental solution of the heat equation, that is,

$$W(x,t;y,s)=\begin{cases}(4\pi(t-s))^{-1/2}\exp\left(-\dfrac{(x-y)^2}{4(t-s)}\right) & \text{for } t>s,\\ 0 & \text{for } t\leqslant s.\end{cases}$$

For a domain Ω in $\mathbf{R}^2$, we denote by $H_0(\Omega)$ the set of all kernel functions at the infinity and by $K_0(\Omega)$ the set of all non-zero parabolic functions $u\geqslant 0$ which vanishes continuously on $\partial_p D\cap\{(x,t);\,t>0\}$. If $\bar{\Omega}\cap\mathbf{R}\times\{0\}=\{(0,0)\}$, then $K_0(\Omega)$ is the set of all kernel functions at $(0,0)$.

REMARK 2. For a domain $\Omega \subset \{(x,t);\ t<0\}$, the Appell transformation gives a one-to-one correspondence between $H_0(\Omega)$ and $K_0(A(\Omega))$.

This shows the following

LEMMA 3. *If $\alpha \geqslant 1$, then there exist $u, v \in H_0(\Omega_\alpha)$ such that u and v are not proportional.*

Proof. For $\alpha \in \mathbf{R}$, we have $A(\Omega_\alpha) = \{(x,t);\ t>0,\ |x| < t^{1-\alpha}\}$. Let $G(x,t;\ y,s)$ be the Green function of $A(\Omega_\alpha) \cup \{(x,t);\ t<0\}$. For $-1 < y_1 < y_2 < 1$, $G(x,t;\ y_i,0) \in K_0(A(\Omega_\alpha))$ $(i=1,2)$. $G(x,t;\ y_1,0)$ and $G(x,t;\ y_2,0)$ are not proportional because of $\alpha \geqslant 1$.

For $\beta > 0$, we put $\tau_\beta(x) = |x|^\beta$ and $D_\beta = D(\tau_\beta)$.

REMARK 4. We note that for $-\infty < \alpha < 1$, $A(\Omega_\alpha) = D_{1/(1-\alpha)}$.

3. Uniqueness of Kernel Functions

Our main theorem is the following

THEOREM 5. *There uniquely exists $u \in H_0(\Omega_\alpha)$ with $u(0,-1) = 1$ if and only if $-\infty < \alpha < 1$.*

For the proof, we use the following elementary lemma.

LEMMA 6. *For $\tau_\beta(x) = |x|^\beta$ with $\beta > 0$, there exist $0 < \theta_1 < \theta_2 < 1$ such that for every $0 < y < z$,*

$$\tau_\beta(z) - \tau_\beta(y) = \tau'_\beta(y + \theta(z-y))(z-y) \tag{1}$$

for some $\theta \in [\theta_1, \theta_2]$.

Proof. For $\beta \neq 1$, the θ satisfying (1) is a continuous function of y/z, namely, $\theta = \theta(y/z)$. Lemma 6 follows from $\lim_{s\to 0}\theta(s) = \beta^{-1/(\beta-1)}$ and from $\lim_{s\to 1}\theta(s) = 1/2$.

PROPOSITION 7. *Let $\beta > 2$ and $(x,t) \in D_\beta$ be fixed. Then $K_{\tau_\beta}(x,t;\ y)\,dy$ is the parabolic measure with respect to D_β and the function $K_{\tau_\beta}(x,t;\ y)$ of y is strictly positive on $(-t^{1/\beta}, t^{1/\beta})$ and continuous on $\mathbf{R}$.*

Proof. $W(x,t;y,0)\,dy$ is the parabolic measure with respect to $D(0) = \{(x,t); t>0\}$ and the origin $(0,0)$ is regular on $D(0)$. Hence $\omega_{D_\beta}^{(x,t)}\{(0,0)\} = 0$, so that from Lemma 1 follows

$$\omega_{D_\beta}^{(x,t)} = \mathrm{K}_{\tau_\beta}(\mathrm{x},\mathrm{t};\ y)\,dy \quad \text{on} \quad \{(y,\tau_\beta(y));\ y \in \mathbf{R}\}.$$

The function $\Gamma_{\tau_\beta}(z, \tau_\beta(z); y)$ of z is bounded, so that $B_{\tau_\beta}(x, t; y)$ is a nonnegative bounded parabolic function on D_β. On the other hand $\Gamma_{\tau_\beta}(x, t; y)$ is unbounded. Therefore by the maximum principle, $K_{\tau_\beta}(x, t; y) > 0$ for $t > \tau_\beta(y)$. It suffices to show that the function $K_{\tau_\beta}(x, t; y)$ of y is continuous at 0. Evidently the function $\Gamma_{\tau_\beta}(x, t; y)$ of y is bounded continuous, so that for $(x, y) \in D_\beta$, there exists a constant $M > 0$, such that

$$\omega_{D_\beta}^{(x,t)} = K_{\tau_\beta}(x, t; y)\, dy \leqslant \Gamma_{\tau_\beta}(x, t; y)\, dy \leqslant M\, dy.$$

The continuity of $B_{\tau_\beta}(x, t; y)$ of y at 0 follows from

$$\lim_{\delta \downarrow 0} \sup_{0 < y < \delta/2} \int_y^\delta \Gamma_{\tau_\beta}(z, \tau_\beta(z); y)\, dz = 0, \tag{2}$$

because

$$\sup_{0 < y < 1} \sup_{-1 < z < 0} \Gamma_{\tau_\beta}(z, \tau_\beta(z); y) < \infty.$$

To show (2), we divide the integral into two parts: $\int_y^\delta = \int_{2y}^\delta + \int_y^{2y}$. By Lemm 6, there exist positive constants C_1, C_2 such that for $z > y > 0$,

$$C_1(z + y)^{\beta - 1}(z - y) \leqslant \tau_\beta(z) - \tau_\beta(y) \leqslant C_2(z + y)^{\beta - 1}(z - y)$$

and

$$C_1(z + y)^{\beta - 2}(z - y)^2 \leqslant \tau_\beta(z) - \tau_\beta(y) - \tau'_\beta(y)(z - y) \leqslant C_2(z + y)^{\beta - 2}(z - y)^2.$$

Then

$$\Gamma_{\tau_\beta}(z, \tau_\beta(z); y) \leqslant C(z + y)^{-(\beta + 1)/2}(z - y)^{1/2} \exp\left(-\frac{z - y}{4C_2(z + y)^{\beta - 1}}\right)$$

with $C = (4\pi)^{-1/2} C_1^{-3/2} C_2$. If $z > 2y$, then $z - y \leqslant z + y \leqslant 3(z - y)$. Hence

$$\int_{2y}^\delta \leqslant C \int_{2y}^\delta (z - y)^{-\beta/2} \exp(-C'(z - y)^{2 - \beta})\, dz \leqslant C \int_0^\delta z^{-\beta/2} \exp(-C' z^{2 - \beta})\, dz$$

with $C' = 3^{2 - \beta}/4C_2$. If $y < z < 2y$, then $y \leqslant z + y \leqslant 3y$. Hence

$$\begin{aligned}\int_y^{2y} &\leqslant C y^{-(\beta + 1)/2} \int_y^{2y} (z - y)^{1/2} \exp(-C' y^{1 - \beta}(z - y))\, dz \\ &\leqslant C \delta^{\beta - 2} \int_0^\infty z^{1/2} \exp(-C' z)\, dz.\end{aligned}$$

Thus (2) holds. This completes the proof.

Our main theorem follows from

THEOREM 8. *For $\beta > 0$, all elements in $K_0(D_\beta)$ are mutually proportional.*

Proof. For $0 < \beta \leqslant 2$, it is a counterpart of Corollary in [5] by the Appell transformation. We assume $\beta > 2$. Let $u \in K_0(D_\beta)$. Then by Proposition 7, for any $\delta > 0$,

$$u(x, t + \delta) = \int K_{\tau_\beta}(x, t; y) u(y, \tau_\beta(y) + \delta)\, \mathrm{d}y$$

and

$$\limsup_{\delta \downarrow 0} \int_K u(y, \tau_\beta(y) + \delta)\, \mathrm{d}y < \infty$$

for every compact set $K \subset \mathbf{R}$. Thus we can choose a sequence $(\delta_n)_{n=1}^{\infty}$ convergent to 0 as $n \to \infty$ such that $(u(y, \tau_\beta(y) + \delta_n)\, \mathrm{d}y)_{n=1}^{\infty}$ converges vaguely. Put

$$v = \lim_{n \to \infty} u(y, \tau_\beta(y) + \delta_n)\, \mathrm{d}y.$$

Then $v \geqslant 0$. Since u vanishes continuously on $\partial D_\beta \setminus \{(0, 0)\}$, $v = c\varepsilon_{(0,0)}$ with some constant $c \geqslant 0$, which implies

$$u(x, t) = cK_{\tau_\beta}(x, t; 0).$$

This completes the proof.

References

1. Effros, E. and Kazdan, J.: On the Dirichlet problem for the heat equation, *Indiana Univ. Math. J.* **20** (1971), 683–693.
2. Jones, B. F. jr. and Tu, C. C.: On the existence of kernel functions for the heat equation, *Indiana Univ. Math. J.* **21** (1972), 857–876.
3. Kaufman, R. and Wu, J.-M.: Parabolic potential theory, *J. Differential Equations* **43** (1982), 204–234.
4. Kemper, J. T.: Temperatures in several variables: kernel functions, representations, and parabolic boundary values, *Trans. Amer. Math. Soc.* **167** (1972), 243–262.
5. Nishio, M.: The uniqueness of positive solutions for parabolic equations of divergence form on an unbounded domain, preprint.

Potential Analysis **3**: 159–170, 1994.

Some Calculations on the Conditional Densities of Well-Admissible Measures on Linear Spaces

SHIQI SONG
Equipe d'Analyse et Probabilités, Université Evry Val d'Essonne, Boulevard des Coquibus, 91025 Evry Cedex France.

(Received: 23 April 1992; accepted: 28 June 1993)

Abstract. When a probability measure m on a topological vector space $\mathbf{E}$ is well-admissible in a direction $k \in \mathbf{E}$, the conditional law in the direction k given the other directions is absolutely continuous with respect to the Lebesgue measure. We shall prove that its density function is differentiable (in the sense precised below) and we shall calculate their derivatives. We give then two applications of such calculations.

Mathematics Subject Classification (1991). 31C25.

Key words. Dirichlet form, regularity of a Dirichlet form, capacity of a Dirichlet form, topological vector space, admissible measure, admissible vector.

The notion of well admissibility was first introduced in [3]. This notion has applications to many important models of Dirichlet forms with infinite dimensional state spaces (see, for example, [11]). Although well-admissibility is defined simply by some integral by parts formulae, it also holds many interesting characteristics (see for example [3, 5, 7, 10, 13, 17–19]). One of these is that well-admissibility implies the existence of density functions (with respect to the Lebesgue measures) for an important class of conditional expectation kernals, and that these conditional density functions are differentiable (in the sense which will be precised below). In this paper, we will calculate the partial differentials for several conditional density functions and provide two applications for these. The first application consists in computing the capacity of the zero set of a conditional density function. The second one consists in giving the sufficient conditions which ensure that the space of bounded smooth functions is dense in a Dirichlet space with infinite dimensional state space. We will prove then that any perturbation (arising from a change in probability measure) of the Dirichlet space associated with the Ornstein–Uhlenbeck process satisfies such conditions.

1. Preliminary

We consider a locally convex Hausdorff topological vector space $\mathbf{E}$ and assume that $\mathbf{E}$ is a Souslinean space and that it contains continuously a Hilbert space $\mathbf{H}$ with inner product $\langle , \rangle_{\mathbf{H}}$ so that we have the relation $\mathbf{E}' \subset \mathbf{H} \subset \mathbf{E}$, where $\mathbf{E}'$ is the dual space of $\mathbf{E}$. We consider a Borel probability measure m on $\mathbf{E}$.

In this paper, we will choose and fix a subset K_0 in $\mathbf{E}'$ which is an orthonormal basis in $\mathbf{H}$. We denumerate the set K_0 as $K_0 = \{k_1, k_2, k_3, \ldots\}$. We introduce the space $FC_b^\infty(K)$ of functions on $\mathbf{E}$ which has the form $u(z) = f(I_1(z), I_2(z), \ldots, I_n(z))$, $z \in \mathbf{E}$, where f is a $C_b^\infty(R^n)$ function and $I_1, I_2, \ldots, I_n$ are elements in K_0. Note that for each element u in the space $FC_b^\infty(K)$, the Gateaux derivative: $(\partial u/\partial k)(x) \equiv \lim_{t\to 0} 1/t(u(x+tk) - u(x))$ exists and, if $u(z) = f(I_1(z), I_2(z), \ldots, I_n(z))$, it can be expressed as $(\partial u/\partial k)(x) = \langle k, \nabla u\rangle_{\mathbf{H}}$ with:

$$\nabla u(z) \equiv \sum_{i=1}^{n} \frac{\partial f}{\partial s_i}(I_1(z), I_2(z), \ldots, I_n(z)) I_i \in \mathbf{H}.$$

Note also that any element k in K_0 is also an element of E'. The function $x \to k(x)$, $k \in \mathbf{E}'$, plays a big role in the studies below. We will denote them by u_k. Fix a k in K_0. The formula $\pi_k(z) \equiv z - u_k(z)k$, $z \in \mathbf{E}$, defines an application from $\mathbf{E}$ into $\mathbf{E}$. We use m_k to denote the image measure of m for this application. The Souslinean property permits us to have a good version for the conditional probability of u_k given π_k. We denote this version by $\rho_k(x, \mathrm{d}s)$. Then, for every bounded measurable function g on $\mathbf{E}$,

$$\mathbf{E}_m(g) = \mathbf{E}_m(g(\pi_k + u_k \cdot k)) = \int_{\mathbf{E}} m_k(\mathrm{d}x) \int_{R^1} g(x + sk)\rho_k(x, \mathrm{d}s).$$

A nonnegative function f on R^1 is said to satisfy Hamza's condition if f is $\mathrm{d}s$–a.s. zero on the complement of the set $R(f) = \{s; \exists \varepsilon > 0, \int_{s-\varepsilon}^{s+\varepsilon} (1/f(t))\,\mathrm{d}t < \infty\}$. The set $R(f)$ is called the regular set of f. A vector k in K_0 is called admissible if, for m_k–a.s. x, $\rho_k(x, \mathrm{d}s)$ admits a density which satisfies Hamza's condition. A vector $k \in K_0$ is called well-admissible if there is an $L^2(\mathbf{E}, m)$ function β^k such that:

$$\int \frac{\partial u}{\partial k}\,\mathrm{d}m = -\int u\beta^k\,\mathrm{d}m, \quad \forall\, u \in FC_b^\infty(K).$$

In this case, we will call the function β^k the exponential coefficient of the measure m in direction k. Note that well-admissibility implies admissibility (see [4] and [3]).

HYPOTHESIS. In our paper here, we suppose that K_0 consists of well-admissible vectors. For any k in K_0, we denote by $\rho_k(x, s)$ the density function of $\rho_k(x, \mathrm{d}s)$ with respect to the Lebesgue measure. We call the function $\rho_k(z) \equiv \rho_k(\pi_k(z), u_k(z))$ the conditional density function in direction k. We call the random set $R_k \equiv R(\rho_k(\pi_k, \cdot))$ the regular set of ρ_k.

Let us recall some facts on Dirichlet forms (see [6] or [8]). A Dirichlet form $(\mathscr{E}, D(\mathscr{E}))$ on the space $L^2(\mathbf{E}, m)$ is a nonnegative definite symmetric form defined on a dense subspace $D(\mathscr{E})$ of $L^2(\mathbf{E}, m)$ such that

#: $D(\mathscr{E})$ is closed under the norm $\mathscr{E}_1 \equiv \mathscr{E} + \langle\, , \rangle_m$, where $\langle\, , \rangle_m$ denotes the inner product of the Hilbert space $L^2(\mathbf{E}, m)$.

#: For each $u \in D(\mathscr{E})$, let $v \equiv (0 \vee u) \wedge 1$. Then $v \in D(\mathscr{E})$ and $\mathscr{E}(v, v) \leqslant \mathscr{E}(u, u)$.

Given a Dirichlet form $(\mathscr{E}, D(\mathscr{E}))$ on the space $L^2(\mathbf{E}, m)$, the $\mathscr{E}$-capacity is defined as follows: for an open U,

$$\operatorname{Cap}(U) \equiv \inf\{\mathscr{E}_1(u, u); u \in D(\mathscr{E}) \text{ and } u \geqslant 1 \text{ on } U\}$$

for an arbitrary set A,

$$\operatorname{Cap}(A) \equiv \inf\{\operatorname{Cap}(U); U \text{ open and } U \supseteq A\}.$$

We will say that a property holds quasi-everywhere (q.e.) if the exceptional set is of capacity zero. We recall also that the following forms are Dirichlet forms on $L^2(\mathbf{E}, m)$ (see [4]):

(1): For any k in K_0, we define:

$$D(\mathscr{E}_k^+) \equiv \left\{ \begin{array}{l} u \in L^2(\mathbf{E}, m); \text{There is a version of } u, \text{ say } \tilde{u}, \text{ such that for any } x \in \pi_k(\mathbf{E}), \\ \qquad t \to \tilde{u}(x + tk) \text{ is absolutely continuous on the regular set} \\ \qquad \text{of } \rho_k(x, \cdot) \text{ and } \dfrac{\partial u}{\partial k}(z) \equiv \dfrac{\partial \tilde{u}}{\partial t}(\pi_k(z) + u_k(z)k) \in L^2(\mathbf{E}, m) \end{array} \right\}$$

and for $u, v \in D(\mathscr{E}_k^+)$,

$$\mathscr{E}_k^+(u, v) \equiv \left\langle \frac{\partial u}{\partial k}, \frac{\partial v}{\partial k} \right\rangle_m .$$

(2): $D(\mathscr{E}^{K_0}) \equiv \{u \in \cap_{k \in K_0} D(\mathscr{E}_k^+); \Sigma_{k \in K_0} \mathscr{E}_k^+(u, u) < \infty\}$ and for $u, v \in D(\mathscr{E}^{K_0})$,

$$\mathscr{E}^{K_0}(u, v) \equiv \sum_{k \in K_0} \mathscr{E}_k^+(u, v).$$

(3): $D(\mathscr{E}^+) \equiv \{u \in D(\mathscr{E}^{K_0}); \exists \nabla u \in \mathbf{H} \text{ such that } \partial u/\partial k = \langle k, \nabla u \rangle_{\mathbf{H}} \text{ for all } k \in K_0\}$ and for $u, v \in D(\mathscr{E}^+)$,

$$\mathscr{E}^+(u, v) \equiv \mathscr{E}^{K_0}(u, v).$$

(4): $D(\mathscr{E}^0)$ is defined as the closure of FC_b^∞ in $(\mathscr{E}_1^+, D(\mathscr{E}^+))$ and for $u, v \in D(\mathscr{E}^0)$,

$$\mathscr{E}^0(u, v) \equiv \mathscr{E}^+(u, v).$$

We call the space $(\mathscr{E}^+, D(\mathscr{E}^+))$ the maximal Dirichlet space on $L^2(\mathbf{E}, m)$. We will say that $(\mathscr{E}^+, D(\mathscr{E}^+))$ is regular if the space FC_b^∞ of bounded smooth functions is dense in $(\mathscr{E}_1^+, D(\mathscr{E}^+))$.

2. Differentiability of the Conditional Densities Functions I

DEFINITION 1. Let $k \in K_0$. A measurable function u is said to be differentiable (under measure m) in direction k on a measurable set B, if for any $z \in \pi_k(\mathbf{E})$,

#: the section $B_k(z) \equiv \{t; z + tk \in B\}$ is an open set, and
#: there is an m-version $\tilde{u}$ of u such that $t \to \tilde{u}(x + tk) = \tilde{u}_{k,z}(t)$ is absolutely continuous on $B_k(z) \equiv \{t; z + tk \in B\}$.

When u is differentiable in direction k on B, we define $(\partial u/\partial k)(x) \equiv (\mathrm{d}\tilde{u}_{k,\pi_k(x)}/\mathrm{d}t)(u_k(x))$, $x \in B$. Note that, because k is m-admissible, the m-class of the variable $(\partial u/\partial k)\chi_B$ is defined independently from version $\tilde{u}$. We will call set B the differentiability defining set of u in direction k. We say that u is differentiable in direction k, if the differentiability defining set can be chosen to be the regular set of ρ_k. We say that u is pointwisely differentiable if $u_{k,z}$ itself is absolutely continuous on $B_k(z) \equiv \{t; z + tk \in B\}$. □

In this section, we will show that, for an arbitrary vector k in K_0, the conditional density function ρ_k is differentiable in any directions of K_0 and we will calculate its derivatives in these directions. To this end, the following lemma is very useful:

LEMMA 2. *Let $k \in K_0$. For any probability measure m on $\mathbf{E}$, suppose that there is a function $\beta \in L^2(\mathbf{E}, m)$ such that for any $g \in FC_b^\infty$, $\int_{\mathbf{E}} (\partial g/\partial k)\,\mathrm{d}m = -\int_{\mathbf{E}} g\beta\,\mathrm{d}m$, then the conditional expectation $\rho_k(z, \mathrm{d}t)$ is absolutely continuous with respect to the Lebesgue measure for m_k-a.s. z and there is a version $\rho_k(z, t)$ of the conditional density function such that $\rho_k(z, t)$ is absolutely continuous in t on the whole line and $(\partial \rho_k(z, t)/\partial t) = \beta(z + tk)\rho_k(z, t)$.*

Proof. See [3]. □

Immediately from this lemma, we get:

LEMMA 3. *For any $k \in K_0$, ρ_k is differentiable in the direction k and the derivative is given by $\partial \rho_k/\partial k = \beta^k \rho_k$. Moreover, the differentiability defining set of ρ_k in the direction k can be chosen to be the whole space.* □

Now, we should show the differentiability of ρ_k in other directions. To simplify the notations, for a vector $k_i \in K_0$, we will denote ρ_{k_i} by ρ_i, u_{k_i} by u_i, m_{k_i} by m_i, R_{k_i} by

R_i, and π_{k_i} by π_i. First of all, we need to see how the function ρ_i depends on the directions in K_0. The following lemma follows directly from [15].

LEMMA 4. *For any n, let* $\tau_n(z) = z - \Sigma_{i=1}^n u_i(z)k_i$, $z \in \mathbf{E}$. *Then, there is a function*:

$$\eta_n(z) \equiv \eta_n\left(\tau_n(z), \sum_{i=1}^n u_i(z)k_i\right)$$

such that:

$$m(g) = \int m(\mathrm{d}x) \int g\left(\tau_n(x) + \sum_{i=1}^n s_i k_i\right) \eta_n\left(\tau_n(x), \sum_{i=1}^n s_i k_i\right) \mathrm{d}s_1\, \mathrm{d}s_2 \ldots \mathrm{d}s_n$$

for any bounded measurable function g. □

COROLARY. *The function* $\eta_n \equiv \eta_n(\tau_n; \Sigma_{i=1}^n u_i k_i)$ *is differentiable in directions* k_i *for* $1 \leqslant i \leqslant n$ *and* $\partial\eta_n/\partial k_i = \eta_n \beta^i$.

Proof. By the preceding lemma, we have the following relation:

$$\rho_i(\pi_i, s) = \frac{1}{f_i} \chi_{\{f_i > 0\}} \eta_n\left(\tau_n, sk_i + \sum_{j=1, j\neq i}^n u_j k_j\right)$$

with:

$$f_i \equiv f_i\left(\tau_n, \sum_{j=1, j\neq i}^n u_j k_j\right) = \int_{R^1} \eta_n\left(\tau_n, sk_i + \sum_{j=1, j\neq i}^n u_j k_j\right) \mathrm{d}s$$

for $1 \leqslant i \leqslant n$. This proves the differentiability of the function η_n. The formula for the derivative of η_n comes from Lemma 3 and the relation:

$$\frac{\partial\eta_n}{\partial k_i} = f_i \frac{\partial\rho_i}{\partial k_i} = f_i \rho_i \beta^i = \eta_n \beta^i. \qquad \square$$

To fix the idea, let us consider first the directions k_1 and k_2. By the preceding lemma, the density functions ρ_1 and ρ_2 are related by means of the function η_2 in the following way:

$$\rho_1(\pi_1, s) = \frac{1}{f_1} \chi_{\{f_1 > 0\}} \eta_2(\tau_2, s, u_2) \quad \text{with} \quad f_1 \equiv f_1(\tau_2, u_2) = \int_{R^1} \eta_2(\tau_2, s, u_2)\, \mathrm{d}s,$$

$$\rho_2(\pi_2, t) = \frac{1}{f_2} \chi_{\{f_2 > 0\}} \eta_2(\tau_2, u_1, t) \quad \text{with} \quad f_2 \equiv f_2(\tau_2, u_1) = \int_{R^1} \eta_2(\tau_2, u_1, t)\, \mathrm{d}t.$$

These are equivalent to the relation: $\eta_2 = \rho_1 f_1 = \rho_2 f_2$.

LEMMA 5. $f_1(\tau_2, t)\,\mathrm{d}t$ *is a version of the conditional expectation of* $u_2 = t$ *given* τ_2 *with respect to* m_1.

Proof. Let v be any bounded measurable function. We have:

$$\begin{aligned} m_1(v) &= m(v(\pi_1)) \\ &= \int m(\mathrm{d}x) \int_{R^2} \eta_2(\tau_2, s, t) v(\pi_1(\tau_2 + sk_1 + tk_2))\,\mathrm{d}s\,\mathrm{d}t \\ &= \int m(\mathrm{d}x) \int_{R^2} \eta_2(\tau_2, s, t) v(\tau_2 + tk_2)\,\mathrm{d}s\,\mathrm{d}t \\ &= \int m(\mathrm{d}x) \int_{R^1} f_1(\tau_2, t) v(\tau_2 + tk_2)\,\mathrm{d}t \\ &= \int m_1(\mathrm{d}x) \int_{R^1} f_1(\tau_2, t) v(\tau_2 + tk_2)\,\mathrm{d}t \end{aligned}$$

because τ_2 is π_1-measurable. □

LEMMA 6. *f_1 is differentiable in the direction k_2, and the derivative is given by: $\partial f_1/\partial k_2 = \hat{\beta}^{2,1} f_1$ where $\hat{\beta}^{2,1} \equiv \mathbf{E}_m(\beta^2 \mid \pi_1)$. Moreover, the differentiability defining set of f_1 in this direction can be chosen to be the whole space.*

Proof. This follows from Lemma 2 (with $\mathbf{E}$ replaced by $\pi_1(\mathbf{E})$ and m by m_1), Lemma 5 and the following relation:

$$-m_1(v\hat{\beta}^{2,1}) = -m(v\hat{\beta}^{2,1}) = -m(v\beta^2) = m\left(\frac{\partial v}{\partial k_2}\right) = m_1\left(\frac{\partial v}{\partial k_2}\right)$$

for any $v \in FC_0^\infty$ which is π_1-measurable. Notice that $\hat{\beta}^{2,1}$ is π_1-measurable. □

LEMMA 7. *The function ρ_1 is differentiable in direction k_2 on the set $\{t; f_1(\pi_2 + tk_2) > 0\}$ for any version of f_1 which is pointwisely differentiable in the direction k_2. The derivative is given by $\partial \rho_1/\partial k_2 = (\beta^2 - \hat{\beta}^{2,1})\rho_1$.*

Proof. We have the relation $\rho_2 f_2 = \rho_1 f_1$. Therefore, $\rho_1 f_1$ is differentiable in the direction k_2 by Lemma 2. But by Lemma 5, f_1 is equally differentiable in direction k_2. Hence, the first part of the lemma is proved. Now, by Lemma 2 and Lemma 5, we have: $\partial f_2 \rho_2/\partial k_2 = f_2 \beta^2 \rho_2$ and $\partial f_1/\partial k_2 = f_1 \hat{\beta}^{2,1}$. Therefore, we obtain:

$$\frac{\partial \rho_1}{\partial k_2} f_1 + \hat{\beta}^{2,1} f_1 \rho_1 = \frac{\partial (f_1 \rho_1)}{\partial k_2} = \frac{\partial (f_2 \rho_2)}{\partial k_2} = f_2 \frac{\partial \rho_2}{\partial k_2} = f_2 \beta^2 \rho_2 = f_1 \beta^2 \rho_1.$$

From this relation and from the fact that $m(\{f_1 = 0\}) = 0$, it follows that $\partial \rho_1/\partial k_2 = (\beta^2 - \hat{\beta}^{2,1})\rho_1$. The lemma is proved. □

COROLLARY 8. *For any positive number I, $\rho_1 \wedge I$ is differentiable in the direction k_2 and*:

$$\frac{\partial(\rho_1 \wedge I)}{\partial k_2} = (\beta^2 - \hat{\beta}^{2,1})\rho_1 \chi_{\{\rho_1 \leq I\}}.$$

Proof. Let us take some pointwisely k_2-differentiable versions of ρ_2 and of f_1. Then, the function $((1/f_1)\rho_2 f_2) \wedge I$ is a version of $\rho_1 \wedge I$. Because the function ρ_2 and f_1 are continuous in the direction k_2, $(1/f_1)\rho_2 f_2$ goes to the infinity near the set $\{t; f_1(\pi_2 + tk_2) = 0, \rho_2(\pi_2 + tk_2) > 0\}$. We can see now that the function $((1/f_1)\rho_2 f_2) \wedge I$ is pointwisely differentiable in the direction k_2. The second part of the lemma is easy. □

Note that, in fact, in the above argument, the indexes 1 and 2 do not play a special role. We can conclude in fact:

THEOREM 9. *For any positive number I and for any two different directions $k, h \in K_0$, $\rho_k \wedge I$ is differentiable in direction h and*:

$$\frac{\partial(\rho_k \wedge I)}{\partial h} = (\beta^h - \hat{\beta}^{h,k})\rho_k \chi_{\{\rho_k \leq I\}}$$

with $\hat{\beta}^{h,k}$ to be the conditional expectation of β^h given π_k. □

Now, we can give an application for Theorem 9, which is to calculate the capacity of the zero set of the conditional density functions.

THEOREM 10. *Suppose that $\mathscr{E}^+$ is a regular Dirichlet form in the sense that the space FC_b^∞ of smooth functions is dense in the Dirichlet space $(\mathscr{E}_1^+, D(\mathscr{E}^+))$. Let $k \in K_0$. Suppose the following condition is satisfied*:

$$\sum_{h \in K_0} \int (\beta^h - \mathbf{E}_m(\beta^h \mid \pi_k))^2 \, dm < \infty.$$

Then, there is a $\mathscr{E}^+$-quasi-continuous version of ρ_k such that the zero set of this version has zero $\mathscr{E}^+$-capacity.

Proof. Let I be any positive number. From Theorem 9 and the condition of Theorem 10 we get:

$$\sum_{h \in K_0} \int \left(\frac{\partial \log(\rho_k \wedge I)}{\partial h}\right)^2 dm = \sum_{h \in K_0} \int (\beta^h - \mathbf{E}_m(\beta^h \mid \pi_k))^2 \chi_{\{\rho_k \leq I\}} \, dm < \infty$$

uniformly in I. It is known from [12] or [13] that we can construct strictly increasing positive nonbounded $C^1(R^1)$ function η with a bounded derivative so that $\eta(\log \rho_k) \in L^2(\mu)$. From these facts and from the closeness of Dirichlet forms, it can be seen that

$\eta(\log \rho_k) \in D(\mathscr{E}^+)$. The existence of the quasi-continuous version comes from [12, 9, 10, 8], etc. The remainder of the theorem is then easy to see. □

REMARK. The condition in Theorem 10 is fairly intuitive. It says just that the conditional density in direction h will depend only weakly on what happens in direction k. In particular, this condition will be satisfied if π_k and u_k are independent of each other (for example, if m is a Gaussian measure). More generally, suppose that $(\mathbf{E}, \mathbf{H}, m)$ is an arbitrary Wiener space. We consider a positive function $\varphi \in D(\mathscr{E}^+)$ such that $\varphi \cdot u_k \in L^2(E, m)$, and define $\mu \equiv \varphi^2 \cdot m$. It is known that the vectors in K_0 are well-admissible with respect to the measure μ. Moreover, if we use β_μ^h to denote the exponential coefficient of μ, we have $\beta_\mu^h = (2/\varphi)(\partial\varphi/\partial h) + u_h$. Since $\Sigma_{h \in K_0} \int_{\mathbf{E}} ((2/\varphi)(\partial\varphi/\partial h))^2 \, d\mu < \infty$, we can see that the condition in Theorem 10 is satisfied for μ. □

3. Differentiability of the Conditional Densities Functions II

Let $FI\,\mathrm{d}_n$ be the σ-field generated by $u_1, u_2, \ldots, u_n$. Let P_n denote the operation of taking the conditional expectation with respect to $FI\,\mathrm{d}_n$. Let u be an element in $D(\mathscr{E}^+)$. Then, $P_n u$ is a local function, i.e. $P_n u$ depends on $u_1, u_2, \ldots u_n$. In this section, we will study the differentiability of the functions $P_n u$. The principle technique employed here is to calculate the differentials of the density functions. The following lemma is easy to see from Lemma 4 in Section 2.

LEMMA 1. (a) *The law of the random variable* $(u_1, u_2, \ldots, u_n)$ *is absolutely continuous with respect to the Lebesgue measure and its density function is given by*:

$$q_n(s_1, s_2, \ldots, s_n) = \int m(\mathrm{d}x)\eta_n\left(\tau_n(x); \sum_{i=1}^{n} s_i k_i\right).$$

(b) *For any integrable measurable function* g, *let* $\tilde{P}_n g$ *be the function defined by*:

$$\frac{\chi\{q_n(s_1, s_2, \ldots, s_n) > 0\}}{q_n(s_1, s_2, \ldots, s_n)} \int m(\mathrm{d}x) g\left(\tau_n(x) + \sum_{i=1}^{n} s_i k_i\right)\eta_n\left(\tau_n(x); \sum_{i=1}^{n} s_i k_i\right).$$

Then, $P_n g$ *is given by* $(\tilde{P}_n g)(u_1, u_2, \ldots, u_n)$. □

LEMMA 2. *The partial derivative* (*in the Schwartz distribution sense*) *of the function* q_n *is given by*

$$\frac{\partial q_n}{\partial s_i} = \tilde{P}_n(\beta^i) q_n \in L^1(R^n, \lambda_n)$$

for $1 \leqslant i \leqslant n$, *where* λ_n *denotes the Lebesgue measure on* R^n. *In particular,* q_n *is differentiable in any direction (in the sense of Definition* 1 *in Section* 2).

Proof. Let $f \in C_0^\infty(R^n)$ and $v \equiv f(u_1, u_2, \ldots, u_n)$. The first part of the lemma follows from the following relation:

$$-\int_{R^n} \tilde{P}_n(\beta^i) f q_n \, \mathrm{d}\lambda_n = -\mathbf{E}_m(\beta^i v) = \mathbf{E}_m\left(\frac{\partial v}{\partial k_i}\right) = \int_{R^n} \frac{\partial f}{\partial s_i} q_n \, \mathrm{d}\lambda_n$$

for $1 \leqslant i \leqslant n$. The second part follows from [3]. □

THEOREM 3. *Let u be an element in* $D(\mathscr{E}^+)$. *Then, for any n,* $\tilde{P}_n u$ *is differentiable in any direction and the derivative is given by* $\partial(\tilde{P}_n u)/\partial s_i = \tilde{P}_n(\beta^i u + \partial u/\partial k_i) - \tilde{P}_n u \cdot \tilde{P}_n(\beta^i)$ *for* $1 \leqslant i \leqslant n$.

Proof. Let $f \in C_b^\infty(R^n)$ and $v \equiv f(u_1, u_2, \ldots, u_n)$. Then, for $1 \leqslant i \leqslant n$,

$$\begin{aligned}
\int_{R^n} \tilde{P}_n u \frac{\partial f}{\partial s_i} q_n \, \mathrm{d}\lambda_n &= \mathbf{E}_m\left(\frac{\partial v}{\partial k_i} P_n u\right) \\
&= \mathbf{E}_m\left(\frac{\partial v}{\partial k_i} u\right) = -\mathbf{E}_m\left(\left(\beta^i u + \frac{\partial u}{\partial k_i}\right) v\right) \\
&= -\mathbf{E}_m\left(v P_n\left(\beta^{k_i} u + \frac{\partial u}{\partial k_i}\right)\right) \\
&= -\int_{R^n} \tilde{P}_n\left(\beta^{k_i} u + \frac{\partial u}{\partial k_i}\right) f q_n \, \mathrm{d}\lambda_n .
\end{aligned}$$

The differentiability of $\tilde{P}_n u$ follows from the above equalities. Moreover, we have:

$$\frac{\partial(\tilde{P}_n u \cdot q_n)}{\partial s_i} = \tilde{P}_n\left(\beta^i u + \frac{\partial u}{\partial k_i}\right) q_n .$$

But we have $\partial q_n / \partial s_i = \tilde{P}_n(\beta^i) q_n$. So,

$$\frac{\partial(\tilde{P}_n u)}{\partial s_i} = \tilde{P}_n\left(\beta^i u + \frac{\partial u}{\partial k_i}\right) - \tilde{P}_n u \cdot \tilde{P}_n(\beta^i).$$ □

Now, we will give an application for Theorem 3. To this end, we need the following definition.

DEFINITION 4. We say that the family $\{\beta^i, i = 1, 2, 3, \ldots\}$ has bounded interaction range, if for any bounded element u in $D(\mathscr{E}^+)$, the following inequality holds:

$$\sup_n \mathbf{E}_m \sum_{i=1}^n [P_n(\beta^i u) - P_n(\beta^i) \cdot P_n u]^2 \leqslant C \mathscr{E}_1^+(u, u)$$

where C is a constant which may depend on u. □

REMARK. We have

$$P_n(\beta^i u) - P_n(\beta^i)\cdot P_n u = P_n[u(\beta^i - P_n(\beta^i))].$$

Hence the condition in Definition 4 is satisfied if β^i depends only on direction k_i. This is the case when the underlying measure m is a Gaussian measure. □

We also need the following notation: Let $p_n(x) \equiv (1/\sqrt{2\pi})^n \exp\{-|x|^2/2\}$, $x \in R^n$. Let m^n be the image measure on R^n of m by the mapping $z \to \{u_i(z); i \leqslant n\} \in R^n$, $z \in \mathbf{E}$. Let $(\mathscr{E}_n, D(\mathscr{E}_n))$ be the Dirichlet form associated with the n-dimensional Ornstein–Uhlenbeck process.

In the following theorem, we will state a sufficient condition which ensures the regularity of the Dirichlet form $(\mathscr{E}^+, D(\mathscr{E}^+))$. The idea is to approximate an element $u \in D(\mathscr{E}^+)$ by $P_n u$ in the Dirichlet space $(\mathscr{E}_1^+, D(\mathscr{E}^+))$. Then, since $P_n u$ is a local function in $D(\mathscr{E}^+)$, by the results in [13], it can be approximated by bounded smooth functions in $(\mathscr{E}_1^+, D(\mathscr{E}^+))$. Such an idea existed already in [18].

THEOREM 5. (1) *If for any bounded* $u \in D(\mathscr{E}^+)$,

$$\lim_n \mathbf{E}_m\left(\sum_{i=1}^n (P_n(\beta^i u) - P_n(\beta^i)\cdot P_n u)^2\right) = 0 \qquad (*)$$

the Dirichlet space $(\mathscr{E}_1^+, D(\mathscr{E}^+))$ *is regular.*

(2) *If the Dirichlet space* $(\mathscr{E}_1^+, D(\mathscr{E}^+))$ *is regular and if the family* $\{\beta^i, i = 1, 2, 3, \ldots\}$ *has a bounded interaction range, condition* (∗) *must be satisfied for any bounded* $u \in D(\mathscr{E}^+)$.

Proof. (1) Let us consider any bounded $u \in D(\mathscr{E}^+)$. Then, the following relation holds:

$$\int \sum_{i=1}^\infty \left(\frac{\partial u}{\partial k_i} - \frac{\partial (P_n u)}{\partial k_i}\right)^2 \mathrm{d}\mu \leqslant \int \sum_{i=1}^n \left(\frac{\partial u}{\partial k_i} - P_n\left(\frac{\partial u}{\partial k_i}\right)\right)^2 \mathrm{d}\mu + \int \sum_{i=n+1}^\infty \left(\frac{\partial u}{\partial k_i}\right)^2 \mathrm{d}\mu$$
$$+ \mathbf{E}_m\left(\sum_{i=1}^n (P_n(\beta^i u) - P_n(\beta^i)\cdot(P_n u))^2\right).$$

Note that the operator P_n is a contraction and tends to the identity operator in $L^2(\mathbf{E}, m)$. Note also that $\Sigma_{i=1}^\infty (\partial u/\partial k_i)^2 \in L^1(\mathbf{E}, m)$. From these two facts and from the above inequality, we can see that $P_n u$ approximates u in the space $(\mathscr{E}_1^+, D(\mathscr{E}^+))$ provided that condition (∗) is satisfied.

Now let $\varphi \equiv \sqrt{q_n/p_n}$. Let $(\mathscr{E}_n^\varphi, D(\mathscr{E}_n^\varphi))$ be the maximal Dirichlet form on $L^2(R^n, \varphi^2 p_n \cdot \lambda_n)$. Then, $\varphi = D_{\text{loc}}(\mathscr{E}_n)$ by Lemma 2. Therefore, following [13], $(\mathscr{E}_n^\varphi, D(\mathscr{E}_n^\varphi))$ is a regular Dirichlet form. This regularity implies that $P_n u$ can be approximated by the functions of FC_b^∞ in the space $(\mathscr{E}_1^+, D(\mathscr{E}^+))$.

Taking these two facts together, we can see that any bounded $u \in D(\mathscr{E}^+)$ is approximated by bounded smooth functions in $(\mathscr{E}_1^+, D(\mathscr{E}^+))$. As the bounded elements are dense in $(\mathscr{E}_1^+, D(\mathscr{E}^+))$, (1) is proved.

(2) If the space FC_b^∞ of smooth functions is dense in the space $(\mathscr{E}_1^+, D(\mathscr{E}^+))$, for any $u \in D(\mathscr{E}^+)$, there is a sequence of functions $v_n \in FC_b^\infty$ which converges to u in $(\mathscr{E}_1^+, D(\mathscr{E}^+))$. We can suppose that v_n is $FI\,\mathrm{d}_n$ measurable. Then, for $n > I$,

$$\begin{aligned}\mathbf{E}_m \sum_{i=1}^{n} [P_n(\beta^i u) - P_n(\beta^i)\cdot(P_n u)]^2 &= \mathbf{E}_m \sum_{i=1}^{n} [P_n((u-v_I)(\beta^i - P_n(\beta^i)))]^2 \\ &\leqslant C\mathscr{E}_1^+((u-v_I),(u-v_I))\end{aligned}$$

because the family $\{\beta^i, i = 1, 2, 3, \ldots\}$ has bounded interaction range. (2) follows easily from this inequality. □

Let us now apply Theorem 5 to study perturbations of Dirichlet forms on an arbitrary Wiener space.

THEOREM 6. *Suppose that* $(\mathbf{E}, \mathbf{H}, m)$ *be an arbitrary Wiener space. Let* $\varphi \in D(\mathscr{E}^+)$ *be positive and let* $\mu \equiv \varphi^2 \cdot m$. *Suppose that for any* $k \in K_0$, $\varphi u_k \in L^2(\mathbf{E}, m)$. *Then, condition* $(*)$ *is satisfied by the measure* μ. *In particular, the maximal Dirichlet space on* $L^2(\mathbf{E}, \mu)$ *is regular.*

Proof. It is known that any vector in $\mathbf{E}'$ is m-well-admissible and $\beta^k = u_k$, $k \in K_0$. It is known also that the vectors in K_0 are well-admissible with respect to the measure μ, too. Moreover, if we use $\bar{\beta}^k$ to stand for the exponential coefficient of measure μ in direction $k \in K_0$, we have: $\bar{\beta}^k = u_k + 2(1/\varphi)(\partial\varphi/\partial k)$. Hence, for bounded function u, we have:

$$\begin{aligned}&\mathbf{E}_\mu\left(\sum_{i=1}^{n} (P_n^\mu(\bar{\beta}^i u) - P_n^\mu(\bar{\beta}^i)\cdot(P_n^\mu u))^2\right) \\ &= \mathbf{E}_\mu\left(\sum_{i=1}^{n}\left(P_n^\mu\left(u_i u + 2\frac{1}{\varphi}\frac{\partial\varphi}{\partial k}u\right) - P_n^\mu\left(u_i + 2\frac{1}{\varphi}\frac{\partial\varphi}{\partial k}\right)\cdot(P_n^\mu u)\right)^2\right) \\ &= \mathbf{E}_\mu\left(\sum_{i=1}^{n}\left(2P_n^\mu\left(\frac{1}{\varphi}\frac{\partial\varphi}{\partial k}u\right) - 2P_n^\mu\left(\frac{1}{\varphi}\frac{\partial\varphi}{\partial k}\right)\cdot P_n^\mu u\right)^2\right) \\ &= 4\mathbf{E}_\mu \sum_{i=1}^{n}\left(P_n^\mu\left[u\left(\frac{1}{\varphi}\frac{\partial\varphi}{\partial k} - P_n^\mu\left(\frac{1}{\varphi}\frac{\partial\varphi}{\partial k}\right)\right)\right]\right)^2 \\ &\leqslant 4|u|_\infty \mathbf{E}_\mu \sum_{i=1}^{n}\left[P_n^\mu\left(\left|\frac{1}{\varphi}\frac{\partial\varphi}{\partial k} - P_n^\mu\left(\frac{1}{\varphi}\frac{\partial\varphi}{\partial k}\right)\right|\right)\right]^2 \\ &\leqslant 4|u|_\infty \mathbf{E}_\mu \sum_{i=1}^{n}\left(\frac{1}{\varphi}\frac{\partial\varphi}{\partial k} - P_n^\mu\left(\frac{1}{\varphi}\frac{\partial\varphi}{\partial k}\right)\right)^2.\end{aligned}$$

This last term tends to zero while n tends to infinity because $\Sigma_{i=1}^\infty ((1/\varphi)(\partial\varphi/\partial k_i))^2 \in L^1(\mathbf{E}, \mu)$. □

REMARK. The condition "Suppose that for any $k \in K_0$, $\varphi u_k \in L^2(\mathbf{E}, m)$" in Theorem 6 is in fact not necessary. All our results here can be proved also for the measures studied in [10] and in [13]. □

References

1. Albeverio, S. and Hoegh-Krohn, R.: Dirichlet forms and diffusion processes on rigged Hilbert spaces, *Z. W. verw. Gebiete* **40** (1977), 1–57.
2. Albeverio, S. and Kusuoka, S.: Maximality of infinite dimensional Dirichlet forms and Hoegh–Krohn's model of quantum fields, *Ideas and Methods in Quantum and Statistical Physics*, Vol. 2. Edited by Albeverio-Fenstad-Holden-Lindstrom, Cambridge University Press, 1992.
3. Albeverio, S., Kusuoka, S., and Röckner, M.: On partial integration in infinite dimensional space and applications to Dirichlet forms, *J. London Math. Soc.* **42** (1990), 122–136.
4. Albeverio, S. and Röckner, M.: Classical Dirichlet forms on topological vector spaces – closability and a Cameron–Martin formula, *J. Func. Anal.* **88** (1990), 395–436.
5. Albeverio, S. and Röckner, M.: Stochastic differential equations in infinite dimensions: solution via Dirichlet forms. Preprint Edinburgh, 1989.
6. Fukushima, M.: *Dirichlet Forms and Markov Processes*, Amsterdam-Oxford-New York: North Holland, 1980.
7. Fukushima, M.: *On Absolute Continuity of Multidimensional Symmetrizable Diffusions*, in: Lect. Notes in Math. **923**, 146–176. Berlin-Heidelberg-New York: Springer, 1982.
8. Ma, Z. M. and Röckner, M.: *An Introduction to the Theory of (Non Symmetric) Dirichlet Forms*. Book in preparation, 1991.
9. Röckner, M.: Lecture on Dirichlet forms on infinite dimensional state space and applications, 1990.
10. Röckner, M. and Song, S. Q.: Well admissibility, change of probability and conditional density. Preprint 1991.
11. Röckner, M. and Zheng, T. S.: Uniqueness of generalized Schrödinger operators and applications. Preprint 1991.
12. Schmuland, B.: An alternative compactification for classical Dirichlet forms on topological vector spaces, *Stochastics* **33**, 1990, 75–90.
13. Song, S.: A study on Markovian maximality, change of probability and regularity, to appear in *Potential Analysis*.
14. Song, S. Q.: Differentiability of the conditional densities of well-admissible measures on linear spaces. Preprint 1991.
15. Song, S.: Admissible vectors and their associated Dirichlet forms, *Potential Analysis*, **1** (1992), 319–336.
16. Song, S.: Compactifications of Banach spaces and construction of Diffusion processes, *Acta Math. Appl.* (in print).
17. Takeda, M.: On the uniqueness of Markovian self-adjoint extension of diffusion operators on infinite dimensional space, *Osaka J. Math.* **22** (1985), 733–742.
18. Takeda, M.: *On the Uniqueness of Markovian Self-Adjoint Extension*, Lect. Notes in Math. **1250** (Stochastic processes – Mathematics and Physics), 319–325, Berlin, Springer, 1985.
19. Takeda, M.: The maximum Markovian self-adjoint extensions of generalized Schrödinger operators. Preprint 1990.

Mesures de représentation sur les espaces biharmoniques

ALLAMI BENYAICHE
Département de Mathématiques, Faculté des Sciences, 133 Kénitra, Maroc.

Résumé. On donne une relation entre les mesures de représentation sur les espaces biharmoniques et les mesures de représentation sur les espaces harmoniques qui lui sont associés. En particulier, on obtient la représentation intégrale des couples potentiels.

AMS Subject Classifications (1991). 31B, 31C, 31D; 35C, 35D.

Mots clés. Mesures de représentation.

Introduction

Dans ses travaux ([6, 7, 8, 9, 10]) F.Y. Maeda a développé la théorie des intégrales de Dirichlet et de l'energie sur des espaces harmoniques qui admettent une mesure de représentation. U. Schirmeier [11] a montré l'existence de telles mesures sur tout espace harmonique (au sens de [3]) à base dénombrable.

Le but de ce travail est d'étudier le lien entre les mesures de représentation sur un espace biharmonique (X, H) et les mesures de représentation sur les espaces harmoniques $(X, H^{(i)})$ $(i = 1, 2)$ qui lui sont associés (au sens de [12] et [2]). En particulier, nous retrouvons la représentation intégrale des couples potentiels donnée par E.P. Smyrnelis [13].

Une *mesure de représentation* sur un espace biharmonique (X, H) est un homomorphisme $\sigma := (\sigma_U)_U$, U un ouvert de X, du faisceau $\mathcal{R} := (\mathcal{R}(U))_U$ dans le faisceau $M := (M(U))_U$ des couples de mesures de Radon signées sur U, tel que:

$$\sigma_U(s_1, s_2) \geq 0 \iff (s_1, s_2) \text{ est un couple surharmonique sur } U,$$

où $\mathcal{R}(U)$ désigne l'ensemble des couples de fonctions continues (s_1, s_2) sur U qui sont représentables localement comme différence de deux couples surharmoniques.

Dans le premier paragraphe nous étudions le faisceau $\mathcal{R}$ et nous montrons que $\mathcal{R} = \mathcal{R}^{(1)} \times \mathcal{R}^{(2)}$, où $\mathcal{R}^{(i)}$ $(i = 1, 2)$ désigne le faisceau des fonctions continues qui sont représentables localement comme différence de deux fonctions surharmoniques par rapport à $(X, H^{(i)})$.

Dans le deuxième paragraphe nous montrons que les mesures de représentation σ sur (X, H) sont données par:

$$\sigma_U(s_1, s_2) = \left(\sigma_U^{(1)}(s_1) - s_2 \cdot \lambda,\ \sigma_U^{(2)}(s_2)\right),$$

où λ est une mesure de Radon positive sur X et $\sigma^{(i)}$ $(i = 1, 2)$ est une mesure de représentation sur $(X, H^{(i)})$.

Emile M. J. Bertin (ed.), ICPT 91, 171–178.

Dans le troisième paragraphe nous étudions les mesures de représentation sur les espaces biharmoniques elliptiques et forts. Nous montrons que, pour tout couple potentiel (p_1, p_2) sur U, $\sigma_U(p_1, p_2)$ coïncide avec le couple des mesures de Radon positives données par E.P. Smyrnelis ([13]) dans le cas de la représentation intégrale de (p_1, p_2).

Je remercie les Professeurs A. Boukricha et F.Y. Maeda pour les remarques qu'ils m'ont faites.
Je remercie le Comité d'organisation de ICPT91 pour le soutien qu'il m'a accordé.

0. Notations et Préliminaires

Soit X un espace topologique localement compact et à base dénombrable. Un espace biharmonique (X, H) ([12, 2]) est caractérisé par la donnée de deux espaces harmoniques $(X, H^{(1)})$ et $(X, H^{(2)})$ ayant une base d'ouverts réguliers commune et d'une section positive de potentiels, continus et réels $(P_V)_V$ sur $(X, H^{(1)})$ (voir [2]) telle que:

$$H(U) = \{(h_1, h_2) \in C(U) \times C(U) : \\ V \in \mathcal{U}_r(U) \Longrightarrow H_V^1 h_1 + K_V H_V^2 h_2 = h_1 \text{ et } H_V^2 h_2 = h_2\Big\},$$

oú $H_V^i (i = 1, 2)$ désigne le noyau harmonique sur V pour l'espace harmonique $(X, H^{(i)})$ et K_V le noyau potentiel associé à P_V (voir [5]). $\mathcal{U}_r(U)$ est l'ensemble des ouverts réguliers V (pour le problème de Riquier) tel que: $\overline{V} \subset U$, et U est un ouvert de X.

Une *mesure de représentation* sur l'espace harmonique $(X, H^{(i)})$ est un homomorphisme $\sigma^{(i)} := \left(\sigma_U^{(i)}\right)_U$ du faisceau $\mathcal{R}^{(i)} := \mathcal{R}^{(i)}(U))_U$ dans le faisceau $\mathcal{M} := (\mathcal{M}(U))_U$ des mesures de Radon signées vérifiant:

$$\sigma_U^{(i)}(f) \geq 0 \Longleftrightarrow f \text{ est surharmonique sur } U \text{ relativement à } (X, H^{(i)}),$$

où $\mathcal{R}^{(i)}(U)$ désigne l'ensemble des fonctions continues sur U qui sont représentables localement comme différence de deux fonctions surharmoniques et continues pour la structure harmonique $H^{(i)}$ $(i = 1, 2)$ (voir [9]).

On désigne par $P(U)$ (resp. $P^{(i)}(U)$, $i = 1, 2$) l'ensemble des couples potentiels sur U (resp: des potentiels sur U relativement à l'espace $(X, H^{(i)})$). Nous ajoutons le préfixe i aux notions se rapportant à $(X, H^{(i)})$ (par exemple, i-harmonique, i-potentiel, etc.).

DÉFINITION 1. Un couple (s_1, s_2) de fonctions semi-continues inférieurement et localement bornées inférieurement est appelé *couple hyperharmonique* si pour tout ouvert $V \in \mathcal{U}_r$ on a:

$$H_V^1 s_1 + K_V H_V^2 s_2 \leq s_1 \text{ et } H_V^2 s_2 \leq s_2 \text{ sur } V.$$

1. Couples δ-surharmoniques

Nous désignons par *couples δ-surharmoniques* sur un ouvert U de X, les couples de fonctions continues sur U qui sont représentables localement comme différence de deux couples surharmoniques. L'ensemble de tels couples est noté par $\mathcal{R}(U)$.

Dans cette section, nous montrons que $U \mapsto \mathcal{R}(U)$ est un faisceau sur X.

LEMME 2. *Pour tout couple (f_1, f_2) surharmonique et continu sur U et pour tout ouvert W tel que $W \subset \overline{W} \subset U$ on a:*

1) *$f_1 - K_W H_W^2 f_2$ est 1-surharmonique sur W.*
2) *f_2 est 2-surharmonique sur W.*

Démonstration. 1) Soit W un ouvert de U tel que $W \subset \overline{W} \subset U$ et $V \in \mathcal{U}_r(W)$. On a:

$$\begin{aligned} H_V^1\left(f_1 - K_W H_W^2 f_2\right) &= H_V^1 f_1 - H_V^1 K_W H_W^2 f_2 \\ &= H_V^1 f_1 + K_V H_W^2 f_2 - K_W H_W^2 f_2 \\ &= f_1 - K_W H_W^2 f_2 + K_V H_W^2 f_2 + H_V^1 f_1 - f_1. \end{aligned}$$

Puisque

$$H_W^2 f_2 \leq H_V^2 f_2 \quad \text{et} \quad H_V^2 f_1 + K_V H_V^2 f_2 \leq f_1,$$

alors on a:

$$\begin{aligned} H_V^1\left(f_1 - K_W H_W^2 f_2\right) &\leq f_1 - K_W H_W^2 f_2 + K_V H_V^2 f_2 + H_V^1 f_1 - f_1 \\ &\leq f_1 - K_W H_W^2 f_2. \end{aligned}$$

Ainsi, $f_1 - K_W H_W^2 f_2$ est 1-surharmonique sur W. 2) Evident. ∎

PROPOSITION 3. *Pour tout ouvert U de X on a: $\mathcal{R}(U) = \mathcal{R}^{(1)}(U) \times \mathcal{R}^{(2)}(U)$.*

Démonstration. Soit $(u_1, u_2) \in \mathcal{R}(U)$, $x \in U$ et soit W un voisinage de x tel que $(u_1, u_2) = (f_1, f_2) - (g_1, g_2)$ sur W, où (f_1, f_2) et (g_1, g_2) sont des couples surharmoniques continus sur W. Pour $x \in V \subset \overline{V} \subset W$, soient:

$$\varphi = f_1 - K_V H_V^2 f_2 \quad \text{et} \quad \psi = g_1 - K_V H_V^2 g_2.$$

D'après le lemme 1, φ et ψ sont 1-surharmoniques sur V. En décomposant (f_1, f_2) et (g_1, g_2) sous la forme:

$$\begin{aligned} (f_1, f_2) &= (\varphi, f_2) + (K_V H_V^2 f_2, 0), \\ (g_1, g_2) &= (\psi, g_2) + (K_V H_V^2 g_2, 0), \end{aligned}$$

on a:

$$\begin{aligned} u_1 &= \left[\varphi + K_V H_V^2 (f_2^+ + g_2^-)\right] - \left[\psi + K_V H_V^2 (f_2^- + g_2^+)\right] \quad \text{sur } V, \\ u_2 &= f_2 - g_2 \quad \text{sur } V, \end{aligned}$$

et donc $(u_1, u_2) \in \mathcal{R}^{(1)}(U) \times \mathcal{R}^{(2)}(U)$.

Inversement, soit $(u_1, u_2) \in \mathcal{R}^{(1)}(U) \times \mathcal{R}^{(2)}(U)$. Alors pour $x \in U$ et W un voisinage régulier de x ($\overline{W} \subset U$), on a:

$$u_1 = f_1 - g_1 \text{ et } u_2 = f_2 - g_2 \text{ sur } W.$$

où les fonctions f_1, g_1 sont 1-surharmoniques et continues sur W et f_2, g_2 sont 2-surharmoniques et continues sur W.
Donc on a:

$$\begin{aligned}(u_1, u_2) &= (f_1, f_2) - (g_1, g_2) \\ &= (f_1 + K_W f_2, f_2) - (K_W f_2, 0) - (g_1 + K_W g_2, g_2) + (K_W g_2, 0).\end{aligned}$$

Or d'après le lemme 5.5 de [2], $(f_1 + K_W f_2, f_2)$ et $(g_1 + K_W g_2, g_2)$ sont des couples surharmoniques sur W et donc $(u_1, u_2) \in \mathcal{R}(U)$. ∎

COROLLAIRE 4.

$$U \rightarrow \mathcal{R}(U) \quad \textit{est un faisceau.}$$

Démonstration. Voir [4]. ∎

2. Construction des mesures de représentation sur un espace biharmonique.

Soit (X, H) un espace biharmonique et $(X, H^{(i)})$ $(i = 1, 2)$ les espaces harmoniques (au sens de [3]) qui lui sont associés. D'après *U.* Schirmeier [11], ces deux espaces harmoniques sont munis respectivement de deux mesures de représentation $\sigma^{(1)}$ et $\sigma^{(2)}$.

DÉFINITION 5. On appelle *mesure de représentation* sur un espace biharmonique (X, H), un homomorphisme de faisceau $\sigma := (\sigma_U)_U : \mathcal{R} \rightarrow M$ vérifiant:

$$\sigma_U(s_1, s_2) \geq 0 \iff (s_1, s_2) \text{ est un couple surharmonique sur } U.$$

THÉORÈME 6. *Tout espace biharmonique admet une mesure de représentation σ donnée par:*

$$\sigma_U(f_1, f_2) = \left(\sigma_U^{(1)}(f_1) - f_2 \cdot \lambda,\ \sigma_U^{(2)}(f_2)\right),$$

où λ est une mesure de Radon positive sur X et $(f_1, f_2) \in \mathcal{R}(U)$, pour tout ouvert $U \subset X$. De plus, $\sigma_U : S_C(U) \rightarrow M(U)$ est continue, lorsqu'on munit l'ensemble $S_C(U)$ (des couples surharmoniques et continus sur U) de la topologie de la convergence localement uniforme et $M(U)$ de la topologie de la convergence vague.

Démonstration. Soit λ la mesure de Radon positive sur X telle que: $\sigma_V^{(1)}(p_V) = \lambda_{|V}$, où (p_V) est une section de potentiels positifs, continus et réels sur $(X, H^{(1)})$ associée à l'espace biharmonique (X, H) (voir [2]).

Montrons que pour tout $(f_1, f_2) \in \mathcal{R}(U)$ on a:

$$\sigma_U(f_1, f_2) \geq 0 \iff (f_1, f_2) \text{ est un couple surharmonique sur } U.$$

$\Longrightarrow$): Soit $W \in \mathcal{U}_r(U)$ et V un ouvert relativement compact appartenant à $\mathcal{U}_r(U)$ tel que $\overline{W} \subset V \subset \overline{V} \subset U$. On a:

$$\sigma_V^{(1)}(K_V f_2) = f_2 \cdot \lambda \quad \text{sur} \quad V.$$

Puisque $\sigma_U^{(1)}(f_1) - f_2 \cdot \lambda$ est une mesure positive sur U et $\sigma^{(1)} = \left(\sigma_V^{(1)}\right)_V$ est un homomorphisme de faisceau, alors $\sigma_V^{(1)}(f_1) - f_2 \cdot \lambda$ est une mesure de Radon positive sur V. Comme

$$\begin{aligned} \sigma_V^{(1)}(f_1) - f_2 \cdot \lambda &= \sigma_V^{(1)}(f_1) - \sigma_V^{(1)}(K_V f_2) \\ &= \sigma_V^{(1)}(f_1 - K_V f_2). \end{aligned}$$

Alors $\sigma_V^1(f_1 - K_V f_2) \geq 0$. Ainsi, $f_1 - K_V f_2$ est 1-surharmonique sur V.
Or

$$\begin{aligned} f_1 - K_V f_2 &\geq H_W^1(f_1 - K_V f_2) \\ &\geq H_W^1 f_1 - H_W^1 K_V f_2 \\ &\geq H_W^1 f_1 - K_V f_2 + K_W f_2, \end{aligned}$$

et par suite

$$H_W^1 f_1 \leq f_1 - K_W f_2.$$

Puisque $\sigma_W^{(2)}(f_2) \geq 0$ alors a:

$$\begin{aligned} H_W^1 f_1 + K_W H_W^2 f_2 &\leq H_W^1 f_1 + K_W f_2 \\ H_W^1 f_1 + K_W H_W^2 f_2 &\leq f_1. \end{aligned}$$

Ainsi, (f_1, f_2) est un couple surharmonique sur U.
$\Longleftarrow$): Soit (f_1, f_2) un couple surharmonique sur U.
1) Puisque f_2 est 2-surharmonique sur U alors, $\sigma_U^{(2)}(f_2) \geq 0$.
2) $\forall \varepsilon > 0$, $\forall x \in U$, $\exists W_x \in \mathcal{U}_r(U)$: $x \in W_x$ et $f_2 - H_{W_x}^2 f_2 < \varepsilon$ sur W_x.
D'après le Lemme 2 on a:

$$\begin{aligned} \sigma_{W_x}^{(1)}(f_1) &\geq \sigma_{W_x}^{(1)}\left(K_{W_x} H_{W_x}^2 f_2\right) \\ &\geq \left(H_{W_x}^2 f_2\right) \cdot \lambda \quad \text{sur} \quad W_x. \end{aligned}$$

Ainsi

$$\sigma_{W_x}^{(1)}(f_1) \geq (f_2 - \varepsilon) \cdot \lambda \quad \text{sur} \quad W_x.$$

En considérant $(W_x)_{x\in U}$ un recouvrement de U, on a:

$$\sigma_U^{(1)}(f_1) \geq (f_2 - \varepsilon)\cdot\lambda \quad \text{sur} \quad U.$$

Et par suite

$$\sigma_U^{(1)}(f_1) - f_2\cdot\lambda \geq 0 \quad \text{sur} \quad U.$$

Ainsi de 1) et 2), on déduit que $\sigma_U(f_1, f_2) \geq 0$. La continuité de σ résulte de celles de $\sigma^{(1)}$ et $\sigma^{(2)}$ (voir [11]). ∎

EXEMPLE 7. Soient $X = \mathbb{R}^n$ et L_1, L_2 deux opérateurs différentiels de second ordre sur un ouvert Ω de X (comme dans [2]) et μ une mesure de Radon positive sur X vérifiant les conditions du [2, Th. 4.1]. Alors:

$$U \mapsto H(U) := \{(h_1, h_2) \in \mathrm{C}(U) \times \mathrm{C}(U) : \\ L_1 h_1 = -\mu h_1 \text{ et } L_2 h_2 = 0 \text{ au sens des distributions } \}$$

définit un faisceau d'espace biharmonique ([2, Th. 4.1]). Dans ce cas σ est donnée par:

$$\sigma_U(s_1, s_2) = (-L_1 s_1 - s_2\cdot\mu, -L_2 s_2) \quad \text{où} \quad (s_1, s_2) \in \mathcal{R}(U).$$

3. Mesures de représentation et représentation intégrale sur un espace biharmonique

Soit U un ouvert de X et v_2 une fonction 2-hyperharmonique positive sur U. Alors l'ensemble E_{v_2} des fonctions v_1 sur U, tel que (v_1, v_2) est un couple hyperharmonique positif sur U est non vide ($+\infty \in E_{v_2}$). De plus $v_2' : \widehat{\inf v_1}, (v_1 \in E_{v_2})$ appartient à E_{v_2} et c'est le plus petit élément de E_{v_2} (voir [12, Lemme 11.6]).

DÉFINITION 8. ([12])

a) v_2' est appelée la *fonction hyperharmonique pure d'ordre 2* associée à v_2 sur U.

b) Un couple (v_1, v_2) hyperharmonique et positif est dit *pur* si $v_1 = v_2'$.

REMARQUE 9. v_2' est unique (voir [12, 3.3]).

PROPOSITION 10. ([1, 12]) *Soit V un ouvert relativement compact de X. Pour toute fonction v_2, 2-hyperharmonique et positive sur V, $(K_V v_2, v_2)$ est un couple pur.*

Démonstration. D'une part il existe, d'après [12, Th. 6.9], une fonction h_2 strictement positive et 2-harmonique sur V. De plus, $(K_V h_2, h_2)$ est un couple biharmonique sur V, car, pour tout $W \in \mathcal{U}_r(V)$ on a:

$$H_W^1 K_V h_2 + K_W h_2 = K_V h_2 \quad \text{et} \quad H_W^2 h_2 = h_2.$$

D'autre part, la Proposition [13, 3.2], appliquée au couple $(K_V h_2, h_2)$ entraine que:

$$v_2' = K_{K_V h_2}\left(\frac{v_2}{h_2}\right).$$

D'après le Lemme [5, 4.3] on a:

$$K_{K_V h_2}\left(\frac{v_2}{h_2}\right) = K_V\left(h_2 \cdot \frac{v_2}{h_2}\right) = K_V v_2.$$

Ainsi, $(K_V v_2, v_2)$ est un couple pur. ∎

Soit maintenant (X, H) un espace biharmonique, elliptique et fort (voir [12]). E.P. Smyrnélis [13] a associé (d'une façon unique), sous l'axiome de proportionalité, à chaque couple potentiel (p_1, p_2) sur un domaine U de X, deux mesures de Radon positives μ et ν sur U telles que:

$$\begin{aligned} p_1(\cdot) &= \int_U Lp_y^2(\cdot)\mu(dy) + \int_U p_y^1(\cdot)\nu(dy), \\ p_2(\cdot) &= \int_U p_y^2(\cdot)\mu(dy), \end{aligned}$$

où p_y^i, $i = 1, 2$, sont les i-potentiels de supports ponctuels $\{y\}$, et L est l'opérateur de Dynkin sur l'espace $(X, H^{(1)})$ ([12]). Dans ce cas on a le résultat suivant:

PROPOSITION 11. *Pour tout domaine U de X et tout couple potentiel (p_1, p_2) sur U on a:*

$$\sigma_U(p_1, p_2) = (\nu, \mu) \text{ sur } U,$$

où $\sigma = (\sigma_U)_U$ est la mesure de représentation sur (X, H) définie par le Théorème 6.

Démonstration. Puisque σ est un homomorphisme de faisceau on peut supposer, sans perdre de généralité, que U est relativement compact. Ainsi, d'après le Lemme [13, 3.12], $\int_U Lp_y^2(\cdot)\mu(dy)$ est la fonction hyperharmonique pure d'ordre 2 associée à p_2. De la proposition précédente on a:

$$K_U p_2(\cdot) = \int_U Lp_y^2(\cdot)\mu(dy).$$

Et donc

$$p_1 - K_U p_2 = \int_U p_y^1(\cdot)\nu(dy).$$

Par suite

$$\sigma_U^{(1)}(p_1) - p_2 \cdot \lambda = \sigma_U^{(1)}(p_1 - K_U p_2) = \nu$$

et

$$\sigma_U^{(2)}(p_2) = \mu,$$

où λ est la mesure de Radon positive sur X définie dans le Théorème 6. Ainsi, $\sigma_U(p_1, p_2) = (\nu, \sigma)$. ∎

Références

[1] A. Baalal. *Fonctions biharmoniques en axiomatique de Constantinescu et Cornea.* Thése de 3eme cycle, Université Mohamed V, Rabat, 1988.

[2] A. Boukricha. Espaces biharmoniques. In G. Mokobodzki and D. Pinchon, editors, *Théorie du Potentiel, Proceedings, Orsay 1983,* pages 116–149, Lecture Notes in Math. 1096, Springer-Verlag, 1984.

[3] C. Constantinescu and A. Cornea. *Potential Theory on Harmonic Spaces.* Springer-Verlag, 1972.

[4] R. Godement. *Topologie algèbrique et théorie des faisceaux.* Hermann, 1958.

[5] W. Hansen. Cohomology in harmonic spaces. In H. Bauer, editor, *Seminar on Potential Theory, II,* Lecture Notes in Math. 226, pages 63–101, Springer-Verlag, 1971.

[6] F.Y. Maeda. Dirichlet integrals of functions on a self-adjoint harmonic space, *Hiroshima Math. J.*, 4:682–742, 1974.

[7] F.Y. Maeda. Dirichlet integrals of products of functions on a self-adjoint harmonic space. *Hiroshima Math. J.*, 5:197–214, 1975.

[8] F.Y. Maeda. Dirichlet integrals on general harmonic spaces, *Hiroshima Math. J.*, 7:119–133, 1977.

[9] F.Y. Maeda. *Dirichlet integrals on harmonic spaces.* Lecture Notes in Math. 803, Springer-Verlag, 1980.

[10] F.Y. Maeda. Dirichlet integrals and energy of potentials on harmonic spaces with adjoint structure. *Hiroshima Math. J.*, 18:1-14, 1988.

[11] U. Schirmeier. Continuous measure representations on harmonic spaces. *Hiroshima Math. J.*, 13:327–337, 1983.

[12] E.P. Smyrnélis. Axiomatique des fonctions biharmoniques. *Ann. Inst. Fourier (Grenoble)*, 25,1:35–97, 1975 et 26,3:1–47, 1976.

[13] E.P. Smyrnélis. Représentation intégrale dans les espaces biharmoniques. *Acad. Roy. Belg. Bull. Cl. Sci. (5),* LXXI:383–394, 1985.

[14] U. Steiner. *Massdarstellungen in Balayage-Räumen.* Thesis, Frankfurt am Main, 1988.

Monotone Dirichlet forms and resolvents

PETRA van BEUSEKOM
Mathematisch Instituut, Universiteit Utrecht, Budapestlaan 6, 3508 TA Utrecht, The Netherlands.

Abstract. We define a nonlinear Dirichlet form associated with a monotone operator. Using the Monge-Ampère operator as an example, we prove potential theoretic properties of such a form and introduce an associated resolvent.

AMS Subject Classifications (1991). 31C25, 47H05.

Key words. Dirichlet form, Monge-Ampère, monotony, potential, resolvent.

1. Introduction

In this paper, an attempt is made to define nonlinear Dirichlet forms, where a simple Monge Ampère-equation is taken to be the standard example. In the linear case, the Laplacian gives the standard example by partial integration of the variational form $(\Delta u, v)_{L^2}$. This leads to the Dirichlet form $(\nabla u, \nabla v)_{L^2}$. (See [6, 8] for linear theory of Dirichlet forms.) With the Monge Ampère-equation

$$\operatorname{Hess} u = f, \quad u|_{\partial G} = 0$$

the same procedure as in the linear case, except for the partial integration, gives us the form $(\operatorname{Hess} u, v)_{L^2}$ as a candidate for a nonlinear Dirichlet form. In section 2, we prove some properties of this form that generalize important conditions on linear forms. In sections 3 and 4, we give a definition of monotone Dirichlet form and introduce potential theoretic notions with respect to monotone forms, proving these for the standard example. Similar things have been done by B. Calvert [5] for monotone operators on Sobolev-spaces and by N. Kenmochi, Y. Mizuta and T. Nagai [9, 10, 11] for gradients of convex functions in regular function space.

2. Monotony of the Hessian

Let G be an open, bounded, convex subset of $\mathbf{R}^n$ and λ the Lebesgue-measure. If $u \in C^2(\overline{G})$ and $v \in C(\overline{G})$, we define

$$(\operatorname{Hess} u, v) = \int_G \operatorname{Hess} u(x) v(x) \lambda(dx).$$

As the equation $\operatorname{Hess} u = f$ has not a unique solution in general, we restrict the domain of Hess to convex functions. Of course, this operator is only defined on the set of twice differentiable functions, but it can be extended to continuous convex

Emile M. J. Bertin (ed.), ICPT 91, 179–191.

functions by using the subdifferential (see [3] for a detailed discussion). For u convex and continuous on G, the subdifferential ∂_u is defined in the following way: Let $p \in \mathbf{R}^n$ and $x \in G$, then

$$p \in \partial_u(x) \Leftrightarrow u(y) - u(x) \geq (p, y - x) \text{ for any } y \in G.$$

The set $N_{u,G}$, which is defined as

$$N_{u,G} = \{p \in \mathbf{R}^n | \exists x, y \;\; x \neq y \text{ and } p \in \partial_u(x) \cap \partial_u(y)\},$$

has Lebesque-measure zero (see [3, Th. 3.3] or [12, Th. 2.5] for a proof). This means that ∂_u^{-1} is well-defined on $\partial_u(G) \backslash N_{u,G}$, so we can define for u convex and continuous, and v continuous

$$(\operatorname{Hess} u, v) = \int_{\partial_u(G) \backslash N_{u,G}} v(\partial_u^{-1}(p)) \lambda(dp).$$

Note that in the case where $u \in C^2(G)$, we can substitute $p = \nabla u(x)$ and this definition reduces to the former one.

During the rest of this section, we will write A instead of Hess. C will be the collection of continuous, convex functions on $\overline{G}$ and C_0 the subset of C consisting of the functions that disappear on the boundary. The following theorem expresses the main result of this section.

THEOREM 2.1. *Let* $u, v \in C$ *with* $u|_{\partial G} = v|_{\partial G}$, $\lambda(\partial_u(G)) < \infty$, *and* $\lambda(\partial_v(G)) < \infty$. *Then* $(Au - Av, u - v) \leq 0$.

First, we prove this for G with the property that $\overline{G}$ has only finitely many extremal points and is not neccesarily convex and u and v piecewise affine with $u \geq v$, $u = v$ on ∂G. Then we drop the assumption $u \geq v$ and finally, we pass to the general case by approximation. Until the next theorem, let G, u and v have the properties mentioned above. Define $E_{\cdot,G}$ by

$$E_{u,G} = \{t \in G | (t, u(t)) \text{ is extremal point of } \operatorname{epi}_G u\}.$$

Now let $E_{u,G} \cup E_{v,G} = \{t_1, \cdots, t_k\}$, where the t_i are such that $u(t_i) - v(t_i) \geq u(t_{i-1}) - v(t_{i-1}) \; \forall i \in \{2, \cdots, k\}$. We define a series of functions v_i, $i \in \{0, \cdots, k\}$, in the following way: $v_0 = u$ and, for $i \geq 1$,

$$w_{ij} = \begin{cases} v_{i-1}(t_j) & \text{for } j \leq i - 1, \\ v_{i-1}(t_j) - (v_{i-1}(t_i) - v(t_i)) & \text{for } j \geq i. \end{cases}$$

There is a unique convex function w, defined on a convex neighbourhood of $\overline{G}$, with the property

$$\begin{aligned} &\operatorname{epi}_{\overline{G}}(w) \\ &= \operatorname{conv}(\{(t_j, w_{ij}) | j \in \{1, \cdots, k\}\} \cup \{(t, y) | t \in \partial G, y \in \mathbf{R}, y \geq u(t)\}), \end{aligned}$$

where conv S is the convex hull of S and $\mathrm{epi}_S f = \{(x,y)|x \in S \text{ and } y \geq f(x)\}$
Take $v_i = w$. The functions v_i have the following properties:

$$\begin{array}{ll} i) & v_i(t_j) = v(t_j) = v_{i-1}(t_j), \;\; j \leq i-1, \\ & v_i(t_j) = u(t_j) - (u(t_i) - v(t_i)) = v_{i-1}(t_j) - (v_{i-1}(t_i) - v(t_i)), \;\; j \geq i, \\ ii) & v_{i-1} \geq v_i, \;\; 1 \leq i \leq k, \\ iii) & E_{v_i,G} \subset E_{u,G} \cup E_{v,G}, \;\; 1 \leq i \leq k, \\ iv) & \partial_{v_i}(t_j) \subset \partial_{v_{i-1}}(t_j), \;\; j \leq i-1, \\ & \partial_{v_i}(t_j) \supset \partial_{v_{i-1}}(t_j), \;\; j \geq i. \end{array}$$

The proofs of *ii*) and *iii*) follow directly from the definition of v_i.
Proof of *i*):
First, we prove with induction that

$$w_{ij} = \begin{cases} v(t_j) & \text{for } j \leq i, \\ u(t_j) - (u(t_i) - v(t_i)) & \text{for } j \geq i. \end{cases}$$

For $i = 1$, $w_{ij} = v_0(t_j) - (v_0(t_1) - v(t_1)) = u(t_j) - (u(t_1) - v(t_1))$ for any $j \in \{1, \cdots, k\}$ and $w_{11} = v(t_1)$, so the equality holds for $i = 1$.
Presuming it is true for $i-1$, we get

$$\begin{aligned} w_{ij} &= v_{i-1}(t_j) = v(t_j) \text{ for } j \leq i-1, \\ w_{ij} &= v_{i-1}(t_j) - (v_{i-1}(t_i) - v(t_i)) \\ &= u(t_j) - (u(t_{i-1}) - v(t_{i-1})) - u(t_i) \\ &\quad + (u(t_{i-1}) - v(t_{i-1})) + v(t_i) \\ &= u(t_j) - (u(t_i) - v(t_i)) \text{ for } j \geq i. \end{aligned}$$

Of course, now $w_{ii} = v(t_i)$, so the equality holds for all $j \in \{1, \cdots, k\}$.

Now let $i \in \{1, \cdots, k\}$ be fixed and use the above formulation of w_{ij} to prove $w_{ij} = v_i(t_j)$ for any $j \in \{1, \cdots, k\}$. Because of the definition of v_i, we know that $v_i(t_j) \leq w_{ij}$ and $E_{G,v_i} \subset \{t_1, \cdots, t_k\}$ (*iii*). Let $j_0 \in \{1, \cdots, k\}$ be fixed, then there are two possibilities for j_0:

$$t_{j_0} \in E_{v_i,G}, \text{ or } t_{j_0} \notin E_{v_i,G}.$$

The first case is easy, as this implies immediately that $v_i(t_{j_0}) = w_{ij_0}$. In the second case, there exist k real numbers $\lambda_j \in [0,1)$, with $\sum_{j=1}^k \lambda_j = 1$ and $\sum_{j=1}^k \lambda_j (t_j, w_{ij}) = (t_{j_0}, v_i(t_{j_0}))$.
Rewriting w_{ij} gives

$$v_i(t_{j_0}) = \sum_{j=1}^k w_{ij} = \sum_{j=1}^i \lambda_j v(t_j) + \sum_{j=i+1}^k \lambda_j (u(t_j) - (u(t_i) - v(t_i)).$$

By definition, $u(t_j) - v(t_j) \le u(t_i) - v(t_i)$ if $j \le i$, so the right hand side is greater than or equal to

$$\sum_{j=1}^{k} \lambda_j(u(t_j) - (u(t_i) - v(t_i))) = \sum \lambda_j u(t_j) - (u(t_i) - v(t_i)).$$

By the convexity of u,

$$\sum_{j=1}^{k} \lambda_j u(t_j) \ge u(\sum_{j=1}^{k} \lambda_j t_j) = u(t_{j_0}).$$

Using this finally gives

$$v_i(t_{j_0}) \ge u(t_{j_0}) - (u(t_i) - v(t_i)) = w_{ij_0} \text{ if } j_0 \ge i.$$

On the other hand,

$$\begin{aligned}
&\sum_{j=1}^{i} \lambda_j v(t_j) + \sum_{j=i+1}^{k} \lambda_j(u(t_j) - (u(t_i) - v(t_i))) \\
&= \sum_{j=1}^{i} \lambda_j v(t_j) + \sum_{j=i+1}^{k} \lambda_j(v(t_j) + (u(t_j) - v(t_j)) - (u(t_i) - v(t_i))) \\
&\ge \sum_{j=1}^{k} \lambda_j v(t_j), \text{ because } u(t_j) - v(t_j) \ge u(t_i) - v(t_i) \text{ if } j \ge i.
\end{aligned}$$

As v is convex, $v_i(t_{j_0}) \ge v(\sum_{j=1}^{k} \lambda_j t_j) = v(t_{j_0}) = w_{ij_0}$ if $j_0 \le i$. So now we have both $v_i(t_{j_0}) \ge w_{ij_0}$ and $v_i(t_{j_0}) \le w_{ij_0}$, which means that $v_i(t_{j_0}) = w_{ij_0}$. ∎

Proof of *iv*):

Let $i \in \{1, \cdots, k\}$ be fixed, let $j \le i-1$, and let $p \in \partial_{v_i}(t_j)$. Then, by the definition of subdifferential, $v_i(x) - v_i(t_j) \ge (p, x - t_j)$ for any $x \in G$. As $v_{i-1} \ge v_i$ (*ii*) and $j \le i-1$, we have $v_i(x) \ge v_{i-1}(x)$ for any $x \in G$ and $v_i(t_j) = v_{i-1}(t_j)$. This leads to the following inequality:

$$v_{i-1}(x) - v_{i-1}(t_j) \ge v_i(x) - v_i(t_j) \ge (p, x - t_j), \quad x \in G.$$

So $p \in \partial_{v_{i-1}}(t_j)$ and, as this holds for any $p \in \partial_{v_i}(t_j)$, $\partial_{v_i} \subset \partial_{v_{i-1}}(t_j)$. Now take $j \ge i$ and $p \in \partial_{v_i}$. Again, $v_{i-1}(x) - v_{i-1}(t_j) \ge (p, x - t_j)$ for any $x \in G$. Using $v_i(t_j) = v_{i-1}(t_j) - (v_{i-1}(t_i) - v(t_i))$ and $v_i(x) \ge v_{i-1}(x) - (v_{i-1}(t_i) - v(t_i))$, we get the following inequality:

$$\begin{aligned}
v_i(x) - v_i(t_j) &\ge v_{i-1}(x) - (v_{i-1}(t_i) - v(t_i)) - v_{i-1}(t_j) + (v_{i-1}(t_i) - v(t_i)) \\
&= v_{i-1}(x) - v_{i-1}(t_j) \ge (p, x - t_j).
\end{aligned}$$

So $p \in \partial_{v_i}$, which gives $\partial_{v_{i-1}}(t_j) \subset \partial_{v_i}(t_j)$ if $j \ge i$. ∎

Using these properties, it is easy to prove the following lemma.

LEMMA 2.2. *Let u and v be as defined above. Then* $(Au - Av, u - v) \leq 0$.

Proof. For convenience, we define $m_u(x) = \lambda(\partial_u(x))$ for $x \in G$ (and the same for v and v_i). Use the above constructed v_i and define, for $0 \leq i \leq k$, $S_i = (Au - Av_i, u - v_i)$. We are going to prove that $S_i - S_{i-1} \leq 0$ for any $i \in \{1, \cdots, k\}$, which will give us $S_k \leq S_0$, and this is exactly what was to be proved, as $S_k = (Au - Av, u - v)$ and $S_0 = 0$ (Remember that $v_0 = u$ and $v_k = v$).

Let $i \in \{1, \cdots, k\}$ be arbitrary. Then

$$\begin{aligned}
S_i - S_{i-1} & \\
= & \textstyle\sum_{j=1}^{k}(u(t_j) - v_i(t_j))(m_u(t_j) - m_{v_i}(t_j)) \\
& -\textstyle\sum_{j=1}^{k}(u(t_j) - v_{i-1}(t_j))(m_u(t_j) - m_{v_{i-1}}(t_j)) \\
= & \textstyle\sum_{j=1}^{i-1}(u(t_j) - v_{i-1}(t_j))(m_u(t_j) - m_{v_i}(t_j)) \\
& +\textstyle\sum_{j=i}^{k}((u(t_j) - v_{i-1}(t_j)) + (v_{i-1}(t_i) - v(t_i)))(m_u(t_j) - m_{v_{i-1}}(t_j)) \\
& -\textstyle\sum_{j=1}^{k}(u(t_j) - v_{i-1}(t_j))(m_u(t_j) - m_{v_{i-1}}(t_j)) \\
= & \textstyle\sum_{j=1}^{k}(u(t_j) - v_{i-1}(t_j)(m_{v_{i-1}}(t_j) - m_{v_i}(t_j)) \\
& +\textstyle\sum_{j=i}^{k}(v_{i-1}(t_i) - v(t_i)(m_u(t_i) - m_{v_i}(t_j)) \\
\leq & \textstyle\sum_{j=1}^{k}(u(t_j) - v_{i-1}(t_j))(m_{v_{i-1}}(t_j) - m_{v_i}(t_j)),
\end{aligned}$$

this last step because $v_{i-1}(t_i) \geq v(t_i)$ and $m_u(t_j) \leq m_{v_i}(t_j)$ if $j \geq i$ (properties *ii*) and *iv*)). Using property *iv*) and the fact that

$$\begin{aligned}
u(t_j) - v_{i-1}(t_j) \leq u(t_{i-1}) - v_{i-1}(t_{i-1}) \text{ if } j \leq i-1, \\
u(t_j) - v_{i-1}(t_j) \geq u(t_{i-1}) - v_{i-1}(t_{i-1}) \text{ if } j \geq i-1,
\end{aligned}$$

leads to the following inequality:

$$\begin{aligned}
&(u(t_j) - v_{i-1}(t_j))(m_{v_{i-1}}(t_j) - m_{v_i}(t_j)) \\
&\quad \leq \; (u(t_{i-1}) - v_{i-1}(t_{i-1})(m_{v_{i-1}}(t_j) - m_{v_i}(t_j) \;\text{ for } 1 \leq j \leq k.
\end{aligned}$$

So

$$\begin{aligned}
S_i - S_{i-1} & \leq \textstyle\sum_{j=1}^{k}(u(t_{i-1}) - v_{i-1}(t_{i-1}))(m_{v_{i-1}}(t_j) - m_{v_i}(t_j)) \\
& = (u(t_{i-1}) - v_{i-1}(t_{i-1}))(\textstyle\sum_{j=1}^{k} m_{v_{i-1}}(t_j) - \sum_{j=1}^{k} m_{v_i}(t_j)) \\
& = (u(t_{i-1}) - v_{i-1}(t_{i-1}))(\lambda(\partial_{v_{i-1}}(G)) - \lambda(\partial_{v_i}(G))) \\
& \leq 0,
\end{aligned}$$

because $u \geq v_{i-1}$ and $\lambda(\partial_{v_{i-1}}(G)) \leq \lambda(\partial_{v_i}(G))$ (since $v_{i-1} \geq v_i$ and $v_{i-1} = v_i$ on ∂G, see [12, Prop 2.7]). So $(Au - Av, u - v) \leq 0$. ∎

Note that in the case where $u \geq v$ doesn't hold, we can divide the region G into finitely many open, disjoint sets G_i, with $u = v$ on ∂G_i and $u \geq v$ on G_i or $v \geq u$ on G_i. So we can apply the above result to each of the G_i to get the same theorem for arbitrary $u, v \in C$ with $u = v$ on ∂G. Now that we have proved the main theorem for partially affine convex functions, we need some continuity properties to get the same results for all elements of C_0. We use the uniform topology on this set, where the uniform norm $\|.\|_\infty$ is defined by $\|u\|_\infty = \sup\{|u(x)||x \in G\}$.

THEOREM 2.3. *Let $u_n, u \in C$ and $(Au, 1_G) < \infty$. If $u_n \to u$ uniformly when $n \to \infty$ and $(Au_n, 1_G) \leq (Au, 1_G)$, then $Au_n \to Au$ in the narrow topology.*

Proof. Au is a Radon-measure on G, so for given $\varepsilon > 0$, there exists a compact $K \subset G$ for which $(Au, 1_G) - (Au, 1_K) < \varepsilon$. As $Au_n \to Au$ in the vague topology [1, Prop. 8.14], $(Au_n, 1_K) \to (Au, 1_K)$, so for $n \geq N$, some N, we have $|(Au_n, 1_K) - (Au, 1_K)| < \varepsilon$.

Furthermore, we have $(Au_n, 1_G) \leq (Au, 1_G)$. Combining these properties gives for $n \geq N$:

$$(Au, 1_G) \leq (Au, 1_K) + \varepsilon \leq (Au_n, 1_K) + 2\varepsilon \leq (Au_n, 1_G) + 2\varepsilon \leq (Au, 1_G) + 2\varepsilon.$$

So $(Au_n, 1_G) \to (Au, 1_G)$ for $n \to \infty$. This, together with vague convergence and the local compactness of $\mathbf{R}^n$ gives convergence in the narrow topology [4, §5]. ∎

COROLLARY 2.4. *Let $u_n, u \in C$ with $(Au, 1_G) < \infty$, and let $u_n \to u$ uniformly and $(Au_n, 1_G) \leq (Au, 1_G)$. Then the collection $\{Au_n | n \in \mathbf{N}\} \cup \{Au\}$ is uniformly tight.*

Proof. $Au_n \to Au$ in the narrow topology, so the collection $\{Au_n\} \cup \{Au\}$ is compact in this topology. Then it's uniformly tight by [4, Th. 5.6.2 and Prop. 5.6.11]. ∎

LEMMA 2.5. *Let $u, v \in C_0$. Then there exist sequences $(G_n)_{n\geq 1}$, $(u_n)_{n\geq 1}$ and $(v_n)_{n\geq 1}$ with $u_n, v_n \in C$, $u_n \to u$, $v_n \to v$ uniformly on G, $u_n = v_n$ on ∂G_n, $(Au_n, 1_G) \leq (Au, 1_G)$, $(Av_n, 1_G) \leq (Av, 1_G)$, $d(\partial G, \partial G_n) \to 0$, and $\overline{G_n}$ has finitely many extremal points.*

Proof. This follows from the fact that $\mathbf{Q}$ is dense in $\mathbf{R}$. ∎

Proof of Theorem 2.1:
Choose sequences $\{G_n\}, \{u_n\}$, and $\{v_n\}$ as in the above lemma. Using Corollary 2.4, we can conclude that the collection $\{Au_n\} \cup \{Au\}$ is uniformly tight. So for $\varepsilon > 0$ given, there exists a compact set $K \in G$ for which $(Au_n, 1_{G\backslash K}) \leq \varepsilon$. As $d(\partial G, \partial G_n) \to 0$, we have an integer N such that for $n \geq N$: $K \subset G_n$, so $G\backslash K \supset G\backslash G_n$ and $(Au_n, 1_{G\backslash G_n}) \leq (Au_n, 1_{G\backslash K}) \leq \varepsilon$. This implies that $\lim_{n\to\infty}(Au_n, 1_{G_n}) = (Au, 1_G)$, as $|(Au_n, 1_{G_n}) - (Au, 1_G)| \leq |(Au_n, 1_{G\backslash G_n})| + |(Au - Au_n, 1_G)|$ and both terms on the right hand side tend to zero. Now we can prove that $\lim_{n\to\infty}(Au_n, u_n|_{G_n}) = (Au, u)$:

$$\begin{aligned}
&|(Au_n, u_n|_{G_n}) - (Au, u)| \\
&\leq |(Au_n, u_n|_{G_n}) - (Au_n, u_n)| + |(Au_n, u_n) - (Au, u_n)| + |(Au, u_n) - (Au, u)| \\
&\leq \|u_n\|_\infty (Au_n, 1_{G\backslash G_n}) + |(Au_n - Au, u_n)| + \|u_n - u\|_\infty (Au, 1_G).
\end{aligned}$$

As we have $(Au, 1_G) < \infty$, $\|u_n - u\|_\infty \to 0$, $(Au_n, 1_{G\backslash G_n}) \to 0$, $(Au_n, 1_K) \to (Au, 1_K)$ for all compact $K \subset G$ and for $K = G$, and $\|u_n\|_\infty \leq \|u\|_\infty + c < \infty$ for some constant c, the last three terms tend to zero if $n \to \infty$. Of course, the same holds for $(Av_n, v_n|_{G_n})$ and for the 'cross-products', so we have

$$(Au - Av, u - v) = \lim_{n\to\infty}(Au_n - Av_n, u_n - v_n|_{G_n}) \leq 0. \quad \blacksquare$$

Another important property of A is coercivity, which will be needed in the next two sections to prove the existence of a solution of a variational inequality. Unfortunately, this is (up to now) only proved in dimensions one and two and the proof depends heavily on geometrical insights, so there's not much hope to extend this result to $\mathbf{R}^n$ in a similar way.

THEOREM 2.6. **(Coercivity)** *For $n = 1, 2$, there exists a constant $c_n \in \mathbf{R}^+$ such that*

$$|(Au, u)| \geq c_n \|u\|_\infty^{n+1}, \quad u \in C_0.$$

3. Potentials

In the following context, it's possible to prove some potential theoretic properties of the form (Au, v), which justify the term monotone Dirichlet form. A is here no longer the Monge-Ampère operator. In fact the Monge-Ampère operator operator doesn't fit in this framework completely, but it seemed to be better to state the theory not immediately as general as possible, and to show afterwards that we can make most of it work in the Monge-Ampère case too.

- B is a real reflexive Banach-space of functions, with norm $\|.\|$, dual space B' and dual inner product (,).
- $K \subset B$ is a closed convex cone of functions, with properties
  1. $0 \in K$.
  2. $u, v \in K \Rightarrow u \wedge v \in K$.
  3. $u \in K, k \in \mathbf{R}^+ \Rightarrow u \wedge k \in K$.
- $A : K \to B'$ is an operator with the following properties
  1. $A0 = 0$.
  2. $(Au - Av, u - v) > 0\ \forall u, v \in K\ u \not\equiv v$ (A is *strictly monotone*).
  3. $(Au, u) \geq c(\|u\|)\|u\|$, with $c(t) \to \infty$ for $t \to \infty$. (A is *coercive*).
  4. $\forall u, v \in K$ the function $t \to (A(v + t(u - v)), u - v)$ is continuous on [0,1]. (A is *hemi-continuous*).

An operator $T : B \to B$ *acts on* A if the following two properties hold

1. $Tu \in K\ \forall u \in K$.

2. $(A(u+Tv) - Au, v - Tv) \geq 0 \; \forall u, v \in K$.

A *pure K-potential* is a function $u \in K$ for which the following holds: $(Au, v) \geq 0$ for any $v \in K$, $v \geq 0$ (Compare this to [5, 9]). In the linear case, where $K = B$, this definition is equivalent to the normal one, where a pure potential is a solution of the equation $(Au, v) = \mu(v)$, $v \in B$, for some positive Radon-measure μ.

We define a form $u, v \mapsto (Au, v)$ to be a *monotone Dirichlet form* if the operators T_v and T_k act on A for all $v \in K$ and $k \in \mathbf{R}^+$, where $T_v : B \to B$ is defined by $T_v(u) = v \wedge u$, $u, v \in B$, and $T_k : B \to B$ is defined by $T_k(u) = k \wedge u$, $u \in B$, $k \in \mathbf{R}^+$.

To be able to prove potential theoretic properties like the infimum- and domination-principle, we use the following theorem of Browder (for a proof, see [7, Theorem 5.16]):

THEOREM 3.1. *Let B be a reflexive Banach-space, $A : B \to B'$ a monotone, coercive and hemi-continuous operator, and let $K \in B$ a closed, convex subset. Then, for any $f \in B'$ there exists a $u \in K$ with $(Au - f, v - u) \geq 0$ for any $v \in K$. If A is, in addition, strictly monotone, this u is unique.*

THEOREM 3.2. **(Infimum-principle)** *Let u and v be pure K-potentials, T_u and T_v act on A. Then $u \wedge v$ is a pure K-potential.*

Proof. Define $W = \{w \in K | w \geq u \wedge v\}$. W is closed and convex, so there is a unique $w_0 \in W$ with $(Aw_0, w - w_0) \geq 0$ for any $w \in W$, because of Browder's theorem. For $w \in K, w \geq 0$: $w_0 + w \geq u \wedge v$, so $(Aw_0, w_0 + w - w_0) = (Aw_0, w) \geq 0$, so w_0 is a pure K-potential.

Now we prove $w_0 = u \wedge v$. Look at $w_0 \wedge u$. This function is in W, so $(Aw_0, w_0 \wedge u - w_0) \geq 0$. T_u acts on A, so $(A(w_0 \wedge u), w_0 - w_0 \wedge u) \geq 0$. Adding these two inequalities gives $(Aw_0 - A(w_0 \wedge u), w_0 - w_0 \wedge u) \leq 0$. Because of the strict monotony of A, this implies $w_0 = w_0 \wedge u$, so $w_0 \leq u$. The same holds for $w_0 \wedge v$, so $w_0 \leq v$. But now we have $w_0 \leq u \wedge v$ and $w_0 \geq u \wedge v$ (the latter by definition), so $w_0 = u \wedge v$. ∎

THEOREM 3.3. *Let u be a pure K-potential, $k \in \mathbf{R}^+$, and let T_k and T_u act on A. Then $T_k u$ is a pure potential.*

Proof. Define $W = \{w \in K | w \geq T_k u\}$. Again by Browder, there exists a unique $w_0 \in W$ with $(Aw_0, w - w_0) \geq 0$ for any $w \in W$. This w_0 is a pure potential (see the last proof). Since $T_k w_0 \in W$, $(Aw_0, w_0 \wedge k - w_0) \geq 0$. T_k acts on A, so $(A(w_0 \wedge k), w_0 - w_0 \wedge k) \geq 0$. Just like in the last proof, this gives $w_0 = w_0 \wedge k$ and, with the same reasoning, $w_0 = w_0 \wedge u$, so $w_0 = u \wedge k$. ∎

THEOREM 3.4. **(Domination-principle)** *Let u and v be pure K-potentials, such that T_u and T_v act on A and $(Au, (u - v)^+) = 0$. Then $u \leq v$.*

Proof. $(Au,(u-v)^+) = (Au, u-u\wedge v) = 0$. The proof of the infimum-principle shows that $(A(u\wedge v), u-u\wedge v) \geq 0$. Adding these two gives $(A(u\wedge v)-Au, u\wedge v-u) \leq 0$. The strict monotony of A now gives $u = u\wedge v$, so $u \leq v$. ∎

THEOREM 3.5. **(Complete maximum-principle)** *Let A be in addition superlinear, let u and v be positive pure potentials, and $k \in \mathbf{R}^+$, such that T_u and T_k act on A. Then*

$$(Au,(u-(v+k))^+) = 0 \Rightarrow u \leq v+k.$$

Proof. $(Au,(u-(v+k))^+) = (Au, u-u\wedge(v+k)) = 0$. The equality $u\wedge(v+k) = u\wedge(v+u\wedge k)$ and the fact that A is superlinear give for $w\in K$, $w\geq 0$: $(A(v+u\wedge k), w) \geq (Av+A(u\wedge k), w) = (Av,w)+(A(u\wedge k),w) \geq 0$, because v and $u\wedge k$ are pure K-potentials. So $v+u\wedge k$ is a pure K-potential and, because of the infimum-principle, $u\wedge(v+u\wedge k)$ is a pure K-potential. So $(A(u\wedge(v+k), u-u\wedge(v+k)) \geq 0$. This in combination with the given equality $(Au, u-u\wedge(v+k)) = 0$ and the strict monotony of A gives $u = u\wedge(v+k)$, so $u\leq v+k$ (See the proof of the infimum-principle). ∎

If we try to check the properties mentioned at the beginning of this section for $A =$ the Monge-Ampère operator, we meet a number of difficulties. First, the Banach-space in that case is a sup-normed space of continuous functions, which is not reflexive. Second, the cone on which this operator is monotone is not closed. The other properties of K are fullfilled if we take positive concave functions instead of negative convex ones. Using this same collection and the superlinearity of A ([12, Prop. 3.3]) it's easy to prove that any T, for which $Tv \leq v$, acts on A. Also the hemicontinuity is not a problem, as the function $t \mapsto (A(u+t(u-v)), u-v)$ turns out to be a polynomial of degree n in t for fixed u and v. But there's no proof of strict monotony (which is very important for unicity of solutions) and coercivity is only proved in dimensions one and two. To get strict monotony, we replace the operator A by A_α, which is defined as $A+\alpha I$ for $\alpha>0$, where I is the 'identity map', which will be defined here by $(I(u),v) = \int_G u(x)v(x)\lambda(dx)$. In fact, a resolvent is defined this way, which is the subject of the next section. To solve the first two problems, the Theorem of Browder is replaced by the following:

THEOREM 3.6. *Let B be a Banach-space, $K\subset B$ a bounded, compact, convex subset, $f\in B'$ and let $A: K\to B'$ hemi-continuous and monotone. Then there exists $u\in K$ such that $(Av-f, v-u)\geq 0$ for any $v\in K$.*

Proof. Presume such a u doesn't exist. Now, for fixed v, look at the set $L(v)$, defined by

$$L(v) = \{u\in B | (Av-f, v-u) < 0\}.$$

The complement of $L(v)$ in B, the set $\{u\in B|(Av-f, v-u)\geq 0\}$, is weakly closed, so it is also closed in the norm-topology, which implies that $L(v)$ is open.

For any u, there exists $v \in K$ such that $(Av - f, v - u) < 0$ (by hypothesis), so the collection $\{L(v)\}_{v \in K}$ is an open cover of K. As K is compact, we can choose a finite subcover $\{L(v_i)\}_{i \in \{1, \cdots, m\}}$. With this subcover, we can choose a continuous partition of the unity, i.e. functions $q_i : K \to [0,1]$ with the properties:

$$\begin{array}{ll} i) & q_i \text{ is continuous} \\ ii) & q_i|_{K \setminus L(v_i)} = 0 \\ iii) & \sum_{i=1}^m q_i(v) = 1 \ \ \forall v \in K \end{array}$$

Now define the function Q on K by

$$Q(v) = \sum_{i=1}^{m} q_i(v) v_i, \quad v \in K.$$

Q is a continuous function, since all the q_i are continuous. By definition, $Q(v)$ is a convex combination of the v_i's, so $Q(v) \in K$ ($v_i \in K$ and K convex). So, $Q : K \to K$ is continuous, K is compact and convex and we can conclude ([7, Th. 3.3.34]) there is a fixed point $v_0 \in K$. For this point, the following holds:

$$\begin{aligned} 0 &= (Av_0 - f, Qv_0 - v_0) \\ &= (Av_0 - f, \sum_{i=1}^{m} q_i(v_0) v_i - v_0) \\ &= (Av_0 - f, \sum_{i=1}^{m} q_i(v_0)(v_i - v_0)) \\ &= \sum_{i=1}^{m} (Av_0 - f, v_i - v_0) \\ &\leq \sum_{i=1}^{m} q_i(v_0)(Av_i - f, v_i - v_0) \text{ (because of the monotony of } A.) \\ &= \sum_{i \in \{j | v_0 \in L(v_j)\}} q_i(v_0)(Av_i - f, v_i - v_0) \text{ (because } q_i(v_0) = 0 \text{ if } v_0 \notin L(v_i)). \\ &< 0, \end{aligned}$$

this last step because $v_0 \in L(v_i) \Rightarrow (Av_i - f, v_i - v_0) < 0$ and $q_i(v_0) > 0$ for at least one $i \in \{1, \cdots, m\}$. But now we have a contradiction, so we can conclude that there exists $u \in K$ for which $(Av - f, v - u) \geq 0$ for any $v \in K$. ∎

If A is monotone and hemi-continuous on $S \in B$, and S is convex, then the properties

$$\begin{array}{lll} i) & (Av - f, v - u) \geq 0 & \text{for any } v \in S, \\ ii) & (Au - f, v - u) \geq 0 & \text{for any } v \in S, \end{array}$$

are equivalent.

REMARK 3.7. Of course, if S is a linear subset of B, then *ii*) is equivalent with

$$iii)\ (Au,v) = (f,v) \text{ for any } v \in S,$$

which is a more familiar way to define existence of (weak) solutions of the equation $Au = f$.

We can't apply this existence theorem (with all the signs reversed of course) directly in the case where A is the Monge Ampère operator, since the collection $\mathcal{C}$ of continuous, convex functions u, disappearing on the boundary of G and having the property $(Au, 1_G) < \infty$, is not a compact set. That is why we define for $w \in \mathcal{C}$ the set $\mathcal{C}_w = \{v \in \mathcal{C} | v \geq w\}$. $\mathcal{C}_w$ is closed, point-wise bounded and equicontinuous, so we can apply the Theorem of Ascoli-Arzèla and get that $\mathcal{C}_w$ is a compact subset of $C(\overline{G})$ with the sup-norm.

So for arbitrary $w \in \mathcal{C}$ and $f \in C(\overline{G})'$, we have existence of $u \in \mathcal{C}_w$ with $(Au - f, v - u) \leq 0$, for all $v \in \mathcal{C}_w$. Of course, we would like to extend this result to $\mathcal{C}$. To do this, we need the coercivity of A, so the next theorem only holds in dimensions one and two.

THEOREM 3.8. *Let $f \in C(\overline{G})'$ have compact support. Then there exists $u \in \mathcal{C}$ with $(Au - f, v - u) \leq 0$ for any $v \in \mathcal{C}$.*

Proof. We have existence of a solution in $\mathcal{C}_w$ for arbitrary $w \in \mathcal{C}$. Let K be the compact support of f in G and define the function w_r by

$$\operatorname{conv}(\{(x, w_r(x)) | x \in G\}) = \operatorname{conv}(\{(x, -r) | x \in K\} \cup \{(x, 0) | x \in \partial G\}).$$

Let u_r be the solution on $\mathcal{C}_{w_r}$, so $(Au_r - f, v - u_r) \leq 0$, for any $v \in \mathcal{C}_{w_r}$. Claim: $(Au_r, 1_{G\setminus K}) = 0$. We know $(Au_r, 1_{G\setminus K}) \geq 0$, so presume $(Au_r, 1_{G\setminus K}) > 0$. Then there exists a function $v \in \mathcal{C}_{w_r}$ with $v = u_r$ on K and $v > u_r$ on an open subset of $G\setminus K$. But then $(Au_r - f, v - u_r) = (Au_r, v - u_r) > 0$, which contradicts the definition of u_r.

Now let v be convex, $v \geq -r$ on K. Define $v_K = \sup(v, w_r)$, then $v_K \in \mathcal{C}_{w_r}$ and we have $(Au_r - f, v - u_r) = (Au_r - f, v_K - u_r) \leq 0$, so $(Au_r - f, v - u_r) \leq 0$ for any $v \geq -r, v$ convex. Choose r such that for u with $\|u\|_\infty = r$ the following holds:

$$(Au - f, u) = (Au, u) - (f, u) \leq -c\|u\|_\infty^{n+1} + \|f\|.\|u\|_\infty = r(-cr^n + \|f\|) < 0$$

(here $\|f\|$ is the operator-norm of f). Then, because $(Au_r - f, v - u_r) \leq 0$ for any $v \geq -r$, we have $(Au_r - f, u_r) \geq 0$ (taking $v = 0$). This implies that $\|u_r\|_\infty < r$. For each $v \in \mathcal{C}$ there exists $t \in [0, 1[$ such that $\|tu_r + (1-t)v\|_\infty \leq r$ and so $(Au_r - f, tu_r + (1-t)v - u_r) \leq 0$. Rewriting this leads to $(Au_r - f, (1-t)(v - u_r)) \leq 0$ and finally $(Au_r - f, v - u_r) \leq 0$ for any $v \in \mathcal{C}$. ∎

The same proof holds if we take a convex subset of $\mathcal{C}$ instead of $\mathcal{C}$. Replacing the theorem of Browder by this one in Theorem 3.2, 3.3, 3.4 and 3.5, we get the same results for the Monge-Ampère operator in dimensions one and two.

4. Resolvents

The most important tool in this section is the theorem of Browder, which replaces the Stampacchia theorem used in the linear case. We work in a Hilbert-space H, with inner product (,) instead of a Banach-space here, because the equality of the space and it's dual is needed. A is again monotone and hemi-continuous. For $\alpha > 0$ we define $A_\alpha = A + \alpha I$, where I is the 'identity operator' defined by $(I(u), v) = (u, v)$. The operator A_α satisfies the conditions of the Browder theorem and it is strictly monotone. This means that for each $f \in H$, there is a unique $G_\alpha f \in K$ with $(A_\alpha(G_\alpha f) - f, v - G_\alpha f) \geq 0$ for any $v \in K$. The next theorems show that $\{G_\alpha\}_{\alpha>0}$ is a non-linear resolvent.

THEOREM 4.1. **(Resolvent equation)** $G_\alpha = G_\beta(I + (\beta - \alpha)G_\alpha)$.

Proof.

$$\begin{aligned}(A_\beta(G_\alpha f), v - G_\alpha f) &= (A_\alpha(G_\alpha f), v - G_\alpha f) + ((\beta - \alpha)G_\alpha f, v - G_\alpha f) \\ &\geq (f, v - G_\alpha f) + ((\beta - \alpha)G_\alpha f, v - G_\alpha f).\end{aligned}$$

This inequality has the form $(A_\beta u, v - u) \geq (g, v - u)$, with $g = (I + (\beta - \alpha)G_\alpha)f$, so because of the unicity of u (Browder), $u = G_\beta g$. As this holds for all $f \in H$, the resolvent equation holds. ∎

THEOREM 4.2. **(Contraction)** $\|\alpha G_\alpha f - \alpha G_\alpha g\| \leq \|f - g\|$.

Proof. $\|G_\alpha f - G_\alpha g\|.\|f - g\| \geq (G_\alpha f - G_\alpha g, f - g)$ (Cauchy-Schwarz). The right hand side equals $-(f, G_\alpha g - G_\alpha f) - (g, G_\alpha f - G_\alpha g)$, which is greater than or equal to $-(A_\alpha(G_\alpha f), G_\alpha g - G_\alpha f) - (A_\alpha(G_\alpha g), G_\alpha f - G_\alpha g)$ by definition. Rewriting this gives $(A_\alpha(G_\alpha f) - A_\alpha(G_\alpha g), G_\alpha f - G_\alpha g) = (A(G_\alpha f) - A(G_\alpha g), G_\alpha f - G_\alpha g) + \alpha\|G_\alpha f - G_\alpha g\|^2$ which is greater than or equal to $\alpha\|G_\alpha f - G_\alpha g\|^2$ because of the monotony of A. Division by $\|G_\alpha f - G_\alpha g\|$ (presuming this doesn't equal 0) now gives the desired result. ∎

This proof shows that $(G_\alpha f - G_\alpha g, f - g) \geq 0$, so G_α is a monotone operator.

THEOREM 4.3. **(Strong continuity)** *Let A be homogeneous of some degree n. Then, for $f \in K$, $\alpha G_\alpha f \to f$ when $\alpha \to \infty$.*

Proof.

$$\begin{aligned}\|f - \alpha G_\alpha f\|^2 &= \alpha^2(\frac{1}{\alpha}f - G_\alpha f, \frac{1}{\alpha}f - G_\alpha f) \\ &\leq \alpha^2(\frac{1}{\alpha}f - G_\alpha f, \frac{1}{\alpha}f - G_\alpha f) + \alpha(A(\frac{1}{\alpha}f) - A(G_\alpha f), \frac{1}{\alpha}f - G_\alpha f)\end{aligned}$$

$$\begin{aligned} &= \alpha(A_\alpha(\frac{1}{\alpha}f) - A_\alpha(G_\alpha f), \frac{1}{\alpha}f - G_\alpha f) \\ &\leq \alpha(A_\alpha(\frac{1}{\alpha}f) - f, \frac{1}{\alpha}f - G_\alpha f) \\ &= (A(\frac{1}{\alpha}f), f - \alpha G_\alpha f) \leq \|A(\frac{1}{\alpha}f)\|.\|f - \alpha G_\alpha f\|. \end{aligned}$$

So $\|f - \alpha G_\alpha f\| \leq \|A(\frac{1}{\alpha}f)\| = \frac{1}{\alpha^n}\|Af\|$, which tends to 0 for $\alpha \to \infty$. ∎

Of course, the theory presented in this article is not complete. Coercivity of the Monge-Ampère operator in higher dimensions would be convenient, more examples are needed, the context of section 3 may need some modifications, and relations between the resolvent and the properties in section 3 should be established. Once these problems are solved, one could for example look at nonlinear semi-groups, capacity, and also a probabilistic approach could be interesting.

References

[1] T. Aubin. *Nonlinear Analysis on Manifolds. Monge-Ampère Equations,* Springer-Verlag, 1982.

[2] I.J. Bakelman. Generalized Elliptic Solutions of the Dirichlet Problem for n-dimensional Monge-Ampère Equations. *Proceedings of Symposia in Pure Mathematics,* 45,1:73–102, 1986.

[3] E.M.J. Bertin. *Equation de Monge-Ampère et théorie du Potentiel. L'axiome de faisceau.* Preprint 25, Utrecht, 1976.

[4] N. Bourbaki. *Intégration, chapitre IX,* Hermann, 1969.

[5] B. Calvert. Potential theoretic properties for Monotone Operators. *Boll. Un. Mat. Ital.* (4), 5:473–489, 1972.

[6] J. Deny. Méthodes Hilbertiennes et théorie du potentiel. *Potential theory, C.I.M.E.,* Edizioni Cremonese, 1970.

[7] H. Jeggle. *Nichtlineare Funktionalanalysis.* B.G. Teubner, 1979.

[8] M. Fukushima. *Dirichlet Forms and Markov Processes.* North-Holland, 1980.

[9] N. Kenmochi and Y. Mizuta. The gradient of a convex function on a regular functional space and its potential theoretic properties. *Hiroshima Math. J.,* 4:743–763, 1974.

[10] N. Kenmochi and Y. Mizuta. Potential theoretic properties of the gradient of a convex function on a functional space. *Nagoya Math. J.,* 59:199–215, 1975.

[11] Y. Mizuta and T. Nagai. Potential theoretic properties of the Subdifferential of a Convex Function. *Hiroshima Math. J.,* 7:177–182, 1977.

[12] J.Rauch and B.A. Taylor. The Dirichlet Problem for the multidimensional Monge-Ampère Equation. *Rocky Mountain J. Math.,* 7:345–363, 1977.

Local properties of harmonic functions relative to Dirichlet forms

MARCO BIROLI
Dipartimento di Matematica, Politecnico di Milano, Piazza Leonardo Da Vinci, 32, 20133 Milano, Italy.

Abstract. We consider the harmonic functions relative to a Dirichlet form and we give a structural Harnack inequality and a Saint-Venant type result on energy decay. Moreover we give also estimates for the Green function relative to the Dirichlet form.

AMS Subject Classifications (1991). 31B05, 31C25, 35A08.

Key words. Dirichlet forms, harmonic functions, fundamental solution.

1. Introduction and framework

At first we state that all the results given in this paper have been obtained jointly with U. Mosco.

Recently much attention has been paid to degenerate elliptic problems and in particular to the possibility to obtain for this type of problems results as Harnack inequality, Hölder continuity of harmonic functions and estimates of the Green function, which are well known in the De Giorgi-Stampacchia theory, [15], for uniformly elliptic equations with bounded measurable coefficients.

Two main cases are considered. The first one is the case of degenerate elliptic operators with a weight in a suitable Muckenhoupt class; in this case a satisfactory extension of theDe Giorgi-Stampacchia theory has been obtained by E. Fabes, C. Kenig, R. Serapioni, [5], and by E. Fabes, D. Jerison, C. Kenig, [4]. The second case is the case of subelliptic operators with smooth coefficients, in particular square Hörmander operators with smooth coefficients, [6, 7, 14]; in such a case estimates on the Green function are given in [7] (see also [14] for the case of square Hörmander operators) and a Harnack inequality for local *continuous* harmonics has been given in [11] in the case of square Hörmander operators, finally a scaled Poincaré inequality has been proved in [10] for general subelliptic operators with smooth coefficients . These two cases are, in some sense, extreme: the first case is "isotropic" and the weight has the effect of a change of the measure considered on $\mathbf{R}^N$; the second case is "anisotropic", that is we have a degeneration which is different in the different directions; then the measure on $\mathbf{R}^N$ is the Lebesgue measure, but a new notion of distance (related to the operator and different from the euclidean one) has to be considered. Nothing seems be known for harmonic functions relative subelliptic operators with *measurable coefficients* or for operators wich are not subelliptic.

The goal of this paper is to give a general framework, which contains the two

Emile M. J. Bertin (ed.), ICPT 91, 193–202.

preceding cases but also subelliptic operators with measurable coefficients and operators which are not subelliptic; in this framework we define an *intrinsic* distance related to our problem and we give an Harnack inequality on intrinsic balls, Hölder continuity of harmonic functions (local solutions to the homogeneous problem) with respect to the intrinsic distance, estimates of the Green function of the operator in consideration relative to an intrinsic ball and with a singularity at the center and finally a Saint Venant type result on the decay of the energy of a harmonic function on intrinsic balls.

Now we give the exact framework of the paper. We consider a locally compact topological Hausdorff space X, we denote $H = \mathbf{L}^2(X, m)$, where m is a measure on X with $\mathrm{supp}(m) = X$, and by $(\cdot,\cdot)$ the usual scalar product in H.

We recall that a *Dirichlet form* $a(u,v)$ on H is a symmetric, positive semidefinite, closed (i.e. its domain $D[a]$ is a Hilbert space with respect to the intrinsic scalar product $a(u,v) + (u,v)$) bilinear form on H defined on a dense linear subspace $D[a]$ and such that

$$\forall u \in D[a] \quad v = \min\{1, \max\{u,0\}\} \in D[a] \text{ and } a(v,v) \leq a(u,u).$$

It is well known that a induces a linear positive semi-definite selfadjoint operator L on H.

We restrict our study to Dirichlet forms a of *diffusion type*, that is to forms that have the following *strong local property*

$$a(u,v) = 0$$

for every $u, v \in D[a]$ with v constant on $\mathrm{supp}(u)$, where $\mathrm{supp}(u)$ is taken to be the support of the measure um in X. Furthermore we assume that the form a is *regular*, that is, there exists a subset C of $D[a] \cap C_0(X)$ which is both dense in $C_0(X)$ with the uniform norm and dense in $D[a]$ for the intrinsic norm $[a(u,u) + (u,u)]^{1/2}$. Such a set C, which, without restriction, can be assumed to be a subalgebra of $D[a] \cap C_0(X)$, is called a *core* of a in H. We remark that in our framework the functions in C play the role of smooth test functions.

For a form a, for which the above assumptions hold, the following expression can be given

$$a(u,v) = \int_X \mu(u,v)\,(dx) \tag{1.1}$$

for every $u, v \in D[a]$, where μ is a Radon measure valued, semi-definite positive bilinear form on $D[a]$, uniquely associated with a, called *energy measure* of a, [8, 12]. The measure μ has a local character, that is the restriction of $\mu(u,v)$ to any open set A of X depends only on the restrictions of u and v to A. An important property of the energy measure is that the following inequality for the forms a and b, which have the same domain D,

$$\lambda b(u,u) \leq a(u,u) \leq \Lambda b(u,u) \tag{1.2}$$

for any $u \in D[a] = D$ is equivalent to the analogous inequality for the energy measures

$$\lambda\mu_b(u,u) \le \mu_a(u,u) \le \Lambda\mu_b(u,u), \tag{1.3}$$

where μ_a and μ_b are the energy measures relative to a and b.

The local character of the measure μ enables us to define the local domain $D[a]_{loc}$ of a as the set of the functions u such that for every open relatively compact set O in X there exists v in $D[a]$ such that $u = v$ on O. The domain of a restricted to an open set A, denoted by $D[a, A]$, is defined in a natural way and we can define $D[a, A]_{loc}$ as the set of the functions u such that for every open relatively compact set O with closure in A there exists v in $D[a, A]$ such that $u = v$ on O.

We will recall here some properties of the energy measures of our form which are very important for the use of De Giorgi-Stampacchia type methods in our framework:

(a) **The Leibniz rule** For every u, v in $D[a] \cap \mathbf{L}^\infty(X,m)$ and w in $D[a]$, the following relation holds

$$\mu(uv, w) = u\mu(v,w) + v\mu(u,w),$$

[8, 12].

(b) **The chain rule** For every $v, u_1, \dots, u_m$ in $D[a] \cap \mathbf{L}^\infty(X,m)$ and every η in $C^1(\mathbf{R}^m)$ we have

$$\mu(\eta(u_1,\dots,u_m), v) = \sum_{i=1}^{m} D_{x_i}\eta(u_1,\dots,u_m)\mu(u_i,v)$$

The formula extends to arbitrary $u_1,\dots,u_m$ in $D[a]$ provided the $D_{x_i}\eta$ are uniformly bounded and $\eta(u_1,\dots,u_m)$ is in $D[a]$, [8, 12].

For a Dirichlet form a natural notion of capacity can be defined and it can be proved that the energy measure does not charge sets of capacity zero and that for every function u in $D[a]$ there is a quasi-continuous representative $\tilde{u}$.

(c) **Truncation Lemma** Let u be in $D[a]$ and v in $D[a] \cap \mathbf{L}^\infty(X,m)$; then u^+ is in $D[a]$ and

$$\mu(u^+, v) = 1_{\{\tilde{u}>0\}}\mu(u,v),$$

where $\tilde{u}$ is the quasi-continuous modification of u; identifying u with $\tilde{u}$, we can also write

$$\mu(u^+, v) = 1_{\{u>0\}}\mu(u,v), \tag{1.4}$$

see [8, 12]. Choosing $v = u$ in (1.4) we obtain

$$\mu(u^+, u^+) = 1_{\{u>0\}}\mu(u,u).$$

Using the potentials of a set we can prove that every real constant k is in $D[a]_{loc}$; then for u in $D[a]_{loc}$ and v in $D[a]_{loc} \cap \mathbf{L}^\infty(X,m)$

$$\mu((u-k)^+, v) = 1_{\{u>k\}}\mu(u,v),$$
$$\mu((u-k)^+, (u-k)^+) = 1_{\{u>k\}}\mu(u,u).$$

Moreover if u_1, u_2 are in $D[a]$ (or in $D[a]_{loc}$) and v in $D[a] \cap \mathbf{L}^\infty(X,m)$ (or in $D[a]_{loc} \cap \mathbf{L}^\infty(X,m)$) we have

$$\mu(\max\{u_1,u_2\}, v) = 1_{\{u_1>u_2\}}\mu(u_1,v) + 1_{\{u_1<u_2\}}\mu(u_2,v).$$

As in the subelliptic case we need an intrinsic notion of distance; here we introduce a notion of *distance function* related to our Dirichlet form $d : X \times X \to [0,\infty]$ by

$$d(x,y) = \sup\{\phi(x) - \phi(y); \phi \in \mathrm{C},\ \mu(\phi,\phi) \leq m \text{ on } X\}, \tag{1.5}$$

moreover we denote by $B(x,r) = B_a(x,r)$ the metric balls associated to the distance d, that is:

$$B(x,r) = \{y \in X; d(x,y) < r\}.$$

for every $x \in X$ and $r > 0$. To be a true distance, the function $d(x,y)$ has to be separating, that is $d(x,y) > 0$ if $x \neq y$; this property holds if the set of all functions in C, whose energy measures have a bounded density with respect to the measure m, is rich enough to separate the points of X. More precisely, we suppose in the following that our form has a *separating core*, that is a core for which the following separation property holds: For every x, $y \in X$, $x \neq y$, there exists $\phi \in \mathrm{C}$ such that

$$\mu(\phi,\phi) \leq m \text{ on } X \text{ and } \phi(x) \neq \phi(y). \tag{1.6}$$

Under the assumption (1.6) the function d defined in (1.5) has the properties of a distance. Moreover if we consider two forms a and b with the same domain, for which (1.2) holds, then distances related with the two forms are equivalent.

We observe that, while the energy measures are intrinsically defined by the form, the densities in (1.5) are with respect to the measure m, so the distance defined in (1.5) strongly depends on the choice of the measure m. In any case the intrinsic balls $B(x,r)$ are special regions of X on which harmonic functions should be expected to satisfy special properties that might not hold on other types of regions in X.

Finally we remark that in the particular case of subelliptic operators the distance defined in (1.5) coincides with other types of distance as defined in [6, 7, 13], see [10].

Let now X_0 be a relatively compact, connected, open set in X, we consider harmonic functions for a in X_0 which are solutions $u \in D[a,X_0]_{loc}$ of the problem

$$a(u,v) = 0, \quad \forall v \in D[a,X_0]. \tag{1.7}$$

Our goal is to give an extension of the De Giorgi-Stampacchia theory to harmonic functions for a in X_0.

2. Assumptions

The assumptions we introduce below are of two types: Assumption (1) is a compatibility condition relating the intrinsic distance d (then the Dirichlet form a) to the initial topology on X and to the measure m; Assumption (2) is a functional condition in the form of suitably scaled Poincaré and Sobolev-Poincaré inequalities.

Assumption (1) – The following two properties hold:

(i) The metric topology introduced by the distance d on X is equivalent to the topology of X,

(ii) The measure m is doubling in X_0 with respect to the intrinsic balls, that is there exists a positive constant c_0 such that $0 < m(B(x,2r)) \leq c_0 m(B(x,r))$, for every $x \in X$ and $r > 0$ with $B(x,2r) \subset X_0$.

Assumption (2) – There exist positive constants c_1, c_2, $s > 2$, and an integer $k \geq 1$ such that for every $x \in X_0$ and every $r > 0$, with $B(x,r) \subset\subset X_0$, the following inequalities hold:

$$\int_{B(x,r/k)} |u - \overline{u}|^2 \, m(dx) \leq c_1 r^2 \int_{B(x,r)} \mu(u,u)(dx)$$

for every $u \in D[X_0]_{loc}$, where $\overline{u} = \frac{1}{m(B(x,r/k))} \int_{B(x,r/k)} u \, m(dx)$;

$$\left(\frac{1}{m(B(x,r))} \int_{B(x,r)} |u|^s \, m(dx)\right)^{1/s} \leq c_2 r \left(\frac{1}{m(B(x,r))} \int_{B(x,r)} \mu(u,u)\,(dx)\right)^{1/2}$$

for every $u \in D[X_0]_{loc}$ with $\operatorname{supp}(u) \subset B(x,r)$.

It is easily proved that if Assumptions (1) and (2) hold for a form b and a is a form for which (1.2) (and then (1.3)) is satisfied, then they hold again for the form a with the same constant s and possibly new constants $\overline{c}_0$,, $\overline{c}_1$, $\overline{c}_2$, $\overline{k}$ depending on the initial c_0, c_1, c_2, k and on the ratio Λ/λ.

3. Results

We say that a constant c is *structural* if it depends only on c_0, c_1, c_2, k. The first of the results we will give here is a Harnack inequality on intrinsic balls:

THEOREM 3.1. - *Let u be a positive harmonic function of a in X_0, then*

$$\sup_{B(x,r)} u \leq c \inf_{B(x,r)} u$$

for every $B(x,r) \subset B(x,\overline{k}r) \subset X_0$, where c and $\overline{k}$ are structural constants.

An easy consequence of Theorem 3.1 is the Hölder continuity of u with respect to the intrinsic distance d (the proof is the same as in the usual uniformly elliptic case, see for example [9]).

Consider now the following problem:

$$u \in D[a, B(x,R)],\ a(u,v) = \int_{B(x,R)} f v\, m(dx)$$

$$\text{for every } v \in D[a, B(x,R)].$$

Using Stampacchia's methods we can prove for the solution of the above problem the following global $\mathbf{L}^\infty$-estimate:

$$\sup_{B(x,R)} |u| \le cR^2 m(B(x,R))^{-1/p} \|f\|_{\mathbf{L}^p(B(x,R),m)} \tag{3.1}$$

where $B(x,R) \subset X_0$, $p > \max\{\frac{s}{s-2}, 2\}$. By Theorem 3.1 and by the estimate (3.1) the Hölder continuity for the solutions of the global inhomogeneous problem can be proved. This result enables us to define a *Green function* at x_0 for the above problem as the unique function G in $\mathbf{L}^{p'}(B(x,R),m) \cap C(B(x,R) \setminus \{x_0\})$ such that

$$u(x_0) = \int_{B(x,R)} G^{x_0}_{B(x,R)} f\, m(dx),\ x_0 \in B(x,r),$$

for $f \in \mathbf{L}^p(B(x,R),m)$, $p > \max\{\frac{s}{s-2}, 2\}$.

We are now able to give estimates of the size of the Green function, which are analogous to the one proved for elliptic problems with weight, [4], and for subelliptic operators with smooth coefficients, [7]:

THEOREM 3.2. *Let $B(x_0,R) \subset B(x_0,20R) \subset\subset X_0$, $0 < r < \frac{R}{16}$; then the following estimate holds:*

$$\frac{1}{c\Lambda} \int_r^R \frac{s^2}{m(B(x_0,s))} \frac{ds}{s} \le G^{x_0}_{B(x_0,R)} \le \frac{c}{\lambda} \int_r^R \frac{s^2}{m(B(x_0,s))} \frac{ds}{s},$$

where c is a structural constant.

Finally we give a decay estimate on energy in intrinsic balls for harmonic functions for a which is analogous to the Saint-Venant principle of linear elasticity:

THEOREM 3.3. *Let u be a harmonic function for a in X_0. Then there exists a structural constant $\alpha > 0$ such that*

$$\frac{\int_{B(x,r)} G^{x_0}_{B(x,q^{-1}r)} \mu(u,u)\,(dx)}{\int_{B(x,R)} G^{x_0}_{B(x,q^{-1}R)} \mu(u,u)\,(dx)} \le c\Big(\frac{r}{R}\Big)^\alpha$$

for every $0 < r \le q^2 R \le q^3 R_0$, where $B(x_0,R_0) \subset X_0$, for some fixed $q \in (0,q_0)$. The positive constants c and q_0 are structural constants.

REMARK 3.4.

(a) The result above can be applied to Dirichlet forms on $\mathbf{R}^N$, but also, due to the generality of our framework, to Dirichlet forms on differential manifolds.

(b) The results above imply that, under our assumptions, a form defines a Feller semigroup and that the Feller property is satisfied uniformly in every family of forms like (1.2) (where our assumptions hold for b).

4. Sketch of the proofs

The core of the proof of Theorem 3.1 is the construction of a suitable cut-off function between balls or annuli. Observing that the John-Nirenberg lemma holds for intrinsic balls, [2], the proof follows, with some non negligible technical difficulties, by the method of Moser, [15]. From Theorem 3.1. the local Hölder continuity of harmonic functions follows. A scaled global $\mathbf{L}^\infty$-estimate for the solution of an inhomogeneous Dirichlet problem on an intrinsic ball (see (3.1)) enables us to prove the local Hölder continuity with respect to the intrinsic distance of the solution of the problem

$$u \in D[a, B(x,R)];\ a(u,v) = (f,v)\ \ \forall v \in D[a, B(x,R)]$$

where $f \in \mathbf{L}^p(B(x,R))$ with p suitable, see [9] for the method. This result allows us to define a Green function of the problem relative to $B(x,R)$. The size of the Green function follows using an easy estimate on capacities of intrinsic balls and the Harnack inequality.

The estimate of the energy decay in Theorem 3.3 is proved using a modified "hole filling" method as in [1]. The modification is due to the fact that in our assumptions we have a scaled Poincaré inequality on intrinsic balls, but the corresponding inequality on balls may not hold.

5. Applications and examples

Firstly we observe that if $X = \mathbf{R}^N$, $\mathrm{C} = \mathrm{C}_0^1(\mathbf{R}^N)$ and the coordinates $x_i \in D[a]_{loc}$, then our form takes the more familiar form

$$a(u,v) = \int_X \sum_{i,j=1}^{N} D_{x_i}u D_{x_j}v\, \sigma^{ij}\,(dx),$$

where σ^{ij} are Radon measures and the following degenerate ellipticity condition holds:

$$\sum_{i,j=1}^{N} \xi_i \xi_j\, \sigma^{ij} \geq 0$$

for every $\xi \in \mathbf{R}^N$ in the sense of measures on X. Then our framework enables us to deal with degenerate elliptic problems with measures as coefficients.

Now we apply the results in the previous section to harmonic functions relative to two important classes of operators in $\mathbf{R}^N$: (a) *Weighted* uniformly elliptic second order operators in divergence form with measurable coefficients, (b) *Subelliptic* (selfadjoint) second order operators in divergence form with *bounded measurable* coefficients. Moreover, (c), we give an example of a Dirichlet form in $\mathbf{R}^2$, such that the distance relative to the Dirichlet form is only continuous (but not Hölder continuous) with respect to the euclidean distance in $\mathbf{R}^2$.

(a) We consider the form

$$a(u,v) = \int_{\mathbf{R}^N} \sum_{i,j=1}^{N} D_{x_i}u D_{x_j}v \, a^{ij}(x)\, dx,$$

where the coefficients a^{ij} are symmetric and satisfy the condition

$$\lambda|\xi|^2 w(x) \leq \sum_{i,j=1}^{N} \xi_i \xi_j \, a^{ij}(x) \leq \Lambda |\xi|^2 w(x)$$

a.e. in $\mathbf{R}^N$, for every $\xi \in \mathbf{R}^N$. The weight w is assumed to be in the A_2 Muckenhoupt's class or $w = |\det F'|^{1-2/N}$ where F is a quasi-conformal transformation in $\mathbf{R}^N$. The space H is taken to be $\mathbf{L}^2(\mathbf{R}^N, wdx)$ and we have $D[a] = H^1(\mathbf{R}^N, wdx)$; choosing $m(dx) = wdx$, the distance associated to our form is equivalent to the euclidean one and the doubling property for m follows from well known properties of the weights considered above. Assumption (2) follows from the scaled Poincaré and Sobolev-Poincaré inequalities on euclidean balls proved by E. Fabes, C. Kenig, and R. Serapioni, [5]. We observe that the result in Theorem 3.1 has been obtained in this particular case in [5] and the result of Theorem 3.2 has been obtained in [4].

(b) We choose $H = \mathbf{L}^2(\mathbf{R}^N, dx)$, consider a form b on H given as

$$b(u,v) = \int_{\mathbf{R}^N} \sum_{i,j=1}^{N} D_{x_i}u D_{x_j}v \, b^{ij}(x)\, dx,$$

where the b^{ij} are functions of class C^2 and are symmetric. Moreover the following degenerate ellipticity condition holds

$$\sum_{i,j=1}^{N} \xi_i \xi_j \, b^{ij}(x) \geq 0$$

a.e. in $\mathbf{R}^N$ and b satisfies the following *subellipticity* estimate:

$$c||u||_{H^\epsilon} \leq (b(u,u) + ||u||^2_{\mathbf{L}^2})^{1/2}$$

for every $u \in \mathrm{C}^1_0(\mathbf{R}^N)$ where H^ϵ denotes the usual fractional Sobolev space of order ϵ. We consider on H a form a of the following type

$$a(u,v) = \int_{\mathbf{R}^N} \sum_{i,j=1}^{N} D_{x_i}u D_{x_j}v \, a^{ij}(x)\, dx,$$

where the a^{ij} are symmetric, measurable, and satisfy the *uniform subellipticity condition*

$$\lambda \sum_{i,j=1}^{N} \xi_i \xi_j\, b^{ij}(x) \le \sum_{i,j=1}^{N} \xi_i \xi_j\, a^{ij}(x) \le \Lambda \sum_{i,j=1}^{N} \xi_i \xi_j\, b^{ij}(x)$$

a.e. in $\mathbf{R}^N$ for some constants $0 < \lambda \le \Lambda$. In this case the distance defined by the form a is equivalent to the distance defined by the form b and this last one is equal to the distance d^* associated to the form b according to [6, 7]. It is proved in [10] that

$$\frac{1}{c}|x-y| \le d^*(x,y) < c|x-y|^{\epsilon}$$

and this condition is equivalent to the subellipticity condition on b. Then, assuming $m(dx) = dx$, this proves that Assumption (1) is satisfied (we recall that X_0 is bounded). The scaled Poincaré inequalities on intrinsic balls are proved for b by D. Jerison and Sanchez Calle, [10, Th. 5.1]. Then it is easy to check that the first part of Assumption (2) holds. The scaled Sobolev-Poincaré inequality for b is a consequence of the subellipticity condition using the diffeomorphism Φ given by Theorem 3.1 in [10]. Recalling that the distances defined by a and b are equivalent, and using the uniform subellipticity condition on a, we prove that also the second part of Assumption (2) holds. For related results see also S. Kusuoka and D. Stroock [11].

The results given here seem to be new in this subelliptic setting. An example to which they apply is that of an operator of the type

$$L = -\sum_{h,k=1}^{M} X_k^*(\alpha^{hk}(x)X_h),$$

where X_h, $h = 1,\dots,M$, are smooth vectors in $\mathbf{R}^N$ which satisfy a Hörmander condition, and (α^{hk}) is a symmetric $n \times n$ matrix of bounded measurable functions which satisfies a uniform ellipticity condition on $\mathbf{R}^M$.

(c) In the space $\mathbf{L}^2(B, m(dxdy))$,

$$\begin{aligned} B &= \left\{(x,y); \frac{1}{(\log|x|)^2} + |y|^2 \le \frac{1}{4}\right\}, \\ m(dxdy) &= \frac{1}{|x|(\log|x|)^2}\, dxdy, \end{aligned}$$

we consider the form

$$a(u,v) = \int_B \{x^2(\log|x|)^4 D_x u\, D_x v + D_y u\, D_y v\} \frac{1}{|x|(\log|x|)^2} dxdy.$$

Assumptions (1) and (2) hold as proved, reducing the form to the one relative to the Laplace operator by a suitable transformation. Moreover, the intrinsic ball $B(0,r)$ shrinks to $\{0\}$ as $e^{-\frac{1}{r}}$ in the x-direction as $r \to 0$.

References

[1] M. Biroli and U. Mosco. Wiener criterion and potential estimates for obstacle problems relative to degenerate elliptic operators, *Ann. Mat. Pura Appl.*, 155: 1991, (in print).

[2] N. Burger. Espaces des fonctions à variation moyenne bornée sur un espace de nature homogène. *C. R. Acad. Sci. Paris Sér. A*, 286:139–142, 1978.

[3] R.R. Coifman and G. Weiss. *Analyse harmonique non commutative sur certain espaces homogènes.* Lecture Notes in Math. 242, Springer-Verlag, 1971.

[4] E. Fabes, D. Jerison, and C. Kenig. The Wiener test for degenerate elliptic equations. *Ann. Inst. Fourier (Grenoble)*,32,3:151–183, 1982.

[5] E. Fabes, C. Kenig, and R. Serapioni. The local regularity of solutions of degenerate elliptic equations. *Comm. Partial Differential Equations*, 7:77–116, 1982.

[6] C.L. Fefferman and D. Phong. Subelliptic eigenvalue problems. In W. Beckner et al., editors, *Conference on harmonic Analysis, Wodsworth, Chicago, 1981*, pages 590–606.

[7] C.L. Fefferman and A. Sanchez Calle. Fundamental solution for second order subelliptic operators. *Ann. of Math.*, 124:247–272, 1986.

[8] M. Fukushima. *Dirichlet forms and Markov processes.* North-Holland, 1980.

[9] D. Gilbarg and N.S. Trudinger. *Elliptic partial differential equations of second order.* Springer-Verlag, 1977.

[10] D. Jerison and A. Sanchez Calle. *Subelliptic second order differential operators.* Lecture Notes in Math. 1277, pages 46–77, Springer-Verlag, 1987.

[11] S. Kusuoka and D. Stroock. Applications of Malliavin Calculus, III. *J. Fac. Sci. Univ. Tokyo Sect. IA Math.*, 34:391–442, 1987.

[12] Y. Le Jan. Mesures associées à une forme de Dirichlet. *Bull. Soc. Math. France*, 106:61–112, 1978.

[13] A. Nagel, E. Stein, and S. Weinger. Balls and metrics defined by vector fields I. Basic properties. *Acta Math.*, 155:103–147, 1985.

[14] A. Sanchez Calle. Fundamental solutions and geometry of square of vector fields. *Invent. Math.*, 78:143–160, 1984.

[15] G. Stampacchia. *Équations elliptiques du second ordre à coefficients discontinus.* Les Presses de l'Université de Montréal, 1966.

Finiteness Principle and Harnack Principle

AUREL CORNEA
Mathematisch-Geographische Fakultät, Katholische Universität Eichstätt, Ostenstrass 26–28, D-8078, Eichstätt, Germany.

Abstract. It is shown that a supermedian function is either locally integrable or $= \infty$. From a slightly generalized form of this property (called **finiteness principle**), Harnack type inequalities for supermedian, and consequently for superharmonic, functions are obtained.

AMS Subject Classifications (1991). 31B05, 31B35, 31C05, 31D05.

Key words. Harnack inequality, mean value property, harmonic functions, supermedian functions, superharmonic functions, Harnack inequalities for mean values of supermedian functions, boundary Harnack inequalities, Lipschitz equi-continuity.

1. Finiteness Principle

The starting point for these investigations was the observation that the Harnack inequality for harmonic functions may be directly deduced from the mean value property, in other words one may get Harnack inequalities using only integration. A natural frame where this items might be treated is given by those systems of functions which are themselves defined by means of integration, for instance the supermedian and in particular the superharmonic functions. This is done in section 2, where Harnack type inequalities for mean values of supermedian functions are obtained. In section 1, we define the finiteness principle and prove the fundamental result, showing that this principle is responsible for the Harnack inequalities. Section 3 deals with boundary Harnack inequalities. In the last two sections, we get a Lipschitz equi-continuity property and a compactness criterion for mean values of superharmonic functions.

Throughout this section, $\mathcal{S}$ will be a set of numerical measurable functions on a measurable space $(X, \mathcal{X})$ and $\mathcal{M}$ a set of strictly positive (finite) measures on X such that the functions from $\mathcal{S}$ are integrable with respect to the measures from $\mathcal{M}$.

DEFINITION 1.1. **(Finiteness principle)** *We say that the pair $(\mathcal{S}, \mathcal{M})$ satisfies the* **finiteness principle** *if, for any sequence $(s_n)_{n\in\mathbb{N}}$ in $\mathcal{S}$, we have that the numbers*

$$\sup_{n\in\mathbb{N}} \mu(s_n), \quad \mu \in \mathcal{M}$$

are either for all μ finite or for all μ equal ∞.
For the case where $\mathcal{M}$ coincides with the set of all positive measures on X for which the elements of $\mathcal{S}$ are integrable, we shall say simply that $\mathcal{S}$ satisfies the **finiteness principle**.

Emile M. J. Bertin (ed.), ICPT 91, 203–216.

LEMMA 1.2. *In order that the pair $(\mathcal{S}, \mathcal{M})$ satisfies the finiteness principle, each of the following conditions is sufficient.*

a) *There exist a pair $(\mathcal{T}, \mathcal{M})$, satisfying the finiteness principle, and a numerical function f which is integrable with respect to any element of $\mathcal{M}$, such that*

$$\mathcal{S} = \{ s : s + f \in \mathcal{T} \}.$$

b) *The elements of $\mathcal{S}$ are positive functions and, for any sequence $(s_n)_{n \in \mathbb{N}}$ in $\mathcal{S}$ and any convergent series $(\alpha_n)_{n \in \mathbb{N}}$ of positive real numbers, we have*

$$\sum_{n \in \mathbb{N}} \alpha_n s_n$$

is either identically ∞ or μ-integrable for any $\mu \in \mathcal{M}$ (the above summation is pointwise understood),

c) *$\mathcal{S}$ is a convex cone of positive functions and, for any increasing sequence $(s_n)_{n \in \mathbb{N}}$ in $\mathcal{S}$, we have $\sup_{n \in \mathbb{N}} s_n$ is either identically ∞ or is μ-integrable for any $\mu \in \mathcal{M}$.*

Proof. By straightforward calculation, we see that (c) implies (b) and (a) is even equivalent with the finiteness principle. Assume that (b) holds and take two elements $\mu, \lambda \in \mathcal{M}$ such that there exists a sequence $(s_n)_{n \in \mathbb{N}}$ for which $(\mu(s_n))_{n \in \mathbb{N}}$ is not bounded, whereas $(\lambda(s_n))_{n \in \mathbb{N}}$ is bounded. Then one may construct a convergent series $(\alpha_n)_{n \in \mathbb{N}}$ of strictly positive real numbers such that

$$\sum_{i=1}^{\infty} \alpha_i \mu(s_i) = \infty,$$

$$\sum_{i=1}^{\infty} \alpha_i \lambda(s_i) < \infty.$$

This obviously contradicts (b). ∎

DEFINITION 1.3. *A sequence $(\mu_n)_{n \in \mathbb{N}}$ in $\mathcal{M}$ is called $(\mathcal{S}, \mathcal{M})$-dominated (resp. minorated) by a measure $\mu \in \mathcal{M}$, if there exists a real number α such that, for any $s \in \mathcal{S}$ and any $n \in \mathbb{N}$, we have*

$$\mu(s) \geq \alpha + \mu_n(s) \quad (\textit{resp. } \mu(s) \leq \alpha + \mu_n(s)).$$

A set $L \subset \mathcal{M}$ is called $(\mathcal{S}, \mathcal{M})$-dominated, (resp. minorated) if any sequence in L has a subsequence which is $(\mathcal{S}, \mathcal{M})$-dominated (resp. minorated) by a measure in $\mathcal{M}$.

REMARK 1.4. If $\mathcal{S}$ is a convex cone, then the constant α in the above definition may be taken zero.

DEFINITION 1.5. **(Harnack principle)** *We shall say that the pair $(\mathcal{S},\mathcal{M})$ satisfies the* **Harnack principle** *if, for any set $L \subset \mathcal{M}$ which is $(\mathcal{S},\mathcal{M})$-dominated, any set $R \subset \mathcal{M}$ which is $(\mathcal{S},\mathcal{M})$-minorated, and any real number m, there exists a constant $c(m) = c(m, L, R, \mathcal{S}, \mathcal{M})$ such that, for any $s \in \mathcal{S}$, we have*

$$\inf_{\rho\in R} \rho(s) \leq m \implies \sup_{\lambda\in L} \lambda(s) \leq c(m).$$

THEOREM 1.6. *Finiteness principle $\implies$ Harnack principle.*

Proof. Assume that the pair $(\mathcal{S},\mathcal{M})$ satisfies the finiteness principle, fix $m \in \mathbb{R}$ and denote by

$$\mathcal{S}_m := \{s \in \mathcal{S} : \inf_{\rho\in R} \rho(s) \leq m\}.$$

If the theorem is not true, we may find for any $n \in \mathbb{N}$ an element $s_n \in \mathcal{S}_m$ and a measure $\lambda_n \in L$ such that

$$\lambda_n(s_n) \geq n.$$

Choose now $\rho_n \in R$ with

$$\rho_n(s_n) \leq m + 1.$$

Passing, if necessary, to subsequences, we may assume that $(\lambda_n)_{n\in\mathbb{N}}$ is dominated by a measure $\lambda \in \mathcal{M}$ and $(\rho_n)_{n\in\mathbb{N}}$ is minorated by $\rho \in \mathcal{M}$, i.e. there exist two real numbers α, β, such that for any $n \in \mathbb{N}$ we have

$$\begin{array}{rcccl} \lambda(s_n) & \geq & \alpha + \lambda_n(s_n) & \geq & \alpha + n, \\ \rho(s_n) & \leq & \beta + \rho_n(s_n) & \leq & \beta + m + 1. \end{array}$$

This contradicts obviously the finiteness principle. ∎

THEOREM 1.7. **(Harnack inequality)** *Assume that $\mathcal{S}$ is a convex cone of positive functions and that Harnack principle holds for the pair $(\mathcal{S},\mathcal{M})$. Let further $L \subset \mathcal{M}$ be $(\mathcal{S},\mathcal{M})$-dominated and $R \subset \mathcal{M}$ be $(\mathcal{S},\mathcal{M})$-minorated. Then there exists a constant $c = c(L, R)$ such that*

$$\lambda(s) \leq c\rho(s), \quad \lambda \in L,\ \rho \in R,\ s \in \mathcal{S}.$$

(See also [1, Corollary 6.1.2].)

Proof. Let $c(m)$ be the constant associated by the Harnack principle with a given real number m and with the sets L, R, take $c := c(1)$ and fix $s \in \mathcal{S}$, $\rho \in R$ and $\lambda \in L$. If $\rho(s) > 0$, we have $\lambda\left(\frac{1}{\rho(s)}s\right) \leq c$, and hence $\lambda(s) \leq c\rho(s)$. If $\rho(s) = 0$, we have for any $n \in \mathbb{N}$, $\rho(ns) = 0$ and therefore $\lambda(ns) \leq c(0)$, $\lambda(s) \leq cn^{-1}$. If n tends to ∞, we get $\lambda(s) = 0$ hence again $\lambda(s) \leq c\rho(s)$ and the proof is complete. ∎

2. Supermedian Functions

Throughout this section X will be a metric space with countable base, $\mathcal{X}$ the σ-algebra of Borel measurable sets and $B(x,r)$ will denote the open ball of radius $r \in \mathbb{R}_+^*$ and center $x \in X$. We shall say simply measurable instead of Borel measurable. A measure μ on X is called locally finite if, for any $x \in X$, there exists a ball $B(x,r)$ with $\mu(B(x,r)) < \infty$.

An important example where the finiteness principle holds is that of supermedian functions considered below.

DEFINITION 2.1. *Let $(\mathcal{M}_x)_{x\in X}$ be a family consisting of collections of measures on X. A measurable function s on X will be called* **supermedian with respect to** $(\mathcal{M}_x)_{x\in X}$ *if, for any $x \in X$ and any $\mu \in \mathcal{M}_x$, we have*

1) $\min(s,0)$ *is μ-integrable*
2) $s(x) \geq \mu(s)$.

Let λ be a measure on X. We shall say that the family $(\mathcal{M}_x)_{x\in X}$ is **locally lower supported by** λ *if, for any $x \in X$, there exists a positive constant m_x such that, for any $y \in B(x,m_x)$, we have for at least one $\mu \in \mathcal{M}_y$*

$$m_x \chi_{B(x,m_x)} \cdot \lambda \leq \mu.$$

For the rest of this section we shall keep fixed a locally finite measure λ which is charging any open set of X and a family $(\mathcal{M}_x)_{x\in X}$ of sets of measures on X. We shall assume that $(\mathcal{M}_x)_{x\in X}$ is locally lower supported by λ.

The next theorem is the key to the finiteness principle for supermedian functions.

THEOREM 2.2. *If s is a supermedian function, then there exist two open sets $A, B \subset X$ such that*

1) $X = A \cup B, \quad A \cap B = \emptyset$,
2) $s = \infty$ *on* A,
3) s *is locally λ-integrable on* B.

If X is connected, then s is either locally λ-integrable or identically equal ∞.

Proof. For $x \in X$, let us denote by $\mu_x := m_x \chi_{B(x,m_x)} \cdot \lambda$, where m_x is the constant occurring in the above hypothesis. Then we have that μ_x is dominated by an element of $\mathcal{M}_x$. Using the definition of a supermedian function, we may deduce now that the function $\min(s,0)$ is μ_x-integrable, so that the value $\mu_x(s)$ is well defined. Denote

$$A := \{x \in X : \mu_x(s) = \infty\}.$$

Fix $x \in A$. We want to show that, for any $y \in B(x,m_x)$, we have $s(y) = \infty$. Indeed, by hypothesis, there exists $\mu \in \mathcal{M}_y$ such that $\mu_x \leq \mu$. Then we have $\infty \leq \mu_x(\max(s,0)) \leq \mu(\max(s,0))$ and therefore $\infty = \mu(s) \leq s(y)$. Thus we have $s = \infty$ on A and A open.

For $x \in \overline{A}$, we have $\mu_x(A \cap B(x, m_x)) \neq 0$ and therefore again $\mu_x(s) = \infty$, $x \in A$. Thus A is closed.
Take $B := X \setminus A$. Then, for any $x \in B$, we have $\mu_x(s) < \infty$, i.e. $\int_{B(x,m_x)} s d\lambda < \infty$. Thus s is locally λ-integrable on B and the proof is complete. ∎

COROLLARY 2.3. *Assume X connected and let f be a locally λ-integrable function on X such that, for any point $x \in X$ and any measure $\mu \in \mathcal{M}_x$, the function* $\min(f, 0)$ *is μ-integrable. Then the set*

$$\mathcal{S} := \{s : s \text{ supermedian}, s \geq f, s \neq \infty\}$$

will satisfy the finiteness principle.
In particular, the finiteness principle holds for the set of all positive supermedian functions.

Proof. Let $\mathcal{T}$ be the set of all positive functions t on X such that $t+f$ is supermedian. We have $\mathcal{S} = \mathcal{T} + f$. If $(t_n)_{n\in\mathbb{N}}$ is a sequence in $\mathcal{T}$ and $(\alpha_n)_{n\in\mathbb{N}}$ is a convergent series of positive real numbers with $\sum_{n\in\mathbb{N}} \alpha_n = 1$, then the function

$$s := \sum_{n\in\mathbb{N}} \alpha_n t_n + f$$

is supermedian hence it is either identically ∞ or belongs to $\mathcal{S}$. This means that the function

$$\sum_{n\in\mathbb{N}} \alpha_n t_n$$

is either identically ∞ or belongs to $\mathcal{T}$. The assertion follows now from lemma 1.2 (b) and (a). ∎

The case where f is supermedian or the case where f is locally lower bounded and the measures of $\mathcal{M}_x$, $x \in X$ are carried by compacts, are mostly interesting for the applications.
For the rest of this section, we shall assume that X is a locally compact connected metric space.

NOTATIONS 2.4.

1. For any $x \in X$, denote

$$\operatorname{dist}(x, \partial X) := \sup\{ r \in \mathbb{R}_+^* : B(x, r) \text{ is relatively compact } \}.$$

2. For a compact set $K \subset X$, denote

$$\operatorname{dist}(K, \partial X) := \inf_{x\in K} \operatorname{dist}(x, \partial X).$$

LEMMA 2.5. *Let f be a locally λ-integrable function and $\mathcal{S}$ a set of locally λ-integrable functions on X which are dominating f. Further, let L be a set of Radon measures on X, for which there exist a compact $K \subset X$ and a strictly positive real number r such that, for any $\mu \in L$, there exists a point $x \in K$ for which the following relations hold*

$$r\chi_{B(x,r)} \cdot \lambda \leq \mu \leq r^{-1}\chi_K \cdot \lambda.$$

Then the set L is both $\mathcal{S}$-dominated and $\mathcal{S}$-minorated.

Proof. If we put $\sigma := r^{-1}\chi_K \cdot \lambda$ and $\alpha := -\sigma(f) + \sigma(|f|)$, we have, for $\mu \in L$ and $s \in \mathcal{S}$,

$$\mu(s) = \mu(s-f) + \mu(f) \leq \sigma(s) - \sigma(f) + \sigma(|f|) = \sigma(s) + \alpha.$$

This implies that L is dominated. Let now $(\mu_n)_{n \in \mathbb{N}}$ be a sequence in L and $(x_n)_{n \in \mathbb{N}}$ be a sequence of points in K for which

$$r\chi_{B(x_n,r)} \cdot \lambda \leq \mu_n, \quad n \in \mathbb{N}.$$

Let $\delta < r$ be a strictly positive real number. Passing to a subsequence, we may assume that $(x_n)_{n \in \mathbb{N}}$ is convergent to a point $x \in K$ and that $B(x,\delta) \subset B(x_n,r)$ for any $n \in \mathbb{N}$. If we put $\rho := r\chi_{B(x,\delta)} \cdot \lambda$ and $\beta := \sigma(|f|) + \rho(f)$, we have for $s \in \mathcal{S}$ and $n \in \mathbb{N}$

$$\rho(s) = \rho(s-f) + \rho(f) \leq \mu_n(s-f) + \rho(f) \leq \mu_n(s) + \sigma(|f|) + \rho(f) = \mu_m(s) + \beta$$

and the proof is complete. ∎

Using now the above lemma 2.5 and corollary 2.3, one may easily show that the following Harnack type inequalities for mean values of supermedian functions are immediate consequences of the fundamental theorems 1.6 and 1.7.

THEOREM 2.6. *Let $K \subset X$ be compact and fix $\delta \in \mathbb{R}_+^*$, then we have*

a) *There exists a constant $c = c(K,\delta)$ such that, for any positive supermedian function s, any $x, x' \in K$, and any $r, r' \in \mathbb{R}$ for which $\delta \leq r \leq (1-\delta)\,\mathrm{dist}(x,\partial X)$ and $\delta \leq r' \leq (1-\delta)\,\mathrm{dist}(x',\partial X)$, we have*

$$\frac{1}{\lambda(B(x,r))}\int_{B(x,r)} s d\lambda \leq c\frac{1}{\lambda(B(x',r'))}\int_{B(x',r')} s d\lambda,$$

b) *For any negative function f on X which is μ-integrable for any $\mu \in \mathcal{M}_x$, $x \in X$ and any real number m, there exists a constant $c(m) = c(K,\delta,f,m)$ such that, for any supermedian function s on X dominating f, we have*

$$\inf_{\substack{x \in K \\ r \in [\delta,(1-\delta)\,\mathrm{dist}(x,\partial X)]}} \int_{B(x,r)} s d\lambda \leq m \quad \Longrightarrow$$

$$\sup_{\substack{x \in K \\ r \in [\delta,(1-\delta)\,\mathrm{dist}(x,\partial X)]}} \int_{B(x,r)} s d\lambda \leq c(m).$$

THEOREM 2.7. *Let $T = (T_x)_{x\in X}$ be a (positive) kernel on X and assume that the following condition holds:*
For any $x \in X$, there exist two compact neighbourhoods V_x, W_x and two strictly positive real numbers m_x, M_x such that, for $y \in V_x$, we have

$$m_x\chi_{B(y,m_x)} \cdot \lambda \leq T_y \leq M_x\chi_{W_x} \cdot \lambda.$$

Then, for any compact $K \subset X$, there exists a constant $c = c(K,T)$ such that, for any positive T-supermedian function (i.e. measurable with $T(s) \leq s$) and any $x, y \in K$, we have

$$T_x(s) \leq cT_y(s).$$

Proof. Let $\mathcal{S}$ be the cone of all positive T-supermedian functions. The condition imposed on T implies that the family $(t_x)_{x\in X}$ is locally lower bounded by λ; thus we have, using corollary 2.3, that $\mathcal{S}$ satisfies the finiteness principle. On the other hand, we get from lemma 2.5 that the family of measures $(T_x)_{x\in K}$ is both $\mathcal{S}$-dominated and -minorated. The proof completes using the fundamental theorems 1.6 and 1.7. ∎

EXAMPLE 2.8. Let δ be a measurable positive function on X such that, for any $x \in X$, we have

$$0 < \liminf_{z\to x} \delta(z) \leq \limsup_{z\to x} \delta(z) < \operatorname{dist}(x, \partial X).$$

For any $x \in X$, denote

$$T_x := \frac{1}{\lambda(B(x,\delta(x)))}\chi_{B(x,\delta(x))} \cdot \lambda.$$

EXAMPLE 2.9. For any $x \in X$, denote

$$\mathcal{M}_x := \left\{\frac{1}{\lambda(B(x,r))}\chi_{B(x,r)} \cdot \lambda, \quad r \in]0, \operatorname{dist}(x,\partial X)[\right\}.$$

EXAMPLE 2.10. For X a connected open subset of an euclidian space, take λ the Lebesgue measure on X. Remember that a numerical function is superharmonic if it is 1) lower semi-continuous, 2) different from $-\infty$ at any point, 3) not identically equal ∞ and 4) dominating at any point its mean values –with resp. to the Lebesgue measure– on balls centered at that point.
The superharmonic functions are supermedian with respect to the family described in the previous example.

REMARK 2.11. The above theorem 2.6 applied to positive harmonic functions on an euclidian open set will imply the classical Harnack inequality.

REMARK 2.12. If we denote by σ the normed surface Lebesgue measure on the unit sphere $\partial B(0,1)$ in an euclidian space, then both assertions a) and b) of the above theorem 2.6 remain true for superharmonic functions, by replacing all volume integrals by integrals of the form

$$\int_{\partial B(0,1)} s(x+r\xi)d\sigma(\xi).$$

3. Boundary Harnack Inequality

In this section $X \subset \mathbb{R}^d$ will be an open connected set and λ will denote the Lebesgue measure on X.

DEFINITION 3.1. *For any numerical function f on X, denote by $\tilde{f}$ the numerical function on $\mathbb{R}^d$ defined by* $\tilde{f} := \begin{cases} f & on \quad X, \\ 0 & on \quad \mathbb{R}^d \setminus X. \end{cases}$

For any open set $U \subset \mathbb{R}^d$ and any measurable function f on the boundary of U, denote by H_f^U the solution of the Dirichlet problem on U with boundary values f.

Let $U \subset \mathbb{R}^d$ be open. We shall say that a function f on X is associated with 0 on U if we have

$$f = H_{\tilde{f}}^{X\cap U} \quad on\ X \cap U.$$

For an open set $U \subset \mathbb{R}^d$, denote by $\mathcal{S}_U$ the set of all positive superharmonic functions on X which are associated with 0 on U.

Usually, boundary Harnack inequalities are given for functions tending to 0 at the boundary. This implies that only regular domains are involved. The above notion of "associated with 0" is introduced in order to avoid this limitation.

PROPOSITION 3.2. *Let $U \subset \mathbb{R}^d$ be open and $a \in U \cap \partial X$ be such that for any $s \in \mathcal{S}_U$ there exists $r = r_s \in \mathbb{R}_+^*$ for which*

(*) $\quad B(a,r) \subset U,\quad$ *and* $\quad \tilde{s}$ *is λ-integrable on $B(a,r)$.*

Then one may choose an $r \in \mathbb{R}_+^*$, independent of s, satisfying (*).

Proof. Fix a point b in U. If the assertion is not true, we may find for any $n \in \mathbb{N}$ a function s_n in $\mathcal{S}_U$ with $s_n(b) \le 2^{-n}$ and such that for any $r \in \mathbb{R}_+^*$ for which $\tilde{s}_n$ is λ- integrable on $B(a,r)$, we have $r \le n^{-1}$. The function $s := \sum_{n\in\mathbb{N}} s_n$ is in $\mathcal{S}$ and, by the property (*), there exists $r \in \mathbb{R}_+^*$ such that s is λ-integrable on $B(a,r)$. This leads obviously to a contradiction because $s_n \le s$ for any $n \in \mathbb{N}$. ∎

DEFINITION 3.3. *We say that a point $a \in \partial X$ satisfies the* **integrability condition** *if, for any neighbourhood V of the point a, there exists $r \in \mathbb{R}_+^*$ such that, for any $s \in \mathcal{S}_V$, we have $\tilde{s}$ is λ-integrable on $B(a,r)$.*

In the next theorem it will be shown that the points of the boundary of X for which the integrability condition holds, are exactly those points for which a "boundary Harnack inequality" may be stated.

THEOREM 3.4. *Let $U \subset \mathbb{R}^d$ be open and denote by U_0 the largest open subset V of U such that, for any $s \in \mathcal{S}_U$, we have $\tilde{s}$ is locally λ-integrable on V. If we take $\mathcal{M}$ the set of all measures of the form $\phi \cdot \lambda$, where ϕ is a bounded measurable function with compact support contained in U_0, then the finitenesss principle holds for the pair $(\mathcal{S}_U, \mathcal{M})$.*
Further, let $K \subset U_0$ be compact and $\delta \in \mathbb{R}_+^*$ be fixed. Then there exists a constant $c = c(K, \delta, U, X)$ such that, for any superharmonic function $s \in \mathcal{S}_U$, any $x, x' \in K$, and any $r, r' \in]\delta, (1-\delta)\operatorname{dist}(K, \partial U_0)[$, we have

$$\int_{B(x,r)\cap X} s d\lambda \leq c \int_{B(x',r')\cap X} s d\lambda.$$

REMARK 3.5.
1) If $U = \mathbb{R}^d \setminus L$, where $L \subset X$ is compact, then $U_0 = U$.
2) If X is a Lipschitz domain, then $U_0 = U'$ for any U.

4. Equi–Continuity of Mean Values of Superharmonic Functions

Fix $X \subset \mathbb{R}^d$ open connected and denote by λ the Lebesgue measure on $\mathbb{R}^d$. For any locally integrable function f on X, denote by J_f the real function on $\{(x,r) \in X \times \mathbb{R}_+^* : r \leq \operatorname{dist}(x, \partial X)\}$, defined by $J_f(x,r) := \int_{B(x,r)} f d\lambda$.

LEMMA 4.1. *Let $x_0 \in X$ and $a, b \in \mathbb{R}_+^*$ be such that $a < b < \operatorname{dist}(x_0, \partial X)$. Then, for any superharmonic function s on X, we have*

$$J_s(x_0, b) - J_s(x_0, a) \leq \frac{b^d - a^d}{a^d} J_s(x_0, a).$$

Proof. Let σ denote the normed Lebesgue surface measure on $\partial B(0,1)$. Since the mapping

$$r \mapsto \int_{\partial B(0,1)} s(x_0 + r\xi) d\sigma(\xi), \; r \in]0, \operatorname{dist}(x_0, \partial X)[$$

is decreasing, we have

$$\begin{aligned} J_s(x_0, b) - J_s(x_0, a) &= \int_a^b r^{d-1} \left(\int_{\partial B(0,1)} s(x_0 + r\xi) d\sigma(\xi) \right) dr \\ &\leq \frac{b^d - a^d}{d} \int_{\partial B(0,1)} s(x_0 + a\xi) d\sigma(\xi), \end{aligned}$$

$$\begin{aligned} J_s(x_0,a) &= \int_0^a r^{d-1}\left(\int_{\partial B(0,1)} s(x_0+r\xi)d\sigma(\xi)\right)dr \\ &\geq \frac{a^d}{d}\int_{\partial B(0,1)} s(x_0+r\xi)d\sigma(\xi). \quad \blacksquare \end{aligned}$$

The next lemma gives us a Lipschitz inequality for the function J_s.

LEMMA 4.2. *Take $x, x' \in X$, $r, r' \in \mathbb{R}_+^*$ and put*

$$x_0 := \frac{1}{2}(x+x'), \quad a := \min(r,r') - \frac{1}{2}|x-x'|, \quad b := \max(r,r') + \frac{1}{2}|x-x'|.$$

Assume that $0 < a \leq b < \operatorname{dist}(x_0, \partial X)$. Further, let s be a superharmonic function on X and denote

$$\begin{aligned} m &:= \inf\{s(y) : y \in B(x_0,b)\} \neq -\infty \\ \ell &:= d\,b^{d-1}\operatorname{vol}(B(0,1))\left(-2\min(0,m) + \tfrac{J_s(x_0,a)}{\operatorname{vol}(B(x_0,a))}\right). \end{aligned}$$

Then we have

$$|J_s(x,r) - J_s(x',r')| \leq \ell(|r-r'| + |x-x'|).$$

Proof. If we denote

$$\begin{aligned} D &:= (B(x,r) \cup B(x',r')) \setminus (B(x,r) \cap B(x',r')), \\ A &:= B(x_0,b) \setminus B(x_0,a), \\ \alpha &:= -\min(0,m), \end{aligned}$$

then we have $|s| \leq s + 2\alpha$ on A, $D \subset A$ and

$$\begin{aligned} |J_s(x,r) - J_s(x',r')| &\leq \int_D |s(y)|dy \leq \int_D (s(y)+\alpha)dy + \alpha\operatorname{vol}(D) \leq \\ &\leq 2\alpha\operatorname{vol}(A) + \int_A s(y)dy. \end{aligned}$$

The required inequality follows now from the obvious relations

$$b - a = |r-r'| + |x-x'|, \quad \operatorname{vol}(A) = (b^d - a^d)\operatorname{vol}(B(0,1))$$

and from the previous lemma. $\blacksquare$

COROLLARY 4.3. *There is a constant $c = c(d)$ such that, for any positive harmonic function h on X, we have*

1) $|h(x) - h(x')| \leq c\,h(\frac{1}{2}(x+x'))\frac{|x-x'|}{\operatorname{dist}(\{x,x'\},\partial X)}$ $\quad x, x' \in X$,

2) $|grad\, h(x)| \leq c\,\frac{h(x)}{\operatorname{dist}(x,\partial X)}$.

COROLLARY 4.4. **(Liouville)** *Any positive harmonic function on $\mathbb{R}^d$ is constant.*

THEOREM 4.5. **(Equi–continuity principle)** *Let $\mathcal{F}$ be a set of superharmonic functions on X, satisfying the following conditions:*

1) *For any compact $K \subset X$, we have $\inf\{s(x) : s \in \mathcal{F},\ x \in K\} \neq -\infty$.*

2) *There exists a Radon measure $\mu \neq 0$ with compact carrier, such that $\mu(s) \leq 1$ for any $s \in \mathcal{F}$.*

Then the family of functions $(J_s)_{s\in\mathcal{F}}$ is equi–continuous on $\{(x,r) \in X \times \mathbb{R},\ 0 < r < \operatorname{dist}(x, \partial X)\}$.

Proof. Using standard topological arguments, we may show that the condition 1) of the theorem is equivalent with the following one: there exists a continuous function f on X such that, for any $s \in \mathcal{F}$, we have $s \geq f$. From the corollary 2.3 we get that the set $\mathcal{F}$ satisfies the finiteness principle. It will be shown that the family $(J_s)_{s\in\mathcal{F}}$ is locally equally bounded. This property together with lemma 4.2 leads then to the conclusion that this family is locally equally Lipschitz continuous. Indeed, take $K := \overline{B(x_0, r_0)} \subset X$ and $a, b \in \mathbb{R}_+^*$ with $a < r_0 < r_0 + b < \operatorname{dist}(x_0, \partial X)$. By similar argumentation as in the proof of lemma 2.5, we deduce from the Harnack principle 1.6 that there exists a constant c such that, for any $s \in \mathcal{F}$ and any $(x, r) \in K \times [a, b]$, we have $J_s(x, r) \leq c$. If we put now $m := \inf\{f(x) : x \in K\}$ and $\ell := d\, b^{d-1} \operatorname{vol}(B(0,1)) \left(-2 \min(0, m) + \frac{c}{\operatorname{vol}(B(x_0,a))}\right)$, we get from lemma 4.2 that ℓ is the common Lipschitz constant for the family $(J_s)_{s\in\mathcal{F}}$. ∎

5. Convergence Theorems

We shall use further the notations X, λ, J_s as in the previous section.

LEMMA 5.1. *Let μ be a measure on a measurable space $(E, \mathcal{E})$, let $(f_n)_{n\in\mathbb{N}}$ be a sequence of μ-integrable functions and denote by*

$$g := \inf_{n\in\mathbb{N}} f_n, \qquad f := \liminf_{n\to\infty} f_n.$$

If g and f are μ-integrable and if $\mu(f) = \lim_{n\to\infty} \mu(f_n)$, then $\lim_{n\to\infty} \mu(|f_n) - f|) = 0$, i.e. the sequence $(f_n)_{n\in\mathbb{N}}$ converges to f in $L^1(\mu)$.

Proof. If we put $g_n := \inf_{k\geq n} f_k$ then we have $f = \sup_{n\in\mathbb{N}} g_n$ and by Fatou's monotone convergence theorem $\lim_{n\to\infty} \mu(g_n) = \mu(f)$. Therefore we have $\lim_{n\to\infty} \mu(f_n - g_n) = 0$. The assertion follows now from $|f_n - f| \leq f_n - g_n + f - g_n$. ∎

NOTE 5.2. If f is any numerical function on a topological space, we shall denote by $\hat{f}$ the **lower semi-continuous regularized of** f, i. e. the numerical function

$$x \mapsto \liminf_{y\to x} f(y).$$

Remember that if $\mathcal{F}$ is a set of superharmonic functions and f is the pointwise infimum of $\mathcal{F}$, then $\hat{f}$ is again superharmonic if it is locally lower bounded.

LEMMA 5.3. *Let $(s_n)_{n\in\mathbb{N}}$ be a sequence of superharmonic functions on X, such that the sequence $(J_{s_n})_{n\in\mathbb{N}}$ is locally uniformly convergent. If we denote by $s := \sup_{n\in\mathbb{N}}(\widehat{\inf_{j\geq n} s_j})$, we have*

a) *s is a superharmonic function,*

b) $J_s = \lim_{n\to\infty} J_{s_n}$,

c) *$(s_n)_{n\in\mathbb{N}}$ is convergent to s in L^1_{loc}.*

Proof. Put $G := \{(x,r) \in X \times \mathbb{R},\ 0 < r < \operatorname{dist}(x, \partial X)\}$, $J := \lim_{n\to\infty} J_{s_n}$, and $t_n := \widehat{\inf_{j\geq n} s_j}$, $n \in \mathbb{N}$. If t is a superharmonic function on X and $x \in X$, then the following relations are immediate from the definitions:

$$(^*) \qquad r \mapsto \frac{J_t(x,r)}{\operatorname{vol}(B(x,r))}, \quad 0 < r < \operatorname{dist}(x,\partial X), \text{ is decreasing },$$

$$(^{**}) \quad t(x) \geq \frac{J_t(x,r)}{\operatorname{vol}(B(x,r))}, \quad 0 < r < \operatorname{dist}(x,\partial X),$$

$$(^{***}) \quad t(x) = \lim_{r\to 0} \frac{J_t(x,r)}{\operatorname{vol}(B(x,r))}.$$

From the inequality $(^{**})$ and from the hypothesis, we deduce that the sequence $(s_n)_{n\in\mathbb{N}}$ is lower bounded on compacts. Consequently, any t_n, $n \in \mathbb{N}$, is superharmonic. Following inequalities hold for $(x,r) \in G$:

$$s(x) \geq \frac{J(x,r)}{\operatorname{vol}(B(x,r))} \geq \frac{J_s(x,r)}{\operatorname{vol}(B(x,r))}.$$

Indeed, from $(t_n)_{n\in\mathbb{N}} \uparrow s$ and $J_{t_n} \leq J_{s_n}$, $n \in \mathbb{N}$ we get,

$$J_s = \lim_{n\to\infty} J_{t_n} \leq \lim_{n\to\infty} J_{s_n} = J,$$

which proves the second inequality. Let $V \subset G$ be a compact neighbourhood of (x,r) and choose $\epsilon \in \mathbb{R}^*_+$. Since $(J_{s_n})_{n\in\mathbb{N}}$ is locally uniformly convergent to J, one may find $N \in \mathbb{N}$ such that, for any $n \geq N$, $n \in \mathbb{N}$, we have $J_{s_n} \geq J - \epsilon$ on V. From the above inequality $(^{**})$, applied to any s_n, $n \geq N$, $n \in \mathbb{N}$, and from the definition of t_n, we get

$$t_n(x) \geq \frac{J(x,r) - \epsilon}{\operatorname{vol}(B(x,r))}, \quad n \geq N,\ n \in \mathbb{N}.$$

Letting now n tend to ∞ and then ϵ tend to 0, we get

$$s(x) \geq \frac{J(x,r)}{\operatorname{vol}(B(x,r))}.$$

Thus the announced inequalities are proved.

From $J_s \leq J < \infty$, we get that s is locally Lebesgue integrable, i.e. s is superharmonic, which proves the assertion a).

Using the above property (***) we see that for any $x \in X$

$$s(x) = \lim_{r\to 0} \frac{J(x,r)}{\text{vol}(B(x,r))},$$

which shows that the limit function s is completely determined by the function J. This implies that, for any subsequence $(u_j)_{j\in\mathbb{N}}$ of the sequence $(s_n)_{n\in\mathbb{N}}$, we have

$$s = \lim_{n\to\infty} \widehat{\inf_{j\geq n} u_j}.$$

We prove now the assertion b); that is $J = J_s$.
Fix $a \in X$ and denote, for $n \in \mathbb{N}$ and $r \in [0, \text{dist}(a, \partial X)]$, by

$$h_{n,r} := H_{s_n}^{B(a,r)}$$

the solution of the Dirichlet problem on $B(a,r)$ with boundary values s_n. The function

$$r \mapsto h_{n,r}(a) \quad r \in]0, \text{dist}(a, \partial X)[$$

is decreasing. If σ is the normed Lebesgue surface measure on $\partial B(0,1)$, we have

$$h_{n,r}(a) = \int_{\partial B(0,1)} s_n(a + r\xi) d\sigma(\xi).$$

Using polar coordinates, we get now

$$J_{s_n}(a,r) = \int_0^r h_{n,\rho}(a)\rho^{d-1} d\rho \;\geq\; \frac{r^d}{d} h_{n,r}(a).$$

From this inequality and from

$$h_{n,r} \geq H_{t_n}^{B(a,r)} \geq H_{t_1}^{B(a,r)} \quad \text{on } B(a,r),$$

we get that the sequence $(h_{n,r})_{n\in\mathbb{N}}$ is equally continuous. Passing if necessary to a subsequence, we may assume that, for any rational number $\rho \in]0, \text{dist}(a, \partial X)[$, we have $(h_{n,\rho})_{n\in\mathbb{N}}$ is convergent on $B(a,\rho)$. Using now simple monotonicity arguments, one may deduce that the sequence $(h_{n,r})_{n\in\mathbb{N}}$ is convergent for any $r \in]0, \text{dist}(a, \partial X)[$. Then we have

$$H_s^{B(a,r)} = \lim_{n\to\infty} H_{t_n}^{B(a,r)} \leq \lim_{n\to\infty} h_{n,r} \leq s.$$

Since $H_s^{B(a,r)}$ is the greatest harmonic minorant of s on $B(a,r)$, we have

$$H_s^{B(a,r)} = \lim_{n\to\infty} h_{n,r}, \quad \forall r \in]0, \text{dist}(a, \partial X)[.$$

Finally we get, using dominated convergence at a point a where $s(a) < \infty$,

$$J_s(a,r) = \lim_{n\to\infty} J_{s_n}(a,r)$$

. The assertion c) follows now from the previous lemma, observing that $s = \liminf_{n\to\infty} s_n$ almost everywhere with respect to the Lebesgue measure on X. ∎

THEOREM 5.4. *Let $\mathcal{F}$ be a set of superharmonic functions on X, such that* $\inf(\mathcal{F})$ *is locally lower bounded and* $\sup_{s\in\mathcal{F}} J_s(x_0, r_0) \neq \infty$ *for an* $x < 0 \in X$ *and an* $r_0 \in]0, \text{dist}(x_0, \partial X)[$. *Then the set $\mathcal{F}$ is compact in* L^1_{loc}.

Proof. From theorem 4.5, the family $(J_s)_{s\in\mathcal{F}}$ is equi–continuous and then from Arzela–Ascoli, there exists a sequence $(s_n)_{n\in\mathbb{N}}$ in $\mathcal{F}$ such that the sequence $(J_{s_n})_{n\in\mathbb{N}}$ is locally uniformly convergent. If we put $s := \lim_{n\to\infty} \widehat{\inf_{j\geq n} s_j}$, we have from the previous lemma c) that the sequence $(s_n)_{n\in\mathbb{N}}$ converges to s in L^1_{loc}. ∎

COROLLARY 5.5. *For any $x_0 \in X$ and any $r \in]0, \text{dist}(x_0, \partial X)[$, the set*

$$\left\{ s \textit{ superharmonic}: \quad s \geq 0, \quad \int_{B(x_0,r)} s(y)dy \leq 1 \right\}$$

is compact in $L^1_{loc}(X)$. *In particular, the set*

$$\{ \, s \textit{ superharmonic}: \; s \geq 0, \; s(x_0) \leq 1 \, \}$$

is compact in $L^1_{loc}(X)$.

References

[1] C. Constantinescu and A. Cornea. *Potential Theory on Harmonic Spaces.* Springer-Verlag, 1972.

Outils récents pour l'analyse sur l'espace de Wiener

DENIS FEYEL
Laboratoire d'Analyse, Tour 46-0, 4ème étage, Université P.M. Curie, 4 Place Jussieu, 75230 Paris, France.

Résumé. On indique quelques capacités fonctionnelles canoniquement attachées à toute mesure gaussienne centrée sur un espace de Wiener abstrait lusinien. Elles sont toutes tendues sur les compacts.

AMS Subject Classifications (1991). 28C20, 31C15, 46F25.

Mots clés. Espace de Wiener, Capacités Fonctionnelles.

Soit E un espace localement convexe lusinien muni d'une mesure gaussienne centrée μ, et soit $H \subset E$ son espace de Cameron-Martin.

Rappelons que $W^{1,p}(E,\mu)$ $(p > 1)$ est l'espace des $f \in L^p(E,\mu)$ dont la dérivée faible $f'(x,y)$ appartient à $L^p(E \times E, \mu \otimes \mu)$, muni de la norme définie par

$$\|f\|_{1,p}^p = \int |f(x)|^p \mu(dx) + \int |f'(x,y)|^p \mu(dx)\mu(dy). \tag{1}$$

On définit par récurrence $W^{r+1,p}(E,\mu)$, c'est l'espace des $f \in W^{1,p}(E,\mu)$ dont la dérivée f' appartient à $W^{r,p}(E,\mu)$, muni de sa norme canonique.

Le semi-groupe d'Ornstein-Uhlenbeck vaut

$$P_t f(x) = \int f(c_t x + s_t y)\mu(dy)$$

pour f borélienne positive, où $c_t = \mathrm{e}^{-t}$, et $s_t = \sqrt{1 - c_t^2}$.

Si ρ est une mesure de probabilité sur $]0, +\infty[$, on pose

$$Uf(x) = \int_0^{+\infty} P_t f(x)\rho(dt) \tag{2}$$

et, pour toute fonction $g \geq 0$, g s.c.i. ,

$$C_\rho^p(g) = \inf\{ \ N_p(f) \ / \ Uf \geq g \ \mu\text{–pp} \ \},$$

où N_p désigne la norme usuelle de L^p.

THÉORÈME 1. *C_ρ^p est une capacité tendue sur les compacts de E.*

Emile M. J. Bertin (ed.), ICPT 91, 217–220.

Ce résultat permet d'introduire l'espace de Banach adapté $\mathcal{L}^1(E, C^p_\rho)$ (cf. [3, 4]), qui est l'adhérence des fonctions élémentaires sous la norme

$$C^p_\rho(f) = \inf\{ \; C^p_\rho(g) \; / \; g \geq |f|, \; g \; \text{ s.c.i. } \}. \tag{3}$$

Les éléments de $\mathcal{L}^1(E, C^p_\rho)$ sont C^p_ρ-quasi-continus au sens de Deny (cf. [1, 2]).

REMARQUE 2. Ces définitions et ce dernier résultat s'étendent au cas où E n'est plus supposé lusinien.

THÉORÈME 3. *Dans le cas où* $\rho(dt) = \mathrm{e}^{-t}\, t^{r/2-1} dt/\Gamma(r/2)$, *on a une injection continue (prolongement de l'identité)*

$$W^{r,p}(E, \mu) \subset L^1(E, C^p_\rho).$$

On obtient en particulier des représentants quasi-continus pour les éléments des $W^{r,p}(E, \mu)$.

D'autre part, selon la théorie générale des espaces de Banach adaptés ([3]), toute forme linéaire positive sur $L^1(E, C^p_\rho)$ est représentable par une mesure $\theta \geq 0$ négligeant les ensembles de C^p_ρ-capacité nulle. Une simple application du Théorème de Hahn-Banach montre que le même résultat vaut pour toute forme linéaire positive sur $W^{r,p}(E, \mu)$. Ce dernier résultat a été obtenu par Sugita ([11]) dans le cas de l'espace de Wiener.

THÉORÈME 4. *(Principe des quasi-normes). Soit* $q \geq 0$ *une fonction* μ*-mesurable sous-linéaire sur* E*, symétrique, et finie* μ*-presque partout. Alors* q *appartient à* $\cap_{\rho,p} \mathcal{L}^1(E, C^p_\rho)$*, et aussi à* $\cap_p W^{1,p}(E, \mu)$*. Ces propriétés s'étendent aux fonctions* q*-lipschitziennes et finies sur le sous-espace* $\{q < +\infty\}$.

COROLLAIRE 5. *On en déduit facilement des énoncés où le "quasi-partout" remplace le "presque partout". Par exemple la loi du logarithme itéré vaut pour quasi-toute trajectoire, et ceci pour toute* C^p_ρ*. Il suffit en effet de raisonner sur les semi-normes* $q_t(\omega) = \sup_{s \leq t} |X_s(\omega)| / \sqrt{2s \log\log(1/s)}$.

On dit qu'une application linéaire i entre espaces lusiniens gaussiens (E, μ) et (F, ν) est un C^p_ρ*-quasi-isomorphisme*, si i est C^p_ρ-quasi-continue sur E, s'il existe une application linaire j de F dans E telle que $j \circ i$ soit quasi-partout l'identité de E, et $i \circ j$ quasi-partout l'identité de F.

THÉORÈME 6. *Pour tout espace lusinien gaussien de dimension infinie, il existe une application linéaire de E dans $\mathbb{R}^{\mathbb{N}}$ qui est un C^p_ρ-quasi-isomorphisme de (E,μ) sur $(\mathbb{R}^{\mathbb{N}},\gamma)$, où γ est la mesure gaussienne canonique de $\mathbb{R}^{\mathbb{N}}$.*

Il suffit en effet de prendre le prolongement essentiel de n'importe quelle isométrie surjective i de H sur $l^2(\mathbb{N})$, (cf. [7]).

DÉFINITION 7. *Soit B un espace de Banach séparable, on note $W^p_\rho(E,\mu,B)$ l'image de $L^p(E,\mu,B)$ par l'opérateur U de la formule (2).*

Il faut remarquer que U est injectif. On munit $W^p_\rho(E,\mu,B)$ de la norme

$$\|Uf\|_{\rho,p} = N_p(f).$$

On définit aussi $\mathcal{L}^1(E,C^p_\rho,B)$ comme adhérence des fonctions élémentaires à valeurs dans B pour la norme de la formule (3).

THÉORÈME 8. *On a une injection canonique (prolongement de l'identité) de l'espace $W^p_\rho(E,\mu,B)$ dans $L^1(E,C^p_\rho,B)$, comme au Théorème 3.*

REMARQUE 9. Dans le cas où $\rho(dt) = e^{-t}\, t^{r/2-1}dt/\Gamma(r/2)$, le problème se pose de savoir si $W^p_\rho(E,\mu,B)$ coïncide avec l'espace des fonctions $f \in L^p(E,\mu,B)$ ayant r dérivées successives faibles appartenant à L^p à valeurs dans B. Si B est de dimension finie, la réponse est oui selon le Théorème de Meyer. Cela subsiste pour les espaces de Hilbert, et aussi pour tout sous-espace fermé d'un produit d'espaces L^p. Ces espaces sont dits p-admissibles dans [4]. Plus généralement les espaces UMD sont p-admissibles.

APPLICATION : On prend pour (E,μ) l'espace de Wiener, on note W_t la coordonnée d'indice t. Soit

$$X_t(\omega) = \int_0^t \alpha_s(\omega)dW_s(\omega) + \int_0^t \beta_s(\omega)ds,$$

où les processus prévisibles $t \to \alpha_t$ et $t \to \beta_t$ appartiennent à $L^p([0,1],dt,W^p_\rho(E,\mu))$. Alors le processus $t \to X_t$ appartient à $W^p_\rho(E,\mu,B)$ où $B = \mathcal{C}_0([0,1])$, et possède une version $t \to \widetilde{X}_t$ dont C^p_ρ-quasi-toute trajectoire est continue. Plus précisément, pour tout $\varepsilon > 0$, il existe un compact K tel que $C^p_\rho(E\setminus K) < \varepsilon$, et tel que $(t,\omega) \to \widetilde{X}_t(\omega)$ soit continue sur $[0,1]\times K$. Dans le cas particulier où $\rho(dt) = e^{-t}\, t^{r/2-1}dt/\Gamma(r/2)$, on trouve aussi

$$X'_t(\omega,\varpi) = \int \alpha'_s(\omega,\varpi)dW_s(\omega) + \int \alpha_s(\omega)dW_s(\varpi) + \int \beta'_s(\omega,\varpi)ds.$$

THÉORÈME 10. *Soient (E,μ) gaussien, F un sous-espace de H de dimension $m < sp$, B un espace de Banach p-admissible, et f une fonction $c_{r+s,p}$-quasi-continue à valeurs dans B, où c^p_r désigne la capacité C^p_ρ dans le cas $\rho(dt) = e^{-t}\, t^{r/2-1}dt/\Gamma(r/2)$.*

Alors $y \to f(x+y)$ est continue pour c_r^p-quasi-tout $x \in E$. En particulier, si f appartient à $\cap_{r,p} W^{r,p}(E,\mu,B)$ et est c_r^p-quasi-continue pour tout (r,p), alors $y \to f(x+y)$ est de classe $\mathcal{C}^\infty$ sauf peut-être pour des $x \in E$ formant un ensemble mince (*i.e.* c_r^p-négligeable pour tout (r,p)).

THÉORÈME 11. *Soit σ_m la mesure de Gauss-Hausdorff de codimension m sur E définie dans [6]. Pour $m < sp$, les ensembles $c_{s,p}$-négligeables sont σ_m-négligeables.*

Références

[1] J. Deny. Méthodes hilbertiennes en théorie du potentiel. *CIME, Potential Theory, Stresa,1969,* Cremonese, 1970.

[2] J. Deny et J.L. Lions. Les espaces du type de Beppo-Levi. *Ann. Inst. Fourier (Grenoble)*, 5:305–370, 1953.

[3] D. Feyel. Espaces de Banach adaptés, quasi-topologie et balayage. *Séminaire de Théorie du Potentiel, ParisNo 3,* Lecture Notes in Math. 681, Springer-Verlag, 1978.

[4] D. Feyel et A. de La Pradelle. Espaces de Sobolev gaussiens. *Ann. Inst. Fourier (Grenoble)*, 39:875–908, 1989.

[5] D. Feyel et A. de La Pradelle. Capacités gaussiennes. *Ann. Inst. Fourier (Grenoble)*, 41:49–76, 1991.

[6] D. Feyel et A. de La Pradelle. Mesures de Hausdorff de codimension finie sur l'espace de Wiener.*C.R. Acad. Sci. Paris Sér. I,* 310:153, 1990.

[7] D. Feyel et A. de La Pradelle. Opérateurs linéaires gaussiens. A paraître dans *Potential Analysis,(1993), Proceedings ICPT 91.*

[8] M. Fukushima. A note on capacities in infinite dimensions. In S. Watanabe and Yu V. Prokhorov, editors, *Probability Theory and Mathematical Statistics. Proc. Ninth Soviet-Japanese Symposium on Probability Theory, Kyoto,* Lecture Notes in Math. 1299, Springer-Verlag, 1988.

[9] P. Malliavin. Stochastic calculus of variation and hypoelliptic operator. *Proc. Int. Symp. on Stochastic Differential Equations, 1976, Kyoto,* Tokyo, 1978.

[10] P. Malliavin. Implicit functions in finite corank. Taniguchi Symp. Stochastic Analysis, Katata, Kyoto, 1982.

[11] H. Sugita. Positive generalized Wiener functions and potential theory over abstract Wiener spaces.*Osaka J. Math.,*25:665–696, 1988.

[12] S. Watanabe. *Stochastic differential equations and Malliavin calculus.* Tata Inst. of Fundamental Research, Bombay, 1984.

On the potential in thermodiffusion in solid body

JERZY A. GAWINECKI
Department of Mathematics, Military Technical Academy, ul. S. Kaliskiego 2, 01-489 Warsaw, Poland.

Abstract. In this paper we extend the results of the common paper with P. Wagner (cf. [5]) to the linear coupled system of five hyperbolic-parabolic partial differential equations of second order describing thermodiffusion in solid body. Using the Hilbert-Lévy method, we construct the matrix of fundamental solutions for the principal part and for the entire system of these equations. On the base of the method of potential theory, the solution of the Cauchy problem for the principal part of this system is obtained.

AMS Subject Classifications (1991). 35E05, 35K22, 35E15, 73C25, 35C05, 80A20.

Key words. Fundamental solution, linear partial differential operator with constant coefficients, thermodiffusion, evolution operator, initial value problem, potential theory, Hilbert-Lévy method, Fourier transform.

1. Introduction

Under the influence exerted by the action of external loads, heating of the body and diffusion of the matter into the solid will arise in this body a displacement $\boldsymbol{u}(\boldsymbol{x},t)$, the temperature $\theta_1(\boldsymbol{x},t)$ and the chemical potential $\theta_2(\boldsymbol{x},t)$. The relations between these fields, called the equations of thermodiffusion in a solid body, have been investigated by W. Nowacki (cf.[8, 9]), J. S. Podstrigač (cf. [17]), and other authors (cf. [2, 4, 5]). In the papers [8] and [9] W. Nowacki derived a form of the equations of thermodiffusion other than in [17] by taking a displacement field $\boldsymbol{u}(\boldsymbol{x},t)$, the temperature $\theta_1(\boldsymbol{x},t)$ and the chemical potential $\theta_2(\boldsymbol{x},t)$ as independent functions. These fields are functions of the point $\boldsymbol{x} = (x_1, x_2, x_3) \in \mathbb{R}^3$ and time $t \geqslant 0$. The phenomenon of thermodiffusion (cf. [8, 9]) is described by a coupled system of five hyperbolic-parabolic partial differential equations of second order:

$$\varrho\,\partial_t^2 \boldsymbol{u} = \mu\Delta\boldsymbol{u} + (\lambda+\mu)\nabla(\nabla\cdot\boldsymbol{u}) - \gamma_1\nabla\theta_1 - \gamma_2\nabla\theta_2 + \boldsymbol{X} \qquad (1.1)$$

$$c\,\partial_t\theta_1 = \kappa\Delta\theta_1 - \gamma_1\,\partial_t\nabla\cdot\boldsymbol{u} - d\,\partial_t\theta_2 + Q_1 \qquad (1.2)$$

$$n\,\partial_t\theta_2 = D\Delta\theta_2 - \gamma_2\,\partial_t\nabla\cdot\boldsymbol{u} - d\,\partial_t\theta_1 + Q_2 \qquad (1.3)$$

where $\partial_t = \frac{\partial}{\partial t}$, $\partial_t^2 = \frac{\partial^2}{\partial t^2}$, $\partial_j = \frac{\partial}{\partial x_j}$, $\Delta = \sum_{j=1}^3 \partial_j^2$, $\nabla\big(\nabla\cdot(\cdot)\big) = \text{grad div}(\cdot)$, $\nabla(\cdot) = \text{grad}(\cdot)$, $\boldsymbol{u}(\boldsymbol{x},t) = (u_1(\boldsymbol{x},t), u_2(\boldsymbol{x},t), u_3(\boldsymbol{x},t))^T$ and [1]

[1] T denotes the transposition.

Emile M. J. Bertin (ed.), ICPT 91, 221–234.

$\boldsymbol{u} = \boldsymbol{u}(\boldsymbol{x}, t)$ – is the displacement vector,
$\theta_1 = \theta_1(\boldsymbol{x}, t)$ – the temperature of the body,
$\theta_2 = \theta_2(\boldsymbol{x}, t)$ – the chemical potential,
$\boldsymbol{X} = (X_1, X_2, X_3)$ – the vector of the body forces,
$Q_1 = Q_1(\boldsymbol{x}, t)$ – the intensity of the heat source,
$Q_2 = Q_2(\boldsymbol{x}, t)$ – the intensity of the source of diffusing mass,

λ and μ are Lamé's constants, ϱ is the density, $\gamma_1 = (3\lambda + 2\mu)\bar{a}_1$, $\gamma_2 = (3\lambda + 2\mu)\bar{a}_2$, and $\bar{a}_1$, $\bar{a}_2$ stand for coefficients of linear thermal and diffusion dilatation. Quantity κ is the coefficient of thermal conductivity, while D is the coefficient of diffusion. Quantities n, c, d are the coefficients of the thermodiffusion. These quantities satisfy (cf. [8, 9]) the following relations:

$$\mu > 0, \quad \lambda + (2/3)\mu > 0, \quad \kappa > 0, \quad D > 0, \quad c > 0, \quad nc > d^2 \tag{1.4}$$

The concentration field $\theta_3(\boldsymbol{x}, t)$ is related to the displacement vector $\boldsymbol{u}(\boldsymbol{x}, t)$, the temperature $\theta_1(\boldsymbol{x}, t)$, and the chemical potential $\theta_2(\boldsymbol{x}, t)$ as follows:

$$\theta_3(\boldsymbol{x}, t) = \gamma_2 \nabla \cdot \boldsymbol{u} + d\theta_1 + n\theta_2 \tag{1.5}$$

The system of equations (1.1)–(1.3) contains as particular case (assuming some of the coefficients to be equal to zero) the well-known system of partial differential equations of hyperbolic-parabolic thermoelasticity (cf. [1, 5, 15]).

Now we introduce the notations (cf. [5]):

$$L(\partial_t, \partial_{\boldsymbol{x}}) = \begin{bmatrix} \multicolumn{3}{c}{\left(\delta_{jk}(\partial_t^2 - b^2\Delta) - (a^2 - b^2)\partial_{jk}^2\right)_{j,k=1,2,3}} & \begin{matrix}\bar{\gamma}_1\,\partial_1\\ \bar{\gamma}_1\,\partial_2\\ \bar{\gamma}_1\,\partial_3\end{matrix} & \begin{matrix}\bar{\gamma}_2\,\partial_1\\ \bar{\gamma}_2\,\partial_2\\ \bar{\gamma}_2\,\partial_3\end{matrix} \\ \bar{\gamma}_1\,\partial_t\partial_1 & \bar{\gamma}_1\,\partial_t\partial_2 & \bar{\gamma}_1\,\partial_t\partial_3 & \partial_t - \kappa_1^2\Delta & \alpha\partial_t \\ \bar{\gamma}_2\,\partial_t\partial_1 & \bar{\gamma}_2\,\partial_t\partial_2 & \bar{\gamma}_2\,\partial_t\partial_3 & \beta\partial_t & \partial_t - \kappa_2^2\Delta \end{bmatrix}, \tag{1.6}$$

where δ_{jk} denotes the Kronecker's symbol, $j, k = 1, 2, 3$, $\partial_j = \frac{\partial}{\partial x_j}$, $\partial_{jk}^2 = \frac{\partial^2}{\partial x_j \partial x_k}$, $a^2 = \frac{2\mu+\lambda}{\varrho}$, $b^2 = \frac{\mu}{\varrho}$, $\bar{\gamma}_1 = \frac{\gamma_1}{\varrho}$, $\bar{\gamma}_2 = \frac{\gamma_2}{\varrho}$, $\alpha = \frac{d}{c}$, $\beta = \frac{d}{n}$, $\kappa_1^2 = \frac{\kappa}{c}$, and $\kappa_2^2 = \frac{D}{n}$.

Obviously $L(\partial_t, \partial_{\boldsymbol{x}})$ is a 5×5 matrix. Introducing the five dimensional vector

$$\boldsymbol{V} = \begin{bmatrix} u_1 \\ u_2 \\ u_3 \\ \theta_1 \\ \theta_2 \end{bmatrix}$$

of the displacement $\boldsymbol{u} = (u_1, u_2, u_3)^T$, the temperature θ_1, and the chemical potential θ_2, we can write the system of equations (1.1)–(1.3) in the following matrix form:

$$L(\partial_t, \partial_x)V = F \quad \text{where} \quad F = \begin{bmatrix} X_1/\varrho \\ X_2/\varrho \\ X_3/\varrho \\ Q_1/c \\ Q_2/n \end{bmatrix}. \tag{1.7}$$

The aim of our paper is to construct the matrix of the fundamental solutions for the system of equations (1.1)–(1.3). In order to do it we act as follows.

First, using the Hilbert-Levy method (cf. [1]), we obtain the matrix of fundamental solutions for the principal part (1.1)–(1.3) which can be written in the form:

$$L_0(\partial_t, \partial_x)V = F \tag{1.8}$$

where

$$L_0(\partial_t, \partial_x) = \begin{bmatrix} \left(\delta_{jk}(\partial_t^2 - b^2\Delta) - (a^2 - b^2)\partial_{jk}^2\right)_{j,k=1,2,3} & & & \begin{matrix} 0 \\ 0 \\ 0 \end{matrix} & \begin{matrix} 0 \\ 0 \\ 0 \end{matrix} \\ \bar{\gamma}_1 \partial_t\partial_1 & \bar{\gamma}_1 \partial_t\partial_2 & \bar{\gamma}_1 \partial_t\partial_3 & \partial_t - \kappa_1^2\Delta & \alpha\partial_t \\ \bar{\gamma}_2 \partial_t\partial_1 & \bar{\gamma}_2 \partial_t\partial_2 & \bar{\gamma}_2 \partial_t\partial_3 & \beta\partial_t & \partial_t - \kappa_2^2\Delta \end{bmatrix} \tag{1.9}$$

On the base of the constructed matrix and by the method of potential theory, the solution of the Cauchy problem for the system of equations (1.8) is obtained. Next, applying the Hilbert-Lévy method once more, we get the matrix of fundamental solutions for the entire system of equations (1.1)–(1.3). We will construct the matrices of the fundamental solutions for the principal part and the entire system of equations of the thermodiffusion in solid body by means of the Fourier transform (cf. [18, 19]).

2. Basic notations and formulae

Let $x = (x_1, x_2, \ldots, x_n)$ be a point of $\mathbb{R}^n$ $(n = 1, 2, 3)$, let $b = (b_1, b_2, \ldots, b_n)$ be a multiindex and let $|b| = \sum_{j=1}^n b_j$, $\partial^b = \partial_1^{b_1} \ldots \partial_n^{b_n}$, $\xi^b = \xi_1^{b_1} \ldots \xi_n^{b_n}$, and $x \cdot \xi = \sum_{j=1}^n x^j \xi_j$, where $\xi = (\xi_1, \xi_2, \ldots, \xi_n)$ is any n-dimensional vector. Let $\mathbb{C}^\infty(\mathbb{R}^n)$ be the space of all infinitely differentiable complex functions on $\mathbb{R}^n$ When $f \in \mathbb{C}^\infty(\mathbb{R}^n)$, let $|f|_N = \sup_x (1 + |x|)^N |(D^\beta f)(x)|$, $|\beta| \leq N$ where $|\cdot|$ denotes some norm on $\mathbb{R}^n$.

Let $S = S(\mathbb{R}^n)$ be the set of all $f \in \mathbb{C}^\infty(\mathbb{R}^n)$ for which $|f|_N$ is finite. S, topologised by the semi-norms $|\cdot|_N$, is a Fréchet space called the space of test-functions, and its dual space S' is the space of tempered distributions (cf. [18, 19]) in $\mathbb{R}^n$.

The Fourier transform $\mathcal{F}$: $S \ni f \mapsto \mathcal{F}f(x) = \hat{f}(\xi) = (2\pi)^{-n/2} \int_{\mathbb{R}^n} e^{-ix\xi} f(x)dx$ is a linear homeomorphism $S \to S$, and the inverse Fourier transform $\mathcal{F}^{-1}$, defined as follows: $S \ni f \mapsto \mathcal{F}^{-1}\hat{f}(\boldsymbol{\xi}) = (2\pi)^{-n/2}\int_{\mathbb{R}^n} e^{i\boldsymbol{x}\boldsymbol{\xi}} f(\boldsymbol{\xi})d\boldsymbol{\xi}$, is also such a homeomorphism. The Fourier transforms extend to linear homeomorphisms $S' \to S'$ which are also denoted by $\mathcal{F}$, $\mathcal{F}^{-1}$.

Then we have the following formulae:

$$\forall f \in S(\mathbb{R}^n)\ \forall b\ (\partial_{\boldsymbol{\xi}}^b \hat{f})(\boldsymbol{\xi}) = \widehat{(-i\cdot)^b f(\cdot)}(\boldsymbol{\xi}) \tag{2.1}$$

$$\forall f \in S(\mathbb{R}^n)\ \forall b\ (\widehat{\partial^b f})(\boldsymbol{\xi}) = (i\boldsymbol{\xi})^b \hat{f}(\boldsymbol{\xi}) \tag{2.2}$$

$$\forall f \in S(\mathbb{R}^n)\ \forall b\ (\widehat{f * g})(\boldsymbol{\xi}) = (2\pi)^{n/2}\hat{f}(\boldsymbol{\xi})\hat{g}(\boldsymbol{\xi}) \tag{2.3}$$

where $*$ denotes the convolution defined as follows:

$$(f * g)(\boldsymbol{x}) = \int_{\mathbb{R}^n} f(\boldsymbol{x} - \boldsymbol{z})g(\boldsymbol{z})d\boldsymbol{z}.$$

We shall use here only some fundamental facts of this theory, in particular we shall employ the Dirac distribution δ. It is known that (cf. [18, 19])

$$\hat{\delta}(\boldsymbol{\xi}) = (2\pi)^{-n/2}. \tag{2.4}$$

Moreover, the Dirac distribution $\delta(\boldsymbol{x}, t)$ can be written in the form:

$$\delta(\boldsymbol{x}, t) = \delta(\boldsymbol{x})\delta(t). \tag{2.5}$$

3. The matrix of the fundamental solutions for the principal part of the system of linear thermodiffusion.

The matrix $\boldsymbol{E}_0(\boldsymbol{x}, t)$ of the fundamental solutions for the operator $\boldsymbol{L}_0(\partial_t, \partial_{\boldsymbol{x}})$ satisfies in the space $\mathbb{R}^n$ (in the sense of the theory of distributions (cf. [18, 19])) the equations

$$\boldsymbol{L}_0(\partial_t, \partial_{\boldsymbol{x}})\, \boldsymbol{E}_0(\boldsymbol{x}, t) = \delta(\boldsymbol{x}, t)\, \boldsymbol{I} \tag{3.1}$$

where $\boldsymbol{I}$ is the 5×5 unit matrix.

We seek the required matrix $\boldsymbol{E}_0$ in accordance with the Hilbert-Levy method in the form:

$$\boldsymbol{E}_0(\boldsymbol{x}, t) = \begin{bmatrix} & & & 0 & 0 \\ & \boldsymbol{H}(\boldsymbol{x}, t) & & 0 & 0 \\ & & & 0 & 0 \\ 0 & 0 & 0 & \boldsymbol{\Gamma}(\boldsymbol{x}, t) & \\ 0 & 0 & 0 & & \end{bmatrix} + \int_{\mathbb{R}^n} \begin{bmatrix} & & & 0 & 0 \\ & \boldsymbol{H}(\boldsymbol{x}\text{-}\boldsymbol{y}, t\text{-}s) & & 0 & 0 \\ & & & 0 & 0 \\ 0 & 0 & 0 & \boldsymbol{\Gamma}(\boldsymbol{x}\text{-}\boldsymbol{y}, t\text{-}s) & \\ 0 & 0 & 0 & & \end{bmatrix} \boldsymbol{W}(\boldsymbol{y}, s)\, d\boldsymbol{y}\, ds \tag{3.2}$$

where: $\boldsymbol{H}(\boldsymbol{x},t)$ is the 3×3 matrix of the fundamental solutions for the operator $\partial_t^2 - b^2\Delta - (a^2 - b^2)\operatorname{grad}\operatorname{div}$ (cf. [16, 1])

$$\boldsymbol{H}(\boldsymbol{x}, t) = [H_{jk}(\boldsymbol{x}, t)] \tag{3.3}$$

where $j,k=1,2,3$; with elements

$$\begin{aligned} H_{jk}(\boldsymbol{x},t) &= (4\pi\varrho)^{-1}\Big\{ b^{-2}\frac{\delta_{jk}}{|\boldsymbol{x}|}\delta\Big(t-\frac{|\boldsymbol{x}|}{b}\Big) \\ &+\frac{x_j x_k}{|\boldsymbol{x}|^3}\Big(a^{-2}\delta\Big(t-\frac{|\boldsymbol{x}|}{a}\Big)+b^{-2}\delta\Big(t-\frac{|\boldsymbol{x}|}{b}\Big)\Big) \\ &-t\Big(\frac{\delta_{jk}}{|\boldsymbol{x}|^3}-\frac{3x_j x_k}{|\boldsymbol{x}|^5}\Big)\Big(H\Big(t-\frac{|\boldsymbol{x}|}{a}\Big)-H\Big(t-\frac{|\boldsymbol{x}|}{b}\Big)\Big)\Big\} \end{aligned} \tag{3.4}$$

where $H(t)=\begin{cases}1 & \text{for } t>0\\ 0 & \text{for } t<0\end{cases}$ is the Heaviside's function and $\delta(\cdot-\frac{|\boldsymbol{x}|}{a})$ denotes the Dirac's distribution concentrated on the sphere with radius at (which will be also denote by $\delta_{S_{at}}$) (cf. [18, 19]). $\boldsymbol{\Gamma}(\boldsymbol{x},t)$ denotes the matrix of the fundamental solutions for the operator:

$$\boldsymbol{L}_{\boldsymbol{\Gamma}}(\partial_t,\partial_{\boldsymbol{x}})=\begin{bmatrix}\partial_t-\kappa_1^2\Delta & \alpha\partial_t\\ \beta\partial_t & \partial_t-\kappa_2^2\Delta\end{bmatrix} \tag{3.5}$$

i.e. matrix $\boldsymbol{\Gamma}(\boldsymbol{x},t)$ satisfies in the space $\mathbb{R}^4$ (in the sense of the theory of distributions cf. [18, 19]) the equations:

$$\boldsymbol{L}_{\boldsymbol{\Gamma}}(\partial_t,\partial_{\boldsymbol{x}})\,\boldsymbol{\Gamma}(\boldsymbol{x},t)=\delta(\boldsymbol{x},t)\boldsymbol{I} \tag{3.6}$$

where $\boldsymbol{I}$ is the 2×2 unit matrix. In order to construct the matrix $\boldsymbol{\Gamma}(\boldsymbol{x},t)$ we act in the same way as in the common paper with P. Wagner (cf. [5], formula (12)). Applying the formula (12) from the paper [5] we get:

$$\begin{aligned}\boldsymbol{\Gamma}(\boldsymbol{x},t) &= \frac{H(t)}{(1-\alpha\beta)(r_2-r_1)}\times \\ &\begin{bmatrix} \frac{\kappa_2^2-r_1}{(4\pi r_1 t)^{3/2}}e^{-\frac{|\boldsymbol{x}|^2}{4r_1 t}}-\frac{\kappa_2^2-r_2}{(4\pi r_2 t)^{3/2}}e^{-\frac{|\boldsymbol{x}|^2}{4r_2 t}} & \frac{\alpha r_1}{(4\pi r_1 t)^{3/2}}e^{-\frac{|\boldsymbol{x}|^2}{4r_1 t}}-\frac{\alpha r_2}{(4\pi r_2 t)^{3/2}}e^{-\frac{|\boldsymbol{x}|^2}{4r_2 t}} \\ \frac{\beta r_1}{(4\pi r_1 t)^{3/2}}e^{-\frac{|\boldsymbol{x}|^2}{4r_1 t}}-\frac{\beta r_2}{(4\pi r_2 t)^{3/2}}e^{-\frac{|\boldsymbol{x}|^2}{4r_2 t}} & \frac{\kappa_1^2-r_1}{(4\pi r_1 t)^{3/2}}e^{-\frac{|\boldsymbol{x}|^2}{4r_1 t}}-\frac{\kappa_1^2-r_2}{(4\pi r_2 t)^{3/2}}e^{-\frac{|\boldsymbol{x}|^2}{4r_2 t}} \end{bmatrix}\end{aligned} \tag{3.7}$$

where the constants r_1, r_2 are given by the formulae:

$$r_j=\frac{\kappa_1^2+\kappa_2^2+(-1)^j\sqrt{(\kappa_1^2-\kappa_2^2)^2+4\kappa_1^2\kappa_2^2\alpha\beta}}{2(1-\alpha\beta)} \tag{3.8}$$

In the formula (3.2) $\boldsymbol{W}(\boldsymbol{x},t)$ is an unknown 5×5 matrix. Introducing (3.2) into (3.1) we obtain the following integral equation:

$$W(\boldsymbol{x},t)+\int\limits_{\mathbb{R}^4}\begin{bmatrix} 0 & 0 & 0 & 0 & 0\\ 0 & 0 & 0 & 0 & 0\\ 0 & 0 & 0 & 0 & 0\\ \bar{\gamma}_1\partial_t\sum_{j=1}^{3}\partial_j H_{j1} & \bar{\gamma}_1\partial_t\sum_{j=1}^{3}\partial_j H_{j2} & \bar{\gamma}_1\partial_t\sum_{j=1}^{3}\partial_j H_{j3} & 0 & 0\\ \bar{\gamma}_2\partial_t\sum_{j=1}^{3}\partial_j H_{j1} & \bar{\gamma}_2\partial_t\sum_{j=1}^{3}\partial_j H_{j2} & \bar{\gamma}_2\partial_t\sum_{j=1}^{3}\partial_j H_{j3} & 0 & 0 \end{bmatrix} W(\boldsymbol{y},s)d\boldsymbol{y}\,ds$$

$$= \begin{bmatrix} 0 & 0 & 0 & 0 & 0\\ 0 & 0 & 0 & 0 & 0\\ 0 & 0 & 0 & 0 & 0\\ \bar{\gamma}_1\partial_t\sum_{j=1}^{3}\partial_j H_{j1} & \bar{\gamma}_1\partial_t\sum_{j=1}^{3}\partial_j H_{j2} & \bar{\gamma}_1\partial_t\sum_{j=1}^{3}\partial_j H_{j3} & 0 & 0\\ \bar{\gamma}_2\partial_t\sum_{j=1}^{3}\partial_j H_{j1} & \bar{\gamma}_2\partial_t\sum_{j=1}^{3}\partial_j H_{j2} & \bar{\gamma}_2\partial_t\sum_{j=1}^{3}\partial_j H_{j3} & 0 & 0 \end{bmatrix}. \tag{3.9}$$

Using the method of succesive approximations we find that the matrix $W(\boldsymbol{x},t)$ has the following form:

$$W(\boldsymbol{x},t) = -\begin{bmatrix} 0 & 0 & 0 & 0 & 0\\ 0 & 0 & 0 & 0 & 0\\ 0 & 0 & 0 & 0 & 0\\ & & & 0 & 0\\ & \Gamma *_4 G & & 0 & 0 \end{bmatrix} \tag{3.10}$$

where $\Gamma *_4 G$ denotes the matrix of order 2×3 with elements, which are obtained by convolutions with respect to the variables $\boldsymbol{x}$ and t of the elements Γ_{nl}, $n,l=1,2$, of the matrix Γ, given by formula (3.7), with the elements G_{lk} $(l=1,2;\ k=1,2,3)$, of the matrix G given by the formula:

$$G(\boldsymbol{x},t) = \begin{bmatrix} \bar{\gamma}_1\partial_t\sum_{j=1}^{3}\partial_j H_{j1} & \bar{\gamma}_1\partial_t\sum_{j=1}^{3}\partial_j H_{j2} & \bar{\gamma}_1\partial_t\sum_{j=1}^{3}\partial_j H_{j3}\\ \bar{\gamma}_2\partial_t\sum_{j=1}^{3}\partial_j H_{j1} & \bar{\gamma}_2\partial_t\sum_{j=1}^{3}\partial_j H_{j2} & \bar{\gamma}_2\partial_t\sum_{j=1}^{3}\partial_j H_{j3} \end{bmatrix}(\boldsymbol{x},t) \tag{3.11}$$

So, in accordance with (3.10) and (3.2), the matrix $E_0(\boldsymbol{x},t)$ of the fundamental solutions for the system of equations (3.1) can be written in the explicit form:

$$E_0(\boldsymbol{x},t) = \begin{bmatrix} & 0 \quad 0\\ H(\boldsymbol{x},t) & 0 \quad 0\\ & 0 \quad 0\\ -(\Gamma *_4 G)(\boldsymbol{x},t) & \Gamma(\boldsymbol{x},t) \end{bmatrix}. \tag{3.12}$$

In order to investigate the behaviour of the elements of the matrix $\Gamma *_4 G$ we consider the particular terms given by the convolutions:

$$(\Gamma_{nl} *_4 G_{lk})(\boldsymbol{x},t) = \bar{\gamma}_1\sum_{j=1}^{3}(\partial_j H_{jk} *_4 \partial_t\Gamma_{nl})(\boldsymbol{x},t) \tag{3.13}$$

where $n = 1,2$; $l = 1,2$; $k = 1,2,3$.
Taking into account the fact that the elements of the matrix $\boldsymbol{\Gamma}(\boldsymbol{x},t)$ (cf. (3.7)) are different from one another only by constant's, it is suficient to consider one typical term. Applying the Fourier transform with respect to $\boldsymbol{x}$ to both sides of formula (3.13) we get:

$$\boldsymbol{F}_{\boldsymbol{x}\to\boldsymbol{\xi}}\left[\Gamma_{nl} *_4 G_{lk}\right](\boldsymbol{\xi},t) = \bar{\gamma}_1 \int_0^t \sum_{j=1}^{3} \partial_j \widehat{H}_{jk}(\boldsymbol{\xi},t)\cdot \partial_t \widehat{\Gamma}_{nl}(\boldsymbol{\xi},t-s)ds. \tag{3.14}$$

To calculate the term $\sum_{j=1}^{3} \partial_j \widehat{H}_{jk}(\boldsymbol{\xi},t) = \widehat{\operatorname{div} H_k}(\boldsymbol{\xi},t)$ we use the matrix $\boldsymbol{H}(\boldsymbol{x},t)$ of fundamental solutions of the system of the dynamic equations of pure elasticity theory. It is easy to see that:

$$\begin{aligned}\hat{\boldsymbol{H}}(\boldsymbol{\xi},t) &= \begin{bmatrix} A_{11}(\partial_t,i\boldsymbol{\xi})\hat{U}(\boldsymbol{\xi},t) & A_{12}(\partial_t,i\boldsymbol{\xi})\hat{U}(\boldsymbol{\xi},t) & A_{13}(\partial_t,i\boldsymbol{\xi})\hat{U}(\boldsymbol{\xi},t)\\ A_{21}(\partial_t,i\boldsymbol{\xi})\hat{U}(\boldsymbol{\xi},t) & A_{22}(\partial_t,i\boldsymbol{\xi})\hat{U}(\boldsymbol{\xi},t) & A_{23}(\partial_t,i\boldsymbol{\xi})\hat{U}(\boldsymbol{\xi},t)\\ A_{31}(\partial_t,i\boldsymbol{\xi})\hat{U}(\boldsymbol{\xi},t) & A_{32}(\partial_t,i\boldsymbol{\xi})\hat{U}(\boldsymbol{\xi},t) & A_{33}(\partial_t,i\boldsymbol{\xi})\hat{U}(\boldsymbol{\xi},t)\end{bmatrix}\\ &= \left[\hat{\boldsymbol{H}}_1(\boldsymbol{\xi},t)\quad \hat{\boldsymbol{H}}_2(\boldsymbol{\xi},t)\quad \hat{\boldsymbol{H}}_3(\boldsymbol{\xi},t)\right],\end{aligned} \tag{3.15}$$

where

$$\begin{aligned} A_{11}(\partial_t,i\boldsymbol{\xi}) &= (\partial_t^2 + b^2|\boldsymbol{\xi}|^2)\left((\partial_t^2 + b^2|\boldsymbol{\xi}|^2) - (b^2-a^2)(\xi_2^2+\xi_3^2)\right),\\ A_{22}(\partial_t,i\boldsymbol{\xi}) &= (\partial_t^2 + b^2|\boldsymbol{\xi}|^2)\left((\partial_t^2 + b^2|\boldsymbol{\xi}|^2) - (b^2-a^2)(\xi_1^2+\xi_3^2)\right),\\ A_{33}(\partial_t,i\boldsymbol{\xi}) &= (\partial_t^2 + b^2|\boldsymbol{\xi}|^2)\left((\partial_t^2 + b^2|\boldsymbol{\xi}|^2) - (b^2-a^2)(\xi_1^2+\xi_2^2)\right),\\ A_{12}(\partial_t,i\boldsymbol{\xi}) &= A_{21}(\partial_t,i\boldsymbol{\xi}) = (\partial_t^2 + b^2|\boldsymbol{\xi}|^2)(b^2-a^2)\xi_1\xi_2,\\ A_{13}(\partial_t,i\boldsymbol{\xi}) &= A_{31}(\partial_t,i\boldsymbol{\xi}) = (\partial_t^2 + b^2|\boldsymbol{\xi}|^2)(b^2-a^2)\xi_1\xi_3,\\ A_{23}(\partial_t,i\boldsymbol{\xi}) &= A_{32}(\partial_t,i\boldsymbol{\xi}) = (\partial_t^2 + b^2|\boldsymbol{\xi}|^2)(b^2-1)\xi_2\xi_3,\end{aligned} \tag{3.16}$$

and $\hat{U}(\boldsymbol{\xi},t)$ is the solution of the following Cauchy problem:

$$(\partial_t^2 + |\boldsymbol{\xi}|^2)(\partial_t^2 + b^2|\boldsymbol{\xi}|^2)^2\hat{U}(\boldsymbol{\xi},t) = 0, \tag{3.17}$$

with initial conditions $\hat{U}(\boldsymbol{\xi},0+) = \partial_t^1\hat{U}(\boldsymbol{\xi},0+) = \partial_t^2\hat{U}(\boldsymbol{\xi},0+) = \partial_t^3\hat{U}(\boldsymbol{\xi},0+) = \partial_t^4\hat{U}(\boldsymbol{\xi},0+) = 0$, $\partial_t^5\hat{U}(\boldsymbol{\xi},0+) = 1$. After some calculations we get

$$\hat{U}(\boldsymbol{\xi},t) = C_1\frac{\sin(|\boldsymbol{\xi}|at)}{|\boldsymbol{\xi}|^5} + C_2\frac{\sin(|\boldsymbol{\xi}|bt)}{|\boldsymbol{\xi}|^5} + C_3 t\frac{\cos(|\boldsymbol{\xi}|bt)}{|\boldsymbol{\xi}|^4}, \tag{3.18}$$

where $C_1 = 1/(a(b^2-a^2)^2)$; $C_2 = 1/(2b^3(b^2-a^2))$; $C_3 = -(a^2+b^2)/(2b^2(b^2-a^2)^2)$.
It is easy to verify that:

$$\begin{cases} \widehat{\operatorname{div}\boldsymbol{H}_1}(\boldsymbol{\xi},t) &= i\xi_1(\partial_t^2 + b^2|\boldsymbol{\xi}|^2)\hat{U}(\boldsymbol{\xi},t)\\ \widehat{\operatorname{div}\boldsymbol{H}_2}(\boldsymbol{\xi},t) &= i\xi_2(\partial_t^2 + b^2|\boldsymbol{\xi}|^2)\hat{U}(\boldsymbol{\xi},t)\\ \widehat{\operatorname{div}\boldsymbol{H}_3}(\boldsymbol{\xi},t) &= i\xi_3(\partial_t^2 + b^2|\boldsymbol{\xi}|^2)\hat{U}(\boldsymbol{\xi},t)\end{cases} \tag{3.19}$$

Taking into account the formula (3.8) we obtain

$$\begin{cases} \widehat{\operatorname{div}} \boldsymbol{H}_1(\boldsymbol{\xi},t) &= i\boldsymbol{\xi}_1 \frac{\sin(|\boldsymbol{\xi}|at)}{|\boldsymbol{\xi}|a} \\ \widehat{\operatorname{div}} \boldsymbol{H}_2(\boldsymbol{\xi},t) &= i\boldsymbol{\xi}_2 \frac{\sin(|\boldsymbol{\xi}|at)}{|\boldsymbol{\xi}|a} \\ \widehat{\operatorname{div}} \boldsymbol{H}_3(\boldsymbol{\xi},t) &= i\boldsymbol{\xi}_3 \frac{\sin(|\boldsymbol{\xi}|at)}{|\boldsymbol{\xi}|a} \end{cases} \tag{3.20}$$

Now, in view of (3.7) and (3.10), we have:[2]

$$\begin{aligned} \mathcal{F}_{\boldsymbol{x}\,\to\,\boldsymbol{\xi}}\Big(\operatorname{div}\boldsymbol{H}_k *_4 \partial_t\Gamma\Big)(\boldsymbol{\xi},t) &= \int_0^t \widehat{\operatorname{div}}\boldsymbol{H}_k(\boldsymbol{\xi},s)\,\widehat{\partial_t\Gamma}(\boldsymbol{\xi},t-s)\,ds \\ &= -\frac{r}{a} i\boldsymbol{\xi}_k|\boldsymbol{\xi}|e^{-|\boldsymbol{\xi}|^2rt}\int_0^t \sin(|\boldsymbol{\xi}|rs)e^{|\boldsymbol{\xi}|^2rs}ds. \end{aligned} \tag{3.21}$$

Denoting by I the integral of the form

$$I = \int_0^t \sin(|\boldsymbol{\xi}|rs)e^{|\boldsymbol{\xi}|^2rs}ds \tag{3.22}$$

and integrating by parts we get

$$I = \frac{a}{a^2+|\boldsymbol{\xi}|^2r^2}\frac{1-\cos(|\boldsymbol{\xi}|at)}{|\boldsymbol{\xi}|}e^{|\boldsymbol{\xi}|^2rt} + \frac{r|\boldsymbol{\xi}|}{a^2+|\boldsymbol{\xi}|^2r^2}\sin(|\boldsymbol{\xi}|at)e^{|\boldsymbol{\xi}|^2rt}. \tag{3.23}$$

So, from (3.21) and (3.23), it follows that

$$\begin{aligned} &\mathcal{F}_{\boldsymbol{x}\,\to\,\boldsymbol{\xi}}\Big(\operatorname{div}\boldsymbol{H}_k *_4 \partial_t\Gamma\Big)(\boldsymbol{\xi},t) = \\ &-\frac{i\xi_k r}{a^2+|\boldsymbol{\xi}|^2r^2}e^{-|\boldsymbol{\xi}|^2rt} + \frac{i\xi_k r\cos(|\boldsymbol{\xi}|at)}{a^2+|\boldsymbol{\xi}|^2r^2} - \frac{i\xi_k r\sin(|\boldsymbol{\xi}|t)}{a^2+|\boldsymbol{\xi}|^2r^2}\frac{|\boldsymbol{\xi}|r^2}{a^2} \end{aligned} \tag{3.24}$$

Applying the inverse Fourier transform to the terms on the right-hand side of formula (3.24) we have:

$$\begin{aligned} \mathcal{F}^{-1}\left(-\frac{i\xi_k re^{-|\boldsymbol{\xi}|^2rt}}{a^2+r^2|\boldsymbol{\xi}|^2}\right) &= -\frac{H(t)}{4\pi r}\partial_k\left(\frac{e^{-\frac{a}{r}|\cdot|}}{|\cdot|} *_3 \frac{e^{-\frac{|\cdot|^2}{4rt}}}{(4\pi rt)^{3/2}}\right)(\boldsymbol{x},t) \\ &= \frac{H(t)}{4\pi r}\frac{2}{4rt(4\pi rt)^{3/2}}\left(\frac{e^{-\frac{a}{r}|\boldsymbol{x}|}}{|\boldsymbol{x}|} *_3 x_k e^{-\frac{|\boldsymbol{x}|^2}{4rt}}\right) \\ &= \frac{1}{2r}\frac{H(t)}{(4\pi rt)^{5/2}}\left(\frac{e^{-\frac{a}{r}|\boldsymbol{x}|}}{|\boldsymbol{x}|} *_3 x_k e^{-\frac{|\boldsymbol{x}|^2}{4rt}}\right) \end{aligned} \tag{3.25}$$

[2] $\Gamma(\boldsymbol{\xi},t)$ denotes one of the elements of the matrix $\boldsymbol{\Gamma}(\boldsymbol{\xi},t)$ and r denotes r_1 or r_2 respectively.

and

$$\begin{aligned}\mathcal{F}^{-1}\left(i\xi_k\frac{1}{r}\frac{\cos(|\boldsymbol{\xi}|at)}{(a/r)^2+|\boldsymbol{\xi}|^2}\right) &= \mathcal{F}^{-1}\left(i\xi_k\frac{1}{ar|\boldsymbol{\xi}|}\partial_t\frac{\sin(|\boldsymbol{\xi}|at)}{(a/r)^2+|\boldsymbol{\xi}|^2}\right)\\ &= \frac{1}{ar}\partial_k\partial_t\left(\frac{e^{-\frac{a}{r}|\boldsymbol{x}|}}{4\pi|\boldsymbol{x}|}*_3\frac{\delta_{S_{at}}}{4\pi at}\right)\\ &= \frac{1}{16\pi^2a^2rt}\partial_k\partial_t\left(\frac{e^{-\frac{a}{r}|\boldsymbol{x}|}}{|\boldsymbol{x}|}*_3\delta_{S_{at}}\right),\\ \mathcal{F}^{-1}\left(-i\xi_k\frac{1}{a}\frac{|\boldsymbol{\xi}|^2}{(a/r)^2+|\boldsymbol{\xi}|^2}\frac{\sin(|\boldsymbol{\xi}|at)}{|\boldsymbol{\xi}|}\right) &= \frac{1}{a}\partial_k\Delta\left(\frac{e^{-\frac{a}{r}|\boldsymbol{x}|}}{4|\boldsymbol{x}|}*_3\frac{\delta_{S_{at}}}{4\pi at}\right)\\ &= \frac{1}{16\pi^2a^2t}\partial_k\Delta\left(\frac{e^{-\frac{a}{r}|\boldsymbol{x}|}}{|\boldsymbol{x}|}*_3\delta_{S_{at}}\right). \quad (3.26)\end{aligned}$$

Finally, we get:

$$\mathcal{F}^{-1}\Big(\mathcal{F}_{\boldsymbol{x}\to\boldsymbol{\xi}}(\operatorname{div}\boldsymbol{H}_k *_4 \partial_t\Gamma)(\boldsymbol{\xi},t)\Big)(\boldsymbol{x},t) =$$
$$\frac{1}{16\pi^2a^2t}\partial_k\left(\frac{1}{r}\partial_t+\Delta\right)\left(\frac{e^{-\frac{a}{r}|\boldsymbol{x}|}}{|\boldsymbol{x}|}*_3\delta_{S_{at}}\right)+\frac{1}{2r}\frac{H(t)}{(4\pi rt)^{5/2}}\left(\frac{e^{-\frac{a}{r}|\boldsymbol{x}|}}{|\boldsymbol{x}|}*_3 x_k e^{-\frac{|\boldsymbol{x}|^2}{4rt}}\right). \quad (3.27)$$

In view of (3.27) we can write the elements of the matrix $\boldsymbol{\Gamma} *_4 \boldsymbol{G}$ as follows:

$$\begin{aligned}\Gamma_{nl} *_4 G_{lk} &= \sum_{j=1}^{2}\Big[(-1)^{j+1}(\kappa_2^2-r_j)\delta_{1n}\delta_{1l}+\alpha r_j\delta_{1n}\delta_{2l}+\beta r_j\delta_{2n}\delta_{1l}\Big]\times\\ &\quad (\kappa_1^2-r_j)\frac{\bar{\gamma}_l\delta_{2n}\delta_{2l}}{(1-\alpha\beta)(r_1-r_2)}\left[\frac{1}{2r_j}\frac{H(t)}{(4\pi r_jt)^{5/2}}\left(\frac{e^{-\frac{a}{r_j}|\boldsymbol{x}|}}{|\boldsymbol{x}|}*_3 x_k e^{-\frac{|\boldsymbol{x}|^2}{4r_jt}}\right)\right.\\ &\quad\left.+\frac{1}{8\pi a}\partial_k\left(\frac{1}{r_j}\partial_t+\Delta\right)\left(\frac{e^{-\frac{a}{r_j}|\boldsymbol{x}|}}{|\boldsymbol{x}|}*_3\delta_{S_{at}}\frac{1}{2at}\right)\right]. \quad (3.28)\end{aligned}$$

where $n,l=1,2$; $k=1,2,3$; δ_{nl} denotes the Kronecker's symbol.
Now, if we denote by I_k the term:

$$I_k=\frac{1}{2r_j(4\pi r_jt)^{5/2}}\left(\frac{e^{-\frac{a}{r_j}|\boldsymbol{x}|}}{|\boldsymbol{x}|}*_3 x_k e^{-\frac{|\boldsymbol{x}|^2}{4r_jt}}\right), \quad (3.29)$$

since

$$I_k^1=\int_{\mathbb{R}^3}\left|x_k e^{-\frac{|\boldsymbol{x}|^2}{4r_jt}}\right|^p dx=\int_{\mathbb{R}^3}|x_k|^p e^{-\frac{p|\boldsymbol{x}|^2}{4r_jt}}d\boldsymbol{x}, \quad (3.29_a)$$

changing the variables $x_k = 2ty_k\sqrt{r_j/p}$, we get:

$$I_k^1 = \int_{\mathbb{R}^3} |y_k|^p \left(2t\sqrt{r_j/p}\right)^p \left(2t\sqrt{r_j/p}\right)^3 e^{-|\boldsymbol{y}|^2} d\boldsymbol{y}$$

$$= \left(2t\sqrt{r_j/p}\right)^{p+3} \int_{\mathbb{R}^3} |y_k|^p e^{-|\boldsymbol{y}|^2} d\boldsymbol{y}. \tag{3.29$_b$}$$

In view (3.29$_b$) we obtain:

$$\|x_k e^{-\frac{|\boldsymbol{x}|^2}{4r_j t}}\|_{\mathbf{L}^p} \leqslant C_{p,r_j} t^{\frac{p+3}{p}}. \tag{3.29$_c$}$$

Now, taking into account the fact that

$$\frac{e^{-\frac{a}{r_j}|\boldsymbol{x}|}}{|\boldsymbol{x}|} \in \mathbf{L}^q(\mathbb{R}^3), \qquad \text{where} \quad 1 \leqslant q \leqslant 3, \tag{3.30}$$

we have (after applying Young's theorem):

$$\|I_k\|_{\mathbf{L}^p}^r \leqslant C_{p,q,r_j} t^{(\frac{3}{2p}-2)} \tag{3.31}$$

where $1 \leqslant p \leqslant 3/2$, $1 \leqslant q \leqslant 3$, and $1/r = 1/p + 1/q - 1$.
Now, we consider the term of the form:

$$I_4 = \frac{1}{4\pi a}\left(\frac{e^{-\frac{a}{r_j}|\boldsymbol{x}|}}{|\boldsymbol{x}|} *_3 \frac{\delta_{S_{at}}}{4\pi a t}\right). \tag{3.32}$$

From the definition of $\delta_{S_{at}}$ (cf. [19]) we get:

$$\begin{aligned} I_4 &= \frac{1}{4\pi a}\frac{1}{4\pi a t}\int_{|\boldsymbol{x}-\boldsymbol{y}|=at} \frac{e^{-\frac{a}{r_j}|\boldsymbol{y}|}}{|\boldsymbol{y}|} dS_{\boldsymbol{y}} \\ &= \frac{1}{4\pi a}\frac{1}{4\pi t}\int_{|\boldsymbol{z}|=at} \frac{e^{-\frac{a}{r_j}|\boldsymbol{x}-\boldsymbol{z}|}}{|\boldsymbol{x}-\boldsymbol{z}|} dS_{\boldsymbol{z}} \\ &= \frac{1}{4\pi a}\frac{1}{4\pi t}\int_0^{2\pi}\int_0^{2\pi} \frac{e^{-\frac{a}{r_j}(|\boldsymbol{x}|^2+a^2t^2-2at|\boldsymbol{x}|\cos\theta)^{1/2}}}{(|\boldsymbol{x}|^2+a^2t^2-2at|\boldsymbol{x}|\cos\theta)^{1/2}} t\sin\theta\, d\theta\, d\varphi \\ &= \frac{1}{4\pi a}\frac{t^2}{4\pi t}2\pi\int_{-1}^{1} \frac{e^{-\frac{a}{r_j}(|\boldsymbol{x}|^2+a^2t^2-2at|\boldsymbol{x}|\tau)^{1/2}}}{(|\boldsymbol{x}|^2+a^2t^2-2at|\boldsymbol{x}|\tau)^{1/2}} t\sin\theta\, d\theta\, d\varphi. \end{aligned} \tag{3.33}$$

Changing the variables in the following form: $\sigma = (|\boldsymbol{x}|^2 + a^2t^2 - 2at|\boldsymbol{x}|\tau)^{1/2}$ we get:

$$I_4 = \frac{r_j}{8\pi a^4|\boldsymbol{x}|}\left(e^{-\frac{1}{r_j}|at-|\boldsymbol{x}||} - e^{-\frac{1}{r_j}(at+|\boldsymbol{x}|)}\right). \tag{3.34}$$

So the elements of the matrix $\boldsymbol{\Gamma} *_4 \boldsymbol{G}$ can be represented as follows

$$\begin{aligned}\Gamma_{nl} *_4 G_{lk} &= \sum_{j=1}^{2}\Big[(-1)^{j+1}(\kappa_2^2 - r_j)\delta_{1n}\delta_{1l} + \alpha r_j\delta_{1n}\delta_{2l} + \beta r_j\delta_{2n}\delta_{1l}\Big] \times \\ &(\kappa_1^2 - r_j)\delta_{2n}\delta_{2l}\frac{\bar{\gamma}_l}{(1-\alpha\beta)(r_1 - r_2)}\left[\frac{1}{2r_j}\frac{H(t)}{(4\pi r_j t)^{5/2}}\left(\frac{e^{-\frac{a}{r_j}|\boldsymbol{x}|}}{|\boldsymbol{x}|} *_3 x_k e^{-\frac{|\boldsymbol{x}|^2}{4r_j t}}\right)\right. \\ &\left. + \frac{1}{8\pi a^4}\partial_k\left(\frac{1}{r_j}\partial_t + \Delta\right)\left(\frac{r_j}{|\boldsymbol{x}|}e^{-|at-|\boldsymbol{x}||} - e^{-(at+|\boldsymbol{x}|)}\right)\right], \end{aligned} \tag{3.35}$$

where the term:

$$I_k = \frac{1}{2r_j(4\pi r_j t)^{5/2}}\left(\frac{e^{-\frac{a}{r_j}|\boldsymbol{x}|}}{|\boldsymbol{x}|} *_3 x_k e^{-\frac{|\boldsymbol{x}|^2}{4r_j t}}\right)$$

has the estimate given by the formula (3.31).

4. The solution of the Cauchy problem for the system of equations of linear thermodiffusion.

In this section we obtain the explicit formula for the solution of the Cauchy problem for the system:

$$\partial_t^2\boldsymbol{u} - b^2\Delta\boldsymbol{u} - (a^2 - b^2)\,\text{grad div}\,\boldsymbol{u} = 0 \tag{4.1}$$
$$\bar{\gamma}_1\,\partial_t\nabla\cdot\boldsymbol{u} + \partial_t\theta_1 - \kappa_1^2\Delta\theta_1 + \alpha\partial_t\theta_2 = 0 \tag{4.2}$$
$$\bar{\gamma}_2\,\partial_t\nabla\cdot\boldsymbol{u} + \partial_t\theta_2 - \kappa_2^2\Delta\theta_2 + \beta\partial_t\theta_1 = 0 \tag{4.3}$$

with initial conditions:

$$\boldsymbol{u}(\boldsymbol{x},0+) = \boldsymbol{f}(\boldsymbol{x}), \qquad (\partial_t\boldsymbol{u})(\boldsymbol{x},0+) = \boldsymbol{g}(\boldsymbol{x}), \tag{4.4}$$
$$\theta_1(\boldsymbol{x},0+) = \theta_1^0(\boldsymbol{x}) \tag{4.5}$$
$$\theta_2(\boldsymbol{x},0+) = \theta_2^0(\boldsymbol{x}) \tag{4.6}$$

where $\boldsymbol{f}(\boldsymbol{x}) = \big(f_1(\boldsymbol{x}), f_2(\boldsymbol{x}), f_3(\boldsymbol{x})\big)^T$, $\boldsymbol{g}(\boldsymbol{x}) = \big(g_1(\boldsymbol{x}), g_2(\boldsymbol{x}), g_3(\boldsymbol{x})\big)^T$, $\theta_1^0(\boldsymbol{x})$ and $\theta_2^0(\boldsymbol{x})$ are given functions belonging to the spaces $\boldsymbol{C}_0^\infty(\mathbf{R}^3)$, $\boldsymbol{C}_0^\infty(\mathbf{R}^3)$, $C_0^\infty(\mathbf{R}^3)$, and $C_0^\infty(\mathbf{R}^3)$ respectively. Applying the method of the potential theory, and using the matrix $\boldsymbol{E}_0(\boldsymbol{x},t)$ of fundamental solutions for the system (4.1)-(4.3), we get solutions for the Cauchy problem (4.1)–(4.6) in the form of the following convolutions:

$$\begin{bmatrix}\boldsymbol{u}\\ \theta_1\\ \theta_2\end{bmatrix}(\boldsymbol{x},t) = \boldsymbol{E}_0(\cdot,t) *_3 \begin{bmatrix}\boldsymbol{g}\\ \theta_1\\ \theta_2\end{bmatrix} + \partial_t\boldsymbol{E}_0(\cdot,t) *_3 \begin{bmatrix}\boldsymbol{f}\\ 0\\ 0\end{bmatrix}. \tag{4.7}$$

REMARK 4.1. *These convolutions are called the potential in the thermodiffusion of the solid body.*

REMARK 4.2. In order to obtain the matrix of fundamental solutions for the entire system of equations describing thermodiffusion in the solid body we once more use the Hilbert-Levy method.

So, we will be seeking the matrix of fundamental solutions $\boldsymbol{E}(\boldsymbol{x},t)$ of the system (1.1)–(1.3) in the form:

$$\boldsymbol{E}(\boldsymbol{x},t) = \boldsymbol{E}_0(\boldsymbol{x},t) + \boldsymbol{E}_0(\boldsymbol{x},t) *_4 \Xi(\boldsymbol{x},t) \tag{4.8}$$

where $\boldsymbol{E}_0(\boldsymbol{x},t)$ is the matrix of fundamental solutions for the principal part of the equations (1.1)–(1.3) given by formula (3.12), and $\Xi(\boldsymbol{x},t)$ is the required 5×5 matrix. Let us represent the operator $\boldsymbol{L}(\partial_t, \partial_{\boldsymbol{x}})$ as the sum:

$$\boldsymbol{L}(\partial_t, \partial_{\boldsymbol{x}}) = \boldsymbol{L}_0(\partial_t, \partial_{\boldsymbol{x}}) + \boldsymbol{L}_1(\partial_t, \partial_{\boldsymbol{x}}) \tag{4.9}$$

where

$$\boldsymbol{L}_1(\partial_t, \partial_{\boldsymbol{x}}) = \begin{bmatrix} 0 & 0 & 0 & \bar{\gamma}_1\partial_1 & \bar{\gamma}_2\partial_1 \\ 0 & 0 & 0 & \bar{\gamma}_1\partial_2 & \bar{\gamma}_2\partial_2 \\ 0 & 0 & 0 & \bar{\gamma}_1\partial_3 & \bar{\gamma}_2\partial_3 \\ 0 & 0 & 0 & 0 & 0 \\ 0 & 0 & 0 & 0 & 0 \end{bmatrix}.$$

Taking into account (4.9), (4.8) we get the following integral equation for the unknown matrix $\Xi(\boldsymbol{x},t)$:

$$\Xi(\boldsymbol{x},t) = (-\boldsymbol{L}_1\boldsymbol{E}_0) *_4 \Xi(\boldsymbol{x},t) + (-\boldsymbol{L}_1\boldsymbol{E}_0)(\boldsymbol{x},t) \tag{4.10}$$

where

$$-\boldsymbol{L}_1\boldsymbol{E}_0 = \begin{bmatrix} & -\frac{1}{\gamma_1}\partial_1\boldsymbol{\Gamma}_{11} - \frac{1}{\gamma_2}\partial_1\boldsymbol{\Gamma}_{12} & -\frac{1}{\gamma_1}\partial_2\boldsymbol{\Gamma}_{12} - \frac{1}{\gamma_2}\partial_1\boldsymbol{\Gamma}_{22} \\ \bar{\gamma}_1^2(\operatorname{div} \boldsymbol{G} *_4 \boldsymbol{\Gamma}) & -\frac{1}{\gamma_1}\partial_2\boldsymbol{\Gamma}_{11} - \frac{1}{\gamma_2}\partial_2\boldsymbol{\Gamma}_{12} & -\frac{1}{\gamma_1}\partial_2\boldsymbol{\Gamma}_{12} - \frac{1}{\gamma_2}\partial_2\boldsymbol{\Gamma}_{22} \\ & -\frac{1}{\gamma_1}\partial_3\boldsymbol{\Gamma}_{11} - \frac{1}{\gamma_2}\partial_3\boldsymbol{\Gamma}_{12} & -\frac{1}{\gamma_1}\partial_3\boldsymbol{\Gamma}_{12} - \frac{1}{\gamma_2}\partial_3\boldsymbol{\Gamma}_{22} \\ 0\ \ 0\ \ 0 & 0 & 0 \\ 0\ \ 0\ \ 0 & 0 & 0 \end{bmatrix}. \tag{4.11}$$

Using the method of succesive approximations we find that the matrix $\Xi(\boldsymbol{x},t)$ has the following form:

$$\Xi(\boldsymbol{x},t) = \sum_{j=1}^{\infty}(-\boldsymbol{L}_1\boldsymbol{E}_0)^{*_4^j}, \tag{4.12}$$

where $*_4^j$ denotes the j-th power of the four-dimensional convolution. So the matrix $\boldsymbol{E}(\boldsymbol{x},t)$ of the fundamental solutions for the entire system of equations of the thermodiffusion in solid body has the following form:

$$\boldsymbol{E}(\boldsymbol{x},t) = \boldsymbol{E}_0(\boldsymbol{x},t) + \sum_{j=1}^{\infty} \boldsymbol{E}_0(\cdot,\cdot) *_4 (-\boldsymbol{L}_1\boldsymbol{E}_0)^{*^j}(\boldsymbol{x},t) \tag{4.13}$$

REMARK 4.3. *Using the matrix of fundamental solutions $\boldsymbol{E}(\boldsymbol{x},t)$ given by formula (4.13) and applying the thermodiffusion potential we can represent the solution of the Cauchy problem for the system (1.1)–(1.3) in an explicit formula, analogous to formula (4.7).*

Acknowledgment

This research was carried out in the frame-work of the Polish GRANT No 763/2/91, supported during the years 1991–1994 by the State Committee for Scientific Research.

References

[1] Do Duc Hung and J. Gawinecki, Matrix of fundamental solutions for the system of dynamic equations of classical three-dimensional thermoelasticity theory. *Demonstratio Math.*, 23:633–647, 1990.

[2] J. Gawinecki and K. Sierpiński. Existence, uniqueness and regularity of the solution of the first boundary-initial value problem for the equations of thermodiffusion in a solid body. *Bull. Polish Acad. Sci. Tech. Sci.*, 30:163–171, 1982.

[3] J. Gawinecki and K. Sierpiński. Mixed boundary-initial value problem for the equations of thermodiffusion in a solid body. *Arch. Mech.*, 38:251–269, 1986.

[4] J. Gawinecki. Matrix of fundamental solutions for the system of equations of hyperbolic thermoelasticity with two relaxation times and solution of the Cauchy problem. *Bull. Polish Acad. Sci. Tech. Sci.*, 36:449–466, 1988.

[5] J. Gawinecki and P. Wagner. On the Fundamental Matrix of the System Describing Linear Thermodiffusion in the Theory of Thermal Stresses. *Bull. Polish Acad. Sci. Tech. Sci.*, 39:1–7, 1991.

[6] J. Horváth. *Topological Vector Spaces and Distributions.* Volume I, Addison-Wesley, 1966.

[7] W. Nowacki. *Thermoelasticity.* Pergamon, 1962.

[8] W. Nowacki. Dynamical problem of thermodiffusion in solids I, II, III. *Bull. Polish Acad. Sci. Tech. Sci.*, 22:55–64, 205–211, 257–266, 1974.

[9] W. Nowacki. Thermodiffusion in solid body, (in Polish). *Mech. Teoret. Stos.*, 13:143–158, 1975.

[10] W. Nowacki. Coupled fields in elasticity. In G. Fichera, editor, *Trends in Applications of Pure Mathematics to Mechanics*, pages 263–280, Pitman, 1976.

[11] W. Nowacki. Distortion problems of elasticity. In I.N. Sneddon, editor, *Application of Integral Transforms in the Theory of Elasticity*, pages 171–240, Springer-Verlag, 1976.

[12] N. Ortner. Regularisierte Faltung von Distributionen. Teil 1: Zur Berechnung von Fundamentallösungen. Teil 2: Eine Tabelle von Fundamentallösungen. *Z. Angew. Math. Phys.*, 31:133–173 1980.

[13] N. Ortner. Methods of constructions of fundamental solutions of differential operators. In C.A. Brebbia, W.L. Wendland, and G. Kuhn, editors, *Boundary element methods IX*, Volume 1", Comput. Mech., pages 79–97, Springer-Verlag, Berlin, 1987.

[14] N. Ortner and P. Wagner. Some new fundamental solutions. *Math. Meth. Appl. Sci.*, 12:439–461, 1990.

[15] N. Ortner and P. Wagner. On the fundamental solution of the operator of dynamic linear thermoelasticity. *J. Math. Anal. Appl.*, (to appear).

[16] A. Piskorek. Radon-Transformation und hyperbolische Differentialgleichungen der mathematischen Physik. In B. Brosowski and E. Martensen, editors, *Methoden und Verfahren der Math. Physik*, Bd. 10, pages 85–97, Bibliographisches Institut, Mannheim, 1973, 85–97.

[17] Ya. S. Podstrigač. *Differential equations of the problem of thermodiffusion in isotropic deformable solids* (in Ukrainian). Dokl. Akad. Nauk Ukrain, SSR (1961).

[18] L. Schwartz. *Théorie des distributions*. Nouv. éd., Hermann, 1966.

[19] V. Vladimirov, V. Mikhaïlov, M. Chabourine, Kh. Karimova, Y. Sidorov, and A. Vacharine. *Recueil De Problèmes D'Équations De Physique Mathématique*. Éditions Mir, 1976.

Duality on Balayage Spaces

TERUO IKEGAMI
Department of Mathematics, Osaka City University, Sugimoto 3-3-138, Sumiyoshi, Osaka 558, Japan.

Abstract. Given a balayage space $(X, \mathcal{W})$ and a system of extremal potentials $k(x,y) = k_y(x)$ with additional conditions, we construct the second balayage space $(X, \mathcal{W}^*)$ such that $k_x^*(y) = k(x,y)$ is an extremal potential of $(X, \mathcal{W}^*)$. Then we consider the problem of the integral representation of potentials p by Green functions, i.e., to express $p(x)$ as $k\mu(x) = \int k_y(x)\,\mu(dy)$. Finally, we give an application to the non-local parabolic potential theory concerning the integral representation of potentials.

AMS Subject Classifications (1991). 31D05.

Key words. Duality, balayage space.

0. Notations and conditions

In what follows let $(X, \mathcal{W})$ be a balayage space of Bliedtner-Hansen [2] and assume that there exists a function $k(x,y) : X \times X \to [0, \infty]$ such that $k(x,y)$ is lower semicontinuous and finite continuous if $x \neq y$.

Notations

$k(x,y) = k_y(x) = k_x^*(y)$,
$\mathrm{C}(X)$ (*resp.* $\mathrm{C}^+(X)$, $\mathrm{C}_b(X)$, $\mathrm{C}_b^+(X)$) : the set of all finite continuous (*resp.* non-negative, bounded, non-negative and bounded) functions on X,
$\mathrm{C}_K(X)$ (*resp.* $\mathrm{C}_K^+(X)$) $= \{f \in \mathrm{C}(X) : f$ has a compact support (*resp.* is non-nega tive)$\}$,
$M^+(X)$ (*resp.* $M_K^+(X)$) : the set of all Radon measures (*resp.* with compact support) on X,
$\{X_n\}$: an *exhaustion* of X, i.e., X_n is relatively compact and open, $\overline{X}_n \subset X_{n+1}$ for all n, and $\cup_n X_n = X$,
P : the convex cone of finite continuous potentials on X,
$\mathcal{R} = \{p : p$ potential on X, $\exists \mu \in M^+(X)$, $p = k\mu\}$,
$k\mu(x) = \int k_y(x)\,\mu(dy)$ for $\mu \in M^+(X)$,
$k^*\mu(y) = \int k_x^*(y)\,\mu(dx)$ for $\mu \in M^+(X)$,
$\complement A = X \setminus A$ for $A \subset X$,
$\mathcal{B}^+(X)$ (*resp.* $\mathcal{B}_b^+(X)$): the set of all non-negative (*resp.* bounded) Borel measurable functions,
(x, φ) : a pair with $\varphi \in \mathrm{C}_b^+(X)$, $x \in \complement \operatorname{supp}\varphi$, where $\operatorname{supp}\varphi$ is the support of φ,
$\mathrm{C}_0(X)$ (*resp.* $\mathrm{C}_0^+(X)$) $= \{f \in \mathrm{C}(X)$ (*resp.* $\mathrm{C}^+(X)$) : $\forall \varepsilon > 0\ \exists K \subset X$ compact,

Emile M. J. Bertin (ed.), ICPT 91, 235–245.

such that $|f(x)| < \varepsilon$ on $\complement K\}$.
We use the terminologies of [2].

Conditions

[0] k_y is a potential, harmonic on $\complement\{y\}$ for any $y \in X$,

[I] for every $y \in X$ and for every open set U, $y \in U$, there exists a neighborhood V of y such that $\sup\{k(x, y') : x \in \complement U,\ y' \in V\} < +\infty$,

[II] k_x^* is finite continuous if x is a finely isolated point,

[0*] there exists a balayage space $(X, \mathcal{W}^*)$ such that k_x^* is a *potential and is *harmonic on $\complement\{x\}$ $\forall x \in X$ (where * means that we consider it in $(X, \mathcal{W}^*)$),

[R$_0$] $R^G(k_y) \in \mathcal{R}$ for every $y \in X$ and every open subset G of X (we write $R^G(k_y)$ instead of $R^G_{k_y}$),

[R$_1$] $R\varphi \in \mathcal{R}$ for every $\varphi \in C_K^+(X)$,

[R$_2$] there exists a function cone $Q \subset \mathcal{R}$ of continuous potentials, inf-stable and linearly separating X,

[R$_{cp}$] $p \in \mathcal{R}$ for every finite continuous potential p,

[R$_{sp}$] there exists a bounded continuous strict potential p_0 such that $p_0 \in \mathcal{R}$,

[R] $p \in \mathcal{R}$ for every potential p.

1. Construction of the dual balayage space

First of all, we define Mokobodzki measures.

PROPOSITION 1.1.
[0] $\Rightarrow$ *for every pair* (x, φ) *and for every* $\mu \in M^+(X)$ *with* $\int p d\mu < \infty$ $\forall p \in P$ *there exists* $\mu^\varphi \in M^+(X)$ *such that*

1) $\operatorname{supp} \mu^\varphi \subset \operatorname{supp} \phi$,
2) $\int u d\mu^\varphi = \int \left[(\sup \varphi)^{-1} \int_0^{\sup \varphi} R^{[\varphi > \alpha]} u(x)\, d\alpha\right] d\mu(x)$ $\forall u \in \mathcal{W}$.

In particular, if we consider in the above proposition the Dirac measure ε_x, we call ε_x^φ the *Mokobodzki measure*.

PROPOSITION 1.2. (cf. [9, Prop. 2])
[0], (x, φ) *is a pair with* $\varphi \in C_K^+(X) \Rightarrow k^* \varepsilon_x^\varphi \in C(X)$.

From now on we assume that $1 \in \mathcal{W}$. Moreover we remark the unicity of the integral representation of potentials.

PROPOSITION 1.3. (cf. [1, Lemma 6, p.44])
$[0],[I] \Rightarrow$ *for* $\mu,\nu \in M^+(X)$, *we have* $\mu = \nu$ *whenever* $k\mu = k\nu$ *and*

$$[k\mu < \infty] := [x \in X : k\mu(x) < \infty] \quad \textit{is dense.}$$

Proof. To prove this, we note that

$$[0],\ [\mathrm{I}] \implies k\mu \text{ is a potential and } k\mu \in \mathcal{H}^+ (\complement \operatorname{supp}\mu) \text{ for every } \mu \in M_K^+(X)$$

and we follow the idea of [1]. ∎

The following proposition is crucial in this article, and it essentially relies upon the Lebesgue dominated convergence theorem.

PROPOSITION 1.4.
$[0],[\mathrm{I}] \Rightarrow$ *for* $\psi \in \mathrm{C}^+(X)$, $0 \le \psi \le 1$, $[\psi < 1]$ *is relatively compact and, for* $\mu \in M_K^+(X)$, *we have* $k^*\mu^\psi \in \mathrm{C}(X)$.

In view of Proposition 1.4 we obtain

PROPOSITION 1.5.
$[0],[\mathrm{I}] \Rightarrow$ *for every* $\mu \in M_K^+(X)$ *there exists* $\nu \in M^+(X)$ *such that* $k^*\nu \in \mathrm{C}(X)$, $k^*\mu \in o(k^*\nu)$.

Proof. We may suppose that $\operatorname{supp}\mu \subset X_1$, and let $\psi_n \in \mathrm{C}(X)$ be a function such that $0 \le \psi_n \le 1$, $\psi_n = 0$ on X_n and $\psi_n = 1$ on $\complement X_{n+1}$. Define $g_n(y) := k^*\mu^{\psi_n}(y)$. Then, by Proposition 1.4, $g_n \in \mathrm{C}(X)$ and $g_n \to 0$ locally uniformly. Hence, there is an integer $n(i)$ satisfying $\sup\{g_{n(i)}(y) : y \in X_i\} \le 2^{-i}$ for every i. Then, we get $\nu := \sum_{i=1}^{\infty} \mu^{\psi_{n(i)}}$. ∎

Now, let $\{G_n\}$ be a countable base of relatively compact open sets of X and $\{x_i\}$ be a countable set of points which is dense in X. We have a countable set of pairs (m,n) such that $\bar{G}_m \subset G_n$. For each pair (m,n) we consider a function $\varphi_{m,n} \in \mathrm{C}_K^+(X)$ such that $0 \le \varphi_{m,n} \le 1$, $\varphi_{m,n} = 1$ on G_m and $\varphi_{m,n} = 0$ on $\complement G_n$ and fix it. Next, for every fixed $\varphi_{m,n}$, defined for the pair (m,n), we select a point x_l so that $(x_l, \varphi_{m,n})$ forms a pair defined in the notations. We remark that for one $\varphi_{m,n}$ we can select an infinite number of x_l, however the whole system of such pairs $(x_l, \varphi_{m,n})$ is countable. We renumerate them to (x_i, φ_i). On the other hand, there exist an at most countable set of isolated points $\{x_j^0\}$. We define $\mathcal{M}_0 := \left\{\varepsilon_{x_i}^{\varphi_i}\right\}_{i=1}^{\infty} \cup \left\{\varepsilon_{x_j^0}\right\}_j$ and write $\mathcal{M}_0 = \{\mu_n\}$. For each $\mu_n \in \mathcal{M}_0$, by Proposition 1.5, we have $\nu_n \in M^+(X)$. Find two sequences of positive numbers a_j^i, b_j^i such that

$$\sum_j a_j^i \mu_j(X_i) < \infty, \quad \sum_j b_j^i \nu_j(X_i) < \infty \quad \forall i,$$

$$\sum_j a^i_j \sup\{k^*\mu_j(y): y \in X_i\} < \infty, \quad \sum_j b^i_j \sup\{k^*\nu_j(y): y \in X_i\} < \infty \ \forall i,$$

$$a^{i+1}_j < a^i_j, \quad b^{i+1}_j < b^i_j \quad \forall i, j.$$

We then form $\bar{\mu} = \sum_n a^n_n \mu_n$, and $\bar{\nu} = \sum_n b^n_n \nu_n$. Then $\bar{\mu}, \bar{\nu} \in M^+(X), k^*\bar{\mu},\ k^*\bar{\nu} \in \mathrm{C}(X), k^*\bar{\mu} > 0$ and $\bar{\mu}(G) > 0$ for all non-empty open sets G. Finally, let $\eta = \bar{\mu} + \bar{\nu}$ and $g^*(y) = k^*\eta(y)$, and define a new "Green function"

$$\bar{k}(x, y) = k(x, y)/g^*(y).$$

The function $\bar{k}$ has the same property as k and $\bar{k}^*\eta \equiv 1$.

In the sequel, we consider the convex cone $\bar{Q}^* := \left\{\bar{k}^*\tau \in \mathrm{C_0}(X): \ \exists \tau \in M^+(X)\right\}$.

PROPOSITION 1.6.
[0], [I], [$\mathrm{R_0}$] $\Rightarrow \bar{k}^*\tau \in \bar{Q}^*$ *if* $\tau \in M^+_K(X)$ *and* $k^*\tau \in \mathrm{C}(X)$. *In particular,* $k^*\varepsilon^\varphi_x \in \bar{Q}^*$ *for every pair* (x, φ) *with* $\varphi \in \mathrm{C}^+_K(X)$

Proof. Let G be a relatively compact open set and $\operatorname{supp}\tau \subset G$. It is clear that $\bar{k}^*\mu_n \in \bar{Q}^*$ for every $\mu_n \in \mathcal{M}_0$. For every $y \in X$, by $[R_0]$, there exists $\sigma_y \in M^+(X)$ such that $R^G(k_y) = k\sigma_y$. We can easily see that $\operatorname{supp}\sigma_y \subset \bar{G}$. By the construction of $\mathcal{M}_0$, we find $\{\mu_{n(i)}\}_{i=1}^{i_0} \subset \mathcal{M}_0$ and $c > 0$ such that $k^*\lambda \geq \sup\{k^*\tau(y): \ y \in \bar{G}\}$, where $\lambda = c\sum_{i=1}^{i_0} \mu_{n(i)}$. Since $R^G(k_y)(x) = k_y(x)$ for $x \in G$, and $\operatorname{supp}\tau \subset G$,

$$\begin{aligned} k^*\tau(y) &= \int k_y(x)\,\tau(dx) = \int k\sigma_y(x)\,\tau(dx) = \int k^*\tau\, d\sigma_y \\ &\leq \int k^*\lambda\, d\sigma_y \leq \int k_y(x)\,\lambda(dx) = k^*\lambda(y). \end{aligned}$$

Thus, $\bar{k}^*\tau = k^*\tau/g^* \leq c\sum_{i=1}^{i_0} \bar{k}^*\mu_{n(i)} \in \mathrm{C_0}(X)$. ∎

Consider $\mathcal{G}^* = \bar{Q}^* - \bar{Q}^*$. $\mathcal{G}^*$ is a linear subspace of $\mathrm{C_0}(X)$.

PROPOSITION 1.7.
[0], [I], [II], [$\mathrm{R_0}$] $\Rightarrow \mathcal{G}^*$ *is uniformly dense in* $\mathrm{C_0}(X)$.

Proof. Let $\bar{X} = X \cup \{\Delta\}$ be the one-point compactification of X. Each function $f \in \mathrm{C_0}(X)$ can be extended to an element of $\mathrm{C}(\bar{X})$, if we put $f(\Delta) = 0$. Consider the subspace $\mathcal{F}^* = \mathcal{G}^* \oplus \mathbb{R}$ of $\mathrm{C}(\bar{X})$, i.e.,

$$\mathcal{F}^* = \{\bar{k}^*\tau_1 - \bar{k}^*\tau_2 + \alpha : \bar{k}^*\tau_i \in \bar{Q}^* \ \ (i = 1, 2), \alpha \in \mathbb{R}\}.$$

The proposition is proved if we can show that $\bar{\mathcal{F}}^* = \mathrm{C}(\bar{X})$. Otherwise, there exist $\mu, \nu \in M^+(\bar{X})$, and $f_0 \in \mathrm{C}(\bar{X})$ satisfying $\mu(f)\ \ (:= \int f d\mu) = \nu(f)$ for every $f \in \mathcal{F}^*$ and $\mu(f_0) \neq \nu(f_0)$. Letting $\mu' = \mu|_X,\ \mu'' = \mu|_{\{\Delta\}}$ and $\nu' = \nu|_X,\ \nu'' = \nu|_{\{\Delta\}}$, we have $\mu'(\bar{k}^*\tau) = \int k(\mu'/g^*)(x)\,\tau(dx) = \nu'(\bar{k}^*\tau) = \int k(\nu'/g^*)(x)\,\tau(dx)$ for every $\bar{k}^*\tau \in \overline{Q^*}$. This implies $k(\mu'/g^*) = k(\nu'/g^*)$, since $\overline{k}^*\mu_n \in \overline{Q^*}$ for every $\mu_n \in \mathcal{M}_0$, and $\mu' = \nu'$ by Proposition 1.3. Thus we are led to a contradiction $\mu = \nu$. ∎

From now on we assume the following conditions:

$$[0], [I], [II], [R_{cp}].$$

Later (§4), we shall see that these conditions imply $[R_0]$. There is a countable family $\{f_n\}$ of $C_K(X)$ such that

$$\forall f \in C_K(X)\ \ \forall \varepsilon > 0\ \ \exists f_n : \operatorname{supp} f_n \subset \operatorname{supp} f,\ \ \|f_n - f\| < \varepsilon$$

([4, p. 167]). After approximating each f_n by the functions of $\mathcal{F}^*$, restrict each $\tau \in M^+(X)$ with $\bar{k}^*\tau \in \bar{Q}^*$ on X_n, we have $\overline{\mathcal{M}}_0 = \{\lambda_n\} \subset M_K^+(X)$ such that

$$\bar{k}^*\lambda_n \in C_0(X),\ \ \forall f \in C_0(X)\ \ \forall \varepsilon > 0\ \ \exists \lambda', \lambda'' \in \overline{\mathcal{M}}_0\ \ \|f - (\bar{k}^*\lambda' - \bar{k}^*\lambda'')\| < \varepsilon.$$

From $\overline{\mathcal{M}}_0$ we form

$$\lambda_0 := \sum_n c_n\lambda_n, \text{ where } c_n > 0,\ \sum_n c_n\lambda_n(X) < \infty, \text{ and } \sum_n c_n\|\bar{k}^*\lambda_n\| < \infty,$$

so that $\lambda_0(X) < \infty$ and $\bar{k}^*\lambda_0 \in C_0(X)$.

We define $V^*(y, dx) := \bar{k}^*_x(y)\,\lambda_0(dy)$. The kernel V^* is continuous, tends to zero at infinity and satisfies the complete maximum principle. Further, $V^*(C_K(X))$ is dense in $C_0(X)$. Therefore we have a resolvent $\mathbf{V}^* = (V^*_\alpha)$ with its potential kernel V^* ([10, XD14, T15]).

Finally, setting $\mathcal{W}^* := \{g^*u^* : u^* \in E_{\mathbf{V}^*}\}$ we have

THEOREM 1.8. *$(X, \mathcal{W}^*)$ is a balayage space and $(X, E_{\mathbf{V}^*})$ is its normalized balayage space.*

2. The dual relation of the balayage of $k(x, y)$

In this section we assume the conditions $1 \in \mathcal{W}$, [0], [I], [II], $[R_{cp}]$. For notions in the balayage space $(X, \mathcal{W}^*)$ we use the prefix notation *, e.g., *potential, *harmonic, etc. To prove the dual relation of balayage

$$\hat{R}^E(k_y)(x) = {}^*\hat{R}^E(k^*_x)(y),$$

we use the idea of [5]. We introduce notations

$$\mathcal{N} = \{\sigma \in M^+(X) :\ k\sigma \text{ is a finite continuous potential}\},$$

$$\mathcal{N}^* = \{\tau \in M^+(X) :\ k^*\tau \text{ is a finite continuous *potential}\},$$

$\mathcal{N}_K$ (resp. $\mathcal{N}^*_K$) is a subclass of $\mathcal{N}$ (resp. $\mathcal{N}^*$) consisting of measures with compact support.

PROPOSITION 2.1. *For $E \subset X$ and $\tau \in \mathcal{N}^*_K$ we have $\sigma^*\left(\left[{}^*\hat{R}^E(k^*\tau) < {}^*R^E(k^*\tau)\right]\right) = 0$ for every $\sigma \in N$, where σ^* denotes the outer measure of σ.*

Proof. We remark that $k^*\tau \in \mathcal{W}^*$ if $\tau \in \mathcal{N}^*$. Let $\{u_i^*\} \subset \mathcal{W}^*$ be a decreasing sequence such that $u_i^* \geq k^*\tau$ on E and ${}^*\hat{R}^E(k^*\tau) = \widehat{(\inf_i u_i^*)} =: \hat{u}^*$. Consider a functional on P : $L(k\sigma) = \int u^*\, d\sigma$, where $k\sigma \in P$. This functional is additive, positively homogeneous and increasing on P, therefore $L(k\sigma) = \int k\sigma\, d\nu$ for some $\nu \in M^+(X)$ ([2, I:1.4]). In the same way we have $\nu_i \in M^+(X)$ such that $\int u_i^*\, d\sigma = \int k\sigma\, d\nu_i$ for every $k\sigma \in P$. Since k_y is the limit of $\{k\lambda_m : \lambda_m \in \mathcal{N}\}$, we have $u_i^* = k^*\nu_i$ and $k^*\nu \leq u^*$. We conclude the proof from $k^*\nu \leq \hat{u}^* = {}^*\hat{R}^E(k^*\tau) \leq {}^*R^E(k^*\tau) \leq u^*$ and $\sigma(k^*\nu) = \sigma(u^*)$ for all $\sigma \in \mathcal{N}$. ∎

PROPOSITION 2.2. *For $E \subset X$ and $\sigma \in \mathcal{N}$ we have $\tau^*([\hat{R}^E(k\sigma) < R^E(k\sigma)]) = 0$ for every $\tau \in \mathcal{N}_K^*$.*

Proof. The proof is carried out similarly by considering a functional $L(k^*\omega) = \int u\, d\omega$ on $\{k^*\omega : \omega = a\tau + b\eta$ where $a > 0$, $b > 0$, and $\tau \in \mathcal{N}_K^*\}$ instead. ∎

Thus, we have

$$\int \hat{R}^E(k\sigma)\, d\tau = \overline{\int} R^E(k\sigma)\, d\tau$$

and

$$\int {}^*\hat{R}^E(k^*\tau)\, d\sigma = \overline{\int} {}^*R^E(k^*\tau)\, d\sigma$$

for every $\sigma \in \mathcal{N}$ and $\tau \in \mathcal{N}^*$, where $\overline{\int}$ denotes the upper integral.

We can also prove

$$\overline{\int} R^E(k\sigma)\, d\tau = \inf\{\int R^G(k\sigma)\, d\tau : G \supset E \ \text{ open}\} \ \ \forall \sigma \in \mathcal{N} \ \ \forall \tau \in \mathcal{N}_K^*,$$

$$\overline{\int} {}^*R^E(k^*\tau)\, d\sigma = \inf\{\int {}^*R^G(k^*\tau)\, d\sigma : G \supset E \ \text{ open}\} \ \ \forall \sigma \in \mathcal{N}_K \ \ \forall \tau \in \mathcal{N}^*.$$

We remark that in the above equality $\tau \in \mathcal{N}_K^*$ and $\sigma \in \mathcal{N}_K$ are crucial.

By the domination principle, we can see that $\bar{k}_x^* \geq \alpha V_\alpha^*(\bar{k}_x^*)$, i.e., $\bar{k}_x^*$ is $\mathbf{V}^*$-supermedian, and now it is easy to get $\bar{k}_x^* \in E_{\mathbf{V}^*}$. Hence we have

PROPOSITION 2.3. $k_x^* \in \mathcal{W}^*$. *We have moreover $k^*\nu \in \mathcal{W}^*$ for every $\nu \in M^+(X)$.*

For an open set G, we have

PROPOSITION 2.4.

$$R^G(k_y)(x) = {}^*R^G(k_x^*)(y).$$

Proof. It is easily seen that, for fixed x, considering as a function of y, $R^G(k_y)(x) \in \mathcal{W}^*$ and $R^G(k_y)(x) = k_x^*(y)$ for every $y \in G$, and therefore $R^G(k_y)(x) \geq {}^*R^G(k_x^*)(y) \in \mathcal{W}^*$ for all $y \in X$. To obtain the inverse inequality, it is essential to prove that, for fixed y, ${}^*R^G(k_x^*)(y) = k_x^*(y)$ for every $x \in G$. By the domination principle, $V^*1_G(y) = k^*(1_G\lambda_0))(y) = {}^*R^G(k^*(1_G\lambda_0))(y)$, which means $k_x^*(y) = {}^*R^G(k_x^*)(y)$ for λ_0-a.a $x \in G$. On the other hand, we can prove that λ_0 vanishes on every semipolar set and $\int p\,d\lambda_0 > \int \hat{R}^{\complement A} p\,d\lambda_0$ for every finely open $A \neq \emptyset$ and for every bounded continuous strict potential p. Now the set $A = G \cap \left\{x : k_x^*(y) > {}^*R^G(k_x^*)(y)\right\}$ is finely open and Borel measurable. Hence $A = \emptyset$, i.e., $k_x^*(y) = {}^*R^G(k_x^*)(y)$ for all $x \in G$ which implies ${}^*R^G(k_x^*)(y) \geq R^G(k_y)(x)$ for all $x \in X$. ∎

Combining the above results, it is a routine work to prove

THEOREM 2.5.

$$\hat{R}^E(k_y)(x) = {}^*\hat{R}^E(k_x^*)(y).$$

On account of [I], using Lebesgue's dominated convergence theorem, we can prove ${}^*H_V k_x^*|_V \in \mathcal{C}(V)$ for every relatively compact open set V and this implies k_x^* is *superharmonic. Applying Theorem 2.5, we can see that k_x^* is a *potential, *harmonic on $\complement\{x\}$ and $k_x^* \not\equiv 0$ for every x. Thus we have

THEOREM 2.6.
[0*]: *k_x^* is a *potential and *harmonic outside of $\{x\}$ for every $x \in X$.*

The following properties are derived:

THEOREM 2.7.
1) *If $(X, \mathcal{W})$ has no finely isolated point then it does so for $(X, \mathcal{W}^*)$,*
2) *if $(X, \mathcal{W})$ has the local truncation property then it does so for $(X, \mathcal{W}^*)$.*
Therefore, if $(X, \mathcal{W})$ is a P-harmonic space of Constantinescu and Cornea, then $(X, \mathcal{W}^*)$ is also so.

3. The dual as an H-cone

In this section, we show that, roughly speaking, if we consider $\mathcal{W}$ as a standard H-cone of functions on X [3], then $\mathcal{W}^*$ is isomorphic to the dual H-cone. Introducing the notation $\mathcal{W}^1 = \{u \in \mathcal{W} : [u < \infty]$ is finely dense$\}$, *we suppose the conditions* [0], [0*] *(assuming the existence of a balayage space $(X, \mathcal{W}^*)$) and $\hat{R}^E(k_y)(x) = {}^*\hat{R}^E(k_x^*)(y)$ for every $E \subset X$ and $x, y \in X$.* Following the idea of [12], we can prove as in [7]:

PROPOSITION 3.1. *If $1 \in \mathcal{W} \cap \mathcal{W}^*$ and $k\mu$ is a bounded continuous strict potential such that $\int k\mu\, d\mu < \infty$ then $k^*\mu$ is a regular *potential, i.e., there exists $(\tau_n) \subset M_K^+(X)$, where the supports of τ_n are mutually disjoint, $\sum_n \tau_n = \mu$ and $k^*\tau_n \in \mathcal{C}_b(X)$.*

As a corollary we obtain

PROPOSITION 3.2. *Assume that* $1 \in \mathcal{W} \cap \mathcal{W}^*$, [I] *and*

i) $\exists \mu \in M^+(X)$, $\mu(X) < \infty$, $k\mu$ *is bounded continuous strict potential,*

ii) $\exists \nu \in M^+(X)$, $\nu(X) < \infty$, $k^*\nu$ *is a bounded continuous strict *potential.*

Then, considering $\mathcal{W}^1$ *as a standard H-cone of functions on* X, *its dual H-cone* $(\mathcal{W}^1)^*$ *is isomorphic to* $\mathcal{W}^{*1} = \{u^* \in \mathcal{W}^* : [u^* < \infty] \text{ is *finely dense}\}$.

Proof. By Proposition 3.1, $k^*\mu$ (resp. $k\nu$) is a regular *potential (resp. regular potential). Then we can decompose $\mu = \sum_n \tau_n$ and $\nu = \sum_n \sigma_n$ as in Proposition 3.1. Modifying these measures by multiplying with small positive numbers we obtain $m = \sum_n(a_n\sigma_n + b_n\tau_n)$ satisfying $m(X) < \infty$ and km (resp. k^*m) is a bounded continuous strict potential (resp. *potential). Define $W(x,dy) = k(x,y)\, m(dy)$, $W^*(y,dx) = k(x,y)\, m(dx)$ and the energy form $\langle u, u^*\rangle = \sup\{\int Wf\, g\, dm : Wf \le u,\ W^*g \le u^*\}$ for $u \in \mathcal{W}^1$, $u^* \in \mathcal{W}^{*1}$. This energy form establishes the duality between $\mathcal{W}^1$ and $\mathcal{W}^{*1}$ ([3, Prop. 1.2.3]). ∎

If a balayage space $(X, \mathcal{W})$ satisfies the conditions:

$$1 \in \mathcal{W},\ [0], [I], [II], [R_{cp}]$$

then the balayage space $(X, E_{\mathbf{V}^*})$ in §1 and $\bar{k}(x,y)$ satisfy the conditions of Proposition 3.2. Thus, the dual H-cone $(\mathcal{W}^1)^*$ is isomorphic to $\mathcal{E}_{\mathbf{V}^*}$ [3] and the latter is isomorphic to $\mathcal{W}^{*1}$.

Summing up above results we obtain

Result 1

Under the assumptions $1 \in \mathcal{W}$, $[0], [I], [II], [R_{cp}]$ *we have:*

i) $[0^*]$, *i.e., there exists a balayage space* $(X, \mathcal{W}^*)$ *such that* k_x^* *is a *potential which is *harmonic on* $\complement\{x\}$ *for every* $x \in X$,

ii) $\hat{R}^E(k_y)(x) = {}^*\hat{R}^E(k_x^*)(y)$ *for every* $E \subset X$ *and* $x, y \in X$,

iii) *if we consider* $\mathcal{W}^1$ *as a standard H-cone of functions on* X, *then its dual H-cone* $(\mathcal{W}^1)^*$ *is isomorphic to* $\mathcal{W}^{*1}$,

iv) *if* $(X, \mathcal{W})$ *is finely isolated points free, then* $(X, \mathcal{W}^*)$ *has no *finely isolated points,*

v) *if* $(X, \mathcal{W})$ *has the local truncation property, then* $(X, \mathcal{W}^*)$ *does the same.*

REMARKS 3.3.

1) A P-harmonic space of Constantinescu-Cornea satisfies [I] and [II].

2) In the next section we can verify

$[R_{cp}^*]$: *for every finite continuous *potential* p^* *there exists* $\nu \in M^+(X)$ *such that* $p^* = k^*\nu$.

3) After proving $[R_{cp}^*]$, we obtain, as in [7], *every semipolar set is *semipolar and vice versa.*

4. The integral representation of potentials

In this section we discuss the problem to represent potentials in the form $k\mu$ with some $\mu \in M^+(X)$. We sum up the results in

Result 2
Under the assumptions $1 \in \mathcal{W}$, [0], [I], [II], *the conditions* $[R_{cp}]$, $[R_1]$, $[R_2]$, $[R_{sp}]$ *and* $[0^*]$ *are equivalent.*

Proof. It is trivial that $[R_{cp}]$ implies $[R_1]$, $[R_2]$, $[R_{sp}]$, and the relation $[R_{cp}] \Longrightarrow [0^*]$ is found in RESULT 1. To complete the equivalence, we show that

$$[0^*] \Longrightarrow [R_2] \Longrightarrow [R_1] \Longrightarrow [R_{cp}] \text{ and } [R_{sp}] \Longrightarrow [R_1].$$

[1°] $[0^*] \Longrightarrow [R_2]$: following the idea of [1, Lemma 5, p.50], we can show that

$$Q := \{k\mu : \textit{finite continuous potential}, \exists \sigma \in M_K^+(X) \text{ with } k\mu \leq k\sigma\}$$

is an *inf-stable* function cone and linearly separating X.

[2°] $[R_2] \Longrightarrow [R_1]$: we may assume that Q is specifically solid, i.e., $q \in Q$ and $p \prec q$ implies $p \in Q$. Letting $\varphi \in C_K^+(X)$ and

$$Q^* := \{k^*\nu \in C(X) : \exists \tau \in M_K^+(X),\ k^*\tau \in C(X),\ k^*\nu \leq k^*\tau\},$$

consider a functional Φ on a convex cone Q^* : $\Phi(k^*\nu) = \int R\varphi\, d\nu$. Φ is additive, positively homogeneous and increasing. By the Hahn-Banach theorem Φ is extended to be a positive linear functional Φ_1 on

$$C^* := \{f \in C(X) :\ \exists k^*\nu \in Q^*,\ |f| \leq k^*\nu\}.$$

Define $\mu := \Phi_1|_{C_K(X)}$, then $R\varphi = k\mu$. We have used $[R_2]$ to construct $\mu_n \in M^+(X)$ with $k\mu_n \uparrow R\varphi$. In fact, let $k\lambda \in Q$ and $k\lambda > 0$, then we may find $p_1^{(n)}, p_2^{(n)} \in Q$ such that $0 \leq g_n \leq \varphi \leq g_n + (1/n)k\lambda$, where $g_n = p_1^{(n)} - p_2^{(n)}$. Setting $g_n' := \sup(g_1, \ldots, g_n)$, we have $g_n' \in Q - Q$, $0 \leq g_n' \leq \varphi \leq g_n' + (1/n)k\lambda$ and $Rg_n' \uparrow R\varphi$. Since $Rg_n' = R(k\mu_n' - k\mu_n'') \prec k\mu_n'$, there exists an $f \in \mathcal{B}^+(X)$ satisfying $0 \leq f \leq 1$ and $Rg_n' = k(f\mu_n') =: k\mu_n$.

[3°] $[R_1] \Longrightarrow [R_{cp}]$ can be seen as a corollary of the following proposition which is proved similarly as above.

PROPOSITION 4.1. *Under the assumptions* $1 \in \mathcal{W}$, [0], [I], [II], *and* $[R_1]$, *each potential* p *is in* $\mathcal{R}$ *if* $\int p\, d\tau < \infty$ *for all* $\tau \in M_K^+(X)$ *with* $k^*\tau \in C(X)$.

Now, $[R_1] \Longleftrightarrow [R_{cp}] \Longrightarrow [R_0]$ is an immediate consequence, and we have $[R_{cp}] \Longleftrightarrow$ [$p \in \mathcal{R}$,*for every finite continuous potential which is harmonic outside of a compact set*]. $[R_{cp}] \Longrightarrow [R_{cp}^*]$ is proved as above if we consider

$$Q_1 := \{p \in \mathcal{R} \cap C(X) : \exists \sigma \in M_K^+(X),\ k\sigma \in Q,\ p \leq k\sigma\}$$

instead of Q^*. To prove $[R_{sp}] \Longrightarrow [R_1]$, we use the following proposition:

PROPOSITION 4.2. *Let $1 \in \mathcal{W}$, let $\mathbf{V}$ be a sub-Markov resolvent such that $V1$ is bounded and $E_{\mathbf{V}} = \mathcal{W}$, let s be a non-negative superharmonic function and $U \subset X$ open. Then there exists a sequence $(g_n) \subset \mathcal{B}_b^+(X)$ satisfying $g_n = 0$ on $\complement U$ and $Vg_n \uparrow R_s^U$.*

If $p_0 = k\mu$ is a bounded continuous strict potential, then we have a sub-Markov resolvent $\mathbf{V}$ such that

$$V1 = k\mu \text{ and } E_{\mathbf{V}} = \mathcal{W} = \{u : \exists (f_n) \subset \mathcal{B}_b^+(X),\ Vf_n = k(f_n\mu) \uparrow u\}.$$

Now let $\varphi \in C_K^+(X)$ and let U be a relatively compact open set with $\operatorname{supp}\varphi \subset U$. Then $R^U(R\varphi) = R\varphi$ and, by Proposition 4.2, there exists $(f_n) \subset \mathcal{B}_b^+(X)$, $f_n = 0$ on $\complement U$ and $k\mu_n = Vf_n \uparrow R\varphi$. We can see that (μ_n) has a vague limit μ and $R\varphi = k\mu$. ∎

REMARKS 4.3.

i) We can not prove $[R_{cp}] \Longrightarrow [R]$ in general. However, if $(X, \mathcal{W})$ has no isolated point then $[R_{cp}] \Longleftrightarrow [R]$.

ii) Let U be an open subset of X. If the condition

$$(x, y) \to R^{\complement U}(k_y)(x) \quad \textit{is continuous on} \quad U \times U$$

is fulfilled, then RESULT 1 and RESULT 2 are valid for the subspace $(U, \mathcal{W}^U)$. The above condition is satisfied if

[III]: *for every $\varepsilon > 0$ there exist $V(y)$ and a compact subset F of X such that $\sup\{k(x, y') : x \in \complement F,\ y' \in V(y)\} < \varepsilon$ for every $y \in X$.*

5. Application

Let $\mathbb{P} = (P_t)_{t>0}$ be the Brownian semigroup on $\mathbb{R}^n$ $(n > 1)$ and $0 < \alpha \leq 1$. We denote by $\mathbb{P}^\alpha = (P_t^\alpha)_{t>0}$ the symmetric stable semigroup of order α, i.e., $P_t^\alpha f(x) = \int_0^\infty P_s f(x)\, d\eta_t^\alpha(s)$, where $(\eta_t^\alpha)_{t>0}$ is the convolution semigroup on $(0, \infty)$ such that the Laplace transform $L\eta_t^\alpha(s) = \exp(-ts^\alpha)$.

Let $\mathbb{T} = (T_t)_{t>0}$ be the translation semigroup on $\mathbb{R}$ and let $\mathbb{T}^* = (T_t^*)_{t>0}$ be the dual translation semigroup, i.e., $T_t^* f(x) = f(x + t)$. We define

$$K(X, Y) = \begin{cases} (1/2\pi)^n \int_{\mathbb{R}^n} \exp[-(t-s)|\xi|^{2\alpha} + i\,\langle x - y, \xi\rangle)]\, d\xi & t > s \\ 0 & t \leq s \end{cases}$$

for $X = (x, t)$, $Y = (y, s)$, where $x, y \in \mathbb{R}^n$ and $t, s \in \mathbb{R}$ [8].

The balayage space $(\mathbb{R}^n \times \mathbb{R},\ E_{\mathbb{P}^\alpha \otimes \mathbb{T}})$ and $K(X, Y)$ satisfy the assumptions $1 \in \mathcal{W} = E_{\mathbb{P}^\alpha \otimes \mathbb{T}}$, [0], [I], [II], and [III] and $(\mathbb{R}^n \times \mathbb{R}, \mathcal{W})$ is finely isolated point free. Further they satisfy [0*], i.e., $\mathcal{W}^* = E_{\mathbb{P}^\alpha \otimes \mathbb{T}^*}$. Thus, for an open set $U \subset \mathbb{R}^n \times \mathbb{R}$, $U \neq \emptyset$, if we consider $\mathcal{W}^U = E_{\mathbb{P}^\alpha \otimes \mathbb{T}}|_U$ then:

for every potenial p of $(U, \mathcal{W}^U)$ there exists $\mu \in M^+(U)$ such that $p = k^U\mu$, where $k^U(X, Y) := \big(K(X, Y) - \hat{R}^{\complement U}(K_Y)(X)\big)\,|_{U \times U}$.

References

[1] H. Ben-Saad. Fonction de Green sur un espace de Brelot, *Séminaire de Théorie du Potentiel, Paris,* No. 7, pages 40–53, Lecture Notes in Math. 1061, Springer-Verlag, 1984.

[2] J. Bliedtner and W. Hansen. *Potential Theory. An Analytic and Probabilistic Approach to Balayage,* Universitext, Springer-Verlag, 1986.

[3] N. Boboc, G. Bucur, and A. Cornea. *Order and Convexity in Potential Theory: H-Cones,* Lecture Notes in Math. 853, Springer-Verlag, 1981.

[4] C. Constantinescu and A. Cornea. *Potential Theory on Harmonic Spaces,* Springer-Verlag, 1972.

[5] D. Feyel and A. de la Pradelle. Cônes en dualité. Application aux fonctions de Green. *Séminaire de Théorie du Potentiel, Paris,*, No. 2, pages 62–99, Lecture Notes in Math. 563, Springer-Verlag, 1976.

[6] W. Hansen. Konstruktion von Halbgruppen und Markoffschen Prozessen. *Invent. Math.,* 3:179–214, 1967.

[7] T. Ikegami. Duality on harmonic spaces. *Osaka J. Math.,* 28:93–116, 1991.

[8] M. Ito and M. Nishio. Poincaré type conditions of the regularity for the parabolic operator of order α. *Nagoya Math. J.,* 115:1–22, 1989.

[9] H. Maagli. Représentation intégrale des potentiels. *Séminaire de Théorie du Potentiel, Paris,* No.8, pages 114–119, Lecture Notes in Math. 1235, Springer-Verlag, (1987).

[10] P.A. Meyer. *Probability and Potentials.* Blaisdell, 1966.

[11] U. Schirmeier. Konvergenzeigenschaften in Harmonischen Räumen. *Invent. Math.,* 55:71–95, 1979.

[12] J.C. Taylor. Duality and Martin compactification. *Ann. Inst. Fourier* (*Grenoble*), 22:95–130, 1972.

Perturbation semi-lineaire des resolvantes [1]

HABIB MAÂGLI
Département de Mathématiques, Faculté des Sciences de Tunis, Campus Universitaire, 1060 - Tunis, Tunisie.

Résumé. La perturbation d'une résolvante (linéaire) $(V_\alpha)_{\alpha>0}$ à densité sur un espace X localement compact à base dénombrable par $\Psi.\mu$, où $\Psi : X \times \mathbf{R} \to \mathbf{R}^+$ est une fonction assez régulière et μ est une mesure régulière, donne une résolvante $(W_\alpha)_{\alpha>0}$ non linéaire. Nous étudions alors les propriétés de cette résolvante, en particulier les fonctions surmédianes et excessives de cette résolvante $(W_\alpha)_{\alpha>0}$.

AMS Subject Classifications (1991). 31D05, 31C15, 47D07.

Mots clés. Résolvante sous-markovienne, fonction de Green, fonction surmédiane, fonction excessive, mesure régulière, principe complet du maximum.

Introduction

L'objet de ce travail est l'étude de la perturbation semi-linéaire des résolvantes. Les résultats obtenus constituent une généralisation de ceux de [9] et [7] concernant la perturbation linéaire des résolvantes. D'autre part, ce travail fait suite aux travaux de Dellacherie [4], lequel a établi une version non linéaire du théorème de Hunt, et de Maeda [8], lequel a étudié la perturbation semi-linéaire des espaces harmoniques.

Dans le premier paragraphe, nous considérons un espace mesurable (X, B) sur lequel est défini un noyau U borné et vérifiant le principe complet du maximum. Nous nous donnons une fonction $\psi : X \times \mathbb{R} \to \mathbb{R}^+$ mesurable telle que l'application $r \mapsto r.\psi(x, r)$ soit croissante et Lipschitzienne uniformément par rapport à x. Nous montrons alors que l'opérateur $Nf = U(\psi(., f)f)$ où f est mesurable bornée, vérifie le principe complet du maximum et admet une résolvante (non linéaire) $(N_\alpha)_{\alpha>0}$ donnée par $N_\alpha = N(I + \alpha N)^{-1}$. Nous étudions ensuite les propriétés de cette résolvante, en particulier nous caractérisons les fonctions surmédianes et excessives de cette résolvante.

Dans le deuxième paragraphe, nous supposons que l'espace X est localement compact à base dénombrable, sur lequel est définie une résolvante (linéaire) $\mathbf{V} = (V_\alpha)_{\alpha\geq 0}$ sous-markovienne. Nous supposons que $V = V_0$ est donné par une (densité) fonction de Green G telle que $G(., y)$ est excessive et s.c.i. pour tout $y \in X$. Nous associons alors à toute fonction ψ comme ci-dessus et à toute mesure μ régulière telle que $G\mu$ est bornée, une résolvante (non linéaire) $(W_\alpha)_{\alpha>0}$ déterminée de façon

[1]Ce travail est soutenu par la fondation nationale pour la recherche scientifique, projet MA_4 – 89–FST.

Emile M. J. Bertin (ed.), ICPT 91, 247–258.

unique par

$$V_\alpha f = W_\alpha f + G_\alpha(\psi(.,W_\alpha f)W_\alpha f\mu),$$

où G_α est une densité de V_α et f mesurable avec $V_\alpha|f|$ bornée.

La fonction $W_\alpha f$ est alors une solution au sens des distributions de l'équation semi-linéaire:

$$Au - \alpha u - u\ \psi(.,u)\mu = -f; \quad \text{où} \quad (\alpha I - A)^{-1} = V_\alpha.$$

Nous étudions ensuite les propriétés de cette famille résolvante, en particulier nous montrons que $|W_\alpha f - W_\alpha g| \leq V_\alpha(|f-g|)$. Nous achevons ce travail par l'étude des fonctions surmédianes et excessives de cette résolvante $(W_\alpha)_{\alpha>0}$.

Notations et rappels

Soit (X,B) un espace mesurable. Dans la suite $B(X)$(resp. $B_b(X)$) désigne l'ensemble des fonctions mesurables (resp. mesurables bornées) sur X. L'exposant $+$ affecté à ces espaces indique que seules les fonctions positives sont considerées. De même, L désigne l'ensemble des fonctions $\psi : X \times \mathbb{R} \to \mathbb{R}^+$ mesurables telle que $r \mapsto r.\psi(x,r)$ soit croissante sur $\mathbb{R}$ et Lipschitzienne uniformément par rapport à x.

Nous rappelons que si U est un noyau sur X vérifiant le principe complet du maximum et $U1 < +\infty$, alors si $\theta \in B_b^+(X)$, U_θ désigne le noyau perturbé de U par θ (cf. [1] ou [9]). De plus on a la relation fondamentale suivante:

$$[I - U_\theta(\theta.)]\,[I + U(\theta.)] = [I + U(\theta.)]\,[I - U_\theta(\theta.)] = I.$$

Le noyau $U(\theta.)$ est défini par $U(\theta.)(f) = U(\theta f)$. Remarquons enfin que si $\psi \in L$ alors elle est bornée.

1. Perturbation multiplicative

Soit (X,B) un espace mesurable sur lequel est défini un noyau U borné et vérifiant le principe complet du maximum. On considère un élément ψ de L et on note par c une constante de Lipschitz associée à la fonction $r \mapsto r.\psi(.,r)$.
On définit alors l'opérateur N de $B_b(X)$ dans $B_b(X)$ par $Nf = U(\psi(.,f)f)$. L'opérateur N est positif contractant et vérifie le principe complet du maximum, i.e.:

$$\forall f,\ g \in B_b(X),\ \ \forall a \geq 0\ : Nf \leq Ng + a \text{ sur } [f > g] \Longrightarrow Nf \leq Ng + a.$$

De plus on a

LEMME 1. *Soit* $\alpha > 0$ *tel que* $I + \alpha N$ *soit inversible et soit* $N_\alpha = N(I+\alpha N)^{-1}$. *Alors on a :*

a) $\forall f,\ g \in B_b(X) : \|(I+\alpha N)^{-1}f - (I+\alpha N)^{-1}g\| \leq 2\|f-g\|$.

b) L'opérateur N_α *est croissant et vérifie pour tous* $f,g \in B_b(X)$:

$$|N_\alpha f - N_\alpha g| \leq cU_{\alpha c}(|f-g|)\,.$$

En particulier αN_α *est sous-markovien.*

Démonstration. Soient $f,g \in B_b(X)$ et $u = (I+\alpha N)^{-1}f$, $v = (I+\alpha N)^{-1}g$. On a: $f = u + \alpha N u$; $g = v + \alpha N v$. Il s'ensuit que: a) $f - g = u - v + \alpha(Nu - Nv)$. Posons

$$h(x) = \begin{cases} \frac{u(x)\psi(x,u(x)) - v(x)\psi(x,v(x))}{u(x)-v(x)} & \text{si} \quad u(x) \neq v(x) \\ 0 & \text{si} \quad u(x) = v(x) \end{cases},$$

alors $h \in B_b^+(X)$ et $Nu - Nv = U(h(u-v))$, ce qui donne $[I + U(\alpha h.)](u-v) = f-g$. D'où $u - v = f - g - U_{\alpha h}(\alpha h(f-g))$. Puisque U vérifie le principe complet du maximum, 1 est surmédiane et par suite $U_{\alpha h}(\alpha h) \leq 1$. Il en résulte que $\|u-v\| \leq 2\|f-g\|$.

b) D'aprés ce qui précède on a:

$$N_\alpha f - N_\alpha g = Nu - Nv = U(h(u-v)) = U(h(f-g)) + \alpha U(h(Nv - Nu)),$$

ce qui donne:

$$[I + U(\alpha h.)](Nu - Nv) = U(h(f-g)).$$

Donc $Nu - Nv = [I - U_{\alpha h}(h\alpha.)]\,U(h(f-g)) = U_{\alpha h}(h(f-g)) = N_\alpha f - N_\alpha g$. Ce qui montre que si $f \leq g$ alors $N_\alpha f \leq N_\alpha g$ et de plus $|N_\alpha f - N_\alpha g| \leq U_{\alpha h}(h|f-g|)$. Or la fonction h est telle que $0 \leq h \leq c$ et l'application $\theta \mapsto U_\theta(\theta)$ est croissante sur $B_b^+(X)$, donc on obtient:

$$|N_\alpha f - N_\alpha g| \leq cU_{\alpha c}(|f-g|)\,.$$

En particulier $\|\alpha N_\alpha f - \alpha N_\alpha g\| \leq \alpha\, cU_{\alpha c}(1)\|f-g\| \leq \|f-g\|$, c'est à dire αN_α est sous-markovien. ∎

THÉORÈME 2. *Pour tout* $\alpha > 0$, *l'opérateur* $I + \alpha N$ *est inversible. De plus la famille d'opérateurs* $N_\alpha = N(I+\alpha N)^{-1}$ *est une résolvante (non linéaire) sous-markovienne (i.e.* $\forall \alpha,\ \beta \geq 0 : N_\alpha = N_\beta(I + (\beta - \alpha)N_\alpha)$; *avec* $N_0 = N$*).*

Démonstration. Soit $A = \{\alpha > 0 : \ I + \alpha N \text{ est inversible}\}$. Il est clair que $\left]0, \frac{1}{\|N\|}\right[$ est dans A. Soit $\alpha_0 \in A$ et soit $0 < \alpha < 2\alpha_0$. Alors, d'après le Lemme 1: $\|(\alpha - \alpha_0)N(I+\alpha_0 N)^{-1}\| = \|(\alpha-\alpha_0)N_{\alpha_0}\| \leq \frac{|\alpha-\alpha_0|}{\alpha_0} < 1$. Il en résulte que $I + (\alpha - \alpha_0)\,N_{\alpha_0}$ est inversible. De plus on a: $I + \alpha N = (I + (\alpha-\alpha_0)N_{\alpha_0})\,(I + \alpha_0 N)$. Donc pour tout $\alpha \in]0, 2\alpha_0[$, l'opérateur $I + \alpha N$ est inversible. Ainsi pour tout $\alpha \geq 0$, l'opérateur $I + \alpha N$ est inversible de $B_b(X)$ dans lui-même. Posons alors pour $\alpha \geq 0 : N_\alpha = N(I+\alpha N)^{-1}$; on obtient pour tous $\alpha, \beta \geq 0 : N_\alpha = N_\beta(I + (\beta-\alpha)N_\alpha)$. Donc $(N_\alpha)_{\alpha \geq 0}$ est une famille résolvante avec $N_0 = N$. De plus, d'après le Lemme 1, αN_α est croissant et contractant, c'est-à-dire $(N_\alpha)_{\alpha>0}$ est sous-markovienne. ∎

COROLLAIRE 3. *Pour tous $f \in B_b(X)$ et $\alpha, \beta \geq 0$, on a:*

$$|N_\alpha f - N_\beta f| \leq c|U_{\alpha c}(|f|) - U_{\beta c}(|f|)|$$

Démonstration. Soit $f \in B_b(X)$ et $\alpha, \beta \geq 0$. Alors on a:

$$N_\alpha f - N_\beta f = N_\alpha f - N_\alpha (f + (\alpha - \beta) N_\beta f).$$

Il s'ensuit d'après le Lemme 1 que:

$$|N_\alpha f - N_\beta f| \leq c|\alpha - \beta| U_{\alpha c}(|N_\beta f|) \leq c^2 |\alpha - \beta| U_{\alpha c} U_{\beta c}(|f|). \ \blacksquare$$

REMARQUES 4.

1) Pour $f \in B_b^+(X)$, l'application $\alpha \mapsto N_\alpha f$ est décroissante sur $[0, \infty[$.

2) Si ψ ne dépend pas de r (i.e. $\psi(x, r) = \psi(x) \in B_b^+(X)$) alors N_α n'est autre que $V_{\alpha\psi}(\psi)$, (cf. [1] ou [9]).

3) Puisque N_α est un opérateur croissant, il est facile de voir qu'on peut définir d'une manière intrinsèque $N_\alpha f$ pour $f \in B^+(X)$ par $N_\alpha f = \sup_n N_\alpha(f \wedge n)$. De plus, pour toute suite $(f_n)_n \subset B^+(X)$ croissante vers f, on a $N_\alpha f = \sup_n N_\alpha f_n$.

DÉFINITION 5. Une fonction $v \in B^+(X)$ est dite *N-surmédiane* si, pour tout $\alpha > 0$, $N_\alpha(\alpha v) \leq v$. On note S l'ensemble des fonctions N-surmédianes.

PROPOSITION 6. a) *Toute fonction U-surmédiane est dans S. En particulier pour tout $f \in B^+(X)$ et tous $a \geq 0$, $\alpha > 0$: $N_\alpha(\alpha(Nf + a)) \leq Nf + a$.*

b) *$\forall u$, $v \in S$: $\inf(u, v) \in S$ et si $(v_n)_n$ est une suite monotone dans S, alors $\lim_{n\to\infty} v_n$ appartient à S.*

c) *Soit $v \in S$, alors l'application $\alpha \mapsto N_\alpha(\alpha v)$ est croissante sur $]0, +\infty[$.*

Démonstration.
a) Soit v une fonction U-surmédiane. D'après le Lemme 1, on a pour tout $\alpha > 0$: $N_\alpha(\alpha v) \leq \alpha c\, U_{\alpha c}(v) \leq v$. Donc v est N-surmédiane. En particulier pour $f \in B^+(X)$ et $a \geq 0$, $Nf + a = U(\psi(., f)f) + a$ est U-surmédiane donc N-surmédiane.
b) C'est immédiat.
c) Soit $v \in S$, alors $v_n = v \wedge n \in S$ et on a pour $0 < \alpha \leq \beta$:

$$\begin{aligned} N_\beta(\beta v_n) &= N_\alpha(\beta v_n - (\beta - \alpha) N_\beta(\beta v_n)) \\ &= N_\alpha(\alpha v_n + (\beta - \alpha)(v_n - N_\beta(\beta v_n))). \end{aligned}$$

Or, $(\beta - \alpha)(v_n - N_\beta(\beta v_n))$ est positive, donc $N_\beta(\beta v_n) \geq N_\alpha(\alpha v_n)$. Maintenant par passage à la limite $(n \to \infty)$, on obtient $N_\alpha(\alpha v) \leq N_\beta(\beta v)$. $\blacksquare$

DÉFINITION 7. Une fonction $v \in B^+(X)$ est dite *N-excessive* si $v \in S$ et

$$\sup_{\alpha > 0} N_\alpha(\alpha v) = \lim_{\alpha \to \infty} N_\alpha(\alpha v) = v.$$

On note E l'ensemble des fonctions N-excessives.

PROPOSITION 8.

a) $\forall f \in B^+(X)$, $Nf \in E$.

b) $\forall v \in E$, *il existe une suite* $(f_n)_{n\geq 0} \subset B_b^+(X)$ *telle que* $v = \sup_n Nf_n$.

En particulier toute fonction N*-excessive est* U*-excessive.*

Démonstration.

a) Soient $f \in B^+(X)$ et $f_n = f \wedge n$ avec $n \in \mathbb{N}$. On sait que Nf_n est N-surmédiane. De plus d'après le Lemme 1, on a pour tout $\alpha > 0$:

$$N_\alpha(\alpha N f_n) \leq N f_n \leq N_\alpha(\alpha N f_n) + cU_{\alpha c} f_n \leq N_\alpha(\alpha N f_n) + \frac{n}{\alpha}.$$

Il en résulte que $Nf_n = \sup_{\alpha>0} N_\alpha(\alpha N f_n)$, pour tout $n \in \mathbb{N}$. Or, $Nf = \sup_n Nf_n$, donc $Nf = \sup_n \sup_\alpha N_\alpha(\alpha N f_n) = \sup_\alpha N_\alpha(\alpha N f)$.

b) Soit $v \in E$ et $v_n = v \wedge n$. On a $v_n \in S$ et pour tout $p \in \mathbb{N}$:

$$N_p(pv_n) = N\left(p(v_n - N_p(pv_n))\right),$$

ce qui donne $\sup_p N_p(pv) = v = \sup_p \sup_n N_p(pv_n) = \sup_p \sup_n N\left(p(v_n - N_p(pv_n))\right)$. Posons $f_{n,p} = p(v_n - N_p(pv_n))$, alors $f_{n,p} \in B_b^+(X)$ et $v = \sup_{n,p} Nf_{n,p}$ ou, mieux encore, $v = \sup_n Nf_{n,n}$. En particulier si v est N-excessive, alors $v = \sup_n Nf_n = \sup_n U\left(\psi(.,f_n)f_n\right)$ est U-excessive. ∎

2. Perturbation additive

Dans cette partie, on considère une résolvante (linéaire) $V = (V_p)_{p\geq 0}$ sous-markovienne sur un espace X localement compact à base dénombrable telle que son noyau $V_0 = V$ soit absolument continue par rapport à une mesure de Radon m positive, dans le sens qu'il existe une fonction $G : X \times X \to [0, +\infty]$ mesurable et vérifiant:

a) $Vf = \int G(.,y)f(y)m(dy)$ pour f positive mesurable.

b) $G(.,y)$ est excessive et s.c.i. pour tout $y \in X$.

c) Pour tout ouvert O de $X, R^O_{G(.,y)} = G(.,y)$ avec $y \in O$.

2.1 Construction de la résolvante non linéaire

DÉFINITION 9. ([7]) Une mesure de Radon μ positive sur X est dite *régulière* si $\mu = \sum_{n\geq 0} \mu_n$ avec $\mu_n \in M^+(X)$ et $G\mu_n = \int G(.,y)\mu_n(dy)$ continue.

On suppose dans la suite que m est régulière et que $V1$ est une fonction strictement positive et finie. On a alors le:

LEMME 10. ([7]) *Soit* μ *une mesure régulière telle que* $G\mu < +\infty$. *Alors les noyaux* S *et* Z *définis par* $Sf = G(f\mu)$ *et* $Zf = G(f(\mu + m))$ *pour* $f \in B^+(X)$ *vérifient le principe complet du maximum et admettent des résolvantes sous-markoviennes.*

LEMME 11. ([7]) *Soit*

$$\Gamma_\alpha(x,y) = \begin{cases} G(x,y) - \alpha V_\alpha(G(.,y))(x) & si \ G(x,y) < +\infty \\ \\ +\infty & sinon. \end{cases}$$

Alors pour tout $y \in X$, $\Gamma_\alpha(.,y)$ est α-surmédiane et sa régularisée α-excessive $G_\alpha(.,y)$ vérifie $G(.,y) = G_\alpha(.,y) + \alpha V_\alpha G(.,y))$.

On note dans la suite $J = \{f \in B(X) : V_\alpha|f| \text{ bornée}; \forall\alpha > 0\}$ et on se donne une mesure μ régulière telle que $G\mu$ soit borné et une fonction $\psi \in L$. Soient $\nu = \mu + m$ et g une fonction mesurable telle que $0 \leq g \leq 1$, vérifiant $\mu = g \cdot \nu$ et $h = 1 - g$.

Le noyau $Z_{\alpha h}(f) = G_\alpha(f\nu)$ vérifie le principe complet du maximum et $Z_{\alpha h}1 = G_\alpha\mu + V_\alpha 1$ est bornée. Posons pour $f \in B_b(X) : N^{(\alpha)}f = G_\alpha(\psi(.,f)f\mu)$. Alors $N^{(\alpha)}$ est un opérateur borné vérifiant le principe complet du maximum et d'après le Théorème 2, il admet une résolvante (non linéaire) $(N_p^{(\alpha)})_{p\geq 0}$ sous-markovienne. Notons $P_\alpha = N_1^{(\alpha)}$; nous obtenons alors le:

THÉORÈME 12. *Pour tout $\alpha > 0$, il existe un opérateur positif W_α de J dans J, unique et vérifiant pour tout $f \in J$:*
i) $W_\alpha f = V_\alpha f - P_\alpha V_\alpha f = V_\alpha f - G_\alpha\left(\psi(.,W_\alpha f)W_\alpha f\mu\right)$.
ii) $|W_\alpha f| \leq V_\alpha\left(|f|\right)$.

Démonstration. i) On pose pour $f \in J$:

$$W_\alpha f = V_\alpha f - P_\alpha V_\alpha f = (I - P_\alpha)V_\alpha f.$$

Alors on a bien:

$$V_\alpha f = (I - P_\alpha)^{-1} W_\alpha f = \left(I + N^{(\alpha)}\right) W_\alpha f = W_\alpha f + G_\alpha\left(\psi(.,W_\alpha f)W_\alpha f\mu\right).$$

W_α est positif, en effet: soit $f \in J^+$ et $\theta = \psi(.,W_\alpha f)$, alors $\theta \in B_b^+(X)$ et on a:

$$\begin{aligned} V_\alpha f &= W_\alpha f + G_\alpha\left(\psi(.,W_\alpha f)W_\alpha f\mu\right) = W_\alpha f + G_\alpha(\theta W_\alpha f\mu) \\ &= W_\alpha f + Z_{\alpha h}(\theta g W_\alpha f). \end{aligned}$$

Ce qui donne:

$$W_\alpha f = \left[I + Z_{\alpha h}(\theta g.)\right]^{-1} V_\alpha f = \left[I - Z_{\alpha h+\theta g}(\theta g.)\right] V_\alpha f.$$

Or, $V_\alpha f = Z_{\alpha h}(fh)$; donc $W_\alpha f = Z_{\alpha h}(fh) - Z_{\alpha h+\theta g}(\theta g Z_{\alpha h}(fh))$, c'est à dire $W_\alpha f = Z_{\alpha h+\theta g}(fh)$, qui est bien positive.
ii) La fonction ψ est bornée, donc il existe une constante $\lambda \geq 0$ telle que $0 \leq \psi \leq \lambda$ et on a:

$$W_\alpha f = Z_{\alpha h+\lambda g}\left((\lambda - \psi(.,W_\alpha f))W_\alpha f \cdot g\right) + Z_{\alpha h+\lambda g}(fh),$$

ce qui donne:

$$|W_\alpha f| \leq \lambda Z_{\alpha h+\lambda g}\left(|W_\alpha f| g\right) + Z_{\alpha h+\lambda g}(h|f|).$$

Donc on a:

$$[I - Z_{\alpha h+\lambda g}(\lambda g\cdot)]\, |W_\alpha f| \leq Z_{\alpha h+\lambda g}(h|f|).$$

Il en résulte alors que:

$$|W_\alpha f| \leq [I + Z_{\alpha h}(\lambda g\cdot)]\, Z_{\alpha h+\lambda g}(|f|h) = Z_{\alpha h}(|f|h) = V_\alpha(|f|). \blacksquare$$

EXEMPLE 13. Soit $X = \mathbb{R}^n$, $V_\alpha = (\alpha I - \Delta)^{-1}$ pour $\alpha > 0$ et soit $\psi(x,r) = \inf(a, |r|^p)$, où $a \geq 0$ et $p \geq 0$. Soit μ une mesure de Radon positive, ne chargeant pas les semi-polaires. Alors pour tout $f \in B_b(X)$, $W_\alpha f$ est l'unique solution bornée de l'équation semi-linéaire:

$$\Delta u - \alpha u - u \cdot \inf\left(|u|^p, a\right) \mu = -f.$$

De plus, quitte à choisir a assez grand, l'équation devient:

$$\Delta u - \alpha u - u|u|^p \mu = -f.$$

PROPOSITION 14. *La famille d'opérateurs $(W_\alpha)_{\alpha>0}$ de J dans J, vérifie l'équation résolvante:*

$$W_\alpha = W_\beta\left(I + (\beta - \alpha) W_\alpha\right); \quad \forall \alpha,\ \beta > 0.$$

Démonstration. Soient α et β dans $]0, +\infty[$ et $f \in B_b(X)$. Alors on a:

$$G_\beta(f\nu) = G_\alpha(f\nu) + (\alpha - \beta) V_\beta(G_\alpha(f\nu)).$$

En particulier: $N^{(\beta)} = N^{(\alpha)} + (\alpha - \beta) V_\beta N^{(\alpha)}$. Il s'ensuit que

$$\begin{aligned} N^{(\beta)}(I - P_\alpha) &= N^{(\beta)}\left(I + N^{(\alpha)}\right)^{-1} \\ &= N^{(\alpha)}\left(I + N^{(\alpha)}\right)^{-1} + (\alpha - \beta) V_\beta N^{(\alpha)}\left(I + N^{(\alpha)}\right)^{-1} \\ &= P_\alpha + (\alpha - \beta) V_\beta P_\alpha. \end{aligned}$$

Donc pour tout $f \in J$, on a:

$$\begin{aligned} (I + N^{(\beta)})(I - P_\alpha) V_\alpha f &= W_\alpha f + P_\alpha V_\alpha f + (\alpha - \beta) V_\beta P_\alpha V_\alpha f \\ &= V_\alpha f + (\alpha - \beta) V_\beta (V_\alpha f - W_\alpha f) \\ &= V_\beta\left(f + (\beta - \alpha) W_\alpha f\right). \end{aligned}$$

Cela donne:

$$(I - P_\alpha) V_\alpha f = (I - P_\beta) V_\beta\left(f + (\beta - \alpha) W_\alpha f\right),$$

c'est-à-dire [2]:

$$W_\alpha f = W_\beta\left(f + (\beta - \alpha) W_\alpha f\right). \blacksquare$$

---

[2] $(W_\alpha)_{\alpha>0}$ est dite résolvante perturbée de $(V_\alpha)_{\alpha>0}$ par $\psi \cdot \mu$.

REMARQUES 15.

1) Le Théorème 12 et la Proposition 14 sont aussi valables pour $\alpha = 0$, sur l'ensemble $\{f \in B(X) : V|f| \text{ bornée}\}$.

2) Pour $f \in J^+$, l'application $\alpha \mapsto W_\alpha f$ est décroissante sur $]0, +\infty[$.

3) Si ψ ne dépend pas de r (i.e. $\psi(x,r) = \psi(x) \in B_b^+(X)$), alors W_α n'est autre que le noyau ${}^\mu V_\alpha$ défini dans [7].

4) Puisque W_α est un opérateur croissant, il est facile de voir qu'on peut définir d'une manière intrinsèque $W_\alpha f$ pour $f \in B^+(X)$ par $W_\alpha f = \sup_n W_\alpha(f \wedge n)$. De plus pour toute suite $(f_n)_n \subset B^+(X)$, croissante vers f, on a $W_\alpha f = \sup_n W_\alpha f_n$.

THÉORÈME 16. *Soient $\alpha > 0$ et $f_1, f_2 \in J$. Alors on a:*

1) $f_1 \le f_2 \Longrightarrow 0 \le W_\alpha f_2 - W_\alpha f_1 \le V_\alpha(f_2 - f_1)$.

2) $|W_\alpha f_2 - W_\alpha f_1| \le V_\alpha(|f_2 - f_1|)$.

En particulier, la résolvante $(W_\alpha)_{\alpha>0}$ est sous-markovienne.

Démonstration. Soient $f_1, f_2 \in J$ et $\alpha > 0$. On a:

$$W_\alpha f_2 - W_\alpha f_1 = V_\alpha(f_2 - f_1) + G_\alpha\left([\psi(.,W_\alpha f_1)W_\alpha f_1 - \psi(.,W_\alpha f_2)W_\alpha f_2]\,\mu\right).$$

Il existe alors $\theta \in B_b^+(X)$ telle que:

$$\begin{aligned} W_\alpha f_2 - W_\alpha f_1 &= V_\alpha(f_2 - f_1) + G_\alpha(\theta(W_\alpha f_1 - W_\alpha f_2)\mu) \\ &= Z_{\alpha h}(h(f_2 - f_1)) + Z_{\alpha h}(g\theta(W_\alpha f_1 - W_\alpha f_2)). \end{aligned}$$

Par suite on a:

$$[I + Z_{\alpha h}(g\theta .)]\,[W_\alpha f_2 - W_\alpha f_1] = Z_{\alpha h}(h(f_2 - f_1)).$$

Ce qui donne:

$$\begin{aligned} W_\alpha f_2 - W_\alpha f_1 &= [I - Z_{\alpha h + g\theta}(g\theta .)]\,Z_{\alpha h}(h(f_2 - f_1)) \\ &= Z_{\alpha h + g\theta}(h(f_2 - f_1)). \end{aligned}$$

Donc on a:

1) Si $f_1 \le f_2$ alors $0 \le Z_{\alpha h + g\theta}(h(f_2 - f_1)) \le Z_{\alpha h}(h(f_2 - f_1)) = V_\alpha(f_2 - f_1)$,

2) $|W_\alpha f_2 - W_\alpha f_1| \le Z_{\alpha h + g\theta}(h|f_2 - f_1|) \le Z_{\alpha h}(h|f_2 - f_1|) = V_\alpha(|f_2 - f_1|)$.

Soient $f_1, f_2 \in B_b(X)$, on a:

$$|\alpha W_\alpha f_2 - \alpha W_\alpha f_1| \le |\alpha V_\alpha(|f_2 - f_1|) \le (\alpha V_\alpha 1)\,\|f_2 - f_1\|.$$

Donc $(W_\alpha)_{\alpha>0}$ est sous-markovienne. ∎

COROLLAIRE 17. *Soient $f \in J$ et $\alpha, \beta > 0$. Alors on a:*

$$|W_\alpha f - W_\beta f| \leq |V_\alpha(|f|) - V_\beta(|f|)| = |\alpha - \beta| V_\alpha V_\beta(|f|).$$

Démonstration. Soient $f \in J$ et $\alpha, \beta > 0$. On a d'après l'équation résolvante:

$$W_\alpha f - W_\beta f = W_\alpha f - W_\alpha \left(f + (\alpha - \beta) W_\beta f\right).$$

Il en résulte d'après le Théorème 16 que:

$$|W_\alpha f - W_\beta f| \leq V_\alpha \left(|\alpha - \beta|\, |W_\beta f|\right) \leq |\alpha - \beta| V_\alpha V_\beta(|f|). \quad \blacksquare$$

PROPOSITION 18. *Supposons que l'application $r \mapsto \psi(.,r)$ est croissante sur $[0, \infty[$. Alors pour tout $f_1, f_2 \in B^+(X)$ et $\alpha > 0$, on a:*

i) $W_\alpha(f_1 + f_2) \leq W_\alpha f_1 + W_\alpha f_2$,

ii) $W_\alpha(t f_1) \leq t W_\alpha f_1$, *si* $t \geq 1$.

Démonstration.

i) Soient $f_1, f_2 \in B_b^+(X)$ et $u = W_\alpha f_1$, $v = W_\alpha f_2$; $w = W_\alpha(f_1 + f_2)$.
Alors on a:

$$\begin{aligned} u + v - w &= G_\alpha\left((w - u - v)\psi(.,w)\mu\right) + G_\alpha\left(u(\psi(.,w) - \psi(.,u))\mu\right) + \\ &+ G_\alpha\left(v(\psi(.,w) - \psi(.,v))\mu\right). \end{aligned}$$

Posons $\theta = \psi(.,w)$, $f = u(\psi(.,w) - \psi(.,u)) + v(\psi(.,w) - \psi(.,v))$. Alors θ et f sont dans $B_b^+(X)$, car $u, v, w \in B_b^+(X)$ et $r \mapsto \psi(.,r)$ est croissante sur $[0, \infty[$. Donc $u+v-w+G_\alpha\left((u+v-w)\theta\mu\right) = G_\alpha(f\mu)$, ce qui donne: $u+v-w = Z_{\alpha h + \theta g}(fg) \geq 0$. Donc $W_\alpha(f_1 + f_2) \leq W_\alpha f_1 + W_\alpha f_2$.

ii) Ça se démontre de la même manière que i). $\blacksquare$

2.2 Fonctions excessives

On suppose dans la suite que $V1$ est bornée et on note $W_0 = W$.

DÉFINITION 19. Une fonction $v \in B^+(X)$ est dite *W-surmédiane* si pour tout $\alpha > 0$, $W_\alpha(\alpha v) \leq v$. On note S_ψ l'ensemble des fonctions W-surmédianes. Cet ensemble contient évidemment l'ensemble S_0 des fonctions V-surmédianes.

PROPOSITION 20.

a) $\forall f \in B^+(X)$; Wf *est W-surmédiane.*

b) $\forall u, v \in S_\psi$, $\inf(u, v) \in S_\psi$ *et, si* $(v_n)_n$ *est une suite monotone dans* S_ψ, *alors* $\lim_{n \to +\infty} v_n$ *est dans* S_ψ.

c) *Soit* $v \in S_\psi$, *alors l'application* $\alpha \mapsto W_\alpha(\alpha v)$ *est croissante sur* $]0, +\infty[$.

Démonstration. Analogue à celle de la Proposition 6. $\blacksquare$

REMARQUE 21. Si $r \mapsto \psi(.,r)$ est croissante sur $[0,\infty[$, alors d'après la Proposition 18, S_ψ est stable pour l'addition.

DÉFINITION 22. Une fonction $v \in B^+(X)$ est dite *W-excessive* si $v \in S_\psi$ et si $\lim_{\alpha\to\infty} W_\alpha(\alpha v) = v$. On note E_ψ l'ensemble des fonctions W-excessives.

PROPOSITION 23.

a) $\forall f \in B^+(X)$, *Wf est W-excessive.*

b) $\forall v \in E_\psi$, *il existe une suite* $(f_n)_n \subset B_b^+(X)$ *telle que* $v = \sup_n Wf_n$.

Démonstration.

a) Soient $f \in B^+(X)$, $\alpha > 0$ et $f_n = f \wedge n$ pour $n \in \mathbb{N}$. D'après la Proposition 14, on a $Wf_n = W_\alpha(f_n + \alpha W f_n)$, ce qui donne d'après la Proposition 20.a) et le Théorème 16:

$$W_\alpha(\alpha W f_n) \leq W f_n \leq W_\alpha(\alpha W f_n) + V_\alpha f_n.$$

Faisons tendre α vers $+\infty$, on obtient $Wf_n = \sup_{\alpha>0} W_\alpha(\alpha W f_n)$. Maintenant on a $Wf = \sup_n Wf_n = \sup_{\alpha>0} W_\alpha(\alpha W f)$, ce qui prouve que $Wf \in E_\psi$.

b) Démonstration analogue à celle de la Proposition 8.b). ∎

THÉORÈME 24. *Les assertions suivantes sont vraies:*

1) *Si* $v \in S_\psi$ *alors* $v + G(\psi(.,v)v\mu)$ *est dans* S_0 *et* $\tilde{v} + G(\psi(.,v)v\mu)$ *appartient à* E_0, *où* $\tilde{v} = \sup_{\alpha>0} W_\alpha(\alpha v)$.

2) *Pour tout* $v \in S_\psi$ *et tous* $\alpha, t > 0$: $W_\alpha(tv) = W_\alpha(t\tilde{v})$. *En particulier* $\tilde{v}$ *est la plus grande minorante W-excessive de* v.

3) *Soit* $v \in B_b^+(X)$ *telle que* $v + G(\psi(.,v)v\mu) \in S_0$ *(resp.* E_0*), alors* $v \in S_\psi$ *(resp.* E_ψ*).*

Démonstration.

1) Soit $v \in S_\psi$ et $u = v + G(\psi(.,v)v\mu)$. Alors pour tout $\alpha > 0$, on a:

$$\alpha V_\alpha u = W_\alpha(\alpha v) + G_\alpha(\psi(., W_\alpha(\alpha v))W_\alpha(\alpha v)\mu) + \alpha V_\alpha(G(\psi(.,v)v\mu),$$

ce qui donne

$$\alpha V_\alpha u \leq v + G_\alpha(\psi(.,v)v\mu) + \alpha V_\alpha G(\psi(.,v)v\mu) = v + G(\psi(.,v)v\mu).$$

Donc $v + G(\psi(.,v)v\mu)$ appartient à S_0. Maintenant, soit $v \in S_\psi \cap B_b^+(X)$ et $s_\alpha = W_\alpha(\alpha v)$. D'après ce qui précède on a:

$$\begin{aligned}(*)\quad \alpha V_\alpha u &= s_\alpha + G_\alpha\left(\psi(.,s_\alpha)s_\alpha\mu\right) + \alpha V_\alpha G(\psi(.,v)v\mu) \\ &= s_\alpha + G\left(\psi(.,s_\alpha)s_\alpha\mu\right) - \alpha V_\alpha G(\psi(.,s_\alpha)s_\alpha\mu) + \alpha V_\alpha G(\psi(.,v)v\mu).\end{aligned}$$

Or, pour $0 < \beta \leq \alpha$, on a:

$$\beta V_\beta G(\psi(.,s_\alpha)s_\alpha\mu) \leq \alpha V_\alpha G(\psi(.,s_\alpha)s_\alpha\mu) \leq \alpha V_\alpha G(\psi(.,\tilde{v})\tilde{v}\mu).$$

Ce qui donne:

$$\beta V_\beta G(\psi(.,\tilde{v})\tilde{v}\mu) \leq \sup_{\alpha>0} \alpha V_\alpha G(\psi(.,s_\alpha)s_\alpha\mu) \leq G(\psi(.,\tilde{v})\tilde{v}\mu).$$

Donc $\sup_{\alpha>0} \alpha V_\alpha G(\psi(.,s_\alpha)s_\alpha\mu) = G(\psi(.,\tilde{v})\tilde{v}\mu)$. Il en résulte, d'après (*), que $\underline{u} = \sup_{\lambda>0} \lambda V_\lambda\ u = \tilde{v} + G(\psi(.,v)v\mu)$, qui est bien dans E_0. Maintenant si $v \in S_\psi$ alors $v_n = v \wedge n \in S_\psi \cap B_b^+(X)$ et d'après ce qui précède $\tilde{v}_n + G(\psi(.,v_n)v_n\mu) \in E_0$. Or, $\sup_n \tilde{v}_n = \tilde{v}$, donc $\tilde{v} + G(\psi(.,v)v\mu) \in E_0$.

2) Soit $v \in S_\psi$, alors $\tilde{v} + G(\psi(.,v)v\mu) \in E_0$ et par suite pour tout $\alpha > 0$:

$$V_\alpha(v + G(\psi(.,v)v\mu)) = V_\alpha u = V_\alpha(\underline{u}) = V_\alpha(\tilde{v} + G(\psi(.,v)v\mu)).$$

Donc pour tout $\alpha > 0$: $V_\alpha v = V_\alpha \tilde{v}$. Or, d'après le Théorème 16, on a pour tout $t > 0$:

$$0 \leq W_\alpha(tv_n) - W_\alpha(t\tilde{v}_n) \leq V_\alpha(t(v_n - \tilde{v}_n)) = 0.$$

Donc pour tous $t, \alpha > 0$: $W_\alpha(tv_n) = W_\alpha(t\tilde{v}_n)$ et par passage à la limite ($n \to +\infty$), on obtient $W_\alpha(tv) = W_\alpha(t\tilde{v})$. En particulier, on a pour tout $\alpha > 0$: $W_\alpha(\alpha\tilde{v}) = W_\alpha(\alpha v) \leq \tilde{v}$, ce qui prouve que $\tilde{v} \in E_\psi$. De plus, si $w \in E_\psi$ telle que $w \leq v$, alors pour tout $\alpha > 0$, $W_\alpha(\alpha w) \leq W_\alpha(\alpha v)$ et donc $w \leq \tilde{v}$; c'est-à-dire que $\tilde{v}$ est la plus grande minorante W-excessive de v.

3) Soit $v \in B_b^+(X)$ telle que $u = v + G(\psi(.,v)v\mu) \in S_0$. Alors on a:

$$\begin{aligned} s_\alpha &= W_\alpha(\alpha v) = \alpha V_\alpha v - G_\alpha(\psi(.,s_\alpha)s_\alpha\mu) \\ &= \alpha V_\alpha u - \alpha V_\alpha G(\psi(.,v)v\mu) - G_\alpha(\psi(.,s_\alpha)s_\alpha\mu). \end{aligned}$$

Ce qui donne:

$$v - s_\alpha + G_\alpha\left([\psi(.,v)v - \psi(.,s_\alpha)s_\alpha]\,\mu\right) = u - \alpha V_\alpha u.$$

Il existe alors $\theta \in B_b^+(X)$ telle que $v - s_\alpha = u - \alpha V_\alpha u - Z_{\alpha h+\theta g}(\theta g(u - \alpha V_\alpha u))$. Or, $u \in S_0$ donc $u - V_\alpha u \in S_\alpha$ et par suite il existe une suite $(f_n)_n \subset B_b^+(X)$ telle que $v - s_\alpha = \lim_{n\to\infty}\left[Z_{\alpha h}(hf_n) - Z_{\alpha h+\theta g}(\theta g Z_{\alpha h}(hf_n))\right] = \lim_{n\to\infty} Z_{\alpha h+\theta g}(hf_n) \geq 0$. Donc $v \in S_\psi$. Si de plus $u \in E_0$, alors $\lim_{\alpha\to\infty} Z_{\alpha h+\theta g}(\theta g(u - \alpha V_\alpha u)) = 0$, ce qui donne $\lim_{\alpha\to\infty} s_\alpha = v$, c'est-à-dire $v \in E_\psi$. ∎

Références

[1] H. Ben Saad. Généralisation des noyaux V_h et applications. *Séminaire de Théorie du Potentiel, Paris,* No 7, pages 14–39. Lecture Notes in Math. 1061, Springer-Verlag, 1984.

[2] J. Bliedtner et W. Hansen. *Potential Theory, An Analytic and Probabilistic Approach to Balayage.* Universitext, Springer-Verlag, 1986.

[3] A. Boukricha, W. Hansen et H. Hueber. Continuous solutions of the generalized Schrödinger equation and perturbation of harmonic spaces. *Exposition. Math.*, 5:97–135, 1987.

[4] C. Dellacherie. Une version non linéaire du théorème de Hunt. *ICPT 90, Septembre 1990, Nagoya, Japan.*

[5] J. Glover et P.J. McKenna. Solving semilinear partial differential equations with probabilistic Potential Theory. *Trans. Amer. Math. Soc.*, 290:665–681, 1985.

[6] H. Maagli. Perturbation and Excessive functions. In J. Kràl et al., editors, *Potential Theory, Prague, 1987*, pages 223–230, Plenum Press, 1988.

[7] H. Maagli et M. Selmi. Perturbation des résolvantes et des semi-groupes par une mesure de Radon positive. *Math. Z.*, 205:379–393, 1990.

[8] F.Y. Maeda. Semi-Linear perturbation of harmonic spaces. *Hokkaido Math. J.*, 10:464–493, 1981.

[9] J. Neveu. Potentiel markovien recurrent des chaines de Harris. *Ann. Inst. Fourier (Grenoble)*, 22,2:85–130, 1972.

Sur la comparaison des fonctions de Green de $\Delta - \lambda$ et $\Delta - \lambda - \mu$

MOHAMED SELMI
Département de Mathématiques, Faculté des Sciences de Tunis, Campus Universitaire, 1060-Tunis, Tunisie.

Résumé. Nous donnons les conditions nécessaires et suffisantes pour que les fonctions de Green de $\Delta - \lambda$ et $\Delta - \lambda - \mu$ soient comparables sur $\mathbb{R}^n$, où μ est une mesure de Radon positive régulière exacte dans le sens de [5] et λ une constante strictement positive. Nous donnons une caractérisation spéciale pour les dimensions une et deux.

AMS Subject Classifications (1991). 31C15, 31D05, 47D07.

Mots clés. Fonction de Green, mesure régulière.

Nous dirons que G^n_λ et $G^n_{\lambda+\mu}$ sont comparables sur $\mathbb{R}^n$ s'il existe une constante $c > 0$ telle que $G^n_{\lambda+\mu} \leq G^n_\lambda \leq cG^n_{\lambda+\mu}$.

Nous allons chercher des conditions suffisantes et nécessaires pour que les fonctions de Green de $\Delta - \lambda$ et $\Delta - \lambda - \mu$ soient comparables sur $\mathbb{R}^n$ où μ est une mesure de Radon positive régulière exacte dans le sens de [5] et λ une constante strictement positive.

La fonction de Green associée à $\Delta - \lambda$ sur $\mathbb{R}^n$, $n \geq 1$, est donnée par

$$G_\lambda(x,y) = \frac{1}{(4\pi)^{n/2}} \int_0^\infty \frac{1}{t^{n/2}} e^{-\lambda t - \frac{|x-y|^2}{4t}}\, dt.$$

Si on pose $r = |x-y|$ et on note $G^n_\lambda(x,y) = g^n_\lambda(r)$ on a:

$$g^n_\lambda(r) = \frac{1}{(4\pi)^{n/2}} \int_0^\infty \frac{1}{t^{n/2}} e^{-\lambda t - \frac{r^2}{4t}}\, dt.$$

Pour λ et n fixés c'est une fonction décroissante. En utilisant le théorème de dérivation sous le signe somme nous obtenons que sa dérivée par rapport à r est donnée par la formule:

$$g^{n'}_\lambda(r) = -2\pi r g^{n+2}_\lambda(r).$$

Il suffit alors d'avoir $g^1_\lambda(r)$ et $g^2_\lambda(r)$ pour déduire les $g^n_\lambda(r)$ pour tout $n \in \mathbb{N}$.
Dans les tables de transformations de Laplace on trouve:

$$\begin{aligned} g^1_\lambda(r) &= \frac{1}{2\lambda^{1/2}} e^{-\lambda^{1/2} r}, \\ g^2_\lambda(r) &= \frac{1}{2\pi} \int_0^\infty e^{-r\lambda^{1/2}\operatorname{ch} t}\, dt. \end{aligned}$$

D'autre part, en utilisant le changement de variable $s = \lambda t$ dans l'expression intégrale de g^n_λ, nous obtenons:

$$g^n_\lambda(r) = \lambda^{\frac{n-2}{2}} g^n_1(\lambda^{1/2} r).$$

Emile M. J. Bertin (ed.), ICPT 91, 259–266.

On en déduit

$$\begin{aligned} g_1^3(r) &= \frac{1}{4\pi}\frac{1}{r}\,e^{-r}, \\ g_1^5(r) &= \frac{1}{2^3\pi^2}\left(\frac{1}{r^3}+\frac{1}{r^2}\right)e^{-r}. \end{aligned}$$

On remarque que

1) Pour n impair: $g_1^n(r) = P_n\left(\frac{1}{r}\right)e^{-r}$ où P_n est un polynôme de degré $n-2$ et de valuation $\frac{n-1}{2}$, le coefficient du plus haut degré est $\frac{1}{4\pi^{\frac{n+1}{2}}}$, celui du plus bas degré est $\frac{1}{2(2\pi)^{\frac{n-1}{2}}}$ et les autres coefficients sont strictement positifs.

2) Pour n pair,

$$\begin{aligned} g_1^4(r) &= \frac{1}{4\pi^2 r}\int_0^\infty \operatorname{ch} t\, e^{-r\operatorname{ch} t}\,dt, \\ g_1^6(r) &= \frac{1}{(2\pi)^3}\left(\frac{1}{r^3}\int_0^\infty \operatorname{ch} t\, e^{-r\operatorname{ch} t}\,dt + \frac{1}{r^2}\int_0^\infty \operatorname{ch}^2 t\, e^{-r\operatorname{ch} t}\,dt\right). \end{aligned}$$

On remarque alors que pour $n \geq 4$:

$$g_1^n(r) = \sum_{k=\frac{n}{2}-1}^{n-3} a_k \frac{1}{r^k}\int_0^\infty (\operatorname{ch} t)^{n-2-k}\, e^{-r\operatorname{ch} t}\,dt,$$

avec

$$\begin{aligned} a_k > 0, \quad a_{n-3} &= \frac{2(n-4)!}{(4\pi)^{\frac{n}{2}-1}\left(\frac{n}{2}-2\right)!}, \\ a_{\frac{n}{2}-1} &= \frac{1}{(2\pi)^{n/2}}. \end{aligned}$$

Ainsi nous pouvons remarquer que pour $n \geq 3$ nous avons:

$$\begin{aligned} g_1^n(r) &\simeq \frac{1}{4\pi^{\frac{n+1}{2}}}\Gamma\left(\frac{n}{2}-1\right)\frac{1}{r^{n-2}} \text{ au voisinage de } 0, \\ g_1^n(r) &\simeq \frac{1}{2(2\pi)^{\frac{n-1}{2}}}\frac{1}{r^{\frac{n-1}{2}}}\,e^{-r} \text{ au voisinage de } +\infty. \end{aligned}$$

Pour $n = 2$ nous avons d'après [6]

$$\begin{aligned} g_1^2(r) &\simeq \frac{1}{2\pi}\log\frac{1}{r} \text{ au voisinage de } 0, \\ g_1^2(r) &\simeq \frac{1}{2\sqrt{2\pi r}}\,e^{-r} \text{ au voisinage de } +\infty. \end{aligned}$$

Posons $f_1^n(r) = e^r g_1^n$. Alors:

LEMME 1. *Nous avons*

$$\begin{aligned} f_1^2\left(\frac{r}{2}\right) &\leq \sqrt{2} f_1^2(r), \\ f_1^n\left(\frac{r}{2}\right) &\leq 2^{n-2} f_1^n(r) \quad \textit{pour} \quad n > 2. \end{aligned}$$

Démonstration. Pour n impair, $n \geq 3$, le résultat est simple car $f_1^n(r) = P_n\left(\frac{1}{r}\right)$ et comme P_n est à coefficients positifs et de degré $n-2$ nous aurons

$$f_1^n\left(\frac{r}{2}\right) = P_n\left(\frac{2}{r}\right) \leq 2^{n-2} P_n\left(\frac{1}{r}\right) = 2^{n-2} f_1^n(r).$$

Pour n pair, $n \geq 4$, il suffit de montrer le résultat pour le terme général

$$\alpha_k(r) = \frac{\mathrm{e}^r}{r^k} \int_0^\infty (\operatorname{ch} t)^{n-2-k} e^{-r \operatorname{ch} t}\, dt.$$

En effet, nous avons pour tout $p \in \mathbb{N}^*$ et $u \geq 1$

$$\left(\frac{2u-1}{u}\right)^{2p} \leq 2^{2p} \frac{u}{u+1},$$

ce qui nous permet d'écrire:

$$\frac{(2u-1)^p}{u^{1/2}} \leq 2^p \frac{u^p}{(u+1)^{1/2}} \quad \text{pour tout } p \in \mathbb{N}^*, \quad u \geq 1.$$

Soit encore, en multipliant par $(u-1)^{-1/2}$:

$$\frac{(2u-1)^p}{(u^2-u)^{1/2}} \leq 2^p \frac{u^p}{(u^2-1)^{1/2}} \quad \text{pour tout} \quad p \in \mathbb{N}^*, \quad u > 1.$$

Soit maintenant $r > 0$. Nous obtenons alors par intégration:

$$\int_1^\infty \frac{(2u-1)^p}{(u^2-u)^{1/2}} e^{-ru}\, du \leq 2^p \int_1^\infty \frac{u^p}{(u^2-1)^{1/2}} e^{-ru}\, du \quad \forall p \in \mathbb{N}^*.$$

Nous faisons dans l'intégrale à gauche le changement de variable $u = \frac{1+\operatorname{ch} t}{2}$ et $u = \operatorname{ch} t$ dans l'intégrale à droite. Nous obtenons alors

$$\int_0^\infty (\operatorname{ch} t)^p\, e^{-r\frac{1+\operatorname{ch} t}{2}}\, dt \leq 2^p \int_0^\infty (\operatorname{ch} t)^p\, \mathrm{e}^{-r \operatorname{ch} t}\, dt,$$

ce qui nous donne pour $p = n - k - 2$

$$\left(\frac{2}{r}\right)^k e^{\frac{r}{2}} \int_0^\infty (\operatorname{ch} t)^{n-2-k}\, \mathrm{e}^{-\frac{r}{2}\operatorname{ch} t}\, dt \leq 2^{n-2} \frac{1}{r^k} \mathrm{e}^r \int_0^\infty (\operatorname{ch} t)^{n-k-2}\, \mathrm{e}^{-r \operatorname{ch} t}\, dt,$$

ce qui démontre que:

$$\alpha_k\left(\frac{r}{2}\right) \leq 2^{n-2}\alpha_k(r).$$

Pour le cas $n = 2$, nous avons pour tout $u > 1$: $1 \leq 2\frac{u}{1+u}$, ce qui entraîne pour tout $u > 1$: $(u^2 - u)^{-1/2} \leq 2^{1/2}(u^2 - 1)^{-1/2}$, ce qui nous donne pour tout $r > 0$

$$\int_1^\infty (u^2 - u)^{-1/2} e^{-ru}\, du \leq 2^{1/2} \int_1^\infty (u^2 - 1)^{-1/2}\, e^{-ru}\, du.$$

Les mêmes changements de variables nous aménent au résultat cherché. ∎

LEMME 2. *Nous avons pour tout $\lambda > 0$ et tout $x, y \in \mathbb{R}^n$, $n \geq 3$:*

$$\begin{aligned} 1)\ G^n_\lambda(x,z)G^n_\lambda(z,y) &\leq 2^{n-2}\lambda^{\frac{n-2}{2}}\left[f_1^n\left(\lambda^{1/2}|x-z|\right) + f_1^n\left(\lambda^{1/2}|y-z|\right)\right], \\ 2)\ G^2_\lambda(x,z)G^2_\lambda(z,y) &\leq 2^{1/2}\left[f_1^2\left(\lambda^{1/2}|x-z|\right) + f_1^2\left(\lambda^{1/2}|y-z|\right)\right] G^2_\lambda(x,y). \end{aligned}$$

Démonstration. Pour n impair le résultat est simple car P_n est un polynôme à coefficients positifs et pour $x, y, z \in \mathbb{R}^n$ nous avons:

$$|x - y| \leq |x - z| + |y - z|.$$

Il s'ensuit que $|x - y| \leq 2|x - z|$ ou $|x - y| \leq 2|y - z|$; il en résulte que

$$P_n\left(\frac{1}{\lambda^{1/2}|x-z|}\right) \leq P_n\left(\frac{2}{\lambda^{1/2}|x-y|}\right) \quad \text{ou} \quad P_n\left(\frac{1}{\lambda^{1/2}|y-z|}\right) \leq P_n\left(\frac{2}{\lambda^{1/2}|x-y|}\right).$$

D'après le Lemme 1 nous avons

$$P_n\left(\frac{2}{\lambda^{1/2}|x-y|}\right) \leq 2^{n-2}P_n\left(\frac{1}{\lambda^{1/2}|x-y|}\right).$$

On en déduit alors:

$$\begin{aligned} &P_n\left(\frac{1}{\lambda^{1/2}|x-z|}\right)P_n\left(\frac{1}{\lambda^{1/2}|y-z|}\right) \\ &\leq\ 2^{n-2}P_n\left(\frac{1}{\lambda^{1/2}|x-y|}\right)\left[P_n\left(\frac{1}{\lambda^{1/2}|x-z|}\right) + P_n\left(\frac{1}{\lambda^{1/2}|y-z|}\right)\right]. \end{aligned}$$

Par suite nous obtenons

$$G^n_\lambda(x,z)G^n_\lambda(z,y) \leq 2^{n-2}G^n_\lambda(x,y)\left[\lambda^{\frac{n-2}{2}}P_n\left(\frac{1}{\lambda^{1/2}|x-z|}\right) + \lambda^{\frac{n-2}{2}}P_n\left(\frac{1}{\lambda^{1/2}|y-z|}\right)\right],$$

ce qui démontre le résultat.
Pour n pair, $n \geq 4$, nous avons

$$\alpha_k(r) = \frac{e^r}{r^k}\int_0^\infty (\operatorname{ch} t)^{n-2-k}\, e^{-r \operatorname{ch} t}\, dt \ \text{ est décroissante } (k \in \mathbb{N}^*).$$

Il en résulte que f_1^n est décroissante et par suite nous avons:

$$f_1^n\left(\lambda^{1/2}\frac{|x-y|}{2}\right) \geq f_1^n\left(\lambda^{1/2}|x-z|\right) \quad \text{ou} \quad f_1^n\left(\frac{\lambda^{1/2}}{2}|x-y|\right) \geq f_1^n\left(\lambda^{1/2}|y-z|\right),$$

ce qui entraîne, en utilisant le Lemme 1:

$$\begin{aligned} & G_\lambda^n(x,z)G_\lambda^n(z,y) \\ \leq\ & \lambda^{n-2}e^{-\lambda|x-y|}f_1^n\left(\lambda^{1/2}|x-z|\right)f_1^n\left(\lambda^{1/2}|y-z|\right) \\ \leq\ & \lambda^{n-2}e^{-\lambda|x-y|}f_1^n\left(\lambda^{1/2}\frac{|x-y|}{2}\right)\left[f_1^n\left(\lambda^{1/2}|x-z|\right)+f_1^n\left(\lambda^{1/2}|y-z|\right)\right] \\ \leq\ & 2^{n-2}G_\lambda^n(x,y)\left[\lambda^{\frac{n-2}{2}}f_1^n\left(\lambda^{1/2}|x-z|\right)+\lambda^{\frac{n-2}{2}}f_1^n\left(\lambda^{1/2}|y-z|\right)\right] \end{aligned}$$

pour tout $x, y, z \in \mathbb{R}^n$.
Pour $n = 2$ les mêmes calculs sont valables et nous obtenons, en utilisant la majoration du Lemme 1,

$$G_\lambda^2(x,z)G_\lambda^2(z,y) \leq 2^{1/2}G_\lambda^n(x,y)\left[f_1^2\left(\lambda^{1/2}|x-z|\right)+f_1^2\left(\lambda^{1/2}|y-z|\right)\right]. \ \blacksquare$$

THÉORÈME 3. *Soient μ une mesure exacte qui ne charge pas les polaires, $\lambda > 0$ et $n \geq 3$. Si*

$$W_\lambda^n(x) = \int_{\mathbb{R}^n} \lambda^{\frac{n-2}{2}} f_1^n\left(\lambda^{1/2}|x-y|\right)\, d\mu(y)$$

est borné, alors les fonctions de Green G_λ^n et $G_{\lambda+\mu}^n$ sont comparables.

Démonstration. D'après [5] et [7] la fonction de Green G_λ^n et sa perturbée par μ sont comparables si et seulement s'il existe une constante $k > 0$ telle que

$$\int_{\mathbb{R}^n} G_\lambda^n(x,z)G_\lambda^n(z,y)d\mu(z) \leq k \ \ G_\lambda^n(x,y) \ \text{ pour tout } \ \ x, y \in \mathbb{R}^n.$$

Or, d'après le Lemme 2, nous avons:

$$\begin{aligned} & \int_{\mathbb{R}^n} G_\lambda^n(x,z)G_\lambda^n(z,y)\,d\mu(z) \leq \\ & \quad 2^{n-2}G_\lambda^n(x,y)\left[\int_{\mathbb{R}^n}\lambda^{\frac{n-2}{2}}\left(f_1^n\left(\lambda^{1/2}|x-z|\right)+f_1^n\left(\lambda^{1/2}|y-z|\right)\right)\right]d\mu(z). \end{aligned}$$

Il suffit alors de prendre $k = 2^{n-1}\|W_\lambda^n\|$. Ce qui démontre le théorème. ∎

Nous allons nous interesser aux cas $n = 1$ et $n = 2$.
Pour $n = 1$ nous avons la caractérisation $G_\lambda^1 \simeq G_{\lambda+\mu}^1$ si et seulement si $\int_{\mathbb{R}} d\mu$ est finie.

En effet: nous avons $G_\lambda^1(x,y) = \frac{1}{2\lambda^{1/2}}e^{-\lambda^{1/2}|x-y|}$, $\lambda > 0$, $x, y \in \mathbb{R}$. D'après [5] et [7] les fonctions de Green G^1_λ et $G^1_{\lambda+\mu}$ sont comparables si et seulement s'il existe une constante $c > 0$ telle que

$$\int_{\mathbb{R}} G^1_\lambda(x,z)G^1_\lambda(z,y)\,d\mu(z) \le cG^1_\lambda(x,y).$$

Or nous avons:

$$\begin{aligned}\int_{\mathbb{R}} G^1_\lambda(x,z)G^1_\lambda(z,y)\,d\mu(z) &= \frac{1}{4\lambda}\int_{\mathbb{R}} \mathrm{e}^{-\lambda^{1/2}|x-z|-\lambda^{1/2}|z-y|}\,d\mu(y)\\ &\le \frac{1}{2\lambda^{1/2}}\cdot e^{-\lambda^{1/2}|x-y|}\left(\frac{1}{2\lambda^{1/2}}\int_{\mathbb{R}} d\mu(z)\right).\end{aligned}$$

Par suite, si $\int_{\mathbb{R}} d\mu(z) < \infty$ nous prenons $c = \frac{1}{2\lambda^{1/2}}\int_{\mathbb{R}} d\mu(z)$.
La condition est suffisante car la condition de comparaison de G^1_λ et $G^1_{\lambda+\mu}$ entraîne que $\int_{\mathbb{R}} G^1_\lambda(x,y)s(y)d\mu(y) \le cs(x)$ pour tout $x \in \mathbb{R}$ et toute fonction $s(\Delta - \lambda I)$ surharmonique. Nous appliquons ceci pour $s(y) = e^{-\lambda^{1/2}y} + \mathrm{e}^{\lambda^{1/2}y}$ et obtenons alors par un calcul élémentaire que $\int_{\mathbb{R}} d\mu(z) < \infty$. Pour $n = 2$ nous avons la caractérisation suivante.

PROPOSITION 4. *Soient $\lambda > 0$, μ une mesure de Radon positive $\Delta - \lambda I$ exacte qui ne charge pas les polaires. Alors les propriétés suivantes sont équivalentes:*
1) *G^2_λ est comparable à $G^2_{\lambda+\mu}$.*
2) *Il existe une constante $c > 0$ telle que*

$$\int_{\mathbb{R}^2} G^2_\lambda(x,z)G^2_\lambda(z,y)d\mu(z) \le c\,G^2_\lambda(x,y) \quad \textit{pour tout} \quad x,y \in \mathbb{R}^2.$$

3) *Il existe une constante $c > 0$ telle que*

$$\int_{\mathbb{R}^2} G^2_\lambda(x,y)\,\mathrm{ch}[(u,y-x)]d\mu(z) \le c \quad \textit{pour tout} \quad u \in \mathbb{R}^2, \quad |u|^2 = \lambda \quad \textit{et tout} \quad x \in \mathbb{R}^2,$$

où $(u, y-x)$ est le produit scalaire de u et $y - x$.

Démonstration. 1) $\Longleftrightarrow$ 2) D'après [5] et [7].
2) $\Longrightarrow$ 3) Comme les fonctions $y \mapsto \mathrm{e}^{\pm(u,y)}$ sont $\Delta - \lambda$ harmoniques sur $\mathbb{R}^2$ pour tout $u \in \mathbb{R}^2$ vérifiant $|u|^2 = \lambda$, la condition de comparaison entraîne d'après [5] et [7] l'existence d'une constante $c > 0$ telle que

$$\int_{\mathbb{R}^2} G^2_\lambda(x,y)e^{(u,y)}d\mu(y) \le c\,\mathrm{e}^{(u,x)}.$$

Soit:

$$\int_{\mathbb{R}^2} G^2_\lambda(x,y)\,\mathrm{e}^{(u,y-x)}\,d\mu(y) \le c.$$

En utilisant le résultat pour $-u$, nous obtenons en faisant la demi-somme

$$\int_{\mathbb{R}^2} G^2_\lambda(x,y)\,\mathrm{ch}[(u,y-x)]\,d\mu(y) \le c.$$

3) $\Longrightarrow$ 2) Posons

$$\begin{aligned} A &= \left\{z \in \mathbb{R}^2,\ |x-z| \geq |x-y|\right\}, \\ B &= \left\{z \in \mathbb{R}^2,\ |y-z| \geq |x-y|\right\}, \\ C &= \left\{z \in \mathbb{R}^2,\ |x-z| < |x-y| \text{ et } |y-z| < |x-y|\right\}. \end{aligned}$$

Nous avons:

$$\int_{\mathbb{R}^2} G_\lambda^2(x,z)G_\lambda^2(z,y)\,d\mu(z) =$$
$$\int_A G_\lambda^2(x,z)G_\lambda^2(z,y)\,d\mu(z) + \int_B G_\lambda^2(x,z)G_\lambda^2(z,y)\,d\mu(z) + \int_C G_\lambda^2(x,z)G_\lambda^2(z,y)\,d\mu(z).$$

Or comme $G_\lambda^2(x,z) \leq G_\lambda^2(x,y)$ sur A, nous avons:

$$\begin{aligned} \int_A G_\lambda^2(x,z)G_\lambda^2(z,y)\,d\mu(z) &\leq G_\lambda^2(x,y)\int_A G_\lambda^2(y,z)\,d\mu(z) \\ &\leq G_\lambda^2(x,y)\int_{\mathbb{R}^2} G_\lambda^2(y,z)\,\mathrm{ch}[(u,z-y)]\,d\mu(z) \\ &\leq cG_\lambda^2(x,y). \end{aligned}$$

De même nous avons:

$$\int_B G_\lambda^2(x,z)G_\lambda^2(z,y)\,d\mu(z) \leq G_\lambda^2(x,y)\int_B G_\lambda^2(x,z)\,d\mu(z) \leq c\,G_\lambda^2(x,y)$$

car $G_\lambda^2(y,z) \leq G_\lambda^2(x,y)$. Il nous reste à contrôler l'intégrale sur C. Pour des raisons de symétrie il suffit de considerer la moitié de C pour les z vérifiant $|x-z| \geq \frac{|x-y|}{2}$. Soit h la projection orthogonale de z sur le segment $[x,y]$. Soient $\theta \in [0,\pi/3]$ tel que $\cos\theta = \frac{|x-h|}{|x-z|}$ et $\theta' > \theta$ tel que $\cos\theta' = \frac{|y-h|}{|y-z|}$, nous avons:

$$|x-z| + |y-z| - |x-y| \geq \frac{1-\cos\theta}{\cos\theta}|x-h| \geq (1-\cos\theta)|x-y|,$$

$$\text{car } |x-h| \geq \frac{|x-y|}{2} \quad \text{et} \quad \cos\theta \geq 1/2,$$

et nous aurons:

$$\begin{aligned} (1-\cos\theta)|x-y| &\geq (1-\cos\theta)|x-z|, \\ (1-\cos\theta)|x-y| &\geq (1-\cos\theta)|y-z|. \end{aligned}$$

Il en résulte d'après le Lemme 2 que sur $C \cap \left\{z; |x-z| \geq \frac{|x-y|}{2}\right\}$:

$$\begin{aligned} G_\lambda^2(x,z)G_\lambda^2(z,y) &\leq \sqrt{2}G_\lambda^2(x,y)\,\mathrm{e}^{-\lambda^{1/2}[|x-z|+|y-z|-|x-y|]}\,f_1^2\left(\lambda^{1/2}|y-z|\right) \\ &\leq \sqrt{2}\,\mathrm{e}^{-\lambda^{1/2}(1-\cos\theta)|y-z|}\,f_1^2\left(\lambda^{1/2}|y-z|\right)G_\lambda^2(x,y) \\ &= \sqrt{2}\,\mathrm{e}^{\lambda^{1/2}\cos\theta|y-z|}\,G_\lambda^2(y,z)G_\lambda^2(x,y) \\ &\leq \sqrt{2}\,\mathrm{ch}[(u,y-z)]G_\lambda^2(y,z)G_\lambda^2(x,y) \end{aligned}$$

pour u de norme $\lambda^{1/2}$ porté par le segment $[x, y]$. Par suite

$$\int_C G_\lambda^2(x,z) G_\lambda^2(z,y)\, d\mu(z) \leq 2\sqrt{2} c G_\lambda^2(x,y).$$

Exemple *Si μ est absolument continue par rapport à la mesure de Lebesgue sur $\mathbb{R}^2$ et posséde une densité φ radiale: $\mu = \varphi\, dx$, alors G_λ^2 et $G_{\lambda+\mu}^2$ sont comparables si $\int_0^\infty r^{1/2} \varphi(r)\, dr < \infty$.*

Idée de la démonstration.

D'après la Proposition G_λ^2 et $G_{\lambda+\mu}^2$ sont comparables si et seulement si

$$\int_{\mathbb{R}^2} G_\lambda^2(x,y)\, \mathrm{e}^{(u, y-x)}\, d\mu(y) \leq c \quad \text{pour tout} \quad u, x \in \mathbb{R}^2.$$

Comme φ est invariante par rotation, nous pouvons supposer que x est porté par e_1, le premier vecteur de la base canonique de $\mathbb{R}^2$, et $u = u_1\, e_1 + u_2 e_2$ avec $u_1^2 + u_2^2 = \lambda$. Nous utilisons les coordonnées polaires $y = r\cos\theta e_1 + r\sin\theta_1 e_2$. Nous démontrons alors le résultat en utilisant le comportement de f_1^2 à 0 et à l'infini.

Références

[1] H. Ben Saad. Généralisation des noyaux V_h et applications. *Séminaire de Théorie du Potentiel, Paris No.7*, Lecture Notes in Math. 1061, Springer-Verlag, 1984.

[2] F. Hirsch. Conditions nécessaires et suffisantes d'existence de résolvantes. *Z. Wahrsch. Verw. Gebiete*, 29:73–85, 1974.

[3] H. Hueber et M. Sieveking. Uniform bounds for quotients of Green functions on $C^{1,1}$ domains. *Ann. Inst. Fourier (Grenoble)*, 32:105–117, 1982.

[4] H. Maagli et M. Selmi. Perturbation et Comparaison des Semi-Groupes. *Rev. Roumaine Math. Pures Appl.*, XXXIV,1:29–40, 1989.

[5] H. Maagli et M. Selmi. Perturbation des résolvantes et des semi-groupes par une mesure de Radon positive. *Math. Z.*, 205:379–393, 1990.

[6] F.W.J. Olver. *Asymptotics and special functions*. Academic Press, 1974.

[7] M. Selmi. Critère de comparaison de certains noyaux de Green. *Séminaire de Théorie du Potentiel, Paris No.8*, Lecture Notes in Math. 1235, 1987.

[8] M. Selmi. *Comparaison des noyaux vérifiant le principe complet du maximum avec leurs perturbés*. Thèse de 3eme Cycle, Université de Tunis, 1984.

[9] K. Yosida. *Functional Analysis*. Springer-Verlag, 5th edition, 1978.

A free boundary problem in classical potential theory

KEIICHI SHIBATA

Department of Mathematics, Okayama University of Science, Ridai-cho 1-1, 700 Okayama, Japan.

Abstract. In this article is considered a class of mappings of a bordered Riemann surface into the Euclidian space with finite energy, satisfying a kind of boundary conditions. One defines the harmonic mapping in this context as a vanishing point of the first variation of the energy functional. In the following an orthogonality condition is derived, by means of quasiconformal deformations, which characterizes these harmonic maps.

AMS Subject Classifications (1991). 31A05, 30C60.

Key words. Energy integral, boundary value problem, quadratic differential.

1. Introduction

1.1

Let Δ denote the closed unit disk lying in the complex $w = u + \sqrt{-1}v$-plane $\mathbb{C}_w$ $(u, v \in \mathbb{R})$. In the simplest version, the boundary value problem for the Laplacian operator in variational setting is stated: Among all the mappings $U(w)$ belonging to $\mathrm{ACL}^2(\Delta, \mathbb{R})$, with a certain boundary value prescribed in the class $\mathrm{C}(\partial\Delta, \mathbb{R})$, find the one that minimizes Dirichlet's integral. Vanishing of the first variation in this context is the orthogonality, with respect to the so-called *Dirichlet metric*

$$D[U, h] = 0, \tag{1}$$

of the extremum function U and an arbitrary function $h(w)$ of the class $\mathrm{ACL}^2(\mathrm{Int}\,\Delta, \mathbb{R})$ vanishing on $\partial\Delta$.

1.2

In contrast to the everywhere fixed boundary value problem just mentioned, there can occur the ***partially*** (or ***arcwise***) ***free boundary value problem***, characterized by the condition that no value is assigned on some true sub-arc of $\partial\Delta$. It reduces, however, essentially to 1.1.

1.3

In the present study we want to deal with a kind of variational problem concerning Dirichlet's energy functional too, lying midway between 1.1 and 1.2, in which

Emile M. J. Bertin (ed.), ICPT 91, 267–276.

we postulate that the concurrent mappings of class ACL^2 in $\mathrm{Int}\,\Delta$ should send the boundary $\partial\Delta$ exactly onto a given rectifiable Jordan curve γ in space. The argumentation finds generalization to the case, in which the prescribed rectifiable contour is not single but is finite in number and mutually disjoint. In the last situation there arises the possibility that the energy reveals stationary values, not necessarily absolute or local minima.

2. Preliminaries

By all the notations expressing arc, curve, and surface shall be meant their *loci*, merely as point sets: they will be written in mapping form, especially in the case in which some parametrization is emphasized.

Let W be a marked Riemann surface of finite genus g, which may be closed or bordered with k analytic Jordan curves $c_1, \ldots, c_k$, and let $\Sigma^{(d)}$ $(d \geq 2)$ be a d-dimensional Riemannian manifold. When W is bordered, it is sometimes convenient to realize the given Riemann surface W as a covering surface, say W', over the extended w-plane $\mathbb{C}_w$. We normalize it, however, for later use in the following way: one assumes that the closed covering surface including W' is m-sheeted $(1 \leq m < \infty)$ and contains, of course, at least one exterior point, say p, to W'. We operate Möbius transformation upon $\mathbb{C}_w$ so that p may go to a point over the infinity of the new complex plane. The resulting image of W' is denoted by $\widehat{W}$. For a pair of square-integrable functions the inner product is defined by the integral of their product over the whole surface W, or $\widehat{W}$.

$$\langle \bullet, \circ \rangle = \int\!\!\int (\bullet \cdot \circ)\, du \wedge dv, \qquad \| \bullet \|^2 = \langle \bullet, \bullet \rangle .$$

LEMMA 1. *Let L denote the total length of the rectifiable Jordan curve γ. Then γ is parametrized by means of its arc-length s as function of class* Lip 1 *on the interval $[0, L)$. Therefore two elementary theorems on trigonometric series enable us to assert that the harmonic vector in the interior of Δ with the boundary value $\gamma(sL/2\pi)$ has a finite Dirichlet integral.*

Proof. Cf. Shibata [6]. ∎

REMARK 2. *The class* ACL^2 *has the advantage of compactness in the topology of uniform convergence, which plays a significant rôle in the existence proof, although the present study has not to do with any existence considerations.*

3. Energy functional and Gerstenhaber-Rauch's parameter distortion

Our ultimate interest is focussed upon the situation that the extremal target must be a surface immersed in the ambient space $\mathbb{R}^d$ $(d \geq 3)$. We confine ourselves however to the case $d = 2$, $k = 0$ in this section, for the purpose of presenting the parameter distortion utilized by Gerstenhaber and Rauch [3], which plays an important part in the following:

PROPOSITION 3. *There exists a function* $h(w) \in C^\infty(\widehat{W} \cap \mathbb{C}_w, \mathbb{C})$, *supported on a local coordinate neighbourhood of* W. *The totality of such* $h(w)$ *shall be denoted by* $(\mathcal{D})$.

Proof. See Schwartz [5, p. 21–22]. ∎

DEFINITION 4. *We say that the parameter change*

$$\tilde{w} = \tilde{u} + \sqrt{-1}\tilde{v} = w + \varepsilon h(w), \quad (\tilde{u}, \tilde{v} \in \mathbb{R})$$

on W *is of type* (GR), *if* $h(w)$ *belongs to* $(\mathcal{D})$ *and if the complex constant* ε *is so small as to satisfy* $|\varepsilon h_{\bar{w}}| < |1 + \varepsilon h_w|$ *for the* $h(w)$ *chosen.*

Gerstenhaber-Rauch proceeds as follows: Let f be a smooth mapping of W onto $\Sigma^{(2)}$ in a given homotopy class and let the conformal metric $ds^2 = \rho(z)|dz|^2$ on $\Sigma^{(2)}$ be pulled back by f^{-1} to W as

$$ds^2 = E\,du^2 + 2F\,dudv + G\,dv^2 = \frac{1}{2}\left[(E+G)|dw|^2 + \mathrm{Re}\left\{\left(E - G - 2\sqrt{-1}F\right)\,dw^2\right\}\right].$$

Then the double integral of $(E+G)/2$ over W is defined to be the *energy* with respect to the metric of the map f.

Gerstenhaber-Rauch's contribution to the theory of harmonic mappings consists in the discovery of the explicit form for the first variation of the energy functional in terms of the parameter distortion (GR), in spite of their obscurity in compactness considerations of the admissible maps. Favourably, their idea applies also to the case $d \geq 3$ with a slight modification, which shall be detailed in the sections that follow.

REMARK 5. *The parameter distortion* (GR) *does not change the modulus of the source surface* W.

4. Critical points for Dirichlet's energy functional

From now on we assume $d \geq 3$ and that $\Sigma^{(d)} = \mathbb{R}^d$, i.e., the target surface is located in the d-dimensional Euclidean space. To be precise, the consideration at present is based upon the mapping class $\mathcal{X} = \{\boldsymbol{x}(w)\}$ which consists of the sub-collection of $\mathrm{ACL}^2(\widehat{W}, \mathbb{R}^d)$ on which Dirichlet's integral is finitely defined. Accordingly the line element on the target reads

$$ds^2 = |d\boldsymbol{x}(w)|^2 = E\,du^2 + 2F\,dudv + G\,dv^2 \text{ with}$$

$$E = |\partial \boldsymbol{x}/\partial u|^2,\ F = (\partial \boldsymbol{x}/\partial u)\cdot(\partial \boldsymbol{x}/\partial v),\ G = |\partial \boldsymbol{x}/\partial v|^2.$$

Aiming at non-triviality of the problem in this case we confine ourselves to the surface with boundary, i.e. $k > 0$ and add some boundary condition. Hereupon we never conceive any pointwise fixed boundary value such as was the case with the Poisson integral, but the image of the boundary ∂W will fall just on a frame given in $\mathbb{R}^d$. Namely the border c_j $(j = 1, \ldots, k)$ of W should be sent onto a prescribed set of disjoint rectifiable Jordan curves γ_j $(j = 1, \ldots, k)$ in such a way that the correspondence c_j to γ_j is continuous and strongly monotonic. We express this circumstance by saying that the element $\boldsymbol{x}(w)$ of $\mathcal{X}$ *spans* the contour $\gamma_1, \ldots, \gamma_k$. Our task now is to seek the critical points (kritische Stellen) of the Dirichlet energy functional

$$I[\boldsymbol{x}(w)] = \frac{1}{2}\int\int (E+G)\, du \wedge dv$$

taken over the whole parameter surface $\widehat{W}$ within the family $\mathcal{X}$.

REMARK 6. *The above condition imposed on the boundary correspondence c_j to γ_j $(j = 1, ..., k)$ is motivated by the known fact that the surface of least area enjoys this property.*

We have already seen that the family $\mathcal{X}$ is meaningful for $g = 0$, $k = 1$ (cf. Shibata [6, p. 463]), the core of whose proof lies in the fact that the rectifiable Jordan curve is a vector-valued function of class Lip 1 in arc-length variable (cf. Lemma 1), which guarantees that the admissible family is non-void. This circle of ideas applies to the case $g > 0$, $k \geq 2$. For simplicity we will illustrate for $g = 1$, $k = 2$ how to reduce the current situation to the former one $g = 0$, $k = 1$.

There is a 1-chain γ_{12} meeting each γ_j at a single point $(j = 1, 2)$: we set $\gamma_{21} = -\gamma_{12}$. It is possible to orient γ_j $(j = 1, 2)$ so as to yield a 1-cycle $\gamma_1 + \gamma_{12} + \gamma_2 + \gamma_{21}$. One may regard this procedure as a kind of orientation for the contour $\gamma_1, \ldots, \gamma_k$. Correspondingly let us cut out W along a pair of homology basis initiating and ending at a single point on W to get a planar Riemann surface W_0 with the sole connected border $c_1 + c_{12} + c_2 + c_{21}$. The mappings of class Lip 1 in respective arc-length parameter $c_j \to \gamma_j$ $(j = 1, 2)$ are extended to a mapping $c_1 + c_{12} + c_2 + c_{21} \to \gamma_1 + \gamma_{12} + \gamma_2 + \gamma_{21}$ of the same class Lip 1 so that a pair of points on c_{12} and c_{21} to be identified in W is assigned to a pair of points on γ_{12} and γ_{21} to be identified in $\mathbb{R}^d$. Generalization of the above argument to the case $g > 1$ and $k > 2$ is carried out in a similar manner. Thus we have proved

PROPOSITION 7. *The admissible family $\mathcal{X}$ is non-void.*

Now under the assumption that a specific element $\boldsymbol{x} = \boldsymbol{x}_0(w)$ of $\mathcal{X}$ makes the energy $2\|\partial \boldsymbol{x}/\partial w\|^2$ critical in $\mathcal{X}$, we intend to derive a necessary condition to be satisfied by $\boldsymbol{x}_0(w)$. To this end we apply an arbitrary distortion of type (GR) to the original parameter w so that the support of h may be comprised in a coordinate neighbourhood on W. The difference between the energy values of the line element ds_0^2 of the surface $\boldsymbol{x}_0(w)$ parametrized on $\widehat{W}$ with respect to the original parameter w and the distorted parameter $\tilde{w}$, i.e. $|d\boldsymbol{x}_0(w)|^2$ and $|d\tilde{\boldsymbol{x}}_0(w)|^2 = |d\boldsymbol{x}_0(\tilde{w})|^2$, is calculated as follows: If we set

$$ds_0^2 = E_0\, du^2 + 2F_0\, dudv + G_0\, dv^2 = \tilde{E}_0\, d\tilde{u}^2 + 2\tilde{F}_0\, d\tilde{u}d\tilde{v} + \tilde{G}_0\, d\tilde{v}^2,$$

with

$$E_0 = \left|\frac{\partial \boldsymbol{x}_0(w)}{\partial u}\right|^2,\ F_0 = \frac{\partial \boldsymbol{x}_0(w)}{\partial u}\cdot\frac{\partial \boldsymbol{x}_0(w)}{\partial v},\ G_0 = \left|\frac{\partial \boldsymbol{x}_0(w)}{\partial v}\right|^2,\ \tilde{E}_0 = \left|\frac{\partial \boldsymbol{x}_0(\tilde{w})}{\partial \tilde{u}}\right|^2,$$

$$\tilde{F}_0 = \frac{\partial \boldsymbol{x}_0(\tilde{w})}{\partial \tilde{u}}\cdot\frac{\partial \boldsymbol{x}_0(\tilde{w})}{\partial \tilde{v}},\ \tilde{G}_0 = \left|\frac{\partial \boldsymbol{x}_0(\tilde{w})}{\partial \tilde{v}}\right|^2,\ J = \frac{\partial(\tilde{u},\tilde{v})}{\partial(u,v)},$$

then we have

$$\begin{aligned}
&\textstyle\int\int(\tilde{E}_0 + \tilde{G}_0)\, d\tilde{u}\wedge d\tilde{v}\\
&= \textstyle\int\int\left(\frac{1}{J}(E_0+G_0)(1+\varepsilon+o(\varepsilon)) - 2\,\mathrm{Re}\left\{\varepsilon\left(E_0 - G_0 - 2\sqrt{-1}F_0\right)h_{\bar{w}}\right\}\right)\, du\wedge dv\\
&= \textstyle\int\int\left((E_0+G_0)(1+o(\varepsilon)^2) - 2\,\mathrm{Re}\left\{\varepsilon(E_0 - G_0 - 2\sqrt{-1}F_0)h_{\bar{w}}\right\}\right)\, du\wedge dv.
\end{aligned}$$

Hence

$$\begin{aligned}
&\int\int(\tilde{E}_0+\tilde{G}_0)\, d\tilde{u}\wedge d\tilde{v} - \int\int(E_0+G_0)\, du\wedge dv\\
&= \ 2\,\mathrm{Re}\left\{\varepsilon\int\int(E_0 - G_0 - 2\sqrt{-1}F_0)h_{\bar{w}}\, du\wedge dv\right\} + o(\varepsilon).
\end{aligned}$$

On account of the stationary character of the energy functional at $\boldsymbol{x} = \boldsymbol{x}_0(w)$, its first variation must vanish, i.e. we see from the arbitrariness of the complex constant ε that the orthogonality condition

$$\left\langle E_0 - G_0 - 2\sqrt{-1}F_0,\ h_{\bar{w}}\right\rangle = 0 \tag{2}$$

holds for all parameter distortions of type (GR). On the other hand it is evident that the contour integral

$$\oint\left(E_0 - G_0 - 2\sqrt{-1}F_0\right) h(w)\, dw$$

vanishes along any circumference enclosing $\operatorname{supp} h(w)$, on which the integrand is defined. So Green's theorem yields from (2) that

$$\left\langle\left(E_0 - G_0 - 2\sqrt{-1}F_0\right)_{\bar{w}}, h(w)\right\rangle = 0,$$

where the derivatives are to be understood in distributional sense. In view of the arbitrariness of $h(w)$, $\boldsymbol{x}_0(w)$ coincides almost everywhere with some mapping harmonic in the interior of the support of $h(w)$, and accordingly so everywhere on $\widehat{W}$. We have proved

THEOREM 8. *In order that a member $\boldsymbol{x}_0(w)$ of the family $\mathcal{X}$ be critical in $\mathcal{X}$, it is necessary that $\boldsymbol{x}_0(w)$ be harmonic in the interior of $\widehat{W}$.*

THEOREM 9. *The family $\mathcal{X}$ contains at least one critical point (kritische Stelle) $\boldsymbol{x}_0(w)$ for the Dirichlet's functional defined on $\mathcal{X}$, which is harmonic in the interior of $\widehat{W}$.*

Proof. The solution of the Dirichlet problem with the same boundary value as the ACL^2-vector obtained in Proposition 3 has a Dirichlet integral not greater than the former by Dirichlet Principle and is still of class ACL^2. ∎

Theorem 9 tells us that for the purpose of seeking the answers we have only to work with the sub-family of $\mathcal{X}$ consisting of the mappings harmonic in the interior of $\widehat{W}$.

Now denoting by V any of the local coordinate disks of $\widehat{W}$, we take an arbitrary element h of $(\mathcal{D})$, whose support is comprised in V. Applying the change $\tilde{w} = w + \varepsilon h(w)$ of type (GR) on the local coordinates of a harmonic vector $\boldsymbol{x} = \boldsymbol{x}_0(w)$ of $\mathcal{X}$ with this h, we write $\tilde{\boldsymbol{x}}_0(w) = \boldsymbol{x}_0(\tilde{w})$. Let $\boldsymbol{n}(\boldsymbol{x}_0)$ denote the unit normal vector at a point $\boldsymbol{x}_0$ on the surface in question. For an arbitrary function $t \in \mathrm{C}^1(\boldsymbol{x}, \mathbb{R})$ vanishing on $\boldsymbol{x}_0(\partial V)$ we consider the displacement

$$\boldsymbol{x}_0^*(w) = \boldsymbol{x}_0(w) + \varepsilon' t\,(\tilde{\boldsymbol{x}}_0(w))\,\boldsymbol{n}(\boldsymbol{x}_0(w))$$

of the harmonic mapping $\boldsymbol{x}_0(w)$, where ε' is a real constant. The principal part of the increment of Dirichlet's energy functional for the displacement above, i.e. the coefficient of the term of first degree in ε' in the Dirichlet integral of $\boldsymbol{x}_0(w)$ over V, is equal to

$$-\int\!\!\int \Delta \boldsymbol{x}_0(w) t(\tilde{\boldsymbol{x}}_0(w)) \boldsymbol{n}(\tilde{\boldsymbol{x}}_0(w))\, du \wedge dv + \oint \frac{\partial \boldsymbol{x}_0(w)}{\partial \nu} t(\tilde{\boldsymbol{x}}_0(w)) \boldsymbol{n}(\tilde{\boldsymbol{x}}_0(w))\, ds = 0$$

by Green's formula, the harmonicity of $\boldsymbol{x}_0(w)$, and by definition of the real function t. Thus we have proved

THEOREM 10. (Courant [2, p. 110]) *For any harmonic surface the displacement of its locus does not affect the first variation of its energy integral.*

For convenience of reference let us introduce the

DEFINITION 11. *$\mathcal{X}_0$ denotes the sub-family of $\mathcal{X}$ that makes the energy $\|\sqrt{E+G}\|^2$ critical within $\mathcal{X}$, while $\mathcal{H}$ denotes the sub-family of $\mathcal{X}$ that is harmonic in the interior of $\widehat{W}$.*

5. The Plateau problem

If we intend to use the critical points of the Dirichlet energy functional in the investigation of a minimal surface spanned by the curves $\gamma_1, \ldots, \gamma_k$, apart from the main body of harmonic mapping theory, there is no reason to keep the source surface $\widehat{W}$ fixed. What is more, the varying parameter domain is indispensable in case $g \geq 1$ or $k \geq 2$, because it must have the same *conformal modulus* as the minimal surface to be made up from now on, whose conformal modulus is generally unknown to us in advance.

As one of the candidates for parameter transformation which may change the modulus of the Riemann surface W but leaves its hyperbolicity in conformal type invariant, there will come out the quasiconformal transformation in our sight. Let $\mathcal{Q}$ denote the set of all the quasiconformal maps, stabilizing the point at infinity, of class $C^{1,\alpha}$ $(0 < \alpha \leq 1)$ of the w-plane, on which our original source surface $\widehat{W}$ spreads. An arbitrary element φ of $\mathcal{Q}$ effects a simultaneous displacement for the points lying on each sheet of $\widehat{W}$ spreading over the w-plane $\mathbb{C}_w$. The resulting bordered surface is naturally denoted by $\varphi(\widehat{W})$.

REMARK 12. *The boundary $\varphi(\partial\widehat{W})$ may not be analytic in general, yet becomes conformally equivalent to some covering Riemann surface with analytic boundary via appropriate auxiliary conformal transformations.*

Now any member φ of $\mathcal{Q}$ gives rise to a family, like $\mathcal{X}$, of ACL^2 maps of the surface $\varphi(\widehat{W})$ into $\mathbb{R}^d$ spanning the oriented contour $\{\gamma_1, \ldots, \gamma_k\}$, the totality of which, as φ ranges over $\mathcal{Q}$, shall be denoted by $\mathcal{X}^*$. To the end settled at the beginning of this section, it turns out the most natural approach to ask for all the critical points of the energy functional defined on the novel family $\mathcal{X}^*$. It holds, however

PROPOSITION 13. $\mathcal{X} = \mathcal{X}^*$.

Proof. An arbitrary element of $\mathcal{X}^*$ belongs, by definition, to $ACL^2(\varphi(\widehat{W}), \boldsymbol{R}^d)$ for some $\varphi \in \mathcal{Q}$ and spans the contour $\gamma_1, \ldots, \gamma_k$, whose pull-back to the original $\widehat{W}$ takes still $\widehat{W}$ in ACL^2-manner into $\mathbb{R}^d$. Hence it falls in $\mathcal{X}$, which implies $\mathcal{X}^* \subseteq \mathcal{X}$. The converse inclusion $\mathcal{X} \subseteq \mathcal{X}^*$ is evident. ∎

LEMMA 14. (Pompeiu [4]) *For any $q(w) \in \operatorname{Lip}\alpha(\mathbb{C}, \mathbb{C})$ with compact support there exists a function $h(w) \in C^{1,\alpha}(\mathbb{C}, \mathbb{C})$, which is bounded everywhere in $\mathbb{C}$, satisfies the differential equation*

$$\frac{\partial h}{\partial \bar{w}} = q(w), \tag{3}$$

and tends uniformly to 0 as $w \to \infty$. The totality of all h induced by every such q shall be denoted by $(\mathcal{P})$.

Proof. The modified pre-Hilbert transform

$$(P \circ q)(w) = \frac{1}{\pi} \int\int q(x) \left\{ \frac{1}{z-w} - \frac{1}{z} \right\} dx \wedge dy, \; (z = x + \sqrt{-1}\, y, \; x, y \in \mathbb{R})$$

of $q(w)$ is the solution desired (cf. Ahlfors [1]). ∎

DEFINITION 15. *We say that the parameter change*

$$\tilde{w} = w + \varepsilon h(w)$$

on $\widehat{W}$ is of type $(\mathcal{P})$, if $h(w)$ belongs to $(\mathcal{P})$ and if the complex constant ε is small so as to satisfy $|\varepsilon h_{\bar{w}}| < |1 + \varepsilon h_w|$ for the $h(w)$ chosen.

Compiling the results above obtained, we can derive the following consequence: In order to seek $\mathcal{X}_0$, it is necessary to seek the critical points of the energy functional in $\mathcal{H}$, where it is sufficient to take only the parameter distortions of type $(\mathcal{P})$ into account.

With this in mind we want to look for a condition for an element $\boldsymbol{x}(w)$ of $\mathcal{H}$ to belong to $\mathcal{X}_0$. Indeed if the energy $\|\sqrt{E+G}\|^2/2$ of its line element $|d\boldsymbol{x}(w)|^2$ is critical with respect to all small parameter distortions $w + \varepsilon h(w)$ of type $(\mathcal{P})$ of $\widehat{W}$, the first variation must vanish, i.e.,

$$\left\langle E - G - 2\sqrt{-1}F, \; h_{\bar{w}} \right\rangle = 0 \tag{4}$$

and vice versa. Thus we have proved

THEOREM 16. *In order that an element $\boldsymbol{x}(w)$ of $\mathcal{H}$ belongs to $\mathcal{X}_0$, it is necessary and sufficient that the components of the line element $|d\boldsymbol{x}(w)|^2$ satisfy the orthogonality relation* (4) *for all small distortions of type $(\mathcal{P})$.*

REMARK 17. *Note that* (4) *is a counterpart of the well known relation* (1).

Meanwhile there is a sufficiently large real R_0, such that a certain sheet of $\widehat{W}$ admits, by definition, a schlicht circumference $\Gamma : |w| = R$ for every $R > R_0$. By Green's theorem we have

$$\oint \left(E - G - 2\sqrt{-1}F\right) h(w)\, dw = 2\sqrt{-1} \int\int \frac{\partial}{\partial \bar{w}} \left((E - G - 2\sqrt{-1}F) \right) h(w)\, du \wedge dv,$$

where the integration on the right-hand side is to be taken over the sub-surface of $\widehat{W}$ with deletion of the exterior of Γ. Since $h(w) \to 0$ uniformly as $w \to \infty$, it follows that

$$\left\langle E - G - 2\sqrt{-1}F, h_{\bar{w}} \right\rangle = - \left\langle \left(E - G - 2\sqrt{-1}F\right)_{\bar{w}}, \, h(w) \right\rangle.$$

The right-hand side equals zero for any element $h(w)$ of $\mathcal{H}$, so does the left-hand side. We conclude from Theorem 16 that $\mathcal{H} \subseteq \mathcal{X}_0$, while Theorem 8 says the opposite inclusion $\mathcal{X}_0 \subseteq \mathcal{H}$. Thus we have proved the following theorem:

THEOREM 18. $\mathcal{X}_0 = \mathcal{H}$.

THEOREM 19. *The locus of every element of* $\mathcal{X}_0$ *is a minimal surface.*

Proof. Let $\boldsymbol{x}_0(w)$ be an arbitrary member of $\mathcal{X}_0$. Then Theorem 18 reminds us of the fact that the line element $|d\boldsymbol{x}_0(w)|^2$ satisfies the orthogonality relation

$$\left\langle E - G - 2\sqrt{-1}F, h_{\bar{w}} \right\rangle = 0$$

for every $h(w)$ of type $(\mathcal{P})$. It remains only to show that the parameter w is isothermal for the harmonic surface $\boldsymbol{x}_0(w)$.

Suppose, contrary to the assertion, that there exists a point $p_1 \in \widehat{W}$ with projection w_1, at which

$$E - G - 2\sqrt{-1}F \neq 0. \tag{5}$$

Then we must have the same relation (5) in some neighbourhood of p_1, since $\boldsymbol{x}_0(w)$ belongs to $\mathcal{H}$. So we may assume, without loss of generality, that p_1 is no branch point of $\widehat{W}$. Hence (5) holds on some small schlicht disk Δ_1 centred at p_1 with radius $\delta > 0$ contained in some sheet of $\widehat{W}$, say W_1, on which the point p_1 lies. Let $p_2, \ldots, p_m$ be the points of the respective sheets $W_2, \ldots, W_m$ of $\widehat{W}$ with the same projection w_1 as p_1: analogously let Δ_j and Δ'_j denote the closed disks centred at each p_j with radii δ and δ' respectively ($j = 1, 2, ..., m$; $\delta' < \delta$). By the same reason as above we may assume in advance that all those disks are schlicht.

Further we introduce the following notations for convenience sake: Δ, Δ' is the respective projection of Δ_1, Δ'_1 onto the basic plane $\mathbb{C}_w$; $r(w)$ is the function of class $C^\infty(\mathbb{C}_w, [0,1])$ with support Δ, which is identical with 1 on Δ' (cf. Lemma 11); $\varphi_j(w)$ is the function taking the value of $E - G - 2\sqrt{-1}F$ at each point of W_j, whose projection coincides with the variable w $(j = 1, 2, ..., m)$.

One sets hereupon

$$q^*(w) = \sum_{j=1}^{m} r(w)\overline{\varphi_j(w)}/|\varphi_j(w)|,$$

the value of the fractions being ambiguous at possible zeros of the holomorphic function $\varphi_j(w)$ $(j = 1, 2, ..., m)$ and let $h^*(w)$ denote the function belonging to the class $(\mathcal{P})$ with respect to $q^*(w)$ (cf. Lemma 14). We assert that $h^*(w)$ satisfies the inequality

$$\left\langle E - G - 2\sqrt{-1}F,\ h^*_{\bar{w}} \right\rangle > 0, \tag{6}$$

contrary to Theorem 16.

Now it is not so difficult to see (6). In fact, we have, by definition of q^* and h^*,

that
$$\left\langle E-G-2\sqrt{-1}F, h^*_{\tilde{w}}\right\rangle = \left\langle E-G-2\sqrt{-1}F, q^*(w)\right\rangle$$
$$= \textstyle\sum_{j=1}^m \int\int_{W_j} \varphi_j(w) \sum_{j=1}^m r(w) \left[\overline{\varphi_j(w)}/|\varphi_j(w)|\right] \, du \wedge dv$$
$$= \textstyle\sum_{j=1}^m \int\int_{\Delta_j} \varphi_j(w) \sum_{j=1}^m r(w) \left[\overline{\varphi_j(w)}/|\varphi_j(w)|\right] \, du \wedge dv$$
$$> \textstyle\sum_{j=1}^m \int\int_{\Delta'_j} \varphi_j(w)\overline{\varphi_j(w)}/|\varphi_j(w)| \, du \wedge dv$$
$$= \textstyle\sum_{j=1}^m \int\int_{\Delta'_j} |\varphi_j(w)| \, du \wedge dv > 0$$
successively, which was to be demonstrated. ∎

Combination of Theorem 19 with Theorem 18 allows us to produce a number of minimal surfaces of finite genus bounded by a given finite system of disjoint rectifiable Jordan curves, which will be, I hope, discussed elsewhere in the near future.

References

[1] L. V. Ahlfors. Conformality with respect to Riemannian metrics, *Ann. Acad. Sci. Fenn. Ser. A I Math.*, 206:1–22, 1955.

[2] R. Courant. *Dirichlet's Principle.* Interscience Publishers, 1950.

[3] M. Gerstenhaber and H.E. Rauch. On extremal quasiconformal mappings. *Proc. Nat. Acad. Sci. U.S.A.*, 40:808–812, 1954.

[4] M.D. Pompeiu. Sur une classe de fonctions d'une variable complexe. *Rend. Circ. Mat. Palermo*, 33:108–113, 1912.

[5] L. Schwartz. *Théorie des Distributions.* Hermann, Paris, 1950.

[6] K. Shibata. Orthogonal stance of a minimal surface against its bounding surfaces. *Tôhoku Math. J.*, 41:461–469, 1989.

List of lectures

Invited lectures

D. FEYEL (PARIS)
Outils récents pour l'analyse sur l'espace de Wiener

P.J. FITZSIMMONS (SAN DIEGO)
A fine domination principle for excessive measures and some applications

M. FUKUSHIMA (OSAKA)
On closable parts of pre-Dirichlet forms and quasi-supports of measures

T. KILPELÄINEN (JYVÄSKYLÄ)
Nonlinear potential theory and PDEs

T.J. LYONS (EDINBURGH)
Stratonovich calculus for self-adjoint potential theory with applications

N.G. MAKAROV (LENINGRAD)
Large deviations of harmonic measure

V.G. MAZ'YA (LINKÖPING)
Maximum modulus principles for elliptic and parabolic systems

N. NADIRASHVILI (BIELEFELD)
Characteristic numbers for solutions of linear elliptic and parabolic equations

A. SADULLAEV (TASHKENT)
Extremal plurisubharmonic functions, $\mathbb{C}^n$ capacities and pseudoconcave sets. Applications in multidimensional complex analysis.

H. STAHL (BERLIN)
Why potential-theoretic methods in approximation theory?

Short communications

H. AIKAWA (KIRYU)
Quasiadditivity of Riesz capacity

D.H. ARMITAGE (BELFAST), Ü. KURAN (LIVERPOOL)
Lacunary Poisson functions and axial harmonic polynomials

A. BENDIKOV (ROSTOV ON DON)
Potential theory on the groups

A. BENYAÏCHE (TUNIS)
Measure representations on biharmonic spaces

P. VAN BEUSEKOM (UTRECHT)
Monotone Dirichlet forms and resolvents

L. BEZNEA, N. BOBOC (BUCHAREST)
Absorbent balayages, ellipticity, parabolicity in H-cones and their relations with the Green function

M. BIROLI (MILANO)
Local properties of solutions to Dirichlet forms

N. BOBOC, GH. BUCUR (BUCHAREST)
Dilation operators on excessive structures

M. BRODSKY (BERKELEY)
On conditions for the existence of the solution of the inverse Laplace potential problem

M. BRZEZINA (ERLANGEN)
On capacities and α-capacities

GH. BUCUR, N. BOBOC (BUCHAREST)
Compression operators in excessive structures

A. CORNEA (EICHSTÄTT)
Finiteness principle and Harnack principle

S-L. ERIKSSON-BIQUE (JOENSUU), H. LEUTWILER (ERLANGEN)
Potential theoretic methods in operator theory

S.J. GARDINER (DUBLIN)
Sets of determination for harmonic functions

J.A. GAWINECKI (WARSAW)
On the potential in thermodiffusion in solid body

R.K. GETOOR (SAN DIEGO)
The potential theory of excessive measures

J. GLOBEVNIK (LJUBLJANA)
Analyticity of a function in terms of its restrictions to various families of curves

M. GOLDSTEIN (TEMPE)
Better than uniform harmonic approximation on unbounded closed sets in $\mathbb{R}^N$, $N \geq 2$, and applications

K.N. GOWRISANKARAN (MONTREAL)
Multipolar sets

A.A. GRIGOR'YAN (MOSCOW)
On the heat kernel estimates on a complete Riemannian manifold

M. HÃNLER (ROSTOCK)
Approximation of solutions to the Neumann problem in disintegrating domains

W. HANSEN (BIELEFELD)
Isoperimetric inequalities for capacities

E. HAOUALA (TUNIS)
Effilement minimal en une singularité isolée de l'équation de Schrödinger et principe de Picard

M. HMISSI (FRANKFURT)
On unstable semidynamical systems

T. IKEGAMI (OSAKA)
Duality on balayage spaces

K. JANßEN (DÜSSELDORF)
Integral representation of invariant measures and functions

J. KRÁL (PRAGUE)
Removability of singularities in potential theory

H. LEUTWILER (ERLANGEN)
On modified quaternional analysis in $\mathbb{R}^3$

P. LINDQVIST (HELSINKI)
Global integrability and elliptic equations

J. LUKEŠ (PRAGUE)
Local connectivity of fine topologies both in linear and nonlinear potential theory

G. LUMER (MONS)
Ill-posed problems and asymptotic behavior of solutions in discontinuous inhomogeneous diffusion models

H. MAÂGLI (TUNIS)
Perturbation semi-linéaire des résolvantes

V. METZ (BIELEFELD)
Potential theory on the Sierpinski Gasket

G. MOKOBODZKI (PARIS)
Algèbre des multiplicateurs d'un espace de Dirichlet

C.N. MOORE (MANHATTAN)
Estimates for the density of the area integral

I. NETUKA (PRAGUE)
The Frostman property of balayage measures

M. NISHIO (OSAKA)
On the uniqueness of positive solutions for the heat equation

M.A. PICARDELLO (ROME)
Martin boundaries of Cartesian products of Markov chains

A. DE LA PRADELLE (PARIS)
Opérateurs linéaires gaussiens

M.G. RÖCKNER (BONN)
Some recent developments on quasi-symmetric Dirichlet forms

M. SELMI (TUNIS)
Comparaison des semi-groupes et des résolvantes d'ordre α *associés à des opérateurs différentiels de type divergence*

T. SHAPOSHNIKOVA (LINKÖPING)

On continuity of singular integral operators in Sobolev spaces

K. SHIBATA (OKAYAMA)
A free boundary problem in classical potential theory

A. SHIDFAR ((TEHRAN)
Determination of an unknown term in a potential problem

J. SICIAK (KRAKOW)
Singular sets of separately analytic functions

S. SONG (HEIDELBERG)
Dirichlet forms with local well-admissibility

M. STOLL (COLUMBIA)
Admissible limits of invariant potentials in the unit ball of $\mathbb{C}^n$

C. SUNYACH (PARIS)
Rayon spectral et diffusion lente

P.M. TAMRAZOV (KIEV)
Space contour-solid problem for subharmonic functions

G. WIRSCHING (EICHSTÄTT)
A simple regularity theorem for a semilinear singular elliptic equation

L. ZALCMAN (RAMAT-GAN)
Recent results on Pompeiu problems

List of Participants

H. Aikawa Department of Mathematics, Gunma University, Kiryu 376, Japan, phone: 81-277-22-3181, fax: 81-277-44-0788, aikawa@eg.gunma-u.ac.jp

D.H. Armitage Department of Pure Mathematics, Queen's University, Belfast BT7 1NN, Northern Ireland, phone: 44-232-245133, fax: 44-232-247845, d.armitage@uk.ac.qub.v1

Mme N. Bel-Hadj Rhouma 116, Tambourini, Elmourous III 2074, Tunisia

A.D. Bendikov Komarov Str. 24, Apt. 85, 344092 Rostov-on-Don, USSR, phone: 7-8632-338175

A. Benyaïche Faculté des Sciences de Tunis, Département de Mathématiques, Faculté des Sciences, B.P. 133, Kénitra, Maroc.

E.M.J. Bertin Mathematisch Instituut, Rijksuniversiteit Utrecht, Budapestlaan 6, 3508 TA Utrecht, The Netherlands, phone: 31-30-531529, fax: 31-30-518394, bertin@math.ruu.nl

Mevr. P. van Beusekom Mathematisch Instituut, Rijksuniversiteit Utrecht, Budapestlaan 6, 3508 TA Utrecht, The Netherlands, phone: 31-30-531726, fax: 31-30-518394, beusekom@math.ruu.nl

L. Beznea Mathematical Institute of the Romanian Academy, Bd. Pacii 220, 79622 Bucharest, Romania, phone: 40-0-657181

M. Biroli Department of Mathematics, Politecnico di Milano, Piazza Leonardo da Vinci 32, 20133 Milano, Italy, phone: 39-2-23994552, fax: 39-2-23994568

J. Bliedtner Fachbereich Mathematik, Johann Wolfgang Goethe-Universität, Robert Mayer Straße 6-10, D-6000 Frankfurt am Main, Germany, phone: 49-69-7982310, fax: 49-69-7988444

N. Boboc Department of Mathematics, University of Bucharest, Str. Academiei 14, Bucharest 70109, Romania, phone: 40-0-266869 (home)

N. Bouleau 6 avenue Guy Moquet, 94340 Joinville-le-Pont, France, phone: 33-43044098, fax: 33-43046364, bouleau@enpc.fr

M. Brodsky Department of Statistics, University of California, Berkeley CA 94720, USA, phone: 1-415-6435276, fax: 1-415-6427892, brodsky@stat.berkeley.edu

M. Brzezina Mathematical Institute of Charles University, Sokolovská 83, 18600 Praha 8, Czech Republik and Mathematisches Institut, Universität Erlangen-Nürnberg, Bismarckstraße 1 1/2, D-8520 Erlangen, Germany, phone: 49-9131-852453, fax: 49-9131-852684, brzezina@cnve.rrze.uni-erlangen.dbp.de

Gh. Bucur Institut Mathématique de l'Academie, Bd. Pacii 220, 79622 Bucharest, Romania, phone: 40-0-410820 (home)

A. Cornea Mathematisch-Geographische Fakultät, Katholische Universität Eichstätt, Ostenstraße 26-28, W-8078 Eichstätt, Germany, phone: 49-8421-20382, fax: 49-8421-20474, cornea@urz.ku-eichstaett.dbp.de

A. Daoudi Equipe d'Analyse, Université Paris VI, Tour 46, 4, Place Jussieu, 75252 Paris Cedex 05, France, phone: 33-1-44275349, fax: 33-1-44274001, lana@ frunip62.bitnet

Mrs. S-L. Eriksson-Bique Department of Mathematics, University of Joensuu, P.O. Box 111, SF-80101 Joensuu, Finland

D. Feyel 10 quai des Platreries, Samois/Seine 77920, France, phone: 33-64246151, def@frunip62.bitnet

P.J. Fitzsimmons Department of Mathematics, University of California, San Diego, La Jolla CA 29093, USA, pfitz@euclid.uscd.edu

T. Fuji'i'e 10-234 Shakadani, Ohmiya, Kita-ku, 603 Kyoto, Japan, phone: 81-75-7536767

M. Fukushima Department of Mathematical Science, Faculty of Engineering Science, Osaka University, Toyonaka, Osaka, Japan, fax: 81-6-8570253, e64025@ jpnkudpc.bitnet

S.J. Gardiner Department of Mathematics, University College, Dublin 4, Ireland, phone: 353-1-2693244 (ext 8415), fax: 353-1-2694409, gardiner@irlearn.bitnet

J.A. Gawinecki Department of Mathematics, Military Technical Academy, ul. S. Kaliskiego 2, 01-489 Warsaw-49, Poland, phone: 48-22-369556, fax: 48-22-362254

R.K. Getoor Department of Mathematics, University of California, San Diego, La Jolla CA 92093, USA, phone: 1-619-5342640, fax: 1-619-5345273, rgetoor@ ucsd.bitnet

J. Globevnik Institute of Mathematics, Physics and Mechanics, University of Ljubljana, 19 Jadranska, 61000 Ljubljana, Yugoslavia, phone: 38-61-265061, fax: 38-61-217281, josip.globevnik@uni-lj.ac.mail.yu

M. Goldstein 5914 S. Newberry Road, Tempe, Arizona 85283, USA, phone: 1-602-5204906

F. van Gool Dwarsweg 13, 3702 XA Zeist, The Netherlands, phone: 31-3404-24295.

K.N. GowriSankaran Department of Mathematics and Statistics, McGill University, 805 Sherbrooke, Montreal H3A 2K6, Canada, phone: 1-514-3983841, fax: 1-514-3983899, gowri@gauss.mcgill.ca

A.A. Grigor'yan Institute of Control Sciences, Profsojuznaja 65, 117806 Moscow, USSR, phone: 7-095-3349080, fax: 7-095-4202016

M. Hänler Lessingstraße 7, O-2500 Rostock, Germany, phone: 37-81-369372

W. Hansen Fakultät für Mathematik, Universität Bielefeld, Postfach 8640, W-4800 Bielefeld 1, Germany, phone: 49-521-1065012, fax: 49-521-1064743, hansen@math1.uni-bielefeld.de

E. Haouala Faculté des Sciences de Tunis, Département de Mathématiques, Campus Universitaire, 1060 Tunis, Tunisia, phone: 216-1-512600, fax: 216-1-500666

Mme **F. Hmissi** Fachbereich Mathematik, Universität Frankfurt, Postfach 111932, 6000 Frankfurt am Main, Germany, phone: 49-69-7983213, fax: 49-69-7988383

M. Hmissi Fachbereich Mathematik, Universität Frankfurt, Postfach 111932, 6000 Frankfurt am Main, Germany, phone: 49-69-7983213, fax: 49-69-7988383

T. Ikegami Department of Mathematics, Osaka City University, Sugimoto 3-3-138, Osaka, Japan, phone: 81-6-6052518, fax: 81-6-6052522

N. Jacob Mathematisches Institut, Universität Erlangen-Nürnberg, Bismarkstraße 1 1/2, D-8520 Erlangen, Germany

K. Janßen Mathematisches Institut, Heinrich-Heine-Universität Düsseldorf, Universitätsstraße 1, 4000 Düsseldorf 1, Germany, phone: 49-211-3112166

T. Kilpeläinen Department of Mathematics, University of Jyväskylä, P.O.Box 35, 40351 Jyväskylä, Finland, phone: 358-41-602709, fax: 358-41-602701, tkilpela@finjyu.bitnet

J. Korevaar Faculteit Wiskunde en Informatica, Universiteit van Amsterdam, Plantage Muidergracht 24, 1018 TV Amsterdam, The Netherlands, phone: 31-20-5256091, fax: 31-20-5255101, korevaar@fwi.uva.nl

J. Král Matematický ústav, *u*Zitná 25, 11567 Praha 1, Czech Republik, phone: 42-2-2319115 (line 512), pick.@csearn.bitnet

A.B.J. Kuijlaars Faculteit Wiskunde en Informatica, Universiteit van Amsterdam, Plantage Muidergracht 24, 1018 TV Amsterdam, The Netherlands, phone: 31-20-5255097, kuylaars@fwi.uva.nl

E.M. Landis Department of Mathematics, Moscow State University, 117234 Moscow, USSR, phone: 7-095-1241954

H. Leutwiler Mathematisches Institut, Universität Erlangen-Nürnberg, Bismarckstrasse 1 1/2, D-8520 Erlangen, Germany, phone: 49-9132-3465 (home)

P. Lindqvist Institute of Mathematics, Helsinki University of Technology, SF-02150 Espoo, Finland

J. Lukeš Faculty of Mathematics and Physics, Charles University, Sokolovská 83, 18600 Praha 8, Czech Republik, phone: 42-2-2317662, fax: 42-2-847688, jlukes@cspguk11.bitnet

G. Lumer Département de Mathématique, Université de Mons, Avenue Maistriau 15, B-7000 Mons, Belgium, phone: 32-65-373507, fax: 32-65-373054, sdufou@bmsueml1.bitnet

T.J. Lyons Department of Mathematics, University of Edinburgh, James Clerk Maxwell Building, Mayfield Road, Edinburgh EH9 3JZ, Scotland, phone: 44-31-6501000, fax: 44-31-6624712, a.simons@uk.ac.edinburgh

H. Maâgli Département de Mathématiques, Faculté des Sciences de Tunis, Campus Universitaire, 1060 Tunis, Tunisia, phone: 216-1-512600 (Poste 405), fax: 216-1-500666

N.G. Makarov Mathematics Institute, LOMI, Fontanka 27, Leningrad (191011), USSR, makarov@lomi.spb.su

O.T. Martio Department of Mathematics, University of Jyväskylä, P.O. Box 35, 40351 Jyväskylä, Finland, phone: 358-41-602710, fax: 358-41-602701, mathdept@finjyu.bitnet

H. Masaoka Department of Mathematics, Osaka City Univerisity, Sugimoto, Sumiyoshi-ku, Osaka, Japan, phone: 81-6-6052518, fax: 81-6-6052522

V.G. Maz'ya Mathematics Department, University of Linköping, S-58183 Linköping, Sweden, vlmaz@limes.math.liu.se

V. Metz Faculty of Mathematics, University of Bielefeld, P.O.Box 8640, W-4800 Bielefeld 1, Germany, phone: 49-521-1065007, metz@math4.uni-bielefeld.de

J.L.H. Meyers Faculteit Wiskunde en Informatica, Universiteit van Amsterdam, Plantage Muidergracht 24, 1018 TV Amsterdam, The Netherlands, phone: 31-20-5256092

G. Mokobodzki 10, Rue Raynouard, 75016 Paris, France

A.F. Monna Kerkdwarslaan 15, 3731 EM De Bilt, The Netherlands, phone: 31-30-202126

M.A. Monterie Faculteit Wiskunde en Informatica, Universiteit van Amsterdam, Plantage Muidergracht 24, 1018 TV Amsterdam, The Netherlands, phone: 31-20-5256092

C.N. Moore Department of Mathematics, Kansas State University, Manhattan KS 66506, USA, phone: 1-913-5326750, fax: 1-913-5327004, cnmoore@ksuvm.bitnet

Mme M. Mosbah 9, Rue Andalib, 2080 Ariana, Tunisia, phone: 216-1-717241

T. Murazawa Department of Mathematics, Kyoto Prefectural University, Shimogamo-Sakyoku, Kyoto 606, Japan, phone: 81-75-7813131, fax: 81-75-7811841

N. Nadirashvili Fakultät fur Mathematik, Universität Bielefeld, Universitätsstraße, 4800 Bielefeld 1, Germany, phone: 49-521-1065010

I. Netuka MÚ UK, Sokolovská 83, 18600 Praha 8, Czech Republik, phone: 42-2-2310464, fax: 42-2-847688, netuka@cspguk11.bitnet

M. Nishio Department of Mathematics, Osaka City University, Sugimoto, Sumiyoshi, Osaka 558, Japan, phone: 81-6-6052518, fax: 81-6-6052522, f50199@jpnkudpc.bitnet

M. Ohtsuka Department of Mathematics, Faculty of Science, Gakushuin University, 1-5-1 Mejiro, Toshima-ku, Tokyo 171, Japan, phone: 81-3-39860221, fax: 81-3-59921005

M.A. Picardello Via Domenico Berti 10 int B5, Roma 00135, Italy, phone: 39-6-3387448, fax: 39-6-72594699, picard@irm.tvm51.bitnet

A. de la Pradelle 71 Rue Saint Antoine, 75004 Paris, France, phone: 33-1-42770828

M.G. Röckner Institut für Angewandte Mathematik, Universität Bonn, Wegelerstraße 6, D-5300 Bonn 1, Germany, phone: 49-228-733409, fax: 49-228-737864, unm30B@dbnrhrz1.bitnet

A. Sadullaev Department of Mathematics, Tashkent State University, 700095 Tashkent, USSR, phone: 7-371-460230, telex: 116108 PTBSU

M. Selmi Département de Mathématiques, Faculté des Sciences de Tunis, Campus universitaire, 1060 Tunis, Tunisia, phone: 216-1-512600 (Poste 405), fax: 216-1-500666

Mrs. T. Shaposhnikova Lagerlundavägen 25, S-58320 Linköping, Sweden

K. Shibata Faculty of Science, Okayama University of Science, Ridai-cho 1-1, Okayama 700, Japan, phone: 81-862-523161, fax: 81-862-557700

A. Shidfar Department of Mathematics, Iran University of Science and Technology, Narmak, Tehran - 16, Iran, fax: 98-21-771143

J. Siciak Institute of Mathematics, Reymonta 4, 30-059 Krakow, Poland, fax: 48-12-337086

S. Song Université Evry Val d'Essonne, Boulevard des Coquibus, 91025 Evry, France

H. Stahl Technische Fachhochschule Berlin / FB2, Luxemburger Straße 10, W-1000 Berlin 65, Germany, phone: 49-30-8029552, fax: 49-30-45042284

I.L. Stoica Mathematisch-Geographische Fakultät, Katholische Universität Eichstätt, Ostenstraße 26-28, W-8078 Eichstätt, Germany

M. Stoll Department of Mathematics, University of South Carolina, Columbia SC 29208, USA, phone: 1-803-7778133, fax: 1-803-7773783

C. Sunyach Université Pierre et Marie Curie, Laboratoire de probabilités, 4, Place Jussieu, Tour 56, 75252 Paris Cedex 05, France

P.M. Tamrazov Institute of Mathematics, Ukranian Academy of Sciences, ul. Repina 3, 252601 Kiev 4, USSR, phone: 7-044-2692959, fax: 7-044-2287272

J. Veselý MÚ UK, Sokolovská 83, 18600 Praha 8, Czech Republik, phone: 42-2-2316000 (ext. 211), fax: 42-2-847688, jvesely@cspguk11.bitnet

J.J.O.O. Wiegerinck Faculteit Wiskunde en Informatica, Universiteit van Amsterdam, Plantage Muidergracht 24, 1018 TV Amsterdam, The Netherlands, phone: 31-20-5255097, janwieg@fwi.uva.nl

G. Wirsching Mathematisch-Geographische Fakultät, Katholische Universität Eichstätt, Ostenstraße 26-28, W-8078 Eichstätt, Germany, phone: 49-8421-20261, wirsching@urz.ku-eichstaett.dbp.de

M. Zahid 11, Square Albin Cachot, 75013 Paris Cedex 13, France, phone: 33-1-44275349, fax: 3-1-44274001, lana@frunip62.bitnet

L. Zalcman Department of Mathematics, Bar-Ilan University, 52900 Ramat-Gan, Israel, phone: 972-2-638610, fax: 972-3-5351824/972-2-639948, f68403@ barilan.bitnet

Index

$\mathcal{A}$-superharmonic functions 107
acts on 185
admissible measure 159
admissible vector 159

balayage space 235
  dual 236
boundary Harnack inequality 210
boundary value problem
  partially free 267

capacité gaussienne 217
capacity 1, 89
Cauchy problem 221
coercivity 185
comparable semi-groups 15
complete maximum principle 61, 187
conformal modulus 273
cenvergence theorems 213
core 194
  separating 196
couple δ-surharmonique 173
couple hyperharmonique 172
  pur 176

deficiency 1
Dirichlet form 159, 179, 194
  capacity of 159
  monotone 186
  of diffusion type 194
  regularity of 159
Dirichlet metric 267
Dirichlet's integral 267
distance function 196
domination principle 186

eigenvalue 1
energy 269
  measure 194
equation(s)
  heat 153
  Monge–Ampère 179
  partial differential
    hyperbolic-parabolic 221
  resolvent 190
  thermodiffusion 221
    in a solid body 221

equi-continuity principle 213
espace (*voir* space)
espace biharmonique 172
  elliptique 177
  fort 177
espace harmonique 172
exact regular measure 15
excessive
  fonction N- 250
  fonction W- 256
  functions 61

faisceau 172
finiteness principle 33
Fock space 89
fonction(s) / function(s)
  $\mathcal{A}$-superharmonic 107
  distance 196
  excessive 61
  Green 133, 198
    comparaison des 259
    perturbed 15
  harmonic 47
  hyperharmonique pure d'ordre 172, 176
  superharmonic, mean value 211
  supermedian 61, 206
  surharmonique 172

Gaussian measures 89
Green function 133, 198

H-cone
  dual 241
  standard 241
harmonic functions 47
harmonic mapping 269
Harnack inequality 205
  boundary 210
Harnack principle 205

heat equation 153
hemi-continuous 185
Hilbert space 47
Hilbert–Lévy method 221
Hilbert–Schmidt operators 89
hyperbolic-parabolic
  partial differential equations 221
  thermoelasticity 222

infimum principle 186
integrability condition 210
isoperimetric inequality 1

Kato class 133

Lamé 's constants 222
linear measurable operators 89
Lipschitz equi-continuity 203

Markov processes 61
Martin boundary 153
measure(s)/mesure(s)
  exact regular 15
  energy 194
  Gaussian 89
  Gauss–Hausdorff 220
  Mokobodzki 236
  potentials of 119
  Radon régulière 251
  représentation 171
Mehler formula 89
method of potential theory 221
minimal operators 47
minimal surface 273
minimal thinness 133
Mokobodzki measure 236
Monge–Ampère equation 179

nonlinear protentials 107
noyau
  harmonique 172
  potentiel 172
    propre 145

opérateur de Dynkin 177
ouvert régulier 172

p-Laplacian 107

parallel addition 47
perturbation semi-linéaire 247
pertubed Green functions 15
Picard principle 133
Plateau problem 273
Poisson Kernel 47
potentials of measures 119
principal part 223
problème de Riquier 172
pure elasticity theory 227
pure K-potential 186

quasi-continu 218
quasi-isomorphisme 218

regular form 194
régulière
  mesure de Radon 251
removable singularities 119
resolvent(s) 15, 61
  equation 190
  non-linear 190

Schrödinger equation 133
second quantization 89
section de potentiels 172
semielliptic equations 119
semi-groups 61, 89
Sobolev spaces 89
space(s)
  balayage 235
  biharmonique 172
    elliptique 177
    fort 177
  Fock 89
  harmonique 172
  Hilbert 47
  Sobolev 89
  topological vector 159
stricktly monotone 185
strong local property 194
structural constant 197
subdifferential 180
superharmonic function
  mean value 211
supermedian function(s) 61, 206
surmédiane

fonction N- 250
fonction W- 255
système dynamique
(instabilité, section) 145

thermodiffusion 221
equations 221
potential 232

tightness of capacities 89
topological vector space 159

uniform subellipticity condition 201
uniqueness of positive solutions 153

Wiener's criterion 107

Young's theorem 230

MIX
Papier aus verantwortungsvollen Quellen
Paper from responsible sources
FSC® C105338
FSC
www.fsc.org

If you have any concerns about our products,
you can contact us on
ProductSafety@springernature.com

In case Publisher is established outside the EU,
the EU authorized representative is:
Springer Nature Customer Service Center GmbH
Europaplatz 3, 69115 Heidelberg, Germany

Printed by Libri Plureos GmbH
in Hamburg, Germany